최신 법령에 의한
택시운전
자격시험 실전문제집

TAXI

(재)한국산업교육원 택시교통문화연구회

대전·충남·충북·세종

◆ 최근 출제경향에 따른 핵심이론과 출제가 예상되는 문제를 별표로 평점의 난이도를 표시 !!
◆ 최근 개정된 교통법규를 모두 반영하여 새롭게 구성 !!
◆ 자주 출제되는 외국어를 알기 쉽게 일목요연하게 정리하여 수록 !!
◆ 자주 출제되는 중요이론과 암기하기 쉽도록 답을 굵게 표시하여 수록 !!

독자와 함께 하는 *ekoin*
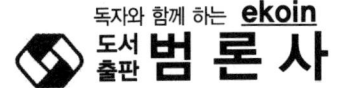
도서출판 범론사

택시운전 자격증 합격의 영광이 있기를 바라며

갈수록 어려워지고 있는 취업의 문제는 다양한 서비스 업종의 개발로 대처할 수 있는데 택시운전도 승객에 대한 서비스로 구직의 문턱을 넘을 수 있다. 택시 운전은 단순히 자동차의 운전이 아니라 승객을 태우고 운전하며 승객이 내릴 때까지의 과정에서 승객에 대한 여러 가지 배려가 있어야 한다. 승차할 때의 인사부터 행선지를 묻고 내릴 때까지 승객이 불편함이 없고 편안하게 갈 수 있게끔 하는 것이 운전이다.

이에 따라 택시 운전자격시험을 시행하게 되었는데 기본 법규는 면허증을 취득할 경우 대부분 알고 있는 내용이고 최근 개정된 새로운 법령, 응급처치, 간단한 외국어와 그 지역 지리가 시험의 주된 내용이다. 문제가 어렵지 않게 출제되므로 기본적인 내용을 한번 읽어보고 가면 어렵지 않게 합격하리라 본다.

택시 운전면허는 한국교통안전공단에서 시험의 접수와 필기를 시행하고 있는데 지역별로 응시하면 된다.

이 책은 수험생들의 시험공부를 최대한 짧은 시간에 끝낼 수 있도록 다음과 같이 구성하였다.

◆ 최근 출제경향에 따른 핵심이론과 출제가 예상되는 문제를 별표로 평점의 난이도를 표시하였다 !!
◆ 최근 개정된 교통법규를 모두 반영하여 새롭게 구성하여 불편함이 없도록 하였다 !!
◆ 자주 출제되는 외국어를 알기 쉽게 일목요연하게 정리하여 수록하였다 !!
◆ 자주 출제되는 중요이론과 암기하기 쉽도록 답을 굵게 표시하여 수록하였다 !!
◆ 지역의 중요한 지리를 관공서, 학교, 병원, 문화재, 공원, 호텔, 백화점, 도로, 다리 등으로 분류하여 알기 쉽게 하였다 !!

시험장에 갈 때 긴장하지 않고 차분한 시험으로 합격의 영광이 있기를 바라며 좋은 운전자가 되길 바란다.

택시운전 자격시험 총정리 문제집
Contents

🚕 **택시운전 자격시험 안내** / 7

🚕 **제1편 교통 및 운송 관련 법규**
- ◆ 도로교통법 및 교통사고처리특례법 ················· 11
  - 제❶장 도로교통법 ··· 11
  - 제❷장 교통사고처리특례법 ································· 61
- ◆ 여객자동차운수사업법 및 택시발전법 ················ 66
  - 제❶장 여객자동차운수사업법 ····························· 66
  - 제❷장 택시운송사업의 발전에 관한 법률(택시발전법) ··· 87
  - ★기출예상문제★ ·· 94

🚕 **제2편 안전운행 요령**
- 제❶장 안전운행 ··· 119
- 제❷장 자동차 안전관리 ······································· 125
- ★기출예상문제★ ·· 151

🚕 **제3편 운송서비스**
- 제❶장 운송서비스 ·· 171
- 제❷장 운송사업자 및 운수종사자 준수사항 ······· 173
- 제❸장 운수종사자의 기본 소양 ··························· 175
- 제❹장 응급처치방법 ·· 179
- 제❺장 자주 출제되는 중국어, 영어, 일본어 ······· 181
- ★기출예상문제★ ·· 185

🚕 **제4편 대전광역시 주요 지리**
- ◆ 주요 지리 ·· 209
- ★출제예상문제★ ·· 218

🚕 **제5편 충청남도 주요 지리**
- ◆ 주요 지리 ·· 231
- ★출제예상문제★ ·· 249

🚕 **제6편 충청북도 주요 지리**
- ◆ 주요 지리 ·· 263
- ★출제예상문제★ ·· 276

🚕 **제7편 세종특별자치시 주요 지리**
- ◆ 주요 지리 ·· 289
- ★출제예상문제★ ·· 293

택시운전 자격시험 안내

★ 택시운전 자격시험 개요

□ 응시자격
○ 운전면허/연령 : 운전면허 소지자(제2종 보통 이상) / 만 20세 이상일 것
○ 운전경력 : 운전경력 1년 이상(운전면허 보유기간 기준이며 취소·정지 기간은 제외함)
○ 운전적성정밀검사 : 여객자동차 운수사업법 시행규칙 제49조제3항에 따른 신규검사 기준에 적합한 사람

□ 결격사유 : 여객자동차 운수사업법 제24조제3항 및 제4항 준용

□ 필기시험 : 응시 수수료(11,500원)
○ 일반전형 : 처음으로 택시운전 자격을 취득하려는 자

시험과목	교통 및 운수 관련 법규	안전운행 요령	운송 서비스	지리	계
문항수	20문항	20문항	20문항	20문항	80문항
배점	문항당 1.25점				100점

○ 특례1전형 : 기존 택시운전 자격소지자 중 타 지역 자격을 취득하려는 자

시험과목	교통 및 운수 관련 법규	안전운행 요령	운송 서비스	지리	계
문항수	면제	면제	면제	20문항	20문항
배점	문항당 5점				100점

○ 특례2전형 : 4년간 사업용 차량을 3년 이상 무사고로 운전한 자, 도로교통법 제146조에 따른 무사고운전자 또는 유공운전자의 표시장을 받은 자

시험과목	교통 및 운수 관련 법규	안전운행 요령	운송 서비스	지리	계
문항수	20문항	면제	면제	20문항	40문항
배점	문항당 2.5점				100점

※ 지리과목은 16개 지역(서울, 부산, 대구, 인천, 광주, 대전, 울산, 경기, 강원, 충북, 충남, 경북, 경남, 전북, 전남, 제주) 중 1개 지역 선택

※ 세종시에서 택시운전을 하려는 사람은 충남 택시운전 자격으로 응시

□ 합격자 결정 : 총점의 60% 이상(총 80문항 중 48문항 이상)을 얻은 사람

□ 자격증 발급 신청·교부(필기시험에 합격한 사람, 합격자 발표일로부터 30일 이내)
○ 준비물 : 운전면허증, 택시운전 자격증 발급신청서 1부, 자격증 교부 수수료(10,000원)

★ 과목별 출제 범위

구 분	과 목	출제범위	문항수
교통 및 여객자동차 운수 사업 법규	교통법규 및 교통사고 처리특례법	·범칙행위별 범칙금 내역 ·교통사고 특례법 ·안전운전관련 사항은 제외 ·도로교통법일반개요 ·운전면허 행정처분 사항 등 (10대 항목 중심)	광역시 (25) 도지역 (20)
	여객 자동차 운수사업 법규 및 택시운송 사업의 발전에 관한 법규	·여객자동차운수사업법 일반개요 ·운수종사자 업요건/교육사항 ·택시운전자격시험관련 사항 ·위반행위별 행정처분 사항 ·운전자 준수사항을 제외한 기타 사항등	
안전운행 및 LPG 자동차 안전관리	안전운행	·교통안전시설 개요 ·신호기, 교통안전표시, 노면표시 ·교통사고 예방을 위한 안전운행 방법 ·차량안전관리 등	광역시 (15) 도지역 (20)
	LPG 자동차 안전관리	·LPG자동차 안전관리 법규 ·LPG자동차 구조와 기능 등 ·LPG자동차 GAS 취급방법 ·LPG자동차의 일반적 특성 등	

운송
서비스
및
응급
처치법
	운송
	서비스
		· 여객자동차운수사업법 중
		  운전자 준수사항
		· 승객 서비스 자세
		· 차량 고장 시 승객에 대한
		  조치
		· 교통사고 시 승객 및 환자에
		  대한 조치
		  (응급처치 관련사항 제외)
		· 운전자가 알아야 할 일반
		  상식등 (영어, 일어)
			광역시
			(15)
			
			도지역
			(20)

	응급 처치법	· 응급처치방법 · 교통사고 환자 후송절차 · 운전자의 직업병과 예방방법	
해당지역 지리	교통통제 구역	· 일방통행로 · 자동차 통행금지구역 · 차종별 통행금지구역 · 사고다발지역 · 주차 정차 금지구역등	광역시 25 도지역 20
	시(도)내 주요지리	· 주요 관광서 및 공공건물 위치 · 주요 아파트단지 위치 · 주요 간선도로 명 · 공원 및 문화유적지 · 유원지 및 위락시설 · 주요 호텔 및 관공명소 등	
총 계			80

■ 여객자동차 운수사업법 시행규칙
　[별지 제27호서식] 〈개정 2020. 4. 14.〉　　　　　　　　　　(앞 쪽)

(버스운전, 택시운전) 자격시험 응시원서

① 성 　명	(한글) (한자)	생년월일		성별		반명함판 사진 (3cm×4cm)
② 주 　소						
③ 연 락 처	(전화번호)		(휴대전화)			
④ 운전면허증	(번호)		(종류)			
⑤ 확인사항 및 첨부서류	○ 확인사항 　1. 운전면허증 　2. 운전경력증명서 　3. 운전적성정밀검사 수검사실증명서 ○ 첨부서류(택시운전자격시험 응시자 중 시험과목 일부 　를 면제 받으려는 자에 한정하며 해당란에 체크) 　1. 다른 지역 택시 종사자(　) 　2. 사업용 무사고증명관련 서류(　) 　3. 도로교통법 제146조 관련 서류(　)					
*⑥ 수험번호			*⑦ 시험장소			

「여객자동차 운수사업법 시행규칙」 제53조에 따라 운전자격시험에
응시하기 위하여 원서를 제출하며, 만일 시험에 합격 후 거짓으로
기재한 사실이 판명되는 경우에는 합격취소처분을 받더라도 이의를
제기하지 않겠습니다.
　　　　　　　　　　　년　　　월　　　일
　　　　　　　　　　　　　응시자　　　　　(서명 또는 인)
한국교통안전공단 이사장 귀하

(버스운전, 택시운전) 자격시험 응시표

*⑧ 수험번호		반명함판 사진 (3cm×4cm)
*⑨ 시험일시		
*⑩ 시험장소		
⑪ 성　명		

　　　　　　　년　　　월　　　일
　　　한국교통안전공단 이사장 　[직인]

210㎜×297㎜[백상지(80g/㎡) 또는 중질지(80g/㎡)]

★ 자격증 신청 및 구비서류

1. 발급처 : 한국교통안전공단
2. 합격자 : 합격자는 30일 이내에 자격증을 발급받아야 한다.
3. 구비서류
　　① 택시운전자격증 발급신청서

■ 여객자동차 운수사업법 시행규칙
　[별지 제28호서식] 〈개정 2020. 4. 14.〉

□ 버스운전자격증(명) □ 택시운전자격증(명)		□ 발급 □ 정정 및 재발급	신청서	처리기간 즉시
신청인	① 성 명		② 생년월일	
	③ 주 소		(전화번호 : 　　)	
④ 자격증번호 (정정의 경우만 작성합니다)			⑤ 등록연월일 (정정의 경우만 작성합니다)	
⑥ 신청사유	□ 신규발급 □ 정정발급 □ 재 발 급		⑦ 운전면허증 번호	
⑧ 정정내용				

「여객자동차 운수사업법 시행규칙」 제55조 및 제56조에 따라 위와 같이
운전자격증(명) 발급, 정정 또는 재발급을 신청합니다.

　　　　　　　　　　　　　년　　　월　　　일
　　　　　　　　신청인　　　　　(서명 또는 인)

한국교통안전공단 이사장　귀하

첨부 서류	1. 운전자격증(명)의 발급을 신청하는 경우 　가. 운전자격증 발급 : 사진(2.5cm×3.0cm) 2장 　나. 운전자격증명 발급 : 사진(3.5cm×4.5cm) 2장 2. 운전자격증(명)의 정정 또는 재발급을 신청하는 경우 　가. 운전자격증 정정 또는 재발급 　　1) 운전자격증(운전자격증을 잃어버린 경우는 제외합니다) 　　2) 사진(2.5cm×3.0cm) 2장 　나. 운전자격증명 정정 또는 재발급 　　1) 운전자격증명(운전자격증명을 잃어버린 경우는 제외합 　　　니다) 　　2) 사진(3.5cm×4.5cm) 2장

210㎜×297㎜[백상지(80g/㎡) 또는 중질지(80g/㎡)]

■ 여객자동차 운수사업법 시행규칙
  [별지 제30호서식] 〈개정 2020. 4. 14.〉   (앞쪽)

(버스, 택시) 운전자격증(휴대용)

성 명 :
생년월일 :
자격증번호 :   사진
자격취득일 :   2.5㎝×3㎝

위의 사람은 「여객자동차 운수사업법」 제24조제1항 및 같은 법 시행규칙 제55조제3항에 따라 자격이 있음을 증명합니다.

년   월   일

한국교통안전공단 이사장   직인

85㎜×54㎜[백상지 150g/㎡]

■ 여객자동차 운수사업법 시행규칙
  [별지 제31호서식] 〈개정 2020. 4. 14.〉

(버스, 택시) 운전자격증명

○ 회 사 명 :
○ 성   명 :   사진(여권용)
○ 자격증번호 :   (3.5㎝×4.5㎝)
○ 자격취득일 :

위 사람은 「여객자동차 운수사업법」 제24조제1항 및 같은 법 시행규칙 제55조의2제2항에 따라 자격이 있음을 증명합니다.

년   월   일

한국교통안전공단 이사장   직인

※ 1. 개인택시의 경우에는 회사명 대신 면허취득자 성명을 적고, 게시대에는 소속 조합명을 적습니다.
   2. 자동차번호는 개인택시운송사업 외에는 적지 아니할 수 있습니다.

| 회사명·전화번호 | | 자동차 번호 | |

210㎜×297㎜[백상지(150g/㎡)]

★ 운전자격의 교육과정 및 교육과목

(제54조의4제1항 관련)

교육과정	교육과목	교육시간
1. 이론교육	소양교육	8시간
2. 실기교육	가. 차량점검 및 기초주행	3시간
	나. 목표제동 및 제동거리	1시간
	다. 미끄럼 주행	1시간
	라. 인지반응 및 위험 회피	1시간
	마. 차량점검 및 응급조치 요령	1시간
	바. 도로유형별 안전운행	3시간
	사. 정속주행	2시간
3. 종합평가	필기시험, 기능시험, 주행시험	4시간
총계		24시간

비고
1. 이론교육은 교육생이 여객자동차 운송과 관련된 지식을 얻을 수 있도록 강의식으로 진행하는 교육을 말한다.
2. 실기교육은 실외의 체험교육시설과 도로에서 진행하는 교육으로서 자동차를 직접 운전하면서 교통사고의 발생 원리를 체험하는 교육을 말한다.
3. 종합평가는 이론 교육 후 필기 평가와 실기 교육 후 자동차를 직접 운전하여 여객을 효율적·안정적으로 운송이 가능한 기능 및 주행 평가를 말한다.
4. 종합평가의 합격기준은 총점의 60퍼센트 이상 득점으로 한다.
5. 수험생이 이론교육 및 실기교육을 모두 이수하고 종합평가에 합격한 경우 교육과정을 수료한 것으로 인정한다.

제1편 교통 및 운송 관련 법규
Taxi Driver's License

도로교통법 및 교통사고 처리특례법

제1장 도로교통법

1. 목적(법 제1조)

도로에서 일어나는 교통상의 모든 위험과 장해를 방지하고 제거하여 안전하고 원활한 교통을 확보함을 목적으로 한다.

2. 용어의 정의(법 제2조)

(1) 도로
  ① 도로
  ② 유료도로(통행료 징수)
  ③ 농어촌도로
  ④ 그 밖에 현실적으로 불특정 다수의 사람 또는 차마(車馬)가 통행할 수 있도록 공개된 장소로서 안전하고 원활한 교통을 확보할 필요가 있는 장소

(2) 자동차 전용도로
  자동차만이 다닐 수 있도록 설치된 도로

(3) 고속도로
  자동차의 고속교통에만 사용하기 위하여 지정된 도로

(4) 차도
  연석선(차도와 보도를 구분하는 돌 등으로 이어진 선을 말한다), 안전표지 또는 그와 비슷한 인공구조물을 이용하여 경계를 표시하여 모든 차가 통행할 수 있도록 설치된 도로의 부분을 말한다.

(5) 중앙선
  차마의 통행 방향을 명확하게 구분하기 위하여 도로에 황색 실선이나 황색 점선 등의 안전표지로 표시한 선 또는 중앙분리대나 울타리 등으로 설치한 시설물을 말한다. 다만, 가변차로가 설치된 경우에는 신호기가 지시하는 진행방향의 가장 왼쪽에 있는 황색 점선을 말한다.

(6) 차로
  차마가 한 줄로 도로의 정하여진 부분을 통행하도록 차선(車線)으로 구분한 차도의 부분을 말한다.

(7) 차선
  차로와 차로를 구분하기 위하여 그 경계지점을 안전표지로 표시한 선을 말한다.

(7의2) 노면전차 전용로
  도로에서 궤도를 설치하고, 안전표지 또는 인공구조물로 경계를 표시하여 설치한 「도시철도법」 제18조의2제1항 각 호에 따른 도로 또는 차로를 말한다.

(8) 자전거도로
  안전표지, 위험방지용 울타리나 그와 비슷한 인공구조물로 경계를 표시하여 자전거 및 개인형 이동장치가 통행할 수 있도록 설치된 「자전거 이용 활성화에 관한 법률」 제3조 각 호의 도로를 말한다.

(9) 자전거횡단도
자전거 및 개인형 이동장치가 일반도로를 횡단할 수 있도록 안전표지로 표시한 도로의 부분을 말한다.

(10) 보도
연석선, 안전표지나 그와 비슷한 인공구조물로 경계를 표시하여 보행자(유모차, 보행보조용 의자차, 노약자용 보행기 등 행정안전부령으로 정하는 기구·장치를 이용하여 통행하는 사람 및 제21호의3에 따른 실외이동로봇을 포함한다. 이하 같다)가 통행할 수 있도록 한 도로의 부분을 말한다.

(11) 길가장자리구역
보도와 차도가 구분되지 아니한 도로에서 보행자의 안전을 확보하기 위하여 안전표지 등으로 경계를 표시한 도로의 가장자리 부분을 말한다.

(12) 횡단보도
보행자가 도로를 횡단할 수 있도록 안전표지로 표시한 도로의 부분을 말한다.

(13) 교차로
'십'자로, 'T'자로나 그 밖에 둘 이상의 도로(보도와 차도가 구분되어 있는 도로에서는 차도를 말한다)가 교차하는 부분을 말한다.

(13의2) 회전교차로
교차로 중 차마가 원형의 교통섬(차마의 안전하고 원활한 교통처리나 보행자 도로횡단의 안전을 확보하기 위하여 교차로 또는 차도의 분기점 등에 설치하는 섬 모양의 시설을 말한다)을 중심으로 반시계방향으로 통행하도록 한 원형의 도로를 말한다.

(14) 안전지대
도로를 횡단하는 보행자나 통행하는 차마의 안전을 위하여 안전표지나 이와 비슷한 인공구조물로 표시한 도로의 부분을 말한다.

(15) 신호기
도로교통에서 문자·기호 또는 등화를 사용하여 진행·정지·방향전환·주의 등의 신호를 표시하기 위하여 사람이나 전기의 힘으로 조작하는 장치를 말한다.

(16) 안전표지
교통안전에 필요한 주의·규제·지시 등을 표시하는 표지판이나 도로의 바닥에 표시하는 기호·문자 또는 선 등을 말한다.

(17) 차마
① 차 : 자동차, 건설기계, 원동기장치자전거, 자전거, 사람 또는 가축의 힘이나 그 밖의 동력(動力)으로 도로에서 운전되는 것. 다만, 철길이나 가설(架設)된 선을 이용하여 운전되는 것, 유모차, 보행보조용 의자차, 노약자용 보행기, 제21호의3에 따른 실외이동로봇 등 행정안전부령으로 정하는 기구·장치는 제외한다.
② 우마 : 교통이나 운수에 사용되는 가축을 말한다.

(17의2) 노면전차
「도시철도법」 제2조제2호에 따른 노면전차로서 도로에서 궤도를 이용하여 운행되는 차를 말한다.

(18) 자동차
철길이나 가설된 선을 이용하지 아니하고 원동기를 사용하여 운전되는 차(견인되는 자동차도 자동차의 일부로 본다)로서 다음의 차를 말한다.
① 승용자동차, 승합자동차, 화물자동차, 특수자동차, 이륜자동차. 다만, 원동기장치자전거는 제외한다.
② 건설기계 : 덤프트럭, 아스팔트살포기, 노상안정기, 콘크리트믹서트럭, 콘크리트펌프, 천공기(트럭적재식을 말한다), 특수건설기계 중 국토교통부장관이 지정하는 건설기계

(18의2) 자율주행시스템
「자율주행자동차 상용화 촉진 및 지원에 관한 법률」 제2조제1항제2호에 따른 자율주행시스템을 말한다. 이 경우 그 종류는 완전 자율주행시스템, 부분 자율주행시스템 등 행정안전부령으로 정하는 바에 따라 세분할 수 있다.

(18의3) 자율주행자동차

「자동차관리법」 제2조제1호의3에 따른 자율주행자동차로서 자율주행시스템을 갖추고 있는 자동차를 말한다.

(19) 원동기장치자전거
① 이륜자동차 가운데 배기량 125CC 이하의 이륜자동차
② 그 밖에 배기량 125시시 이하(전기를 동력으로 하는 경우에는 최고정격출력 11킬로와트 이하)의 원동기를 단 차(「자전거 이용 활성화에 관한 법률」 제2조제1호의2에 따른 전기자전거 및 제21호의3에 따른 실외이동로봇은 제외한다)

(19의2) 개인형 이동장치

제19호나목의 원동기장치자전거 중 시속 25킬로미터 이상으로 운행할 경우 전동기가 작동하지 아니하고 차체 중량이 30킬로그램 미만인 것으로서 행정안전부령으로 정하는 것을 말한다.

(20) 자전거
① 자전거 : 사람의 힘으로 페달이나 손페달을 사용하여 움직이는 구동장치와 조향장치 및 제동장치가 있는 바퀴가 둘 이상인 차로서 행정안전부령으로 정하는 크기와 구조를 갖춘 것을 말한다.
② 전기자전거 : 자전거로서 사람의 힘을 보충하기 위하여 전동기를 장착하고 다음의 요건을 모두 충족하는 것을 말한다.
   ㉠ 페달(손페달을 포함한다)과 전동기의 동시 동력으로 움직이며, 전동기만으로는 움직이지 아니할 것
   ㉡ 시속 25킬로미터 이상으로 움직일 경우 전동기가 작동하지 아니할 것
   ㉢ 부착된 장치의 무게를 포함한 자전거의 전체 중량이 30킬로그램 미만일 것

(21) 자동차등

자동차와 원동기장치자전거를 말한다.

(21의2) 자전거등

자전거와 개인형 이동장치를 말한다.

(21의3) 실외이동로봇

외부환경을 스스로 인식하고 상황을 판단하여 자율적으로 동작하는 기계장치(기계장치의 작동에 필요한 소프트웨어를 포함한다)를 지능형 로봇 중 행정안전부령으로 정하는 것을 말한다.

(22) 긴급자동차

다음의 자동차로서 그 본래의 **긴급한 용도**로 사용되고 있는 자동차를 말한다.
① 소방차
② 구급차
③ 혈액 공급차량
④ 그 밖에 대통령령으로 정하는 자동차

(23) 어린이통학버스

다음 각 목의 시설 가운데 어린이(13세 미만인 사람을 말한다. 이하 같다)를 교육 대상으로 하는 시설에서 어린이의 통학 등에 이용되는 자동차와 「여객자동차 운수사업법」 제4조제3항에 따른 여객자동차운송사업의 한정면허를 받아 어린이를 여객대상으로 하여 운행되는 운송사업용 자동차를 말한다.
① 「유아교육법」에 따른 유치원 및 유아교육진흥원, 「초·중등교육법」에 따른 초등학교, 특수학교, 대안학교 및 외국인학교
② 「영유아보육법」에 따른 어린이집
③ 「학원의 설립·운영 및 과외교습에 관한 법률」에 따라 설립된 학원 및 교습소
④ 「체육시설의 설치·이용에 관한 법률」에 따라 설립된 체육시설
⑤ 「아동복지법」에 따른 아동복지시설(아동보호전문기관은 제외한다)
⑥ 「청소년활동 진흥법」에 따른 청소년수련시설
⑦ 「장애인복지법」에 따른 장애인복지시설(장애인 직업재활시설은 제외한다)
⑧ 「도서관법」에 따른 공공도서관
⑨ 「평생교육법」에 따른 시·도평생교육진흥원 및 시·군·구평생학습관
⑩ 「사회복지사업법」에 따른 사회복지시설 및 사회복지관

(24) 주차

운전자가 승객을 기다리거나 화물을 싣거나 차가 고장 나거나 그 밖의 사유로 차를 계속 정지 상태에 두는 것 또는 운전자가 차에서 떠나서 즉시 그 차를 운전할 수 없는 상태에 두는 것을 말한다.

(25) 정차

운전자가 5분을 초과하지 아니하고 차를 정지시키는 것으로서 주차 외의 정지 상태를 말한다.

(26) 운전

도로(술에 취한 상태에서의 운전 금지·과로한 때 등의 운전 금지·사고발생 시의 조치·벌칙을 받는 경우에는 도로 외의 곳을 포함한다)에서 차마 또는 노면전차를 그 본래의 사용방법에 따라 사용하는 것(조종 또는 자율주행시스템을 사용하는 것을 포함한다)을 말한다.

(27) 초보운전자

처음 운전면허를 받은 날(처음 운전면허를 받은 날부터 2년이 지나기 전에 운전면허의 취소처분을 받은 경우에는 그 후 다시 운전면허를 받은 날을 말한다)부터 2년이 지나지 아니한 사람을 말한다. 이 경우 원동기장치자전거면허만 받은 사람이 원동기장치자전거면허 외의 운전면허를 받은 경우에는 처음 운전면허를 받은 것으로 본다.

(28) 서행

운전자가 차 또는 **노면전차를 즉시 정지시킬 수 있는 정도의 느린 속도**로 진행하는 것을 말한다.

(29) 앞지르기

차의 운전자가 앞서가는 다른 차의 옆을 지나서 그 차의 앞으로 나가는 것을 말한다.

(30) 일시정지

차 또는 노면전차의 운전자가 그 차 또는 노면전차의 바퀴를 일시적으로 완전히 정지시키는 것을 말한다.

(31) 보행자전용도로

보행자만 다닐 수 있도록 안전표지나 그와 비슷한 인공구조물로 표시한 도로를 말한다.

(31의2) 보행자우선도로

「보행안전 및 편의증진에 관한 법률」 제2조제3호에 따른 보행자우선도로를 말한다.

(32) 자동차운전학원

자동차등의 운전에 관한 지식·기능을 교육하는 시설로서 다음의 시설 외의 시설을 말한다.
① 교육 관계 법령에 따른 학교에서 소속 학생 및 교직원의 연수를 위하여 설치한 시설
② 사업장 등의 시설로서 소속 직원의 연수를 위한 시설
③ 전산장치에 의한 모의운전 연습시설
④ 지방자치단체 등이 신체장애인의 운전교육을 위하여 설치하는 시설 가운데 시·도경찰청장이 인정하는 시설
⑤ 대가(代價)를 받지 아니하고 운전교육을 하는 시설
⑥ 운전면허를 받은 사람을 대상으로 다양한 운전경험을 체험할 수 있도록 하기 위하여 도로가 아닌 장소에서 운전교육을 하는 시설

(33) 모범운전자

무사고운전자 또는 유공운전자의 표시장을 받거나 2년 이상 사업용 자동차 운전에 종사하면서 교통사고를 일으킨 전력이 없는 사람으로서 경찰청장이 정하는 바에 따라 선발되어 교통안전 봉사활동에 종사하는 사람을 말한다.

(34) 무인 교통단속용 장비의 설치 및 관리
(법 제4조의2)
① 시·도경찰청장, 경찰서장 또는 시장등은 이 법을 위반한 사실을 기록·증명하기 위하여 무인(無人) 교통단속용 장비를 설치·관리할 수 있다.
② 무인 교통단속용 장비의 설치·관리기준, 그 밖에 필요한 사항은 행정안전부령으로 정한다.
③ 무인 교통단속용 장비의 철거 또는 원상회복 등에 관하여는 제3조제4항부터 제6항까지의 규정을 준용한다. 이 경우 "교통안전시설"은 "무인 교통단속용 장비"로 본다.

(35) 고령운전자 표지(법 제7조의2)
① 국가 또는 지방자치단체는 고령운전자의 안전운전 및 교통사고 예방을 위하여 행정안전부령으로 정하는 바에 따라 고령운전자가 운전하는 차임을 나타내는 표지(이하 "고령운전자 표지"라 한다)를 제작하여 배부할 수 있다.
② 고령운전자는 다른 차의 운전자가 쉽게 식별할 수 있도록 차에 고령운전자 표지를 부착하고 운전할 수 있다.

3. 보행자의 통행방법

(1) 보행자의 통행(법 제8조)
① 보행자는 보도와 차도가 구분된 도로에서는 언제나 보도로 통행하여야 한다. 다만, 차도를 횡단하는 경우, 도로공사 등으로 보도의 통행이 금지된 경우나 그 밖의 부득이한 경우에는 그러하지 아니하다.
② 보행자는 보도와 차도가 구분되지 아니한 도로 중 중앙선이 있는 도로(일방통행인 경우에는 차선으로 구분된 도로를 포함한다)에서는 길가장자리 또는 길가장자리구역으로 통행하여야 한다.
③ 보행자는 다음 각 호의 어느 하나에 해당하는 곳에서는 도로의 전 부분으로 통행할 수 있다. 이 경우 보행자는 고의로 차마의 진행을 방해하여서는 아니 된다.
  ㉠ 보도와 차도가 구분되지 아니한 도로 중 중앙선이 없는 도로(일방통행인 경우에는 차선으로 구분되지 아니한 도로에 한정한다. 이하 같다)
  ㉡ 보행자우선도로

(2) 행렬 등의 통행(법 제9조)
① 학생의 대열과 그 밖에 보행자의 통행에 지장을 줄 우려가 있다고 인정하여 대통령령으로 정하는 사람이나 행렬은 차도로 통행할 수 있다. 이 경우 행렬 등은 차도의 우측으로 통행하여야 한다.
② 행렬 등은 사회적으로 중요한 행사에 따라 시가를 행진하는 경우에는 도로의 중앙을 통행할 수 있다.
③ 경찰공무원은 도로에서의 위험을 방지하고 교통의 안전과 원활한 소통을 확보하기 위하여 필요하다고 인정할 때에는 행렬 등에 대하여 구간을 정하고 그 구간에서 행렬 등이 도로 또는 차도의 우측(자전거도로가 설치되어 있는 차도에서는 자전거도로를 제외한 부분의 우측을 말한다)으로 붙어서 통행할 것을 명하는 등 필요한 조치를 할 수 있다.

(3) 실외이동로봇 운용자의 의무(법 제8조의2)
① 실외이동로봇을 운용하는 사람(실외이동로봇을 조작·관리하는 사람을 포함하며, 이하 "실외이동로봇 운용자"라 한다)은 실외이동로봇의 운용 장치와 그 밖의 장치를 정확하게 조작하여야 한다.
② 실외이동로봇 운용자는 실외이동로봇의 운용 장치를 도로의 교통상황과 실외이동로봇의 구조 및 성능에 따라 차, 노면전차 또는 다른 사람에게 위험과 장해를 주는 방법으로 운용하여서는 아니 된다.

(4) 도로의 횡단(법 제10조)
① 시·도경찰청장은 도로를 횡단하는 보행자의 안전을 위하여 행정안전부령으로 정하는 기준에 따라 횡단보도를 설치할 수 있다.
② 보행자는 횡단보도, 지하도, 육교나 그 밖의 도로 횡단시설이 설치되어 있는 도로에서는 그 곳으로 횡단하여야 한다. 다만, **지하도나 육교 등의 도로 횡단시설을 이용할 수 없는 지체장애인의 경우에는 다른 교통에 방해가 되지 아니하는 방법으로 도로 횡단시설을 이용하지 아니하고 도로를 횡단할 수 있다.**
③ 보행자는 횡단보도가 설치되어 있지 아니한 도로에서는 가장 짧은 거리로 횡단하여야 한다.
④ 보행자는 차와 노면전차의 바로 앞이나 뒤로 횡단하여서는 아니 된다. 다만, 횡단보도를 횡단하거나 신호기 또는 경찰공무원등의 신호나 지시에 따라 도로를 횡단하는 경우에는 그러하지 아니하다.
⑤ 보행자는 안전표지 등에 의하여 횡단이 금지되어 있는 도로의 부분에서는 그 도로를

횡단하여서는 아니 된다.

(5) 어린이 등에 대한 보호(법 제11조)
① 어린이의 보호자는 교통이 빈번한 도로에서 어린이를 놀게 하여서는 아니 되며, 영유아(6세 미만인 사람을 말한다. 이하 같다)의 보호자는 교통이 빈번한 도로에서 영유아가 혼자 보행하게 하여서는 아니 된다.
② 앞을 보지 못하는 사람(이에 준하는 사람을 포함한다. 이하 같다)의 보호자는 그 사람이 도로를 보행할 때에는 흰색 지팡이를 갖고 다니도록 하거나 앞을 보지 못하는 사람에게 길을 안내하는 개로서 행정안전부령으로 정하는 개(이하 "장애인보조견"이라 한다)를 동반하도록 하는 등 필요한 조치를 하여야 한다.
③ 어린이의 보호자는 도로에서 어린이가 자전거를 타거나 행정안전부령으로 정하는 위험성이 큰 움직이는 놀이기구를 타는 경우에는 어린이의 안전을 위하여 행정안전부령으로 정하는 인명보호 장구(裝具)를 착용하도록 하여야 한다.
④ 어린이의 보호자는 도로에서 어린이가 개인형 이동장치를 운전하게 하여서는 아니 된다.
⑤ 경찰공무원은 신체에 장애가 있는 사람이 도로를 통행하거나 횡단하기 위하여 도움을 요청하거나 도움이 필요하다고 인정하는 경우에는 그 사람이 안전하게 통행하거나 횡단할 수 있도록 필요한 조치를 하여야 한다.
⑥ 경찰공무원은 다음 각 호의 어느 하나에 해당하는 사람을 발견한 경우에는 그들의 안전을 위하여 적절한 조치를 하여야 한다.
   ㉠ 교통이 빈번한 도로에서 놀고 있는 어린이
   ㉡ 보호자 없이 도로를 보행하는 영유아
   ㉢ 앞을 보지 못하는 사람으로서 흰색 지팡이를 가지지 아니하거나 장애인보조견을 동반하지 아니하는 등 필요한 조치를 하지 아니하고 다니는 사람
   ㉣ 횡단보도나 교통이 빈번한 도로에서 보행에 어려움을 겪고 있는 노인(65세 이상인 사람을 말한다. 이하 같다)

(6) 어린이 보호구역의 지정 및 관리(법 제12조)
① 시장 등은 교통사고의 위험으로부터 어린이를 보호하기 위하여 필요하다고 인정하는 경우에는 다음 각 호의 어느 하나에 해당하는 시설이나 장소의 주변도로 가운데 일정 구간을 어린이 보호구역으로 지정하여 자동차등과 노면전차의 통행속도를 시속 30킬로미터 이내로 제한할 수 있다.
   ㉠ 「유아교육법」 제2조에 따른 유치원, 「초·중등교육법」 제38조 및 제55조에 따른 초등학교 또는 특수학교
   ㉡ 「영유아보육법」 제10조에 따른 어린이집 가운데 행정안전부령으로 정하는 어린이집
   ㉢ 「학원의 설립·운영 및 과외교습에 관한 법률」 제2조에 따른 학원 가운데 행정안전부령으로 정하는 학원
   ㉣ 「초·중등교육법」 제60조의2 또는 제60조의3에 따른 외국인학교 또는 대안학교, 「대안교육기관에 관한 법률」 제2조제2호에 따른 대안교육기관, 「제주특별자치도 설치 및 국제자유도시 조성을 위한 특별법」 제223조에 따른 국제학교 및 「경제자유구역 및 제주국제자유도시의 외국교육기관 설립·운영에 관한 특별법」 제2조제2호에 따른 외국교육기관 중 유치원·초등학교 교과과정이 있는 학교
   ㉤ 그 밖에 어린이가 자주 왕래하는 곳으로서 조례로 정하는 시설 또는 장소
② 제1항에 따른 어린이 보호구역의 지정·해제 절차 및 기준 등에 관하여 필요한 사항은 교육부, 행정안전부 및 국토교통부의 공동부령으로 정한다.
③ 차마 또는 노면전차의 운전자는 어린이 보호구역에서 제1항에 따른 조치를 준수하고 어린이의 안전에 유의하면서 운행하여야 한다.
④ 시·도경찰청장, 경찰서장 또는 시장등은 제3항을 위반하는 행위 등의 단속을 위하여 어린이 보호구역의 도로 중에서 행정안전부

령으로 정하는 곳에 우선적으로 제4조의2에 따른 무인 교통단속용 장비를 설치하여야 한다.
⑤ 시장등은 제1항에 따라 지정한 어린이 보호구역에 어린이의 안전을 위하여 다음 각 호에 따른 시설 또는 장비를 우선적으로 설치하거나 관할 도로관리청에 해당 시설 또는 장비의 설치를 요청하여야 한다.
  ㉠ 어린이 보호구역으로 지정한 시설의 주출입문과 가장 가까운 거리에 있는 간선도로상 횡단보도의 신호기
  ㉡ 속도 제한, 횡단보도, 기점(起點) 및 종점(終點)에 관한 안전표지
  ㉢ 「도로법」 제2조제2호에 따른 도로의 부속물 중 과속방지시설 및 차마의 미끄럼을 방지하기 위한 시설
  ㉣ 그 밖에 교육부, 행정안전부 및 국토교통부의 공동부령으로 정하는 시설 또는 장비

(7) 노인 및 장애인 보호구역의 지정 및 관리 (법 제12조의2)
① 시장등은 교통사고의 위험으로부터 노인 또는 장애인을 보호하기 위하여 필요하다고 인정하는 경우에는 제1호부터 제3호까지 및 제3호의2에 따른 시설 또는 장소의 주변도로 가운데 일정 구간을 노인 보호구역으로, 제4호에 따른 시설의 주변도로 가운데 일정 구간을 장애인 보호구역으로 각각 지정하여 차마와 노면전차의 통행을 제한하거나 금지하는 등 필요한 조치를 할 수 있다.
  ㉠ 「노인복지법」 제31조에 따른 노인복지시설
  ㉡ 「자연공원법」 제2조제1호에 따른 자연공원 또는 「도시공원 및 녹지 등에 관한 법률」 제2조제3호에 따른 도시공원
  ㉢ 「체육시설의 설치·이용에 관한 법률」 제6조에 따른 생활체육시설
  ㉣ 그 밖에 노인이 자주 왕래하는 곳으로서 조례로 정하는 시설 또는 장소
  ㉤ 「장애인복지법」 제58조에 따른 장애인복지시설 중 행정안전부령으로 정하는 시설

② 제1항에 따른 노인 보호구역 또는 장애인 보호구역의 지정절차 및 기준 등에 관하여 필요한 사항은 행정안전부, 보건복지부 및 국토교통부의 공동부령으로 정한다.
③ 차마 또는 노면전차의 운전자는 노인 보호구역 또는 장애인 보호구역에서 제1항에 따른 조치를 준수하고 노인 또는 장애인의 안전에 유의하면서 운행하여야 한다.

(8) 보호구역 통합관리시스템 구축·운영 (법 제12조의3)
① 경찰청장은 제12조에 따른 어린이 보호구역과 제12조의2에 따른 노인 및 장애인 보호구역에 대한 정보를 수집·관리 및 공개하기 위하여 보호구역 통합관리시스템을 구축·운영하여야 한다.
② 경찰청장은 제1항에 따라 구축된 보호구역 통합관리시스템의 운영에 필요한 정보를 시장등에게 요청할 수 있으며, 요청을 받은 시장등은 정당한 사유가 없으면 그 요청에 따라야 한다.
③ 제1항 및 제2항에 따른 보호구역 통합관리시스템의 구축·운영, 정보 요청 등에 필요한 사항은 교육부, 행정안전부, 보건복지부 및 국토교통부의 공동부령으로 정한다.

(9) 보호구역에 대한 실태조사(법 제12조의4)
① 시장등은 제12조에 따른 어린이 보호구역과 제12조의2에 따른 노인 및 장애인 보호구역에서 발생한 교통사고 현황 등 교통환경에 대한 실태조사를 연 1회 이상 실시하고, 그 결과를 보호구역의 지정·해제 및 관리에 반영하여야 한다.
② 제1항에 따른 실태조사의 대상 및 방법 등에 필요한 사항은 교육부, 행정안전부, 보건복지부 및 국토교통부의 공동부령으로 정한다.
③ 시장등은 제1항에 따른 실태조사 업무의 일부를 대통령령으로 정하는 바에 따라 도로교통공단 또는 교통 관련 전문기관에 위탁할 수 있다.

4. 차마의 통행방법 등

(1) 차마의 통행(법 제13조)
① 차마의 운전자는 보도와 차도가 구분된 도로에서는 차도로 통행하여야 한다. 다만, 도로 외의 곳으로 출입할 때에는 보도를 횡단하여 통행할 수 있다.
② 차마의 운전자는 보도를 횡단하기 직전에 일시정지하여 좌측과 우측 부분 등을 살핀 후 보행자의 통행을 방해하지 아니하도록 횡단하여야 한다.
③ 차마의 운전자는 도로(보도와 차도가 구분된 도로에서는 차도를 말한다)의 중앙(중앙선이 설치되어 있는 경우에는 그 중앙선을 말한다) 우측 부분을 통행하여야 한다.
④ 차마의 운전자는 다음의 어느 하나에 해당하는 경우에는 도로의 중앙이나 좌측 부분을 통행할 수 있다.
　㉠ 도로가 일방통행인 경우
　㉡ 도로의 파손, 도로공사나 그 밖의 장애 등으로 도로의 우측 부분을 통행할 수 없는 경우
　㉢ **도로 우측 부분의 폭이 6미터가 되지 아니하는 도로**에서 다른 차를 앞지르려는 경우. 다만, 다음의 어느 하나에 해당하는 경우에는 그러하지 아니하다.
　　ⓐ 도로의 좌측 부분을 확인할 수 없는 경우
　　ⓑ 반대 방향의 교통을 방해할 우려가 있는 경우
　　ⓒ 안전표지 등으로 앞지르기를 금지하거나 제한하고 있는 경우
　㉣ 도로 우측 부분의 폭이 차마의 통행에 충분하지 아니한 경우
　㉤ 가파른 비탈길의 구부러진 곳에서 교통의 위험을 방지하기 위하여 시·도경찰청장이 필요하다고 인정하여 구간 및 통행방법을 지정하고 있는 경우에 그 지정에 따라 통행하는 경우
⑤ 차마의 운전자는 안전지대 등 안전표지에 의하여 진입이 금지된 장소에 들어가서는 아니 된다.
⑥ 차마(자전거등은 제외한다)의 운전자는 안전표지로 통행이 허용된 장소를 제외하고는 자전거도로 또는 길가장자리구역으로 통행하여서는 아니 된다. 다만, 「자전거 이용 활성화에 관한 법률」 제3조제4호에 따른 자전거 우선도로의 경우에는 그러하지 아니하다.

(2) 차로에 따른 통행구분(규칙 제16조)
① 차로를 설치한 경우 그 도로의 중앙에서 오른쪽으로 2 이상의 차로(전용차로가 설치되어 운용되고 있는 도로에서는 전용차로를 제외한다)가 설치된 도로 및 일방통행도로에 있어서 그 차로에 따른 통행차의 기준은 다음과 같다.

차로에 따른 통행차의 기준
(제16조제1항 및 제39조제1항 관련)

도로	차로 구분	통행할 수 있는 차종
고속도로 외의 도로	왼쪽 차로	○ 승용자동차 및 경형·소형·중형 승합자동차(개인형 이동장치는 제외한다.)
	오른쪽 차로	○ 대형승합자동차, 화물자동차, 특수자동차, 법 제2조제18호나목에 따른 건설기계, 이륜자동차, 원동기장치자전거
고속도로	편도 2차로 / 1차로	○ 앞지르기를 하려는 모든 자동차. 다만, 차량통행량 증가 등 도로상황으로 인하여 부득이하게 시속 80킬로미터 미만으로 통행할 수밖에 없는 경우에는 앞지르기를 하는 경우가 아니라도 통행할 수 있다.
	편도 2차로 / 2차로	○ 모든 자동차
	편도 3차로 이상 / 1차로	○ 앞지르기를 하려는 승용자동차 및 앞지르기를 하려는 경형·소형·중형 승합자동차. 다만, 차량통행량 증가 등 도로상황으로 인하여 부득이하게 시속 80킬로미터 미만으로 통행할 수밖에 없는 경우에는 앞지르기를 하는 경우가 아니라도 통행할 수 있다.

고속도로 편도 3차로 이상	왼쪽 차로	○ 승용자동차 및 경형·소형·중형 승합자동차
	오른쪽 차로	○ 대형 승합자동차, 화물자동차, 특수자동차, 법 제2조제18호나목에 따른 건설기계

※ 비고
1. 위 표에서 사용하는 용어의 뜻은 다음 각 목과 같다.
   가. "왼쪽 차로"란 다음에 해당하는 차로를 말한다.
      1) 고속도로 외의 도로의 경우 : 차로를 반으로 나누어 1차로에 가까운 부분의 차로. 다만, 차로수가 홀수인 경우 가운데 차로는 제외한다.
      2) 고속도로의 경우 : 1차로를 제외한 차로를 반으로 나누어 그 중 1차로에 가까운 부분의 차로. 다만, 1차로를 제외한 차로의 수가 홀수인 경우 그 중 가운데 차로는 제외한다.
   나. "오른쪽 차로"란 다음에 해당하는 차로를 말한다.
      1) 고속도로 외의 도로의 경우 : 왼쪽 차로를 제외한 나머지 차로
      2) 고속도로의 경우 : 1차로와 왼쪽 차로를 제외한 나머지 차로
2. 모든 차는 위 표에서 지정된 차로보다 오른쪽에 있는 차로로 통행할 수 있다.
3. 앞지르기를 할 때에는 위 표에서 지정된 차로의 왼쪽 바로 옆 차로로 통행할 수 있다.
4. 도로의 진출입 부분에서 진출입하는 때와 정차 또는 주차한 후 출발하는 때의 상당한 거리 동안은 이 표에서 정하는 기준에 따르지 아니할 수 있다.
5. 이 표 중 승합자동차의 차종 구분은 「자동차관리법 시행규칙」 별표 1에 따른다.
6. 다음 각 목의 차마는 도로의 가장 오른쪽에 있는 차로로 통행하여야 한다.
   가. 자전거
   나. 우마
   다. 법 제2조제18호 나목에 따른 건설기계 이외의 건설기계
   라. 다음의 위험물 등을 운반하는 자동차
      1) 「위험물안전관리법」 제2조제1항제1호 및 제2호에 따른 지정수량 이상의 위험물
      2) 「총포·도검·화약류 등의 안전관리에 관한 법률」 제2조제3항에 따른 화약류
      3) 「화학물질관리법」 제2조제2호에 따른 유독물질
      4) 「폐기물관리법」 제2조제4호에 따른 지정폐기물과 같은 조 제5호에 따른 의료폐기물
      5) 「고압가스 안전관리법」 제2조 및 같은 법 시행령 제2조에 따른 고압가스
      6) 「액화석유가스의 안전관리 및 사업법」 제2조제1호에 따른 액화석유가스
      7) 「원자력안전법」 제2조제5호에 따른 방사성물질 또는 그에 따라 오염된 물질
      8) 「산업안전보건법」 제37조제1항 및 같은 법 시행령 제29조에 따른 제조 등의 금지 유해물질과 「산업안전보건법」 제38조제1항 및 같은 법 시행령 제30조에 따른 허가대상 유해물질
      9) 「농약관리법」 제2조제3호에 따른 원제
   마. 그 밖에 사람 또는 가축의 힘이나 그 밖의 동력으로 도로에서 운행되는 것
7. 좌회전 차로가 2차로 이상 설치된 교차로에서 좌회전하려는 차는 그 설치된 좌회전 차로 내에서 위 표 중 고속도로 외의 도로에서의 차로 구분에 따라 좌회전하여야 한다.

② 모든 차의 운전자는 통행하고 있는 차로에서 느린 속도로 진행하여 다른 차의 정상적인 통행을 방해할 우려가 있는 때에는 그 통행하던 차로의 오른쪽 차로로 통행하여야 한다.

③ 차로의 순위는 도로의 중앙선쪽에 있는 차로부터 1차로로 한다. 다만, 일방통행도로에서는 도로의 왼쪽부터 1차로로 한다.

(3) 전용차로통행차 외에 전용차로로 통행할 수 있는 경우

① 긴급자동차가 그 본래의 긴급한 용도로 운행되고 있는 경우

② 전용차로통행차의 통행에 장해를 주지 아니하는 범위에서 택시가 승객을 태우거나 내려주기 위하여 일시 통행하는 경우. 이 경우 택시 운전자는 승객이 타거나 내린 즉시 전용차로를 벗어나야 한다.

③ 도로의 파손, 공사, 그 밖의 부득이한 장애로 인하여 전용차로가 아니면 통행할 수 없는 경우

(4) 전용차로의 종류와 전용차로로 통행할 수 있는 차

전용차로의 종류와 전용차로로 통행할 수 있는 차
(제9조제1항 관련)

전용차로의 종류	통행할 수 있는 차	
	고속도로	고속도로 외의 도로
1. 버스 전용 차로	9인승 이상 승용자동차 및 승합자동차(승용자동차 또는 12인승 이하의 승합자동차는 6명 이상이 승차한 경우로 한정한다)	가. 「자동차관리법」 제3조에 따른 36인승 이상의 대형승합자동차 나. 「여객자동차 운수사업법」 제3조 및 같은 법 시행령 제3조제1호에 따른 36인승 미만의 사업용 승합자동차 다. 법 제52조에 따라 증명서를 발급받아 어린이를 운송할 목적으로 운행 중인 어린이통학버스 라. 대중교통수단으로 이용하기 위한 자율주행자동차로서 「자동차관리법」 제27조제1항 단서에 따라 시험·연구 목적으로 운행하기 위하여 국토교통부장관의 임시운행허가를 받은 자율주행자동차 마. 가목부터 라목까지에서 규정한 차 외의 차로서 도로에서의 원활한 통행을 위하여 시·도경찰청장이 지정한 다음의 어느 하나에 해당하는 승합자동차 　1) 노선을 지정하여 운행하는 통학·통근용 승합자동차 중 16인승 이상 승합자동차 　2) 국제행사 참가인원 수송 등 특히 필요하다고 인정되는 승합자동차(시·도경찰청장이 정한 기간 이내로 한정한다) 　3) 「관광진흥법」 제3조제1항제2호에 따른 관광숙박업자 또는 「여객자동차 운수사업법 시행령」 제3조제2호가목에 따른 전세버스운송사업자가 운행하는 25인승 이상의 외국인 관광객 수송용 승합자동차(외국인 관광객이 승차한 경우만 해당한다)
2. 다인승 전용 차로	3명 이상 승차한 승용·승합자동차(다인승전용차로와 버스전용차로가 동시에 설치되는 경우에는 버스전용차로를 통행할 수 있는 차는 제외한다)	
3. 자전거 전용 차로	자전거	

비고
1. 경찰청장은 설날·추석 등의 특별교통관리기간 중 특히 필요하다고 인정할 때에는 고속도로 버스전용차로를 통행할 수 있는 차를 따로 정하여 고시할 수 있다.
2. 시장등은 고속도로 버스전용차로와 연결되는 고속도로 외의 도로에 버스전용차로를 설치하는 경우에는 교통의 안전과 원활한 소통을 위하여 그 버스전용차로를 통행할 수 있는 차의 종류, 설치구간 및 시행시기 등을 따로 정하여 고시할 수 있다.
3. 시장등은 교통의 안전과 원활한 소통을 위하여 고속도로 외의 도로에 설치된 버스전용차로로 통행할 수 있는 자율주행자동차의 운행 가능 구간, 기간 및 통행시간 등을 따로 정하여 고시할 수 있다.
4. 시장등은 차도의 일부 차로를 구간과 기간 및 통행시간 등을 정하여 자전거전용차로로 운영할 수 있다.

5. 자동차등의 속도(규칙 제19조)
(1) 자동차 등의 운행속도
① 일반도로(고속도로 및 자동차전용도로 외의 모든 도로를 말한다) : 매시 50킬로미터 이내. 다만, 시·도경찰청장이 원활한 소통을 위하여 특히 필요하다고 인정하여 지정한 노선 또는 구간에서는 매시 60킬로미터 이내. 가목 외의 일반도로에서는 매시 60킬로미터 이내. 다만, 편도 2차로 이상의 도로에서는 매시 80킬로미터 이내.
② **자동차전용도로** : 최고속도는 **매시 90킬로미터**, 최저속도는 매시 30킬로미터
③ **고속도로**
　㉠ 편도 1차로 고속도로 : 최고속도는 매시 80킬로미터, 최저속도는 매시 50킬로미터
　㉡ 편도 2차로 이상 고속도로 : 최고속도는 매시 100킬로미터[화물자동차(적재중량 1.5톤을 초과하는 경우에 한한다.)·특수자동차·위험물운반자동차(위험물 등을 운반하는 자동차를 말한다.) 및 건설기계의 최고속도는 매시 80킬로미터], 최저속도는 매시 50킬로미터
　㉢ 편도 2차로 이상의 고속도로로서 경찰청장이 고속도로의 원활한 소통을 위하여 특히 필요하다고 인정하여 지정·고시한 노선 또는 구간 : 최고속도는 매시 120킬로미터(화물자동차·특수자동차·위험

물운반자동차 및 건설기계의 최고속도는 매시 90킬로미터) 이내, 최저속도는 매시 50킬로미터

(2) 감속운행

① 비·안개·눈 등으로 인한 악천후 시에는 다음의 기준에 의하여 감속운행하여야 한다. 다만, 경찰청장 또는 시·도경찰청장이 가변형 속도제한표지로 최고속도를 정한 경우에는 이에 따라야 하며, 가변형 속도제한표지로 정한 최고속도와 그 밖의 안전표지로 정한 최고속도가 다를 때에는 가변형 속도제한표지에 따라야 한다.

㉠ 최고속도의 **100분의 20**을 줄인 속도로 운행하여야 하는 경우
  ⓐ 비가 내려 노면이 젖어있는 경우
  ⓑ 눈이 20밀리미터 미만 쌓인 경우

㉡ 최고속도의 **100분의 50**을 줄인 속도로 운행하여야 하는 경우
  ⓐ 폭우·폭설·안개 등으로 가시거리가 100미터 이내인 경우
  ⓑ 노면이 얼어붙은 경우
  ⓒ 눈이 20밀리미터 이상 쌓인 경우

② 경찰청장 또는 시·도경찰청장이 구역 또는 구간을 지정하여 자동차등의 속도를 제한하려는 경우에는 설계속도, 실제 주행속도, 교통사고 발생 위험성, 도로주변 여건 등을 고려하여야 한다.

6. 진로 양보의 의무(법 제20조)

(1) 양보의무

모든 차(긴급자동차는 제외한다)의 운전자는 뒤에서 따라오는 차보다 느린 속도로 가려는 경우에는 도로의 우측 가장자리로 피하여 진로를 양보하여야 한다. 다만, 통행 구분이 설치된 도로의 경우에는 그러하지 아니하다.

(2) 좁은 도로에서의 양보

좁은 도로에서 긴급자동차 외의 자동차가 서로 마주보고 진행할 때에는 다음의 구분에 따른 자동차가 도로의 우측 가장자리로 피하여 진로를 양보하여야 한다.

① 비탈진 좁은 도로에서 자동차가 서로 마주보고 진행하는 경우에는 올라가는 자동차

② 비탈진 좁은 도로 외의 좁은 도로에서 사람을 태웠거나 물건을 실은 자동차와 동승자가 없고 물건을 싣지 아니한 자동차가 서로 마주보고 진행하는 경우에는 동승자가 없고 물건을 싣지 아니한 자동차

7. 앞지르기 방법 등

(1) 앞지르기(법 제21조)

① 모든 차의 운전자는 다른 차를 앞지르려면 앞차의 좌측으로 통행하여야 한다.

② 자전거등의 운전자는 서행하거나 정지한 다른 차를 앞지르려면 앞차의 우측으로 통행할 수 있다. 이 경우 자전거등의 운전자는 정지한 차에서 승차하거나 하차하는 사람의 안전에 유의하여 서행하거나 필요한 경우 일시정지하여야 한다.

③ 앞지르려고 하는 모든 차의 운전자는 반대방향의 교통과 앞차 앞쪽의 교통에도 주의를 충분히 기울여야 하며, 앞차의 속도·진로와 그 밖의 도로상황에 따라 방향지시기·등화 또는 경음기를 사용하는 등 안전한 속도와 방법으로 앞지르기를 하여야 한다.

④ 모든 차의 운전자는 앞지르기를 하는 차가 있을 때에는 속도를 높여 경쟁하거나 그 차의 앞을 가로막는 등의 방법으로 앞지르기를 방해하여서는 아니 된다.

(2) 앞지르기 금지의 시기 및 장소(법 제22조)

① 모든 차의 운전자는 다음의 어느 하나에 해당하는 경우에는 앞차를 앞지르지 못한다.
  ㉠ 앞차의 좌측에 다른 차가 앞차와 나란히 가고 있는 경우
  ㉡ 앞차가 다른 차를 앞지르고 있거나 앞지르려고 하는 경우

② 모든 차의 운전자는 다음의 어느 하나에 해당하는 다른 차를 앞지르지 못한다.
  ㉠ 이 법이나 이 법에 따른 명령에 따라 정

지하거나 서행하고 있는 차
ⓒ 경찰공무원의 지시에 따라 정지하거나 서행하고 있는 차
ⓒ 위험을 방지하기 위하여 정지하거나 서행하고 있는 차

③ 모든 차의 운전자는 다음의 어느 하나에 해당하는 곳에서는 다른 차를 앞지르지 못한다.
㉠ **교차로**
㉡ **터널 안**
㉢ **다리 위**
㉣ **도로의 구부러진 곳**, 비탈길의 고갯마루 부근 또는 가파른 비탈길의 내리막 등 시·도경찰청장이 도로에서의 위험을 방지하고 교통의 안전과 원활한 소통을 확보하기 위하여 필요하다고 인정하는 곳으로서 안전표지로 지정한 곳

8. 통행방법 등

(1) 철길 건널목의 통과(법 제24조)

① 모든 차 또는 노면전차의 운전자는 철길 건널목을 통과하려는 경우에는 건널목 앞에서 일시정지하여 안전한지 확인한 후에 통과하여야 한다. 다만, 신호기 등이 표시하는 신호에 따르는 경우에는 정지하지 아니하고 통과할 수 있다.

② 모든 차 또는 노면전차의 운전자는 건널목의 차단기가 내려져 있거나 내려지려고 하는 경우 또는 건널목의 경보기가 울리고 있는 동안에는 그 건널목으로 들어가서는 아니 된다.

③ 모든 차 또는 노면전차의 운전자는 건널목을 통과하다가 고장 등의 사유로 건널목 안에서 차 또는 노면전차를 운행할 수 없게 된 경우에는 즉시 승객을 대피시키고 비상신호기 등을 사용하거나 그 밖의 방법으로 철도공무원이나 경찰공무원에게 그 사실을 알려야 한다.

(2) 교차로 통행방법(법 제25조)

① 모든 차의 운전자는 교차로에서 우회전을 하려는 경우에는 미리 도로의 **우측 가장자리를 서행하면서 우회전**하여야 한다. 이 경우 우회전하는 차의 운전자는 신호에 따라 정지하거나 진행하는 보행자 또는 자전거에 주의하여야 한다.

② 모든 차의 운전자는 교차로에서 좌회전을 하려는 경우에는 미리 도로의 중앙선을 따라 서행하면서 교차로의 중심 안쪽을 이용하여 좌회전하여야 한다. 다만, 시·도경찰청장이 교차로의 상황에 따라 특히 필요하다고 인정하여 지정한 곳에서는 교차로의 중심 바깥쪽을 통과할 수 있다.

③ 자전거등의 운전자는 교차로에서 좌회전하려는 경우에는 미리 도로의 우측 가장자리로 붙어 서행하면서 교차로의 가장자리 부분을 이용하여 좌회전하여야 한다.

④ 우회전이나 좌회전을 하기 위하여 손이나 방향지시기 또는 등화로써 신호를 하는 차가 있는 경우에 그 뒤차의 운전자는 신호를 한 앞차의 진행을 방해하여서는 아니 된다.

⑤ 모든 차 또는 노면전차의 운전자는 신호기로 교통정리를 하고 있는 교차로에 들어가려는 경우에는 진행하려는 진로의 앞쪽에 있는 차 또는 노면전차의 상황에 따라 교차로(정지선이 설치되어 있는 경우에는 그 정지선을 넘은 부분을 말한다)에 정지하게 되어 다른 차 또는 노면전차의 통행에 방해가 될 우려가 있는 경우에는 그 교차로에 들어가서는 아니 된다.

⑥ 모든 차의 운전자는 교통정리를 하고 있지 아니하고 일시정지나 양보를 표시하는 안전표지가 설치되어 있는 교차로에 들어가려고 할 때에는 다른 차의 진행을 방해하지 아니하도록 일시정지하거나 양보하여야 한다.

(3) 회전교차로 통행방법

① 모든 차의 운전자는 회전교차로에서는 반시계방향으로 통행하여야 한다.

② 모든 차의 운전자는 회전교차로에 진입하려는 경우에는 서행하거나 일시정지하여야 하며, 이미 진행하고 있는 다른 차가 있는 때

에는 그 차에 진로를 양보하여야 한다.
③ 제1항 및 제2항에 따라 회전교차로 통행을 위하여 손이나 방향지시기 또는 등화로써 신호를 하는 차가 있는 경우 그 뒤차의 운전자는 신호를 한 앞차의 진행을 방해하여서는 아니 된다.

(4) 교통정리가 없는 교차로에서의 양보운전(법 제26조)
① 교통정리를 하고 있지 아니하는 교차로에 들어가려고 하는 차의 운전자는 이미 교차로에 들어가 있는 다른 차가 있을 때에는 그 차에 진로를 양보하여야 한다.
② 교통정리를 하고 있지 아니하는 교차로에 들어가려고 하는 차의 운전자는 그 차가 통행하고 있는 도로의 폭보다 교차하는 도로의 폭이 넓은 경우에는 서행하여야 하며, 폭이 넓은 도로로부터 교차로에 들어가려고 하는 다른 차가 있을 때에는 그 차에 **진로를 양보**하여야 한다.
③ 교통정리를 하고 있지 아니하는 교차로에 동시에 들어가려고 하는 차의 운전자는 우측도로의 차에 진로를 양보하여야 한다.
④ 교통정리를 하고 있지 아니하는 교차로에서 좌회전하려고 하는 차의 운전자는 그 교차로에서 직진하거나 우회전하려는 다른 차가 있을 때에는 그 차에 진로를 양보하여야 한다.

9. 보행자의 보호(법 제27조)

(1) 횡단보도에서 일시정지
모든 차 또는 노면전차의 운전자는 보행자(자전거등에서 내려서 자전거를 끌거나 들고 통행하는 자전거등의 운전자를 포함한다)가 횡단보도를 통행하고 있을 때에는 보행자의 횡단을 방해하거나 위험을 주지 아니하도록 그 횡단보도 앞(정지선이 설치되어 있는 곳에서는 그 정지선을 말한다)에서 일시정지 하여야 한다.

(2) 신호나 지시 따를 의무
모든 차 또는 노면전차의 운전자는 교통정리를 하고 있는 교차로에서 좌회전이나 우회전을 하려는 경우에는 신호기 또는 경찰공무원 등의 신호나 지시에 따라 도로를 횡단하는 보행자의 통행을 방해하여서는 아니 된다.

(3) 보행자의 통행방해 금지
모든 차의 운전자는 교통정리를 하고 있지 아니하는 교차로 또는 그 부근의 도로를 횡단하는 보행자의 통행을 방해하여서는 아니 된다.

(4) 안전거리 확보
모든 차의 운전자는 도로에 설치된 안전지대에 보행자가 있는 경우와 차로가 설치되지 아니한 좁은 도로에서 보행자의 옆을 지나는 경우에는 안전한 거리를 두고 서행하여야 한다.

(5) 횡단보도가 설치되어 있지 아니한 도로
모든 차 또는 노면전차의 운전자는 보행자가 횡단보도가 설치되어 있지 아니한 도로를 횡단하고 있을 때에는 안전거리를 두고 일시정지하여 보행자가 안전하게 횡단할 수 있도록 하여야 한다.

(6) 안전거리를 두고 서행
모든 차의 운전자는 다음 각 호의 어느 하나에 해당하는 곳에서 보행자의 옆을 지나는 경우에는 안전한 거리를 두고 서행하여야 하며, 보행자의 통행에 방해가 될 때에는 서행하거나 일시정지하여 보행자가 안전하게 통행할 수 있도록 하여야 한다.
① 보도와 차도가 구분되지 아니한 도로 중 중앙선이 없는 도로
② 보행자우선도로
③ 도로 외의 곳

(7) 횡단보도 중 신호기가 설치되지 아니한 경우
모든 차 또는 노면전차의 운전자는 제12조제1항에 따른 어린이 보호구역 내에 설치된 횡단보도 중 신호기가 설치되지 아니한 횡단보도 앞(정지선이 설치된 경우에는 그 정지선을 말한다)에서는 보행자의 횡단 여부와 관계없이 일시정지하여야 한다.

(8) 보행자 우선도로

시·도경찰청장이나 경찰서장은 보행자우선도로에서 보행자를 보호하기 위하여 필요하다고 인정하는 경우에는 차마의 통행속도를 시속 20킬로미터 이내로 제한할 수 있다.

10. 긴급자동차의 통행

(1) 긴급자동차의 우선 통행(법 제29조)

① 긴급자동차는 긴급하고 부득이한 경우에는 도로의 중앙이나 좌측 부분을 통행할 수 있다.
② 긴급자동차는 이 법이나 이 법에 따른 명령에 따라 정지하여야 하는 경우에도 불구하고 긴급하고 부득이한 경우에는 정지하지 아니할 수 있다.
③ 긴급자동차의 운전자는 교통안전에 특히 주의하면서 통행하여야 한다.
④ 교차로나 그 부근에서 긴급자동차가 접근하는 경우에는 차마와 노면전차의 운전자는 교차로를 피하여 일시정지하여야 한다.
⑤ 모든 차와 노면전차의 운전자는 ④에 따른 곳 외의 곳에서 긴급자동차가 접근한 경우에는 긴급자동차가 우선통행할 수 있도록 진로를 양보하여야 한다.
⑥ 긴급자동차의 자동차 운전자는 해당 자동차를 그 본래의 긴급한 용도로 운행하지 아니하는 경우에는 경광등을 켜거나 사이렌을 작동하여서는 아니 된다. 다만, 대통령령으로 정하는 바에 따라 범죄 및 화재 예방 등을 위한 순찰·훈련 등을 실시하는 경우에는 그러하지 아니하다.

(2) 긴급자동차에 대한 특례(법 제30조)

긴급자동차에 대하여는 다음 각 호의 사항을 적용하지 아니한다. 다만, 제4호부터 제12호까지의 사항은 긴급자동차 중 제2조제22호가목부터 다목까지의 자동차와 대통령령으로 정하는 경찰용 자동차에 대해서만 적용하지 아니한다.

① 제17조에 따른 자동차등의 속도 제한. 다만, 제17조에 따라 긴급자동차에 대하여 속도를 제한한 경우에는 같은 조의 규정을 적용한다.
② 제22조에 따른 앞지르기의 금지
③ 제23조에 따른 끼어들기의 금지
④ 제5조에 따른 신호위반
⑤ 제13조제1항에 따른 보도침범
⑥ 제13조제3항에 따른 중앙선 침범
⑦ 제18조에 따른 횡단 등의 금지
⑧ 제19조에 따른 안전거리 확보 등
⑨ 제21조제1항에 따른 앞지르기 방법 등
⑩ 제32조에 따른 정차 및 주차의 금지
⑪ 제33조에 따른 주차금지
⑫ 제66조에 따른 고장 등의 조치

11. 서행 또는 일시정지 할 장소(법 제31조)

(1) 서행운전

모든 차 또는 노면전차의 운전자는 다음의 어느 하나에 해당하는 곳에서는 서행하여야 한다.

① 교통정리를 하고 있지 아니하는 교차로
② 도로가 구부러진 부근
③ 비탈길의 고갯마루 부근
④ 가파른 비탈길의 내리막
⑤ 시·도경찰청장이 도로에서의 위험을 방지하고 교통의 안전과 원활한 소통을 확보하기 위하여 필요하다고 인정하여 안전표지로 지정한 곳

(2) 일시정지

모든 차 또는 노면전차의 운전자는 다음의 어느 하나에 해당하는 곳에서는 일시정지 하여야 한다.

① 교통정리를 하고 있지 아니하고 좌우를 확인할 수 없거나 교통이 빈번한 교차로
② 시·도경찰청장이 도로에서의 위험을 방지하고 교통의 안전과 원활한 소통을 확보하기 위하여 필요하다고 인정하여 안전표지로 지정한 곳

12. 정차 및 주차의 금지

(1) 주차 및 정차금지(법 제32조)

모든 차의 운전자는 다음의 어느 하나에 해당하는 곳에서는 차를 정차하거나 주차하여서는 아니 된다. 다만, 이 법이나 이 법에 따른 명령

또는 경찰공무원의 지시를 따르는 경우와 위험방지를 위하여 일시정지 하는 경우에는 그러하지 아니하다.

① 교차로·횡단보도·건널목이나 보도와 차도가 구분된 도로의 보도(차도와 보도에 걸쳐서 설치된 노상주차장은 제외한다)
② 교차로의 가장자리나 도로의 모퉁이로부터 5미터 이내인 곳
③ 안전지대가 설치된 도로에서는 그 안전지대의 사방으로부터 각각 10미터 이내인 곳
④ 버스여객자동차의 정류지임을 표시하는 기둥이나 표지판 또는 선이 설치된 곳으로부터 10미터 이내인 곳. 다만, 버스여객자동차의 운전자가 그 버스여객자동차의 운행시간 중에 운행노선에 따르는 정류장에서 승객을 태우거나 내리기 위하여 차를 정차하거나 주차하는 경우에는 그러하지 아니하다.
⑤ 건널목의 가장자리 또는 횡단보도로부터 10미터 이내인 곳
⑥ 다음의 곳으로부터 5미터 이내인 곳
　㉠ 소방용수시설 또는 비상소화장치가 설치된 곳
　㉡ 소방시설로서 대통령령으로 정하는 시설이 설치된 곳
⑦ 시·도경찰청장이 도로에서의 위험을 방지하고 교통의 안전과 원활한 소통을 확보하기 위하여 필요하다고 인정하여 지정한 곳
⑧ 시장 등이 「유아교육법」에 따른 유치원, 「초·중등교육법」에 따른 초등학교 또는 특수학교 따라 지정한 어린이 보호구역

(2) 주차금지의 장소(법 제33조)

모든 차의 운전자는 다음의 어느 하나에 해당하는 곳에 차를 주차해서는 아니 된다.

① **터널 안 및 다리 위**
② 다음의 곳으로부터 5미터 이내인 곳
　㉠ 도로공사를 하고 있는 경우에는 그 공사 구역의 양쪽 가장자리
　㉡ 다중이용업소의 영업장이 속한 건축물로 소방본부장의 요청에 의하여 시·도경찰청장이 지정한 곳
③ 시·도경찰청장이 도로에서의 위험을 방지하고 교통의 안전과 원활한 소통을 확보하기 위하여 필요하다고 인정하여 지정한 곳

13. 차와 노면전차의 등화(법 제37조)

(1) 차의 등화

모든 차 또는 노면전차의 운전자는 다음의 어느 하나에 해당하는 경우에는 대통령령으로 정하는 바에 따라 **전조등, 차폭등, 미등과 그 밖의 등화**를 켜야 한다.

① 밤(해가 진 후부터 해가 뜨기 전까지를 말한다.)에 도로에서 차 또는 노면전차를 운행하거나 고장이나 그 밖의 부득이한 사유로 도로에서 차 또는 노면전차를 정차 또는 주차하는 경우
② 안개가 끼거나 비 또는 눈이 올 때에 도로에서 차 또는 노면전차를 운행하거나 고장이나 그 밖의 부득이한 사유로 도로에서 차 또는 노면전차를 정차 또는 주차하는 경우
③ 터널 안을 운행하거나 고장 또는 그 밖의 부득이한 사유로 터널 안 도로에서 차 또는 노면전차를 정차 또는 주차하는 경우

(2) 등화조절 등

모든 차 또는 노면전차의 운전자는 밤에 차 또는 노면전차가 서로 마주보고 진행하거나 앞차의 바로 뒤를 따라가는 경우에는 대통령령으로 정하는 바에 따라 **등화의 밝기를 줄이거나 잠시 등화를 끄는 등의 필요한 조작**을 하여야 한다.

14. 차의 신호

(1) 차의 신호(법 제38조 제1항)

모든 차의 운전자는 좌회전·우회전·횡단·유턴·서행·정지 또는 후진을 하거나 같은 방향으로 진행하면서 진로를 바꾸려고 하는 경우와 회전교차로에 진입하거나 회전교차로에서 진출하는 경우에는 손이나 방향지시기 또는 등화로써 그 행위가 끝날 때까지 신호를 하여야 한다.

(2) 신호의 시기 및 방법(영 별표2)

신호를 하는 경우	신호를 하는 시기	신호의 방법
1. 좌회전·횡단·유턴 또는 같은 방향으로 진행하면서 진로를 왼쪽으로 바꾸려는 때	그 행위를 하려는 지점(좌회전할 경우에는 그 교차로의 가장자리)에 이르기 전 30미터(고속도로에서는 100미터) 이상의 지점에 이르렀을 때	왼팔을 수평으로 펴서 차체의 왼쪽 밖으로 내밀거나 오른팔을 차체의 오른쪽 밖으로 내어 팔꿈치를 굽혀 수직으로 올리거나 왼쪽의 방향지시기 또는 등화를 조작할 것
2. 우회전 또는 같은 방향으로 진행하면서 진로를 오른쪽으로 바꾸려는 때	그 행위를 하려는 지점(우회전할 경우에는 그 교차로의 가장자리)에 이르기 전 30미터(고속도로에서는 100미터) 이상의 지점에 이르렀을 때	오른팔을 수평으로 펴서 차체의 오른쪽 밖으로 내밀거나 왼팔을 차체의 왼쪽 밖으로 내어 팔꿈치를 굽혀 수직으로 올리거나 오른쪽의 방향지시기 또는 등화를 조작할 것
3. 정지할 때	그 행위를 하려는 때	팔을 차체의 밖으로 내어 45도 밑으로 펴거나 자동차안전기준에 따라 장치된 제동등을 켤 것
4. 후진할 때	그 행위를 하려는 때	팔을 차체의 밖으로 내어 45도 밑으로 펴서 손바닥을 뒤로 향하게 하여 그 팔을 앞뒤로 흔들거나 자동차안전기준에 따라 장치된 후진등을 켤 것
5. 뒤차에게 앞지르기를 시키려는 때	그 행위를 시키려는 때	오른팔 또는 왼팔을 차체의 왼쪽 또는 오른쪽 밖으로 수평으로 펴서 손을 앞뒤로 흔들 것
6. 서행할 때	그 행위를 하려는 때	팔을 차체의 밖으로 내어 45도 밑으로 펴서 위아래로 흔들거나 자동차안전기준에 따라 장치된 제동등을 깜박일 것

(3) 경찰공무원등이 표시하는 수신호의 종류·표시방법 및 신호의 뜻(제9조 관련)

구분	신호의 종류	표시의 방법	신호의 뜻
손으로 할 때	진행	손바닥을 아래로 한 팔을 수평으로 올려서 측면을 지적하며 주목한 다음 팔꿈치를 굽히며 손을 위로 치켜들어 턱 앞 또는 머리뒤를 가리키는 동작을 반복한다.	지적하며 주목을 받은 측의 보행자, 차마는 가리키는 방향으로 진행할 수 있다는 것
	좌·우회전	손바닥을 아래로 한 팔을 수평으로 올려서 측면(전면 또는 다리와 상체만을 뒤로 돌리면서 후면)을 지적하며 주목한 다음 손과 팔을 수평으로 유지하면서 전면 또는 다리와 상체만을 뒤로 돌리면서 후면(측면 또는 다리와 상체만을 원위치로 돌리면서 측면)을 가리키는 동작을 한다.	지적하며 주목을 받는 측의 차마는 가리키는 방향으로 좌회전 또는 우회전할 수 있다는 것
	정지	팔을 수평선상 45도의 각도로 측면(전면 또는 다리와 상체만을 뒤로 돌리며 후면)으로 펴서 올리고 팔꿈치를 넓은 각도로 약간 굽혀 머리보다 높이 올린 손을 수직으로 하고 손바닥을 외측으로 향하게 하며 주목한다.	손바닥과 대면하여 주목을 받은 측의 보행자는 도로를 횡단하여서는 아니되고 차마는 정지선에 정지하여야 한다는 것
신호봉으로 할 때	진행	신호봉을 수평선상 45도가 되도록 잡고 손으로 할 때의 진행신호를 한다.	지적하며 주목을 받은 측의 보행자, 차마는 가리키는 방향으로 진행할 수 있다는 것
	좌·우회전	신호봉을 수평선상 45도가 되도록 잡고 손으로 할 때의 좌·우회전 신호를 표시하는 동작을 한다.	지적하며 주목을 받는 측의 차마는 가리키는 방향으로 좌회전 또는 우회전 할 수 있다는 것

	정지	우측 팔꿈치를 옆구리에 가볍게 붙이고 신호봉을 잡은 손목을 상의 둘째단추 높이의 앞으로 올린 후 신호봉을 안면 중앙의 수직선에서 45도 각도(이하 같다)의 좌우로 흔든다. 다리와 상체만을 뒤로 돌리고 신호봉을 잡은 우측 손목을 어깨높이 45도 각도 앞으로 올리고 신호봉을 좌우로 흔든다. 상체만을 측면으로 돌리고 신호봉을 잡은 우측 손목을 어깨높이로 올리고 신호봉을 좌우로 흔든다.	좌우로 흔드는 신호봉 및 안면과 대면하는 보행자는 도로를 횡단하여서는 아니되고 차마는 정지선에 정지하여야 한다는 것

(4) 신호등의 신호순서(제7조제2항 관련)

신호등	신호 순서
적색·황색·녹색화살표·녹색의 사색등화로 표시되는 신호등	녹색등화·황색등화·적색 및 녹색화살표등화·적색 및 황색등화·적색등화의 순서로 한다.
적색·황색·녹색(녹색화살표)의 삼색등화로 표시되는 신호등	녹색(적색 및 녹색화살표)등화·황색등화·적색등화의 순서로 한다.
적색화살표·황색화살표·녹색화살표의 삼색등화로 표시되는 신호등	녹색화살표등화·황색화살표등화·적색화살표등화의 순서로 한다.
적색 및 녹색의 이색등화로 표시되는 신호등	녹색등화·녹색등화의 점멸·적색등화의 순서로 한다.
황색T자형·백색가로막대형·백색점형·백색세로막대형의 등화로 표시되는 신호등	백색세로막대형등화·백색점형등화·백색가로막대형등화·백색가로막대형등화 및 황색T자형등화·백색가로막대형등화 및 황색T자형등화의 점멸의 순서로 한다.
황색T자형·백색가로막대형·백색점형·백색세로막대형·백색사선막대형의 등화로 표시되는 신호등	백색세로막대형등화 또는 백색사선막대형등화·백색점형등화·백색가로막대형등화·백색가로막대형등화 및 황색T자형등화·백색가로막대형등화 및 황색T자형등화의 점멸의 순서로 한다.

비고
교차로와 교통 여건을 고려하여 특별히 필요하다고 인정되는 장소에서는 신호의 순서를 달리하거나 녹색화살표 및 녹색등화를 동시에 표시할 수 있다.

15. 승차 또는 적재방법과 제한

(1) 승차 또는 적재방법(법 제39조)
① 모든 차의 운전자는 승차 인원, 적재중량 및 적재용량에 관하여 운행상의 안전기준을 넘어서 승차시키거나 적재한 상태로 운전하여서는 아니 된다. 다만, 출발지를 관할하는 경찰서장의 허가를 받은 경우에는 그러하지 아니하다.
② 허가를 받으려는 차가 운행허가를 받아야 하는 차에 해당하는 경우를 준용한다.
③ 모든 차 또는 노면전차의 운전자는 운전 중 타고 있는 사람 또는 타고 내리는 사람이 떨어지지 아니하도록 하기 위하여 문을 정확히 여닫는 등 필요한 조치를 하여야 한다.
④ 모든 차의 운전자는 운전 중 실은 화물이 떨어지지 아니하도록 덮개를 씌우거나 묶는 등 확실하게 고정될 수 있도록 필요한 조치를 하여야 한다.
⑤ 모든 차의 운전자는 영유아나 동물을 안고 운전 장치를 조작하거나 운전석 주위에 물건을 싣는 등 안전에 지장을 줄 우려가 있는 상태로 운전하여서는 아니 된다.
⑥ 시·도경찰청장은 도로에서의 위험을 방지하고 교통의 안전과 원활한 소통을 확보하기 위하여 필요하다고 인정하는 경우에는 차의 운전자에 대하여 승차 인원, 적재중량 또는 적재용량을 제한할 수 있다.

(2) 운행상의 안전기준(영 제22조)
① 자동차(고속버스 운송사업용 자동차 및 화물자동차는 제외한다)의 **승차인원은 승차정원의 110퍼센트 이내일 것**. 다만, 고속도로에서는 승차정원을 넘어서 운행할 수 없다.
② 고속버스 운송사업용 자동차 및 화물자동차의 승차인원은 승차정원 이내일 것
③ 화물자동차의 적재중량은 구조 및 성능에 따르는 적재중량의 110퍼센트 이내일 것

④ 자동차(화물자동차, 이륜자동차 및 소형 3륜자동차만 해당한다)의 적재용량은 다음의 구분에 따른 기준을 넘지 아니할 것
  ㉠ 길이 : 자동차 길이에 그 길이의 10분의 1을 더한 길이. 다만, 이륜자동차는 그 승차장치의 길이 또는 적재장치의 길이에 30센티미터를 더한 길이를 말한다.
  ㉡ 너비 : 자동차의 후사경으로 뒤쪽을 확인할 수 있는 범위(후사경의 높이보다 화물을 낮게 적재한 경우에는 그 화물을, 후사경의 높이보다 화물을 높게 적재한 경우에는 뒤쪽을 확인할 수 있는 범위를 말한다)의 너비
  ㉢ 높이 : 화물자동차는 지상으로부터 4미터(도로구조의 보전과 통행의 안전에 지장이 없다고 인정하여 고시한 도로노선의 경우에는 4미터 20센티미터), 소형 3륜자동차는 지상으로부터 2미터 50센티미터, 이륜자동차는 지상으로부터 2미터의 높이

16. 운전자 및 고용주 등의 의무

(1) 무면허운전 등의 금지(법 제43조)
누구든지 시·도경찰청장으로부터 운전면허를 받지 아니하거나 운전면허의 효력이 정지된 경우에는 자동차등(개인형 이동장치는 제외한다.)을 운전하여서는 아니 된다.

(2) 술에 취한 상태에서의 운전 금지(법 제44조)
① 누구든지 술에 취한 상태에서 자동차등(건설기계 외의 건설기계를 포함한다.), 노면전차 또는 자전거를 운전하여서는 아니 된다.
② 경찰공무원은 교통의 안전과 위험방지를 위하여 필요하다고 인정하거나 술에 취한 상태에서 자동차등, 노면전차 또는 자전거를 운전하였다고 인정할 만한 상당한 이유가 있는 경우에는 운전자가 술에 취하였는지를 호흡조사로 측정할 수 있다. 이 경우 운전자는 경찰공무원의 측정에 응하여야 한다.
③ 측정 결과에 불복하는 운전자에 대하여는 그 운전자의 동의를 받아 혈액 채취 등의 방법으로 다시 측정할 수 있다.
④ 운전이 금지되는 술에 취한 상태의 기준은 운전자의 혈중알코올농도가 0.03퍼센트 이상인 경우로 한다.
⑤ 제2항 및 제3항에 따른 측정의 방법, 절차 등 필요한 사항은 행정안전부령으로 정한다.

(3) 과로한 때 등의 운전 금지(법 제45조)
자동차등(개인형 이동장치는 제외한다.) 또는 노면전차의 운전자는 술에 취한 상태 외에 과로, 질병 또는 약물(마약, 대마 및 향정신성의 약품과 그 밖에 행정안전부령으로 정하는 것을 말한다.)의 영향과 그 밖의 사유로 정상적으로 운전하지 못할 우려가 있는 상태에서 자동차등 또는 노면전차를 운전하여서는 아니 된다.

(4) 공동 위험행위의 금지(법 제46조)
① 자동차등(개인형 이동장치는 제외한다.)의 운전자는 도로에서 2명 이상이 공동으로 2대 이상의 자동차등을 정당한 사유 없이 앞뒤로 또는 좌우로 줄지어 통행하면서 다른 사람에게 위해를 끼치거나 교통상의 위험을 발생하게 하여서는 아니 된다.
② 자동차등의 동승자는 공동 위험행위를 주도하여서는 아니 된다.

(5) 교통단속용 장비의 기능방해 금지(법 제46조의2)
누구든지 교통단속을 회피할 목적으로 교통단속용 장비의 기능을 방해하는 장치를 제작·수입·판매 또는 장착하여서는 아니 된다.

(6) 난폭운전 금지(법 제46조의3)
자동차등(개인형 이동장치는 제외한다.)의 운전자는 다음 중 둘 이상의 행위를 연달아 하거나, 하나의 행위를 지속 또는 반복하여 다른 사람에게 위협 또는 위해를 가하거나 교통상의 위험을 발생하게 하여서는 아니 된다.
① 신호 또는 지시 위반
② 중앙선 침범
③ 속도의 위반
④ 횡단·유턴·후진 금지 위반
⑤ 안전거리 미확보, 진로변경 금지 위반, 급제동 금지 위반

⑥ 앞지르기 방법 또는 앞지르기의 방해금지 위반
⑦ 정당한 사유 없는 소음 발생
⑧ 고속도로에서의 앞지르기 방법 위반
⑨ 고속도로 등에서의 횡단·유턴·후진 금지 위반

(7) 위험방지를 위한 조치(법 제47조)
① 경찰공무원은 자동차등(개인형 이동장치는 제외한다.) 또는 노면전차의 운전자가 제43조부터 제45조까지의 규정을 위반하여 자동차등 또는 노면전차를 운전하고 있다고 인정되는 경우에는 자동차등 또는 노면전차를 일시정지 시키고 그 운전자에게 자동차 운전면허증을 제시할 것을 요구할 수 있다.
② 경찰공무원은 자동차등 또는 노면전차를 운전하는 사람이나 자전거를 운전하는 사람에 대하여는 정상적으로 운전할 수 있는 상태가 될 때까지 운전의 금지를 명하고 차를 이동시키는 등 필요한 조치를 할 수 있다.

(8) 안전운전 및 친환경 경제운전의 의무(법 제48조)
① 모든 차 또는 노면전차의 운전자는 차 또는 노면전차의 조향장치와 제동장치, 그 밖의 장치를 정확하게 조작하여야 하며, 도로의 교통상황과 차 또는 노면전차의 구조 및 성능에 따라 다른 사람에게 위험과 장해를 주는 속도나 방법으로 운전하여서는 아니 된다.
② 모든 차의 운전자는 차를 친환경적이고 경제적인 방법으로 운전하여 연료소모와 탄소배출을 줄이도록 노력하여야 한다.

(9) 모든 운전자의 준수사항 등(법 제49조)
① 모든 차 또는 노면전차의 운전자는 다음의 사항을 지켜야 한다.
   ㉠ 물이 고인 곳을 운행할 때에는 고인 물을 튀게 하여 다른 사람에게 피해를 주는 일이 없도록 할 것
   ㉡ 다음의 어느 하나에 해당하는 경우에는 일시정지 할 것
      ⓐ 어린이가 보호자 없이 도로를 횡단할 때, 어린이가 도로에서 앉아 있거나 서 있을 때 또는 어린이가 도로에서 놀이를 할 때 등 어린이에 대한 교통사고의 위험이 있는 것을 발견한 경우
      ⓑ 앞을 보지 못하는 사람이 흰색 지팡이를 가지거나 장애인보조견을 동반하는 등의 조치를 하고 도로를 횡단하고 있는 경우
      ⓒ 지하도나 육교 등 도로 횡단시설을 이용할 수 없는 지체장애인이나 노인 등이 도로를 횡단하고 있는 경우
   ㉢ 자동차의 앞면 창유리와 운전석 좌우 옆면 창유리의 가시광선의 투과율이 대통령령으로 정하는 기준보다 낮아 교통안전 등에 지장을 줄 수 있는 차를 운전하지 아니할 것. 다만, 요인 경호용, 구급용 및 장의용 자동차는 제외한다.
   ㉣ 교통단속용 장비의 기능을 방해하는 장치를 한 차나 그 밖에 안전운전에 지장을 줄 수 있는 것으로서 행정안전부령으로 정하는 기준에 적합하지 아니한 장치를 한 차를 운전하지 아니할 것. 다만, 자율주행자동차의 신기술 개발을 위한 장치를 장착하는 경우에는 그러하지 아니하다.
   ㉤ 도로에서 자동차등(개인형 이동장치는 제외한다.) 또는 노면전차를 세워둔 채 시비·다툼 등의 행위를 하여 다른 차마의 통행을 방해하지 아니할 것
   ㉥ 운전자가 차 또는 노면전차를 떠나는 경우에는 교통사고를 방지하고 다른 사람이 함부로 운전하지 못하도록 필요한 조치를 할 것
   ㉦ 운전자는 안전을 확인하지 아니하고 차 또는 노면전차의 문을 열거나 내려서는 아니 되며, 동승자가 교통의 위험을 일으키지 아니하도록 필요한 조치를 할 것
   ㉧ 운전자는 정당한 사유 없이 다음의 어느 하나에 해당하는 행위를 하여 다른 사람에게 피해를 주는 소음을 발생시키지 아니할 것
      ⓐ 자동차등을 급히 출발시키거나 속도를 급격히 높이는 행위

ⓑ 자동차등의 원동기 동력을 차의 바퀴에 전달시키지 아니하고 원동기의 회전수를 증가시키는 행위
ⓒ 반복적이거나 연속적으로 경음기를 울리는 행위
ⓩ 운전자는 승객이 차 안에서 안전운전에 현저히 장해가 될 정도로 춤을 추는 등 소란행위를 하도록 내버려두고 차를 운행하지 아니할 것
ⓩ 운전자는 자동차등 또는 노면전차의 운전 중에는 **휴대용 전화(자동차용 전화를 포함한다)를 사용하지 아니할 것.** 다만, 다음의 어느 하나에 해당하는 경우에는 그러하지 아니하다.
 ⓐ 자동차등 또는 노면전차가 정지하고 있는 경우
 ⓑ 긴급자동차를 운전하는 경우
 ⓒ 각종 범죄 및 재해 신고 등 긴급한 필요가 있는 경우
 ⓓ 안전운전에 장애를 주지 아니하는 장치로서 대통령령으로 정하는 장치를 이용하는 경우
㉠ 자동차등 또는 노면전차의 운전 중에는 방송 등 영상물을 수신하거나 재생하는 장치(운전자가 휴대하는 것을 포함한다)를 통하여 운전자가 운전 중 볼 수 있는 위치에 영상이 표시되지 아니하도록 할 것. 다만, 다음의 어느 하나에 해당하는 경우에는 그러하지 아니하다.
 ⓐ 자동차등 또는 노면전차가 정지하고 있는 경우
 ⓑ 자동차등 또는 노면전차에 장착하거나 거치하여 놓은 영상표시장치에 다음의 영상이 표시되는 경우
  ㉮ 지리안내 영상 또는 교통정보안내 영상
  ㉯ 국가비상사태·재난상황 등 긴급한 상황을 안내하는 영상
  ㉰ 운전을 할 때 자동차등 또는 노면전차의 좌우 또는 전후방을 볼 수 있도록 도움을 주는 영상
㉡ 자동차등 또는 노면전차의 운전 중에는 **영상표시장치를 조작하지 아니할 것.** 다만, 다음의 어느 하나에 해당하는 경우에는 그러하지 아니하다.
 ㉮ 자동차등과 노면전차가 정지하고 있는 경우
 ㉯ 노면전차 운전자가 운전에 필요한 영상표시장치를 조작하는 경우
㉢ 운전자는 자동차의 화물 적재함에 사람을 태우고 운행하지 아니할 것
㉣ 그 밖에 시·도경찰청장이 교통안전과 교통질서 유지에 필요하다고 인정하여 지정·공고한 사항에 따를 것
② 경찰공무원은 가시광선의 투과율 및 교통단속용 장비의 기능을 방해를 위반한 자동차를 발견한 경우에는 그 현장에서 운전자에게 위반사항을 제거하게 하거나 필요한 조치를 명할 수 있다. 이 경우 운전자가 그 명령을 따르지 아니할 때에는 경찰공무원이 직접 위반사항을 제거하거나 필요한 조치를 할 수 있다.

(10) 특정 운전자의 준수사항(법 제50조)
① 자동차(이륜자동차는 제외한다)의 **운전자는 자동차를 운전할 때에는 좌석안전띠를 매어야 하며, 모든 좌석의 동승자에게도 좌석안전띠(영유아인 경우에는 유아보호용 장구를 장착한 후의 좌석안전띠를 말한다.)를 매도록 하여야 한다.** 다만, 질병 등으로 인하여 좌석안전띠를 매는 것이 곤란하거나 행정안전부령으로 정하는 사유가 있는 경우에는 그러하지 아니하다.
② 이륜자동차와 원동기장치자전거(개인형 이동장치는 제외한다.)의 운전자는 행정안전부령으로 정하는 인명보호 장구를 착용하고 운행하여야 하며, 동승자에게도 착용하도록 하여야 한다.
③ 자전거의 운전자는 자전거도로 및 「도로법」에 따른 도로를 운전할 때에는 행정안전부령으로 정하는 인명보호 장구를 착용하여야 하며, 자전거의 운전자는 동승자에게도 이를 착용하도록 하여야 한다.

④ 운송사업용 자동차, 화물자동차 및 노면전차 등으로서 행정안전부령으로 정하는 자동차 또는 노면전차의 운전자는 다음의 어느 하나에 해당하는 행위를 하여서는 아니 된다. 다만, 승차를 거부하는 행위는 사업용 승합자동차와 노면전차의 운전자에 한정한다.
  ㉠ 운행기록계가 설치되어 있지 아니하거나 고장 등으로 사용할 수 없는 운행기록계가 설치된 자동차를 운전하는 행위
  ㉡ 운행기록계를 원래의 목적대로 사용하지 아니하고 자동차를 운전하는 행위
  ㉢ 승차를 거부하는 행위
⑤ 사업용 승용자동차의 운전자는 합승행위 또는 승차거부를 하거나 신고한 요금을 초과하는 요금을 받아서는 아니 된다.
⑥ 자전거등의 운전자는 행정안전부령으로 정하는 크기와 구조를 갖추지 아니하여 교통안전에 위험을 초래할 수 있는 자전거등을 운전하여서는 아니 된다.
⑦ 자전거등의 운전자는 약물의 영향과 그 밖의 사유로 정상적으로 운전하지 못할 우려가 있는 상태에서 자전거등을 운전하여서는 아니 된다.
⑧ 자전거등의 운전자는 밤에 도로를 통행하는 때에는 전조등과 미등을 켜거나 야광띠 등 발광장치를 착용하여야 한다.
⑨ 개인형 이동장치의 운전자는 행정안전부령으로 정하는 승차정원을 초과하여 동승자를 태우고 개인형 이동장치를 운전하여서는 아니 된다.

(11) 자율주행자동차 운전자의 준수사항 등
  ① 행정안전부령으로 정하는 완전 자율주행시스템에 해당하지 아니하는 자율주행시스템을 갖춘 자동차의 운전자는 자율주행시스템의 직접 운전 요구에 지체 없이 대응하여 조향장치, 제동장치 및 그 밖의 장치를 직접 조작하여 운전하여야 한다.
  ② 운전자가 자율주행시스템을 사용하여 운전하는 경우에는 제49조제1항제10호, 제11호 및 제11호의2의 규정을 적용하지 아니한다.

(12) 휴대용 전화 사용금지(법 제49조 제1항 제10호)
운전자는 자동차등의 운전 중에는 휴대용 전화(자동차용 전화를 포함한다)를 사용하지 아니할 것. 다만, 다음의 어느 하나에 해당하는 경우에는 그러하지 아니하다.
  ① 자동차등이 정지하고 있는 경우
  ② 긴급자동차를 운전하는 경우
  ③ 각종 범죄 및 재해 신고 등 긴급한 필요가 있는 경우
  ④ 안전운전에 장애를 주지 아니하는 장치로서 대통령령으로 정하는 장치를 이용하는 경우

(13) 어린이통학버스의 특별보호(법 제51조)
  ① 어린이통학버스가 도로에 정차하여 어린이나 영유아가 타고 내리는 중임을 표시하는 점멸등 등의 장치를 작동 중일 때에는 어린이통학버스가 정차한 차로와 그 차로의 바로 옆 차로로 통행하는 차의 운전자는 어린이통학버스에 이르기 전에 일시정지하여 안전을 확인한 후 서행하여야 한다.
  ② 제1항의 경우 중앙선이 설치되지 아니한 도로와 편도 1차로인 도로에서는 반대방향에서 진행하는 차의 운전자도 어린이통학버스에 이르기 전에 일시정지하여 안전을 확인한 후 서행하여야 한다.
  ③ 모든 차의 운전자는 어린이나 영유아를 태우고 있다는 표시를 한 상태로 도로를 통행하는 어린이통학버스를 앞지르지 못한다.

17. 사고발생 시의 조치

(1) 사고조치(법 제54조)
  ① 차 또는 노면전차의 운전 등 교통으로 인하여 사람을 사상하거나 물건을 손괴한 경우에는 그 차 또는 노면전차의 운전자나 그 밖의 승무원은 즉시 정차하여 다음의 조치를 하여야 한다.
    ㉠ 사상자를 구호하는 등 필요한 조치
    ㉡ 피해자에게 인적 사항(성명·전화번호·주소 등을 말한다.) 제공
  ② 그 차 또는 노면전차의 운전자등은 경찰공무원이 현장에 있을 때에는 그 경찰공무원에게, 경찰공무원이 현장에 없을 때에는 가장 가까운 국가경찰관서(지구대, 파출소 및

출장소를 포함한다.)에 다음의 사항을 지체 없이 신고하여야 한다. 다만, 차 또는 노면전차만 손괴된 것이 분명하고 도로에서의 위험방지와 원활한 소통을 위하여 필요한 조치를 한 경우에는 그러하지 아니하다.
  ⊙ **사고가 일어난 곳**
  ⓒ **사상자 수 및 부상 정도**
  ⓒ **손괴한 물건 및 손괴 정도**
  ⓔ **그 밖의 조치사항 등**
③ 신고를 받은 국가경찰관서의 경찰공무원은 부상자의 구호와 그 밖의 교통위험 방지를 위하여 필요하다고 인정하면 경찰공무원(자치경찰공무원은 제외한다)이 현장에 도착할 때까지 신고한 운전자 등에게 현장에서 대기할 것을 명할 수 있다.
④ 경찰공무원은 교통사고를 낸 차 또는 노면전차의 운전자등에 대하여 그 현장에서 부상자의 구호와 교통안전을 위하여 필요한 지시를 명할 수 있다.
⑤ 긴급자동차, 부상자를 운반 중인 차, 우편물자동차 및 노면전차 등의 운전자는 긴급한 경우에는 동승자 등으로 하여금 조치나 신고를 하게 하고 운전을 계속할 수 있다.
⑥ 경찰공무원(자치경찰공무원은 제외한다)은 교통사고가 발생한 경우에는 대통령령으로 정하는 바에 따라 필요한 조사를 하여야 한다.

(2) 사고발생 시 조치에 대한 방해의 금지(법 제55조)
교통사고가 일어난 경우에는 누구든지 운전자등의 조치 또는 신고행위를 방해하여서는 아니 된다.

(3) 고장자동차의 표지(규칙 제40조)
① 자동차의 운전자는 고장이나 그 밖의 사유로 고속도로 또는 자동차전용도로에서 자동차를 운행할 수 없게 되었을 때에는 다음의 표지를 설치하여야 한다.
  ⊙ 안전삼각대(국토교통부장관이 정하여 고시하는 기준을 충족하도록 제작된 안전삼각대를 포함한다)
  ⓒ 사방 500미터 지점에서 식별할 수 있는 적색의 섬광신호·전기제등 또는 불꽃신호. 다만, 밤에 고장이나 그 밖의 사유로 고속도로 등에서 자동차를 운행할 수 없게 되었을 때로 한정한다.
② 자동차의 운전자는 표지를 설치하는 경우 그 자동차의 후방에서 접근하는 자동차의 운전자가 확인할 수 있는 위치에 설치하여야 한다.

18. 고속도로 및 자동차전용도로에서의 특례

(1) 위험방지 등의 조치(법 제58조)
경찰공무원(자치경찰공무원은 제외한다)은 도로의 손괴, 교통사고의 발생이나 그 밖의 사정으로 고속도로 등에서 교통이 위험 또는 혼잡하거나 그러할 우려가 있을 때에는 교통의 위험 또는 혼잡을 방지하고 교통의 안전 및 원활한 소통을 확보하기 위하여 필요한 범위에서 진행 중인 자동차의 통행을 일시 금지 또는 제한하거나 그 자동차의 운전자에게 필요한 조치를 명할 수 있다.

(2) 교통안전시설의 설치 및 관리(법 제59조)
① 고속도로의 관리자는 고속도로에서 일어나는 위험을 방지하고 교통의 안전과 원활한 소통을 확보하기 위하여 교통안전시설을 설치·관리하여야 한다. 이 경우 고속도로의 관리자가 교통안전시설을 설치하려면 경찰청장과 협의하여야 한다.
② 경찰청장은 고속도로의 관리자에게 교통안전시설의 관리에 필요한 사항을 지시할 수 있다.

(3) 갓길 통행금지 등(법 제60조)
① 자동차의 운전자는 고속도로 등에서 자동차의 고장 등 부득이한 사정이 있는 경우를 제외하고는 행정안전부령으로 정하는 차로에 따라 통행하여야 하며, 갓길(길어깨를 말한다)로 통행하여서는 아니 된다. 다만, 긴급자동차와 고속도로 등의 보수·유지 등의 작업을 하는 자동차를 운전하는 경우에는 그러하지 아니하다.
② 자동차의 운전자는 고속도로에서 다른 차를 앞지르려면 방향지시기, 등화 또는 경음기를 사용하여 행정안전부령으로 정하는 차로로 안전하게 통행하여야 한다.

(4) 횡단 등의 금지(법 제62조)

자동차의 운전자는 그 차를 운전하여 고속도로 등을 횡단하거나 유턴 또는 후진하여서는 아니 된다. 다만, 긴급자동차 또는 도로의 보수·유지 등의 작업을 하는 자동차 가운데 고속도로 등에서의 위험을 방지·제거하거나 교통사고에 대한 응급조치작업을 위한 자동차로서 그 목적을 위하여 반드시 필요한 경우에는 그러하지 아니하다.

(5) 통행 등의 금지(법 제63조)

자동차(이륜자동차는 긴급자동차만 해당한다) 외의 차마의 운전자 또는 보행자는 고속도로 등을 통행하거나 횡단하여서는 아니 된다.

(6) 고속도로 등에서의 정차 및 주차의 금지(법 제64조)

자동차의 운전자는 고속도로 등에서 차를 정차하거나 주차시켜서는 아니 된다. 다만, 다음의 어느 하나에 해당하는 경우에는 그러하지 아니하다.
① 법령의 규정 또는 경찰공무원(자치경찰공무원은 제외한다)의 지시에 따르거나 위험을 방지하기 위하여 일시 정차 또는 주차시키는 경우
② 정차 또는 주차할 수 있도록 안전표지를 설치한 곳이나 정류장에서 정차 또는 주차시키는 경우
③ 고장이나 그 밖의 부득이한 사유로 길가장자리구역(갓길을 포함한다)에 정차 또는 주차시키는 경우
④ 통행료를 내기 위하여 통행료를 받는 곳에서 정차하는 경우
⑤ 도로의 관리자가 고속도로 등을 보수·유지 또는 순회하기 위하여 정차 또는 주차시키는 경우
⑥ 경찰용 긴급자동차가 고속도로 등에서 범죄 수사, 교통단속이나 그 밖의 경찰임무를 수행하기 위하여 정차 또는 주차시키는 경우
⑥의2. 소방차가 고속도로등에서 화재진압 및 인명 구조·구급 등 소방활동, 소방지원활동 및 생활안전활동을 수행하기 위하여 정차 또는 주차시키는 경우
⑥의3. 경찰용 긴급자동차 및 소방차를 제외한 긴급자동차가 사용 목적을 달성하기 위하여 정차 또는 주차시키는 경우
⑦ 교통이 밀리거나 그 밖의 부득이한 사유로 움직일 수 없을 때에 고속도로 등의 차로에 일시 정차 또는 주차시키는 경우

(7) 고장 등의 조치(법 제66조)

자동차의 운전자는 고장이나 그 밖의 사유로 고속도로 등에서 자동차를 운행할 수 없게 되었을 때에는 행정안전부령으로 정하는 표지(고장자동차의 표지)를 설치하여야 하며, 그 자동차를 고속도로 등이 아닌 다른 곳으로 옮겨 놓는 등의 필요한 조치를 하여야 한다.

(8) 운전자의 고속도로 등에서의 준수사항(법 제67조)

고속도로 등을 운행하는 자동차의 운전자는 교통의 안전과 원활한 소통을 확보하기 위하여 고장자동차의 표지를 항상 비치하며, 고장이나 그 밖의 부득이한 사유로 자동차를 운행할 수 없게 되었을 때에는 자동차를 도로의 우측 가장자리에 정지시키고 행정안전부령으로 정하는 바에 따라 그 표지를 설치하여야 한다.

19. 운전면허의 결격사유(법 제82조)

(1) 운전면허의 결격사유

다음의 어느 하나에 해당하는 사람은 운전면허를 받을 수 없다.
① 18세 미만(원동기장치자전거의 경우에는 16세 미만)인 사람
② 교통상의 위험과 장해를 일으킬 수 있는 정신질환자 또는 뇌전증 환자로서 대통령령으로 정하는 사람
③ 듣지 못하는 사람(제1종 운전면허 중 대형면허·특수면허만 해당한다), 앞을 보지 못하는 사람(한쪽 눈만 보지 못하는 사람의 경우에는 제1종 운전면허 중 대형면허·특수면허만 해당한다)이나 그 밖에 대통령령으로 정하는 신체장애인
④ 양쪽 팔의 팔꿈치관절 이상을 잃은 사람이나 양쪽 팔을 전혀 쓸 수 없는 사람. 다만, 본인의 신체장애 정도에 적합하게 제작된 자동차를 이용하여 정상적인 운전을 할 수 있는 경우에는 그러하지 아니하다.
⑤ 교통상의 위험과 장해를 일으킬 수 있는 마약·대마·향정신성의약품 또는 알코올 중독자로서 대통령령으로 정하는 사람

⑥ 제1종 대형면허 또는 제1종 특수면허를 받으려는 경우로서 19세 미만이거나 자동차(이륜자동차는 제외한다)의 운전경험이 1년 미만인 사람
⑦ 대한민국의 국적을 가지지 아니한 사람 중 「출입국관리법」 제31조에 따라 외국인등록을 하지 아니한 사람(외국인등록이 면제된 사람은 제외한다)이나 「재외동포의 출입국과 법적 지위에 관한 법률」 제6조제1항에 따라 국내거소신고를 하지 아니한 사람

(2) 면허응시 제한기간

다음의 어느 하나의 경우에 해당하는 사람은 해당에 규정된 기간이 지나지 아니하면 운전면허를 받을 수 없다. 다만, 다음의 사유로 인하여 벌금 미만의 형이 확정되거나 선고유예의 판결이 확정된 경우 또는 기소유예나 보호처분의 결정이 있는 경우에는 다음에 규정된 기간 내라도 운전면허를 받을 수 있다.

① **무면허운전 또는 운전면허의 취소 · 정지를 위반**하여 자동차등을 운전한 경우에는 그 위반한 날(운전면허효력 정지기간에 운전하여 취소된 경우에는 그 취소된 날을 말한다)부터 1년(원동기장치자전거면허를 받으려는 경우에는 6개월로 하되, 공동위험행위를 위반한 경우에는 그 위반한 날부터 1년). 다만, 사람을 사상한 후 필요한 조치 및 신고를 하지 아니한 경우에는 그 위반한 날부터 **5년**으로 한다.
② **무면허운전 또는 운전면허의 취소 · 정지를 3회 이상 위반**하여 자동차등을 운전한 경우에는 그 위반한 날부터 **2년**
③ 다음의 경우에는 운전면허가 취소된 날(무면허운전 또는 면허결격사유를 함께 위반한 경우에는 그 위반한 날을 말한다)부터 **5년**
  ㉠ **술에 취하여 운전금지,** 과로한 때 운전금지 또는 공동위험행위의 금지를 위반(무면허운전 또는 면허결격사유를 함께 위반한 경우도 포함한다)하여 운전을 하다가 사람을 사상한 후 필요한 조치 및 신고를 하지 아니한 경우
  ㉡ **술에 취하여 운전금지를 위반**(무면허운전 또는 면허결격사유를 함께 위반한 경우도 포함한다)하여 운전을 하다가 사람을 사망에 이르게 한 경우
④ 무면허, 술에 취한 상태에서의 운전, 과로운전 금지, 공동위험행위가 아닌 다른 사유로 사람을 사상한 후 필요한 조치 및 신고를 하지 아니한 경우에는 운전면허가 취소된 날부터 4년
⑤ 술에 취한 상태에서의 운전 측정을 위반(무면허 또는 운전면허의 취소 · 정지를 함께 위반한 경우도 포함한다)하여 운전을 하다가 3회 이상 교통사고를 일으킨 경우에는 운전면허가 취소된 날(무면허 또는 운전면허의 취소 · 정지를 함께 위반한 경우에는 그 위반한 날을 말한다)부터 3년, 자동차 등을 이용하여 범죄행위를 하거나 다른 사람의 자동차 등을 훔치거나 빼앗은 사람이 그 자동차 등을 운전한 경우에는 그 위반한 날부터 3년
⑥ 다음의 경우에는 운전면허가 취소된 날(무면허운전 또는 면허결격사유를 함께 위반한 경우에는 그 위반한 날을 말한다)부터 **2년**
  ㉠ 술에 취하여 운전금지를 **2회** 이상 위반(무면허운전 또는 면허결격사유를 함께 위반한 경우도 포함한다)한 경우
  ㉡ 술에 취하여 운전금지를 위반(무면허운전 또는 면허결격사유를 함께 위반한 경우도 포함한다)하여 운전을 하다가 교통사고를 일으킨 경우
  ㉢ 공동위험행위금지를 2회 이상 위반(무면허운전 또는 면허결격사유를 함께 위반한 경우도 포함한다)한 경우
  ㉣ 운전면허를 받을 수 없는 사람이 운전면허를 받거나 거짓이나 그 밖의 부정한 수단으로 운전면허를 받은 경우 또는 운전면허효력의 정지기간 중 운전면허증 또는 운전면허증을 갈음하는 증명서를 발급받은 사실이 드러난 경우 · 다른 사람의 자동차등을 훔치거나 빼앗은 경우 또는 다른 사람이 부정하게 운전면허를 받도록 하기 위하여 운전면허시험에 대신 응시한 경우의 사유로 운전면허가 취소된 경우
⑦ ①부터 ⑥까지의 규정에 따른 경우가 아닌 다른 사유로 운전면허가 취소된 경우에는 운전면

허가 취소된 날부터 1년(원동기장치자전거면허를 받으려는 경우에는 6개월로 하되, 무면허를 위반하여 운전면허가 취소된 경우에는 1년). 다만, 적성검사를 받지 아니하거나 그 적성검사에 불합격한 경우의 사유로 운전면허가 취소된 사람 또는 제1종 운전면허를 받은 사람이 적성검사에 불합격되어 다시 제2종 운전면허를 받으려는 경우에는 그러하지 아니하다.

⑧ 운전면허효력 정지처분을 받고 있는 경우에는 그 정지기간

(3) 제93조에 따라 운전면허 취소처분을 받은 사람은 제2항에 따른 운전면허 결격기간이 끝났다 하여도 그 취소처분을 받은 이후에 제73조제2항에 따른 특별교통안전 의무교육을 받지 아니하면 운전면허를 받을 수 없다.

(4) 운전면허의 취소 · 정지(법 제93조)

① 시 · 도경찰청장은 운전면허(연습운전면허는 제외한다. 이하 이 조에서 같다)를 받은 사람이 다음 각 호의 어느 하나에 해당하면 행정안전부령으로 정하는 기준에 따라 운전면허(운전자가 받은 모든 범위의 운전면허를 포함한다. 이하 이 조에서 같다)를 취소하거나 1년 이내의 범위에서 운전면허의 효력을 정지시킬 수 있다. 다만, 제2호, 제3호, 제7호, 제8호, 제8호의2, 제9호(정기 적성검사 기간이 지난 경우는 제외한다), 제14호, 제16호, 제17호, 제20호의 규정에 해당하는 경우에는 운전면허를 취소하여야 하고(제8호의2에 해당하는 경우 취소하여야 하는 운전면허의 범위는 운전자가 거짓이나 그 밖의 부정한 수단으로 받은 그 운전면허로 한정한다), 제18호의 규정에 해당하는 경우에는 정당한 사유가 없으면 관계 행정기관의 장의 요청에 따라 운전면허를 취소하거나 1년 이내의 범위에서 정지하여야 한다.

1. 제44조제1항을 위반하여 술에 취한 상태에서 자동차등을 운전한 경우
2. 제44조제1항 또는 제2항 후단을 위반(자동차등을 운전한 경우로 한정한다. 이하 이 호 및 제3호에서 같다)한 사람이 다시 같은 조 제1항을 위반하여 운전면허 정지 사유에 해당된 경우
3. 제44조제2항 후단을 위반하여 술에 취한 상태에 있다고 인정할 만한 상당한 이유가 있음에도 불구하고 경찰공무원의 측정에 응하지 아니한 경우
4. 제45조를 위반하여 약물의 영향으로 인하여 정상적으로 운전하지 못할 우려가 있는 상태에서 자동차등을 운전한 경우
5. 제46조제1항을 위반하여 공동 위험행위를 한 경우
5의2. 제46조의3을 위반하여 난폭운전을 한 경우
5의3. 제17조제3항을 위반하여 제17조제1항 및 제2항에 따른 최고속도보다 시속 100킬로미터를 초과한 속도로 3회 이상 자동차등을 운전한 경우
6. 교통사고로 사람을 사상한 후 제54조제1항 또는 제2항에 따른 필요한 조치 또는 신고를 하지 아니한 경우
7. 제82조제1항제2호부터 제5호까지의 규정에 따른 운전면허를 받을 수 없는 사람에 해당된 경우
8. 제82조에 따라 운전면허를 받을 수 없는 사람이 운전면허를 받거나 운전면허효력의 정지기간 중 운전면허증 또는 운전면허증을 갈음하는 증명서를 발급받은 사실이 드러난 경우
8의2. 거짓이나 그 밖의 부정한 수단으로 운전면허를 받은 경우
9. 제87조제2항 또는 제88조제1항에 따른 적성검사를 받지 아니하거나 그 적성검사에 불합격한 경우
10. 운전 중 고의 또는 과실로 교통사고를 일으킨 경우
10의2. 운전면허를 받은 사람이 자동차등을 이용하여 「형법」 제258조의2(특수상해) · 제261조(특수폭행) · 제284조(특수협박) 또는 제369조(특수손괴)를 위반하는 행위를 한 경우
11. 운전면허를 받은 사람이 자동차등을 범죄의 도구나 장소로 이용하여 다음 각 목의 어느

하나의 죄를 범한 경우
　　가. 「국가보안법」 중 제4조부터 제9조까지의 죄 및 같은 법 제12조 중 증거를 날조·인멸·은닉한 죄
　　나. 「형법」 중 다음 어느 하나의 범죄
　　　1) 살인·사체유기 또는 방화
　　　2) 강도·강간 또는 강제추행
　　　3) 약취·유인 또는 감금
　　　4) 상습절도(절취한 물건을 운반한 경우에 한정한다)
　　　5) 교통방해(단체 또는 다중의 위력으로써 위반한 경우에 한정한다)
12. 다른 사람의 자동차등을 훔치거나 빼앗은 경우
13. 다른 사람이 부정하게 운전면허를 받도록 하기 위하여 제83조에 따른 운전면허시험에 대신 응시한 경우
14. 이 법에 따른 교통단속 임무를 수행하는 경찰공무원등 및 시·군공무원을 폭행한 경우
15. 운전면허증을 다른 사람에게 빌려주어 운전하게 하거나 다른 사람의 운전면허증을 빌려서 사용한 경우
16. 「자동차관리법」에 따라 등록되지 아니하거나 임시운행허가를 받지 아니한 자동차(이륜자동차는 제외한다)를 운전한 경우
17. 제1종 보통면허 및 제2종 보통면허를 받기 전에 연습운전면허의 취소 사유가 있었던 경우
18. 다른 법률에 따라 관계 행정기관의 장이 운전면허의 취소처분 또는 정지처분을 요청한 경우
18의2. 제39조제1항 또는 제4항을 위반하여 화물자동차를 운전한 경우
19. 이 법이나 이 법에 따른 명령 또는 처분을 위반한 경우
20. 운전면허를 받은 사람이 자신의 운전면허를 실효(失效)시킬 목적으로 시·도경찰청장에게 자진하여 운전면허를 반납하는 경우. 다만, 실효시키려는 운전면허가 취소처분 또는 정지처분의 대상이거나 효력정지 기간 중인 경우는 제외한다.

② 시·도경찰청장은 제1항에 따라 운전면허를 취소하거나 운전면허의 효력을 정지하려고 할 때 그 기준으로 활용하기 위하여 교통법규를 위반하거나 교통사고를 일으킨 사람에 대하여는 행정안전부령으로 정하는 바에 따라 위반 및 피해의 정도 등에 따라 벌점을 부과할 수 있으며, 그 벌점이 행정안전부령으로 정하는 기간 동안 일정한 점수를 초과하는 경우에는 행정안전부령으로 정하는 바에 따라 운전면허를 취소 또는 정지할 수 있다.

③ 시·도경찰청장은 연습운전면허를 발급받은 사람이 운전 중 고의 또는 과실로 교통사고를 일으키거나 이 법이나 이 법에 따른 명령 또는 처분을 위반한 경우에는 연습운전면허를 취소하여야 한다. 다만, 본인에게 귀책사유(歸責事由)가 없는 경우 등 대통령령으로 정하는 경우에는 그러하지 아니하다.

④ 시·도경찰청장은 제1항 또는 제2항에 따라 운전면허의 취소처분 또는 정지처분을 하려고 하거나 제3항에 따라 연습운전면허 취소처분을 하려면 그 처분을 하기 전에 미리 행정안전부령으로 정하는 바에 따라 처분의 당사자에게 처분 내용과 의견제출 기한 등을 통지하여야 하며, 그 처분을 하는 때에는 행정안전부령으로 정하는 바에 따라 처분의 이유와 행정심판을 제기할 수 있는 기간 등을 통지하여야 한다. 다만, 제87조제2항 또는 제88조제1항에 따른 적성검사를 받지 아니하였다는 이유로 운전면허를 취소하려면 행정안전부령으로 정하는 바에 따라 처분의 당사자에게 적성검사를 할 수 있는 날의 만료일 전까지 적성검사를 받지 아니하면 운전면허가 취소된다는 사실의 조건부 통지를 함으로써 처분의 사전 및 사후 통지를 갈음할 수 있다.

20. 특별교통안전교육

(1) 음주운전자 과정
① **의무교육** : 과거 5년 이내 1회 음주운전자 6시간(강의 5시간, 시청각 1시간), 과거 5년

이내 2회 음주운전 전력이 있는 경우 8시간(강의 7시간 시청각 1시간), 과거 5년 이내 3회 이상 음주운전 전력이 있는 경우 16시간(지식 및 체험 교육, 상담프로그램)
② 정지대상자 : **면허정지일 20일 감경**(단, 이의심의위원회, 행정심판, 행정소송으로 감경된 경우 제외)
③ 취소대상자 : 면허취득 과정 중 하나임

(2) 운전면허정지 취소자
① 교육대상
㉠ 교통사고와 법규위반으로 운전면허 정지처분을 받게 된 자
㉡ 운전면허취소 후 신규면허를 취득하고자 하는 자
② 교육시기
㉠ 면허정지자 : 정지처분기간 만료일 전까지
㉡ 면허취소자 : 취소처분을 받은 날부터 학과시험 응시 전까지
③ 교육시간
㉠ 강의 : **4시간**
㉡ 진단 및 해설 : 1시간
㉢ 시청각 : 1시간
④ 교육이수시 혜택
㉠ 면허정지자 : **정지처분일수 20일 감경**(단, 이의심의위원회, 행정심판, 행정소송으로 감경된 경우 제외)
㉡ 면허취소자 : 운전면허 취득을 위한 필수과정임.
※ 단, 취소자의 경우 경찰서 출석 후 지방경찰청에서 취소 집행여부 확인 후 교육 가능

(3) 현장참여교육
① 교육대상 : 운전면허 정지처분을 받아 특별교통안전교육(1차)를 이수한 사람 중 희망자
※ 현장참여교육, 교통법규교육은 1년(최종 교육수강일로부터 1년)에 1회만 교육 수강 가능
② 교육시간
㉠ 현장체험활동 등 : 4시간
㉡ 강의 및 시청각 : 4시간
③ 교육이수시 혜택 : **정지처분일수 30일 추가**

감경(단, 이의심의위원회, 행정심판, 행정소송으로 감경된 경우 제외)

(4) 운전면허 벌점감경 과정
① 교육대상 : 정지처분 전 벌점 40점 미만자
※ 단, 과거 1년 이내에 교육 후 벌점 감경을 받은 자는 제외
② 교육시간 : 강의 3시간, 시청각 1시간
③ 교육이수시 혜택 : **벌점 20점 감경**

(5) 특별교통안전 의무교육
운전면허 취소처분을 받은 사람은 운전면허 결격기간이 끝났다 하여도 그 취소처분을 받은 이후에 특별교통안전 의무교육을 받지 아니하면 운전면허를 받을 수 없다.

21. 운전면허 취소·정지처분 기준(제91조제1항관련)

[1] 일반기준

(1) 용어의 정의
① "벌점"이라 함은, 행정처분의 기초자료로 활용하기 위하여 법규위반 또는 사고야기에 대하여 그 위반의 경중, 피해의 정도 등에 따라 배점되는 점수를 말한다.
② "누산점수"라 함은, 위반·사고시의 벌점을 누적하여 합산한 점수에서 상계치(무위반·무사고 기간 경과 시에 부여되는 점수 등)를 뺀 점수를 말한다. 다만, [3]의 (1)의 7란에 의한 벌점은 누산점수에 이를 산입하지 아니하되, 범칙금 미납 벌점을 받은 날을 기준으로 과거 3년간 2회 이상 범칙금을 납부하지 아니하여 벌점을 받은 사실이 있는 경우에는 누산점수에 산입한다.
[누산점수＝매 위반·사고 시 벌점의 누적 합산치 - 상계치]
③ "처분벌점"이라 함은, 구체적인 법규위반·사고야기에 대하여 앞으로 정지처분기준을 적용하는데 필요한 벌점으로서, 누산점수에서 이미 정지처분이 집행된 벌점의 합계치를 뺀 점수를 말한다.
처분벌점＝누산점수 - 이미 처분이 집행된 벌점의 합계치

= 매 위반·사고 시 벌점의 누적 합산치 – 상계치 – 이미 처분이 집행된 벌점의 합계치

(2) 벌점의 종합관리
① 누산점수의 관리
법규위반 또는 교통사고로 인한 벌점은 행정처분기준을 적용하고자 하는 당해 위반 또는 사고가 있었던 날을 기준으로 하여 과거 3년간의 모든 벌점을 누산하여 관리한다.
② 무위반·무사고기간 경과로 인한 벌점 소멸
처분벌점이 40점 미만인 경우에, 최종의 위반일 또는 사고일로부터 위반 및 사고 없이 1년이 경과한 때에는 그 처분벌점은 소멸한다.
③ 벌점 공제
㉠ 인적 피해 있는 교통사고를 야기하고 도주한 차량의 운전자를 검거하거나 신고하여 검거하게 한 운전자(교통사고의 피해자가 아닌 경우로 한정한다)에게는 검거 또는 신고할 때마다 40점의 특혜점수를 부여하여 기간에 관계없이 그 운전자가 정지 또는 취소처분을 받게 될 경우 누산점수에서 이를 공제한다. 이 경우 공제되는 점수는 40점 단위로 한다.
㉡ 경찰청장이 정하여 고시하는 바에 따라 무위반·무사고 서약을 하고 1년간 이를 실천한 운전자에게는 실천할 때마다 10점의 특혜점수를 부여하여 기간에 관계없이 그 운전자가 정지처분을 받게 될 경우 누산점수에서 이를 공제하되, 공제되는 점수는 10점 단위로 한다. 다만, 교통사고로 사람을 사망에 이르게 하거나 법 제93조제1항제1호·제5호의2·제10호의2·제11호 및 제12호 중 어느 하나에 해당하는 사유로 정지처분을 받게 될 경우에는 공제할 수 없다.
④ 개별기준 적용에 있어서의 벌점 합산(법규위반으로 교통사고를 야기한 경우)
법규위반으로 교통사고를 야기한 경우에는 [3] 정지처분 개별기준 중 다음의 각 벌점을 모두 합산한다.
㉠ 가. 이 법이나 이 법에 의한 명령을 위반한 때(교통사고의 원인이 된 법규위반이 둘 이상인 경우에는 그 중 가장 중한 것 하나만 적용한다.)
㉡ 나. 교통사고를 일으킨 때 (1) 사고결과에 따른 벌점
㉢ 나. 교통사고를 일으킨 때 (2) 조치 등 불이행에 따른 벌점
⑤ 정지처분 대상자의 임시운전 증명서
경찰서장은 면허 정지처분 대상자가 면허증을 반납한 경우에는 본인이 희망하는 기간을 참작하여 40일 이내의 유효기간을 정하여 별지 제79호서식의 임시운전증명서를 발급하고, 동 증명서의 유효기간 만료일 다음날부터 소정의 정지처분을 집행하며, 당해 면허 정지처분 대상자가 정지처분을 즉시 받고자 하는 경우에는 임시운전 증명서를 발급하지 않고 즉시 운전면허 정지처분을 집행할 수 있다.

(3) 벌점 등 초과로 인한 운전면허의 취소·정지
① 벌점·누산점수 초과로 인한 면허 취소
1회의 위반·사고로 인한 벌점 또는 연간 누산점수가 다음 표의 벌점 또는 누산점수에 도달한 때에는 그 운전면허를 취소한다.

기 간	벌점 또는 누산점수
1년간	121점 이상
2년간	201점 이상
3년간	271점 이상

② 벌점·처분벌점 초과로 인한 면허 정지
운전면허 정지처분은 1회의 위반·사고로 인한 벌점 또는 처분벌점이 **40점 이상**이 된 때부터 결정하여 집행하되, 원칙적으로 1점을 1일로 계산하여 집행한다.

(4) 처분벌점 및 정지처분 집행일수의 감경
① 특별교통안전교육에 따른 처분벌점 및 정지처분집행일수의 감경
㉠ 처분벌점이 40점 미만인 사람이 특별교통안전 권장교육 중 벌점감경교육을 마친 경우에는 경찰서장에게 교육필증을 제출한 날부터 처분벌점에서 20점을 감경한다.

ⓛ 운전면허 정지처분을 받게 되거나 받은 사람이 특별교통안전 의무교육이나 특별교통안전 권장교육 중 법규준수교육(권장)을 마친 경우에는 경찰서장에게 교육필증을 제출한 날부터 정지처분기간에서 20일을 감경한다. 다만, 해당 위반행위에 대하여 운전면허행정처분 이의심의위원회의 심의를 거치거나 행정심판 또는 행정소송을 통하여 행정처분이 감경된 경우에는 정지처분기간을 추가로 감경하지 아니하고, 정지처분이 감경된 때에 한정하여 누산점수를 20점 감경한다.

ⓒ 운전면허 정지처분을 받게 되거나 받은 사람이 특별교통안전 의무교육이나 특별교통안전 권장교육 중 법규준수교육(권장)을 마친 후에 특별교통안전 권장교육 중 현장참여교육을 마친 경우에는 경찰서장에게 교육필증을 제출한 날부터 정지처분기간에서 30일을 추가로 감경한다. 다만, 해당 위반행위에 대하여 운전면허행정처분 이의심의위원회의 심의를 거치거나 행정심판 또는 행정소송을 통하여 행정처분이 감경된 경우에는 그러하지 아니하다.

② **모범운전자에 대한 처분집행일수 감경**

모범운전자(법 제146조에 따라 무사고운전자 또는 유공운전자의 표시장을 받은 사람으로서 교통안전 봉사활동에 종사하는 사람을 말한다.)에 대하여는 면허 정지처분의 집행기간을 2분의 1로 감경한다. 다만, 처분벌점에 교통사고 야기로 인한 벌점이 포함된 경우에는 감경하지 아니한다.

③ **정지처분 집행일수의 계산에 있어서 단수의 불산입 등**

정지처분 집행일수의 계산에 있어서 단수는 이를 산입하지 아니하며, 본래의 정지처분 기간과 가산일수의 합계는 1년을 초과할 수 없다.

(5) 행정처분의 취소

교통사고(법규위반을 포함한다)가 법원의 판결로 무죄확정(혐의가 없거나 죄가 되지 아니하여 불기소처분된 경우를 포함한다. 이하 이 목에서 같다)된 경우에는 즉시 그 운전면허 행정처분을 취소하고 당해 사고 또는 위반으로 인한 벌점을 삭제한다. 다만, 법 제82조제1항제2호 또는 제5호에 따른 사유로 무죄가 확정된 경우에는 그러하지 아니하다.

(6) 처분기준의 감경

① 감경사유

㉠ 음주운전으로 운전면허 취소처분 또는 정지처분을 받은 경우

운전이 가족의 생계를 유지할 중요한 수단이 되거나, 모범운전자로서 처분당시 3년 이상 교통봉사활동에 종사하고 있거나, 교통사고를 일으키고 도주한 운전자를 검거하여 경찰서장 이상의 표창을 받은 사람으로서 다음의 어느 하나에 해당되는 경우가 없어야 한다.

ⓐ 혈중알코올농도가 0.1퍼센트를 초과하여 운전한 경우

ⓑ 음주운전 중 인적피해 교통사고를 일으킨 경우

ⓒ 경찰관의 음주측정요구에 불응하거나 도주한 때 또는 단속경찰관을 폭행한 경우

ⓓ 과거 5년 이내에 3회 이상의 인적피해 교통사고의 전력이 있는 경우

ⓔ 과거 5년 이내에 음주운전의 전력이 있는 경우

㉡ 벌점·누산점수 초과로 인하여 운전면허 취소처분을 받은 경우

운전이 가족의 생계를 유지할 중요한 수단이 되거나, 모범운전자로서 처분당시 3년 이상 교통봉사활동에 종사하고 있거나, 교통사고를 일으키고 도주한 운전자를 검거하여 경찰서장 이상의 표창을 받은 사람으로서 다음의 어느 하나에 해당되는 경우가 없어야 한다.

ⓐ 과거 5년 이내에 운전면허 취소처분을 받은 전력이 있는 경우

ⓑ 과거 5년 이내에 3회 이상 인적피해

교통사고를 일으킨 경우
ⓒ 과거 5년 이내에 3회 이상 운전면허 정지처분을 받은 전력이 있는 경우
ⓓ 과거 5년 이내에 운전면허행정처분 이의심의위원회의 심의를 거치거나 행정심판 또는 행정소송을 통하여 행정처분이 감경된 경우
ⓒ 그 밖에 정기 적성검사에 대한 연기신청을 할 수 없었던 불가피한 사유가 있는 등으로 취소처분 개별기준 및 정지처분 개별기준을 적용하는 것이 현저히 불합리하다고 인정되는 경우

② 감경기준

위반행위에 대한 처분기준이 운전면허의 취소처분에 해당하는 경우에는 해당 위반행위에 대한 처분벌점을 110점으로 하고, 운전면허의 정지처분에 해당하는 경우에는 처분집행일수의 2분의 1로 감경한다. 다만, (3)의 ①에 따른 벌점·누산점수 초과로 인한 면허취소에 해당하는 경우에는 면허가 취소되기 전의 누산점수 및 처분벌점을 모두 합산하여 처분벌점을 110점으로 한다.

③ 처리절차

①의 감경사유에 해당하는 사람은 행정처분을 받은 날(정기 적성검사를 받지 아니하여 운전면허가 취소된 경우에는 행정처분이 있음을 안 날)부터 60일 이내에 그 행정처분에 관하여 주소지를 관할하는 시·도경찰청장에게 이의신청을 하여야 하며, 이의신청을 받은 시·도경찰청장은 제96조에 따른 운전면허행정처분 이의심의위원회의 심의·의결을 거쳐 처분을 감경할 수 있다.

(7) 벌칙(법 제148조)

제54조제1항에 따른 교통사고 발생 시의 조치를 하지 아니한 사람(주·정차된 차만 손괴한 것이 분명한 경우에 제54조제1항제2호에 따라 피해자에게 인적 사항을 제공하지 아니한 사람은 제외한다)은 **5년 이하의 징역이나 1천500만원 이하의 벌금**에 처한다.

(8) 벌칙(법 제148조의2)

① 제44조제1항 또는 제2항을 위반(자동차등 또는 노면전차를 운전한 경우로 한정한다. 다만, 개인형 이동장치를 운전한 경우는 제외한다. 이하 이 조에서 같다)하여 벌금 이상의 **형을 선고받고 그 형이 확정된 날부터 10년 내에 다시 같은 조 제1항 또는 제2항을 위반한 사람(형이 실효된 사람도 포함한다)은 다음 각 호의 구분에 따라 처벌한다.

1. 제44조제2항을 위반한 사람은 **1년 이상 6년 이하의 징역이나 500만원 이상 3천만원 이하의 벌금**에 처한다.
2. 제44조제1항을 위반한 사람 중 **혈중알코올농도가 0.2퍼센트 이상인 사람은 2년 이상 6년 이하의 징역이나 1천만원 이상 3천만원 이하의 벌금**에 처한다.
3. 제44조제1항을 위반한 사람 중 **혈중알코올농도가 0.03퍼센트 이상 0.2퍼센트 미만인 사람은 1년 이상 5년 이하의 징역이나 500만원 이상 2천만원 이하의 벌금**에 처한다.

② 술에 취한 상태에 있다고 인정할 만한 상당한 이유가 있는 사람으로서 제44조제2항에 따른 경찰공무원의 측정에 응하지 아니하는 사람(자동차등 또는 노면전차를 운전한 경우로 한정한다)은 **1년 이상 5년 이하의 징역이나 500만원 이상 2천만원 이하의 벌금**에 처한다.

③ 제44조제1항을 위반하여 술에 취한 상태에서 자동차등 또는 노면전차를 운전한 사람은 다음 각 호의 구분에 따라 처벌한다.

1. **혈중알코올농도가 0.2퍼센트 이상인 사람은 2년 이상 5년 이하의 징역이나 1천만원 이상 2천만원 이하의 벌금**
2. **혈중알코올농도가 0.08퍼센트 이상 0.2퍼센트 미만인 사람은 1년 이상 2년 이하의 징역이나 500만원 이상 1천만원 이하의 벌금**
3. **혈중알코올농도가 0.03퍼센트 이상 0.08퍼센트 미만인 사람은 1년 이하의 징역이나 500만원 이하의 벌금**

④ 제45조를 위반하여 약물로 인하여 정상적으로 운전하지 못할 우려가 있는 상태에서 자동차등 또는 노면전차를 운전한 사람은 **3년 이하의 징역이나 1천만원 이하의 벌금**에 처한다.

(9) 벌칙(법 제149조)

① 제68조제1항을 위반하여 함부로 신호기를 조작하거나 교통안전시설을 철거·이전하거나 손괴한 사람은 **3년 이하의 징역이나 700만원 이하의 벌금**에 처한다.

② 제1항에 따른 행위로 인하여 도로에서 교통위험을 일으키게 한 사람은 **5년 이하의 징역이나 1천500만원 이하의 벌금**에 처한다.

(10) 벌칙(법 제150조)

다음 각 호의 어느 하나에 해당하는 사람은 **2년 이하의 징역이나 500만원 이하의 벌금**에 처한다.

1. 제46조제1항 또는 제2항을 위반하여 공동위험행위를 하거나 주도한 사람
2. 제77조제1항에 따른 수강 결과를 거짓으로 보고한 교통안전교육강사
3. 제77조제2항을 위반하여 교통안전교육을 받지 아니하거나 기준에 미치지 못하는 사람에게 교육확인증을 발급한 교통안전교육기관의 장
4. 거짓이나 그 밖의 부정한 방법으로 제99조에 따른 학원의 등록을 하거나 제104조제1항에 따른 전문학원의 지정을 받은 사람
5. 제104조제1항에 따른 전문학원의 지정을 받지 아니하고 제108조제5항에 따른 수료증 또는 졸업증을 발급한 사람
6. 제116조를 위반하여 대가를 받고 자동차등의 운전교육을 한 사람
7. 제129조의3을 위반하여 비밀을 누설하거나 도용한 사람

(11) 벌칙(법 제151조)

차 또는 노면전차의 운전자가 업무상 필요한 주의를 게을리하거나 중대한 과실로 다른 사람의 건조물이나 그 밖의 재물을 손괴한 경우에는 **2년 이하의 금고나 500만원 이하의 벌금**에 처한다.

(12) 벌칙(법 제152조)

다음 각 호의 어느 하나에 해당하는 사람은 **1년 이하의 징역이나 300만원 이하의 벌금**에 처한다.

1. 제43조를 위반하여 제80조에 따른 운전면허(원동기장치자전거면허는 제외한다. 이하 이 조에서 같다)를 받지 아니하거나(운전면허의 효력이 정지된 경우를 포함한다) 또는 제96조에 따른 국제운전면허증 또는 상호인정외국면허증을 받지 아니하고(운전이 금지된 경우와 유효기간이 지난 경우를 포함한다) 자동차를 운전한 사람
2. 제56조제2항을 위반하여 운전면허를 받지 아니한 사람(운전면허의 효력이 정지된 사람을 포함한다)에게 자동차를 운전하도록 시킨 고용주등
3. 거짓이나 그 밖의 부정한 수단으로 운전면허를 받거나 운전면허증 또는 운전면허증을 갈음하는 증명서를 발급받은 사람
4. 제68조제2항을 위반하여 교통에 방해가 될 만한 물건을 함부로 도로에 내버려둔 사람
5. 제76조제4항을 위반하여 교통안전교육강사가 아닌 사람으로 하여금 교통안전교육을 하게 한 교통안전교육기관의 장
6. 제117조를 위반하여 유사명칭 등을 사용한 사람

(13) 벌칙(법 제153조)

① 다음 각 호의 어느 하나에 해당하는 사람은 **6개월 이하의 징역이나 200만원 이하의 벌금 또는 구류**에 처한다.

1. 제40조를 위반하여 정비불량차를 운전하도록 시키거나 운전한 사람
2. 제41조, 제47조 또는 제58조에 따른 경찰공무원의 요구·조치 또는 명령에 따르지 아니하거나 이를 거부 또는 방해한 사람
3. 제46조의2를 위반하여 교통단속을 회피할 목적으로 교통단속용 장비의 기능을 방해하는 장치를 제작·수입·판매 또는 장착한 사람
4. 제49조제1항제4호를 위반하여 교통단속

용 장비의 기능을 방해하는 장치를 한 차를 운전한 사람
5. 제55조를 위반하여 교통사고 발생 시의 조치 또는 신고 행위를 방해한 사람
6. 제68조제1항을 위반하여 함부로 교통안전시설이나 그 밖에 그와 비슷한 인공구조물을 설치한 사람
7. 제80조제3항 또는 제4항에 따른 조건을 위반하여 운전한 사람

② 다음 각 호의 어느 하나에 해당하는 사람은 **100만원 이하의 벌금 또는 구류**에 처한다.
1. 고속도로, 자동차전용도로, 중앙분리대가 있는 도로에서 제13조제3항을 고의로 위반하여 운전한 사람
2. 제17조제3항을 위반하여 제17조제1항 및 제2항에 따른 최고속도보다 시속 100킬로미터를 초과한 속도로 자동차등을 운전한 사람

(14) 벌칙(법 제154조)

다음 각 호의 어느 하나에 해당하는 사람은 **30만원 이하의 벌금이나 구류**에 처한다.
1. 제42조를 위반하여 자동차등에 도색·표지 등을 하거나 그러한 자동차등을 운전한 사람
2. 제43조를 위반하여 제80조에 따른 원동기장치자전거를 운전할 수 있는 운전면허를 받지 아니하거나(원동기장치자전거를 운전할 수 있는 운전면허의 효력이 정지된 경우를 포함한다) 국제운전면허증 또는 상호인정외국면허증 중 원동기장치자전거를 운전할 수 있는 것으로 기재된 국제운전면허증 또는 상호인정외국면허증을 발급받지 아니하고(운전이 금지된 경우와 유효기간이 지난 경우를 포함한다) 원동기장치자전거를 운전한 사람(다만, 개인형 이동장치를 운전하는 경우는 제외한다)
3. 제45조를 위반하여 과로·질병으로 인하여 정상적으로 운전하지 못할 우려가 있는 상태에서 자동차등 또는 노면전차를 운전한 사람(다만, 개인형 이동장치를 운전하는 경우는 제외한다)
3의2. 제53조제3항을 위반하여 보호자를 태우지 아니하고 어린이통학버스를 운행한 운영자
3의3. 제53조제4항을 위반하여 어린이나 영유아가 하차하였는지를 확인하지 아니한 운전자
3의4. 제53조제5항을 위반하여 어린이 하차확인장치를 작동하지 아니한 운전자. 다만, 점검 또는 수리를 위하여 일시적으로 장치를 제거하여 작동하지 못하는 경우는 제외한다.
3의5. 제53조제6항을 위반하여 보호자를 태우지 아니하고 운행하는 어린이통학버스에 보호자 동승표지를 부착한 자
4. 제54조제2항에 따른 사고발생 시 조치상황 등의 신고를 하지 아니한 사람
5. 제56조제2항을 위반하여 원동기장치자전거를 운전할 수 있는 운전면허를 받지 아니하거나(원동기장치자전거를 운전할 수 있는 운전면허의 효력이 정지된 경우를 포함한다) 국제운전면허증 또는 상호인정외국면허증 중 원동기장치자전거를 운전할 수 있는 것으로 기재된 국제운전면허증 또는 상호인정외국면허증을 발급받지 아니한 사람(운전이 금지된 경우와 유효기간이 지난 경우를 포함한다)에게 원동기장치자전거를 운전하도록 시킨 고용주등
6. 제63조를 위반하여 고속도로등을 통행하거나 횡단한 사람
7. 제69조제1항에 따른 도로공사의 신고를 하지 아니하거나 같은 조 제2항에 따른 조치를 위반한 사람 또는 같은 조 제3항을 위반하여 교통안전시설을 설치하지 아니하거나 같은 조 제4항을 위반하여 안전요원 또는 안전유도 장비를 배치하지 아니한 사람 또는 같은 조 제6항을 위반하여 교통안전시설을 원상회복하지 아니한 사람
8. 제71조제1항에 따른 경찰서장의 명령을 위반한 사람
9. 제17조제3항을 위반하여 제17조제1항 및 제2항에 따른 최고속도보다 시속 80킬로미터

를 초과한 속도로 자동차등을 운전한 사람(제151조의2제2호 및 제153조제2항제2호에 해당하는 사람은 제외한다)

(15) 벌칙(법 제154조)

다음 각 호의 어느 하나에 해당하는 사람은 **30만원 이하의 벌금이나 구류**에 처한다.

1. 제42조를 위반하여 자동차등에 도색·표지 등을 하거나 그러한 자동차등을 운전한 사람
2. 제43조를 위반하여 제80조에 따른 원동기장치자전거를 운전할 수 있는 운전면허를 받지 아니하거나(원동기장치자전거를 운전할 수 있는 운전면허의 효력이 정지된 경우를 포함한다) 국제운전면허증 또는 상호인정외국면허증 중 원동기장치자전거를 운전할 수 있는 것으로 기재된 국제운전면허증 또는 상호인정외국면허증을 발급받지 아니하고(운전이 금지된 경우와 유효기간이 지난 경우를 포함한다) 원동기장치자전거를 운전한 사람(다만, 개인형 이동장치를 운전하는 경우는 제외한다)
3. 제45조를 위반하여 과로·질병으로 인하여 정상적으로 운전하지 못할 우려가 있는 상태에서 자동차등 또는 노면전차를 운전한 사람(다만, 개인형 이동장치를 운전하는 경우는 제외한다)

3의2. 제53조제3항을 위반하여 보호자를 태우지 아니하고 어린이통학버스를 운행한 운영자

3의3. 제53조제4항을 위반하여 어린이나 영유아가 하차하였는지를 확인하지 아니한 운전자

3의4. 제53조제5항을 위반하여 어린이 하차확인장치를 작동하지 아니한 운전자. 다만, 점검 또는 수리를 위하여 일시적으로 장치를 제거하여 작동하지 못하는 경우는 제외한다.

3의5. 제53조제6항을 위반하여 보호자를 태우지 아니하고 운행하는 어린이통학버스에 보호자 동승표지를 부착한 자

4. 제54조제2항에 따른 사고발생 시 조치상황 등의 신고를 하지 아니한 사람
5. 제56조제2항을 위반하여 원동기장치자전거를 운전할 수 있는 운전면허를 받지 아니하거나(원동기장치자전거를 운전할 수 있는 운전면허의 효력이 정지된 경우를 포함한다) 국제운전면허증 또는 상호인정외국면허증 중 원동기장치자전거를 운전할 수 있는 것으로 기재된 국제운전면허증 또는 상호인정외국면허증을 발급받지 아니한 사람(운전이 금지된 경우와 유효기간이 지난 경우를 포함한다)에게 원동기장치자전거를 운전하도록 시킨 고용주등
6. 제63조를 위반하여 고속도로등을 통행하거나 횡단한 사람
7. 제69조제1항에 따른 도로공사의 신고를 하지 아니하거나 같은 조 제2항에 따른 조치를 위반한 사람 또는 같은 조 제3항을 위반하여 교통안전시설을 설치하지 아니하거나 같은 조 제4항을 위반하여 안전요원 또는 안전유도 장비를 배치하지 아니한 사람 또는 같은 조 제6항을 위반하여 교통안전시설을 원상회복하지 아니한 사람
8. 제71조제1항에 따른 경찰서장의 명령을 위반한 사람
9. 제17조제3항을 위반하여 제17조제1항 및 제2항에 따른 최고속도보다 시속 80킬로미터를 초과한 속도로 자동차등을 운전한 사람(제151조의2제2호 및 제153조제2항제2호에 해당하는 사람은 제외한다)

(16) 벌칙(법 제156조)

다음 각 호의 어느 하나에 해당하는 사람은 **20만원 이하의 벌금이나 구류 또는 과료**(科料)에 처한다.

1. 제5조, 제13조제1항부터 제3항(제13조제3항의 경우 고속도로, 자동차전용도로, 중앙분리대가 있는 도로에서 고의로 위반하여 운전한 사람은 제외한다)까지 및 제5항, 제14조제2항·제3항·제5항, 제15조제3항(제61조제2항에서 준용하는 경우를 포함한다), 제15조의2제3항, 제16조제2항, 제17조제3

항(제151조의2제2호, 제153조제2항제2호 및 제154조제9호에 해당하는 사람은 제외한다), 제18조, 제19조제1항·제3항 및 제4항, 제21조제1항·제3항 및 제4항, 제24조, 제25조, 제25조의2, 제26조부터 제28조까지, 제32조, 제33조, 제34조의3, 제37조(제1항제2호는 제외한다), 제38조제1항, 제39조제1항·제3항·제4항·제5항, 제48조제1항, 제49조(같은 조 제1항제1호·제3호를 위반하여 차 또는 노면전차를 운전한 사람과 같은 항 제4호의 위반행위 중 교통단속용 장비의 기능을 방해하는 장치를 한 차를 운전한 사람은 제외한다), 제50조제5항부터 제10항(같은 조 제9항을 위반하여 자전거를 운전한 사람은 제외한다)까지, 제51조, 제53조제1항 및 제2항(좌석안전띠를 매도록 하지 아니한 운전자는 제외한다), 제62조 또는 제73조제2항(같은 항 제1호는 제외한다)을 위반한 차마 또는 노면전차의 운전자

2. 제6조제1항·제2항·제4항 또는 제7조에 따른 금지·제한 또는 조치를 위반한 차 또는 노면전차의 운전자

3. 제22조, 제23조, 제29조제4항부터 제6항까지, 제53조의5, 제60조, 제64조, 제65조 또는 제66조를 위반한 사람

4. 제31조, 제34조 또는 제52조제4항을 위반하거나 제35조제1항에 따른 명령을 위반한 사람

5. 제39조제6항에 따른 시·도경찰청장의 제한을 위반한 사람

6. 제50조제1항, 제3항 및 제4항을 위반하여 좌석안전띠를 매지 아니하거나 인명보호 장구를 착용하지 아니한 운전자(자전거 운전자는 제외한다)

6의2. 제50조의2제1항을 위반하여 자율주행시스템의 직접 운전 요구에 지체 없이 대응하지 아니한 자율주행자동차의 운전자

7. 제95조제2항에 따른 경찰공무원의 운전면허증 회수를 거부하거나 방해한 사람

10. 주·정차된 차만 손괴한 것이 분명한 경우에 제54조제1항제2호에 따라 피해자에게 인적 사항을 제공하지 아니한 사람

11. 제44조제1항을 위반하여 술에 취한 상태에서 자전거등을 운전한 사람

12. 술에 취한 상태에 있다고 인정할 만한 상당한 이유가 있는 사람으로서 제44조제2항에 따른 경찰공무원의 측정에 응하지 아니한 사람(자전거등을 운전한 사람으로 한정한다)

13. 제43조를 위반하여 제80조에 따른 원동기장치자전거를 운전할 수 있는 운전면허를 받지 아니하거나(원동기장치자전거를 운전할 수 있는 운전면허의 효력이 정지된 경우를 포함한다) 국제운전면허증 또는 상호인정외국면허증 중 원동기장치자전거를 운전할 수 있는 것으로 기재된 국제운전면허증 또는 상호인정외국면허증을 발급받지 아니하고(운전이 금지된 경우와 유효기간이 지난 경우를 포함한다) 개인형 이동장치를 운전한 사람

(17) 벌칙(법 제157조)

다음 각 호의 어느 하나에 해당하는 사람은 **20만원 이하의 벌금이나 구류 또는 과료**에 처한다.

1. 제5조, 제8조제1항, 제10조제2항부터 제5항까지의 규정을 위반한 보행자(실외이동로봇이 위반한 경우에는 실외이동로봇 운용자를 포함한다)

2. 제6조제1항·제2항·제4항 또는 제7조에 따른 금지·제한 또는 조치를 위반한 보행자(실외이동로봇이 위반한 경우에는 실외이동로봇 운용자를 포함한다)

2의2. 제8조의2제2항을 위반한 실외이동로봇 운용자

3. 제9조제1항을 위반하거나 같은 조 제3항에 따른 경찰공무원의 조치를 위반한 행렬등의 보행자나 지휘자

4. 제68조제3항을 위반하여 도로에서의 금지행위를 한 사람

[2] 취소처분 개별기준

일련번호	위반사항	적용법조 (도로교통법)	내 용
1	교통사고를 일으키고 구호조치를 하지 아니한 때	제93조	○교통사고로 사람을 죽게 하거나 다치게 하고, 구호조치를 하지 아니한 때
2	술에 취한 상태에서 운전한 때	제93조	○술에 취한 상태의 기준(혈중알코올농도 0.03퍼센트 이상)을 넘어서 운전을 하다가 교통사고로 사람을 죽게 하거나 다치게 한 때 ○혈중알코올농도 0.08퍼센트 이상의 상태에서 운전한 때 ○술에 취한 상태의 기준을 넘어 운전하거나 술에 취한 상태의 측정에 불응한 사람이 다시 술에 취한 상태(혈중알코올농도 0.03퍼센트 이상)에서 운전한 때
3	술에 취한 상태의 측정에 불응한 때	제93조	○술에 취한 상태에서 운전하거나 술에 취한 상태에서 운전하였다고 인정할 만한 상당한 이유가 있음에도 불구하고 경찰공무원의 측정 요구에 불응한 때
4	다른 사람에게 운전면허증 대여(도난, 분실 제외)	제93조	○면허증 소지자가 다른 사람에게 면허증을 대여하여 운전하게 한 때 ○면허 취득자가 다른 사람의 면허증을 대여 받거나 그 밖에 부정한 방법으로 입수한 면허증으로 운전한 때
5	결격사유에 해당	제93조	○교통상의 위험과 장해를 일으킬 수 있는 정신질환자 또는 뇌전증 환자로서 영 제42조제1항에 해당하는 사람 ○앞을 보지 못하는 사람(한쪽 눈만 보지 못하는 사람의 경우에는 제1종 운전면허 중 대형면허·특수면허로 한정한다) ○듣지 못하는 사람(제1종 운전면허 중 대형면허·특수면허로 한정한다) ○양 팔의 팔꿈치 관절 이상을 잃은 사람, 또는 양팔을 전혀 쓸 수 없는 사람. 다만, 본인의 신체장애 정도에 적합하게 제작된 자동차를 이용하여 정상적으로 운전할 수 있는 경우는 제외한다. ○다리, 머리, 척추 그 밖의 신체장애로 인하여 앉아 있을 수 없는 사람 ○교통상의 위험과 장해를 일으킬 수 있는 마약, 대마, 향정신성 의약품 또는 알코올 중독자로서 영 제42조제3항에 해당하는 사람
6	약물을 사용한 상태에서 자동차등(개인형 이동장치는 제외한다. 이하 이 표에서 같다)을 운전한 때	제93조	○약물(마약·대마·향정신성 의약품 및 「유해화학물질 관리법 시행령」 제25조에 따른 환각물질)의 투약·흡연·섭취·주사 등으로 정상적인 운전을 하지 못할 염려가 있는 상태에서 자동차등(개인형 이동장치는 제외한다. 이하 이 표에서 같다)을 운전한 때
6의2	공동위험행위	제93조	○법 제46조제1항을 위반하여 공동위험행위로 구속된 때

일련번호	위반사항	적용법조	내용
6의3	난폭운전	제93조	○법 제46조의3을 위반하여 난폭운전으로 구속된 때
6의4	속도위반	제93조	○법 제17조제3항을 위반하여 최고속도보다 100km/h를 초과한 속도로 3회 이상 운전한 때
7	정기적성검사 불합격 또는 정기적성검사 기간 1년경과	제93조	○정기적성검사에 불합격하거나 적성검사기간 만료일 다음 날부터 적성검사를 받지 아니하고 1년을 초과한 때
8	수시적성검사 불합격 또는 수시적성검사 기간 경과	제93조	○수시적성검사에 불합격하거나 수시적성검사 기간을 초과한 때
9	삭제 〈2011.12.9〉		
10	운전면허 행정처분기간중 운전행위	제93조	○운전면허 행정처분 기간중에 운전한 때
11	허위 또는 부정한 수단으로 운전면허를 받은 경우	제93조	○허위·부정한 수단으로 운전면허를 받은 때 ○법 제82조에 따른 결격사유에 해당하여 운전면허를 받을 자격이 없는 사람이 운전면허를 받은 때 ○운전면허 효력의 정지기간중에 면허증 또는 운전면허증에 갈음하는 증명서를 교부받은 사실이 드러난 때
12	등록 또는 임시운행 허가를 받지 아니한 자동차를 운전한 때	제93조	○「자동차관리법」에 따라 등록되지 아니하거나 임시운행 허가를 받지 아니한 자동차(이륜자동차를 제외한다)를 운전한 때
12의2	**자동차등을 이용하여 형법상 특수상해 등을 행한 때(보복운전)**	제93조	○자동차등을 이용하여 형법상 특수상해, 특수폭행, 특수협박, 특수손괴를 행하여 구속된 때
13	삭제 〈2018. 9. 28.〉		
14	삭제 〈2018. 9. 28.〉		
15	다른 사람을 위하여 운전면허시험에 응시한 때	제93조	○운전면허를 가진 사람이 다른 사람을 부정하게 합격시키기 위하여 운전면허 시험에 응시한 때
16	운전자가 단속 경찰공무원 등에 대한 폭행	제93조	○단속하는 경찰공무원 등 및 시·군·구 공무원을 폭행하여 형사입건된 때
17	연습면허 취소사유가 있었던 경우	제93조	○제1종 보통 및 제2종 보통면허를 받기 이전에 연습면허의 취소사유가 있었던 때(연습면허에 대한 취소절차 진행중 제1종 보통 및 제2종 보통면허를 받은 경우를 포함한다)

[3] 정지처분 개별기준
(1) 이 법이나 이 법에 의한 명령을 위반한 때

위반사항	적용법조 (도로교통법)	벌점
1. 속도위반(100km/h 초과)	제17조제3항	100
2. 술에 취한 상태의 기준을 넘어서 운전한 때(**혈중알코올농도 0.03퍼센트 이상 0.08퍼센트 미만**)	제44조제1항	
2의2. **자동차 등을 이용하여 형법상 특수상해 등(보복운전)을 하여 입건된 때**	제93조	
3. 속도위반(80km/h 초과 100km/h 이하)	제17조제3항	80
3의2. 속도위반(60km/h 초과 80km/h 이하)	제17조제3항	60
4. 정차·주차위반에 대한 조치불응 (단체에 소속되거나 다수인에 포함되어 경찰공무원의 3회이상의 이동명령에 따르지 아니하고 교통을 방해한 경우에 한한다)	제35조제1항	40
4의2. 공동위험행위로 형사입건된 때	제46조제1항	
4의3. 난폭운전으로 형사입건된 때	제46조의3	

위반사항	조항	벌점
5. 안전운전의무위반(단체에 소속되거나 다수인에 포함되어 경찰공무원의 3회 이상의 안전운전 지시에 따르지 아니하고 타인에게 위험과 장해를 주는 속도나 방법으로 운전한 경우에 한한다)	제48조	40
6. 승객의 차내 소란행위 방치운전	제49조제1항 제9호	
7. 출석기간 또는 범칙금 납부기간 만료일부터 60일이 경과될 때까지 즉결심판을 받지 아니한 때	제138조 및 제165조	
8. 통행구분 위반(중앙선 침범에 한함)	제13조제3항	30
9. 속도위반(40km/h 초과 60km/h 이하)	제17조제3항	
10. 철길건널목 통과방법위반	제24조	
10의2. 어린이통학버스 특별보호 위반	제51조	
10의3. 어린이통학버스 운전자의 의무위반(좌석안전띠를 매도록 하지 아니한 운전자는 제외한다)	제53조제1항·제2항·제4항·제5항 및 제53조의5	
11. 고속도로·자동차전용도로 갓길통행	제60조제1항	
12. 고속도로 버스전용차로·다인승전용차로 통행위반	제61조제2항	
13. 운전면허증 등의 제시의무위반 또는 운전자 신원확인을 위한 경찰공무원의 질문에 불응	제92조제2항	
14. 신호·지시위반	제5조	15
15. 속도위반(20km/h 초과 40km/h 이하)	제17조제3항	
15의2. 속도위반(어린이보호구역 안에서 오전 8시부터 오후 8시까지 사이에 제한속도를 20km/h 이내에서 초과한 경우에 한정한다)	제17조제3항	
16. 앞지르기 금지시기·장소위반	제22조	
16의2. 적재 제한 위반 또는 적재물 추락 방지 위반	제39조제1항·제4항	
17. 운전 중 휴대용 전화 사용	제49조제1항 제10호	
17의2. 운전 중 운전자가 볼 수 있는 위치에 영상 표시	제49조제1항 제11호	
17의3. 운전 중 영상표시장치 조작	제49조제1항 제11호의2	
18. 운행기록계 미설치 자동차 운전 금지 등의 위반	제50조제5항	
19. 삭제 〈2014.12.31.〉		
20. 통행구분 위반(보도침범, 보도 횡단방법 위반)	제13조제1항·제2항	10
21. 지정차로 통행위반(진로변경 금지장소에서의 진로변경 포함)	제14조제2항·제5항, 제60조제1항	
22. 일반도로 전용차로 통행위반	제15조제3항	
23. 안전거리 미확보(진로변경 방법 위반 포함)	제19조제1항·제3항·제4항	
24. 앞지르기 방법위반	제21조제1항·제3항, 제60조제2항	
25. 보행자 보호 불이행(정지선위반 포함)	제27조	
26. 승객 또는 승하차자 추락방지조치위반	제39조제3항	
27. 안전운전 의무 위반	제48조	
28. 노상 시비·다툼 등으로 차마의 통행 방해행위	제49조제1항 제5호	
29. 삭제 〈2014.12.31.〉		
30. 돌·유리병·쇳조각이나 그 밖에 도로에 있는 사람이나 차마를 손상시킬 우려가 있는 물건을 던지거나 발사하는 행위	제68조제3항 제4호	
31. 도로를 통행하고 있는 차마에서 밖으로 물건을 던지는 행위	제68조제3항 제5호	

(주)
1. 삭제 〈2011.12.9〉
2. 범칙금 납부기간 만료일부터 60일이 경과될 때까지 즉결심판을 받지 아니하여 정지처분 대상자가 되었거나, 정지처분을 받고 정지처분 기간중에 있는 사람이 위반당시 통고받은 범칙금액에 그 100분의 50을 더한 금액을 납부하고 증빙서류를 제출한 때에는 정지처분을 하지 아니하거나 그 잔여기간의 집행을 면제한다. 다만, 다른 위반행위로 인한 벌점이 합산되어 정지처분을 받은 경우 그 다른 위반행위로 인한 정지처분 기간에 대하여는 집행을 면제하지 아니한다.
3. 제7호, 제8호, 제10호, 제12호, 제14호, 제16호, 제20호부터 제27호까지 및 제29호부터 제31호까지의 위반행위에 대한 벌점은 자동차등을 운전한 경우에 한하여 부과한다.
4. 어린이보호구역 및 노인·장애인보호구역 안에서 오전 8시부터 오후 8시까지 사이에 제3호의2, 제9호, 제14호, 제15호 또는 제25호의 어느 하나에 해당하는 위반행위를 한 운전자에 대해서는 위 표에 따른 벌점의 2배에 해당하는 벌점을 부과한다.

(2) 자동차등의 운전 중 교통사고를 일으킨 때
① 사고결과에 따른 벌점기준

구 분		벌점	내 용
인적 피해 교통 사고	사망 1명마다	90	사고발생 시부터 **72시간** 이내에 사망한 때
	중상 1명마다	15	**3주 이상**의 치료를 요하는 의사의 진단이 있는 사고
	경상 1명마다	5	3주 미만 5일 이상의 치료를 요하는 의사의 진단이 있는 사고
	부상신고 1명마다	2	5일 미만의 치료를 요하는 의사의 진단이 있는 사고

(비고)
1. 교통사고 발생 원인이 불가항력이거나 피해자의 명백한 과실인 때에는 행정처분을 하지 아니한다.
2. 자동차등 대 사람 교통사고의 경우 쌍방과실인 때에는 그 벌점을 2분의 1로 감경한다.
3. 자동차등 대 자동차등 교통사고의 경우에는 그 사고원인 중 중한 위반행위를 한 운전자만 적용한다.
4. 교통사고로 인한 벌점산정에 있어서 처분 받을 운전자 본인의 피해에 대하여는 벌점을 산정하지 아니한다.

② 조치 등 불이행에 따른 벌점기준

불이행사항	적용법조 (도로교통법)	벌점	내 용
교통사고 야기시 조치 불이행	제54조제1항	15	1. 물적 피해가 발생한 교통사고를 일으킨 후 도주한 때
		30	2. 교통사고를 일으킨 즉시(그때, 그 자리에서 곧)사상자를 구호하는 등의 조치를 하지 아니하였으나 그 후 자진신고를 한 때 가. 고속도로, 특별시·광역시 및 시의 관할구역과 군(광역시의 군을 제외한다)의 관할구역 중 경찰관서가 위치하는 리 또는 동 지역에서 3시간 (그 밖의 지역에서는 12시간) 이내에 자진신고를 한 때
		60	나. 가목에 따른 시간 후 48시간 이내에 자진신고를 한 때

[4] 자동차 등 이용 범죄 및 자동차 등 강도·절도 시의 운전면허 행정처분 기준
(1) 취소처분 기준

일련번호	위반사항	적용법조 (도로교통법)	내 용
1	자동차 등을 다음 범죄의 도구나 장소로 이용한 경우 ○「국가보안법」 중 제4조부터 제9조까지의 죄 및 같은 법 제12조 중 증거를 날조·인멸·은닉한 죄 ○「형법」 중 다음 어느 하나의 범죄 · 살인, 사체유기, 방화 · 강도, 강간, 강제추행 · 약취·유인·감금 · 상습절도(절취한 물건을 운반한 경우에 한정한다) · 교통방해(단체 또는 다중의 위력으로써 위반한 경우에 한정한다)	제93조 제1항 제11호	○자동차 등을 법정형 상한이 유기징역 10년을 초과하는 범죄의 도구나 장소로 이용한 경우 ○자동차 등을 범죄의 도구나 장소로 이용하여 운전면허 취소·정지 처분을 받은 사실이 있는 사람이 다시 자동차 등을 범죄의 도구나 장소로 이용한 경우. 다만, 일반교통방해죄의 경우는 제외한다.
2	다른 사람의 자동차 등을 훔치거나 빼앗은 경우	제93조 제1항 제12호	○다른 사람의 자동차 등을 빼앗아 이를 운전한 경우 ○다른 사람의 자동차 등을 훔치거나 빼앗아 이를 운전하여 운전면허 취소·정지 처분을 받은 사실이 있는 사람이 다시 자동차 등을 훔치고 이를 운전한 경우

(2) 정지처분 기준

일련번호	위반사항	적용법조 (도로교통법)	내용	벌점
1	자동차 등을 다음 범죄의 도구나 장소로 이용한 경우 ○「국가보안법」중 제5조, 제6조, 제8조, 제9조 및 같은 법 제12조 중 증거를 날조·인멸·은닉한 죄 ○「형법」중 다음 어느 하나의 범죄 · 살인, 사체유기, 방화 · 강간·강제추행 · 약취·유인·감금 · 상습절도(절취한 물건을 운반한 경우에 한정한다) · 교통방해(단체 또는 다중의 위력으로써 위반한 경우에 한정한다)	제93조 제1항 제11호	○자동차 등을 법정형 상한이 유기징역 10년 이하인 범죄의 도구나 장소로 이용한 경우	100
2	다른 사람의 자동차 등을 훔친 경우	제93조 제1항 제12호	○다른 사람의 자동차 등을 훔치고 이를 운전한 경우	100

(비고)

가. 행정처분의 대상이 되는 범죄행위가 2개 이상의 죄에 해당하는 경우, 실체적 경합관계에 있으면 각각의 범죄행위의 법정형 상한을 기준으로 행정처분을 하고, 상상적 경합관계에 있으면 가장 중한 죄에서 정한 법정형 상한을 기준으로 행정처분을 한다.

나. 범죄행위가 예비·음모에 그치거나 과실로 인한 경우에는 행정처분을 하지 아니한다.

다. 범죄행위가 미수에 그친 경우 위반행위에 대한 처분기준이 운전면허의 취소처분에 해당하면 해당 위반행위에 대한 처분벌점을 110점으로 하고, 운전면허의 정지처분에 해당하면 처분 집행일수의 2분의 1로 감경한다.

[5] 범칙행위 및 범칙금액(운전자)(제93조제1항 관련)

범칙행위	근거 법조문 (도로교통법)	차량 종류별 범칙금액
1. 속도위반(60km/h 초과)	제17조제3항	1) 승합자동차등 : 13만원 2) 승용자동차등 : 12만원 3) 이륜자동차등 : 8만원
1의2. 어린이통학버스 운전자의 의무 위반(좌석안전띠를 매도록 하지 않은 경우는 제외한다)	제53조제1항·제2항, 제53조의5	
1의3. 인적 사항 제공의무 위반(주·정차된 차만 손괴한 것이 분명한 경우에 한정한다)	제54조제1항 제2호	1) 승합자동차등 : 13만원 2) 승용자동차등 : 12만원 3) 이륜자동차등 : 8만원 4) 자전거등 및 손수레등 : 6만원
1의4. 개인형 이동장치 무면허 운전	제43조	자전거등 : 10만원
1의5. 약물의 영향과 그 밖의 사유로 정상적으로 운전하지 못할 우려가 있는 상태에서 자전거등을 운전	제50조제8항	
2. 속도위반(40km/h 초과 60km/h 이하)	제17조제3항	1) 승합자동차등 : 10만원 2) 승용자동차등 : 9만원 3) 이륜자동차등 : 6만원
3. 승객의 차 안 소란행위 방치 운전	제49조제1항 제9호	
3의2. 어린이통학버스 특별보호 위반	제51조	
3의3. 제10조의3제2항에 따라 안전표지가 설치된 곳에서의 정차·주차 금지 위반	제32조제6호	1) 승합자동차등 : 9만원 2) 승용자동차등 : 8만원 3) 이륜자동차등 : 6만원 4) 자전거등 및 손수레등 : 4만원

위반사항	근거 법조문	범칙금
3의4. 승차정원을 초과하여 동승자를 태우고 개인형 이동장치를 운전	제50조제10항	
4. 신호·지시 위반	제5조	1) 승합자동차등 : 7만원
5. 중앙선 침범, 통행구분 위반	제13조제1항부터 제3항까지 및 제5항	2) 승용자동차등 : 6만원
6. 속도위반(20km/h 초과 40km/h 이하)	제17조제3항	3) 이륜자동차등 : 4만원
7. 횡단·유턴·후진 위반	제18조	4) 자전거등 및 손수레등 : 3만원
8. 앞지르기 방법 위반	제21조제1항·제3항, 제60조제2항	
9. 앞지르기 금지 시기·장소 위반	제22조	
10. 철길건널목 통과방법 위반	제24조	
10의2. 회전교차로 통행방법 위반	제25조의2 제1항	
11. 횡단보도 보행자 횡단 방해(신호 또는 지시에 따라 도로를 횡단하는 보행자의 통행 방해와 어린이 보호구역에서의 일시정지 위반을 포함한다)	제27조제1항·제2항·제7항	
12. 보행자전용도로 통행 위반(보행자전용도로 통행방법 위반을 포함한다)	제28조제2항·제3항	
12의2. 긴급자동차에 대한 양보·일시정지 위반	제29조제4항·제5항	
12의3. 긴급한 용도나 그 밖에 허용된 사항 외에 경광등이나 사이렌 사용	제29조제6항	
13. 승차 인원 초과, 승객 또는 승하차자 추락 방지조치 위반	제39조제1항·제3항·제6항	
14. 어린이·앞을 보지 못하는 사람 등의 보호 위반	제49조제1항 제2호	
15. 운전 중 휴대용 전화 사용	제49조제1항 제10호	
15의2. 운전 중 운전자가 볼 수 있는 위치에 영상 표시	제49조제1항 제11호	
15의3. 운전 중 영상표시장치 조작	제49조제1항 제11호의2	
16. 운행기록계 미설치 자동차 운전 금지 등의 위반	제50조제5항 제1호·제2호	
17. 삭제 〈2014.12.31.〉		
18. 삭제 〈2014.12.31.〉		
19. 고속도로·자동차전용도로 갓길 통행	제60조제1항	
20. 고속도로버스전용차로·다인승전용차로 통행 위반	제61조제2항	
21. 통행 금지·제한 위반	제6조제1항·제2항·제4항	1) 승합자동차등 : 5만원
22. 일반도로 전용차로 통행 위반	제15조제3항	2) 승용자동차등 : 4만원
22의2. 노면전차 전용로 통행 위반	제16조제2항	3) 이륜자동차등 : 3만원
23. 고속도로·자동차전용도로 안전거리 미확보	제19조제1항	4) 자전거등 및 손수레등 : 2만원
24. 앞지르기의 방해 금지 위반	제21조제4항	
25. 교차로 통행방법 위반	제25조	
25의2. 회전교차로 진입·진행방법 위반	제25조의2제2항·제3항	
26. 교차로에서의 양보운전 위반	제26조	
27. 보행자의 통행 방해 또는 보호 불이행	제27조제3항부터 제5항까지 및 같은 조 제6항제1호·제2호	
28. 삭제 〈2016.2.11.〉		
29. 정차·주차 금지 위반(제10조의3제2항에 따라 안전표지가 설치된 곳에서의 정차·주차 금지 위반은 제외한다)	제32조	
30. 주차금지 위반	제33조	
31. 정차·주차방법 위반	제34조	
31의2. 경사진 곳에서의 정차·주차방법 위반	제34조의3	
32. 정차·주차 위반에 대한 조치 불응	제35조제1항	

위반행위	근거 법조문	범칙금액
33. 적재 제한 위반, 적재물 추락 방지 위반 또는 영유아나 동물을 안고 운전하는 행위	제39조제1항 및 제4항부터 제6항까지	
34. 안전운전의무 위반	제48조제1항	
35. 도로에서의 시비·다툼 등으로 인한 차마의 통행 방해 행위	제49조제1항 제5호	
36. 급발진, 급가속, 엔진 공회전 또는 반복적·연속적인 경음기 울림으로 인한 소음 발생 행위	제49조제1항 제8호	
37. 화물 적재함에의 승객 탑승 운행 행위	제49조제1항 제12호	
38. 삭제 〈2014.12.31.〉		
38의2. 개인형 이동장치 인명보호 장구 미착용	제50조제4항	
38의3. 자율주행자동차 운전자의 준수사항 위반	제50조의2 제1항	
39. 고속도로 지정차로 통행 위반	제60조제1항	
40. 고속도로·자동차전용도로 횡단·유턴·후진 위반	제62조	
41. 고속도로·자동차전용도로 정차·주차 금지 위반	제64조	
42. 고속도로 진입 위반	제65조	
43. 고속도로·자동차전용도로에서의 고장 등의 경우 조치 불이행	제66조	
44. 혼잡 완화조치 위반	제7조	1) 승합자동차등 : 3만원 2) 승용자동차등 : 3만원 3) 이륜자동차등 : 2만원 4) 자전거등 및 손수레등 : 1만원
45. 차로통행 준수의무 위반, 지정차로 통행 위반, 차로 너비보다 넓은 차 통행 금지 위반 (진로 변경 금지 장소에서의 진로 변경을 포함한다)	제14조제2항·제3항·제5항	
46. 속도위반(20km/h 이하)	제17조제3항	
47. 진로 변경방법 위반	제19조제3항	
48. 급제동 금지 위반	제19조제4항	
49. 끼어들기 금지 위반	제23조	
50. 서행의무 위반	제31조제1항	
51. 일시정지 위반	제31조제2항	
52. 방향전환·진로변경 및 회전교차로 진입·진출 시 신호 불이행	제38조제1항	
53. 운전석 이탈 시 안전 확보 불이행	제49조제1항 제6호	
54. 동승자 등의 안전을 위한 조치 위반	제49조제1항 제7호	
55. 시·도경찰청 지정·공고 사항 위반	제49조제1항 제13호	
56. 좌석안전띠 미착용	제50조제1항	
57. 이륜자동차·원동기장치자전거(개인형 이동장치는 제외한다) 인명보호 장구 미착용	제50조제3항	
57의2. 등화점등 불이행·발광장치 미착용 (자전거 운전자는 제외한다)	제50조제9항	
58. 어린이통학버스와 비슷한 도색·표지 금지 위반	제52조제4항	
59. 최저속도 위반	제17조제3항	1) 승합자동차등 : 2만원 2) 승용자동차등 : 2만원 3) 이륜자동차등 : 1만원 4) 자전거등 및 손수레등 : 1만원
60. 일반도로 안전거리 미확보	제19조제1항	
61. 등화 점등·조작 불이행(안개가 끼거나 비 또는 눈이 올 때는 제외한다)	제37조제1항 제1호·제3호	
62. 불법부착장치 차 운전 (교통단속용 장비의 기능을 방해하는 장치를 한 차의 운전은 제외한다)	제49조제1항 제4호	
62의2. 사업용 승합자동차 또는 노면전차의 승차 거부	제50조제5항 제3호	
63. 택시의 합승(장기 주차·정차하여 승객을 유치하는 경우로 한정한다)·승차거부·부당요금징수행위	제50조제6항	
64. 운전이 금지된 위험한 자전거등의 운전	제50조제7항	
64의2. 술에 취한 상태에서의 자전거등 운전	제44조제1항	1) 개인형 이동장치 : 10만원 2) 자전거 : 3만원

64의3. 술에 취한 상태에 있다고 인정할만한 상당한 이유가 있는 자전거등 운전자가 경찰공무원의 호흡조사 측정에 불응	제44조제2항	1) 개인형 이동장치 : 13만원 2) 자전거 : 10만원
65. 돌, 유리병, 쇳조각, 그 밖에 도로에 있는 사람이나 차마를 손상시킬 우려가 있는 물건을 던지거나 발사하는 행위	제68조제3항 제4호	모든 차마 : 5만원
66. 도로를 통행하고 있는 차마에서 밖으로 물건을 던지는 행위	제68조제3항 제5호	
67. 특별교통안전교육의 미이수 가. 과거 5년 이내에 법 제44조를 1회 이상 위반하였던 사람으로서 다시 같은 조를 위반하여 운전면허효력 정지처분을 받게 되거나 받은 사람이 그 처분기간이 끝나기 전에 특별교통안전교육을 받지 않은 경우 나. 가목 외의 경우	제73조제2항	차종 구분 없음 : 15만원 10만원
68. 경찰관의 실효된 면허증 회수에 대한 거부 또는 방해	제95조제2항	차종 구분 없음 : 3만원

비고
1. 위 표에서 "승합자동차등"이란 승합자동차, 4톤 초과 화물자동차, 특수자동차, 건설기계 및 노면전차를 말한다.
2. 위 표에서 "승용자동차등"이란 승용자동차 및 4톤 이하 화물자동차를 말한다.
3. 위 표에서 "이륜자동차등"이란 이륜자동차 및 원동기장치자전거(개인형 이동장치는 제외한다)를 말한다.
4. 위 표에서 "손수레등"이란 손수레, 경운기 및 우마차를 말한다.
5. 위 표 제65호 및 제66호의 경우 동승자를 포함한다.

[6] 범칙행위 및 범칙금액(보행자)(제93조제1항 관련)

범칙행위	근거 법조문 (도로교통법)	범칙금액
1. 돌, 유리병, 쇳조각, 그 밖에 도로에 있는 사람이나 차마를 손상시킬 우려가 있는 물건을 던지거나 발사하는 행위	제68조제3항제4호	5만원
2. 신호 또는 지시 위반 3. 차도 통행 4. 육교 바로 밑 또는 지하도 바로 위로의 횡단 5. 횡단이 금지되어 있는 도로부분의 횡단 6. 술에 취하여 도로에서 갈팡질팡하는 행위 7. 도로에서 교통에 방해되는 방법으로 눕거나 앉거나 서있는 행위 8. 교통이 빈번한 도로에서 공놀이 또는 썰매타기 등의 놀이를 하는 행위 9. 도로를 통행하고 있는 차마에 뛰어오르거나 매달리거나 차마에서 뛰어내리는 행위	제5조 제8조제1항 본문 제10조제2항 본문 제10조제5항 제68조제3항제1호 제68조제3항제2호 제68조제3항제3호 제68조제3항제6호	3만원
10. 통행 금지 또는 제한의 위반 11. 도로 횡단시설이 아닌 곳으로의 횡단 (제4호의 행위는 제외한다) 12. 차의 바로 앞이나 뒤로의 횡단	제6조 제10조제2항 본문 제10조제4항	2만원
13. 교통혼잡을 완화시키기 위한 조치 위반 14. 행렬등의 차도 우측 통행 의무 위반(지휘자를 포함한다)	제7조 제9조제1항 후단	1만원

[7] 과태료의 부과기준(제88조제4항 본문 관련)

위반행위 및 행위자	근거 법조문 (도로교통법)	과태료 금액
1. 법 제5조를 위반하여 신호 또는 지시를 따르지 않은 차 또는 노면전차의 고용주등	제160조 제3항	1) 승합자동차등 : 8만원 2) 승용자동차등 : 7만원 3) 이륜자동차등 : 5만원
1의2. 법 제6조제1항 및 제2항을 위반하여 통행을 금지하거나 제한한 도로를 통행한 차 또는 노면전차의 고용주등	제160조 제3항	1) 승합자동차등 : 6만원 2) 승용자동차등 : 5만원 3) 이륜자동차등 : 4만원
1의3. 법 제11조제4항을 위반하여 어린이가 개인형 이동장치를 운전하게 한 어린이의 보호자	제160조 제2항 제9호	10만원
1의4. 법 제13조제1항을 위반하여 보도를 침범한 차의 고용주등	제160조 제3항	1) 승합자동차등 : 8만원 2) 승용자동차등 : 7만원 3) 이륜자동차등 : 5만원
2. 다음 각 목의 어느 하나에 해당하는 차의 고용주등 가. 법 제13조제3항을 위반하여 중앙선을 침범한 차 나. 법 제25조의2제1항을 위반하여 회전교차로에서 반시계방향으로 통행하지 않은 차 다. 법 제60조제1항을 위반하여 고속도로에서 갓길로 통행한 차 라. 법 제61조제2항에서 준용되는 제15조제3항을 위반하여 고속도로에서 전용차로로 통행한 차	제160조 제3항	1) 승합자동차등 : 10만원 2) 승용자동차등 : 9만원 3) 이륜자동차등 : 7만원
2의2. 법 제13조제5항을 위반하여 안전지대 등 안전표지에 의하여 진입이 금지된 장소에 들어간 차의 고용주등	제160조 제3항	1) 승합자동차등 : 8만원 2) 승용자동차등 : 7만원 3) 이륜자동차등 : 5만원
2의3. 다음 각 목의 어느 하나에 해당하는 차의 고용주등 가. 법 제14조제2항 본문을 위반하여 차로를 따라 통행하지 않은 차 나. 법 제14조제2항 단서를 위반하여 시·도경찰청장이 지정한 통행방법에 따라 통행하지 않은 차 다. 법 제14조제5항을 위반하여 안전표지가 설치되어 특별히 진로 변경이 금지된 곳에서 진로를 변경한 차 라. 법 제19조제3항을 위반하여 진로를 변경하려는 방향으로 오고 있는 다른 차의 정상적 통행에 장애를 줄 우려가 있음에도 진로를 변경한 차 마. 법 제38조제1항을 위반하여 방향전환·진로변경 및 회전교차로 진입·진출하는 경우에 신호하지 않은 차	제160조 제3항	1) 승합자동차등 : 4만원 2) 승용자동차등 : 4만원 3) 이륜자동차등 : 3만원
3. 법 제15조제3항을 위반하여 일반도로에서 전용차로로 통행한 차의 고용주등	제160조 제3항	1) 승합자동차등 : 6만원 2) 승용자동차등 : 5만원 3) 이륜자동차등 : 4만원
4. 법 제17조제3항을 위반하여 제한속도를 준수하지 않은 차 또는 노면전차의 고용주등	제160조 제3항	

가. 60km/h 초과		1) 승합자동차등 : 14만원 2) 승용자동차등 : 13만원 3) 이륜자동차등 : 9만원	4의3. 법 제23조를 위반하여 끼어들기를 한 차의 고용주등	제160조 제3항	1) 승합자동차등 : 4만원 2) 승용자동차등 : 4만원 3) 이륜자동차등 : 3만원
나. 40km/h 초과 60km/h 이하		1) 승합자동차등 : 11만원 2) 승용자동차등 : 10만원 3) 이륜자동차등 : 7만원	4의4. 다음 각 목의 어느 하나에 해당하는 차 또는 노면전차의 고용주등 가. 법 제25조제1항을 위반하여 우회전을 한 차 나. 법 제25조제2항을 위반하여 좌회전을 한 차 다. 법 제25조제5항을 위반하여 다른 차 또는 노면전차의 통행에 방해가 될 우려가 있음에도 교차로(정지선이 설치되어 있는 경우에는 그 정지선을 넘은 부분을 말한다)에 들어간 차 또는 노면전차 라. 법 제25조의2제2항을 위반하여 회전교차로에 진입한 차	제160조 제3항	1) 승합자동차등 : 6만원 2) 승용자동차등 : 5만원 3) 이륜자동차등 : 4만원
다. 20km/h 초과 40km/h 이하		1) 승합자동차등 : 8만원 2) 승용자동차등 : 7만원 3) 이륜자동차등 : 5만원			
라. 20km/h 이하		1) 승합자동차등 : 4만원 2) 승용자동차등 : 4만원 3) 이륜자동차등 : 3만원			
4의2. 다음 각 목의 어느 하나에 해당하는 차의 고용주등 가. 법 제18조를 위반하여 횡단·유턴·후진을 한 차 나. 법 제21조제1항 및 제3항을 위반하여 앞지르기를 한 차 다. 법 제22조를 위반하여 앞지르기가 금지된 시기 및 장소인 경우에 앞지르기를 한 차 라. 법 제62조를 위반하여 고속도로등에서 횡단·유턴·후진을 한 차	제160조 제3항	1) 승합자동차등 : 8만원 2) 승용자동차등 : 7만원 3) 이륜자동차등 : 5만원 1) 승합자동차등 : 6만원 2) 승용자동차등 : 5만원 3) 이륜자동차등 : 4만원	4의5. 다음 각 목의 어느 하나에 해당하는 차 또는 노면전차의 고용주등 가. 법 제27조제1항을 위반하여 보행자의 횡단을 방해하거나 위험을 줄 우려가 있음에도 일시정지하지 않은 차 또는 노면전차 나. 법 제27조제7항을 위반하여 어린이 보호구역 내의 횡단보도 앞에서 일시정지하지 않은 차 또는 노면전차	제160조 제3항	1) 승합자동차등 : 8만원 2) 승용자동차등 : 7만원 3) 이륜자동차등 : 5만원
			5. 법 제29조제4항 및 제5항을 위반하여 도로의 오른쪽 가장자리에 일시정지하지 않거나 진로를 양보하지 않은 차 또는 노면전차의 고용주등	제160조 제3항	1) 승합자동차등 : 8만원 2) 승용자동차등 : 7만원 3) 이륜자동차등 : 5만원

위반행위	근거 법조문	과태료 금액
6. 법 제32조(제6호는 제외한다)부터 제34조까지의 규정을 위반하여 정차 또는 주차를 한 차의 고용주등	제160조 제3항	1) 승합자동차등 : 5만원(6만원) 2) 승용자동차등 : 4만원(5만원)
6의2. 법 제32조제6호를 위반하여 정차 또는 주차를 한 차의 고용주등	제160조 제3항	
가. 제10조의3제2항에 따라 안전표지가 설치된 곳에 정차 또는 주차를 한 경우		1) 승합자동차등 : 9만원(10만원) 2) 승용자동차등 : 8만원(9만원)
나. 가목 외의 곳에 정차 또는 주차를 한 경우		1) 승합자동차등 : 5만원(6만원) 2) 승용자동차등 : 4만원(5만원)
6의3. 법 제37조제1항제1호·제3호 및 같은 조 제2항을 위반하여 등화점등·조작을 불이행(안개가 끼거나 비 또는 눈이 올 때는 제외한다)한 차 또는 노면전차의 고용주등	제160조 제3항	1) 승합자동차등 : 3만원 2) 승용자동차등 : 3만원 3) 이륜자동차등 : 2만원
6의4. 다음 각 목의 어느 하나에 해당하는 차 또는 노면전차의 고용주등	제160조 제3항	
가. 법 제39조제1항을 위반하여 승차 인원에 관한 운행상의 안전기준을 넘어선 상태로 운전한 차		1) 승합자동차등 : 8만원 2) 승용자동차등 : 7만원 3) 이륜자동차등 : 5만원
나. 법 제39조제1항을 위반하여 적재중량 및 적재용량에 관한 운행상의 안전기준을 넘어선 상태로 운전한 차		1) 승합자동차등 : 6만원 2) 승용자동차등 : 5만원 3) 이륜자동차등 : 4만원
다. 법 제39조제4항을 위반하여 운전 중 실은 화물이 떨어지지 않도록 덮개를 씌우거나 묶는 등 확실하게 고정될 수 있도록 필요한 조치를 하지 않은 차		
라. 법 제48조제1항을 위반하여 안전운전의무를 지키지 않은 차 또는 노면전차		
7. 법 제49조제1항제1호를 위반하여 고인 물 등을 튀게 하여 다른 사람에게 피해를 준 차 또는 노면전차의 운전자	제160조 제2항 제1호	1) 승합자동차등 : 2만원 2) 승용자동차등 : 2만원 3) 이륜자동차등 : 1만원
8. 법 제49조제1항제3호를 위반하여 창유리의 가시광선 투과율 기준을 위반한 차의 운전자	제160조 제2항 제1호	2만원
8의2. 다음 각 목의 어느 하나에 해당하는 차 또는 노면전차의 고용주등	제160조 제3항	1) 승합자동차등 : 8만원 2) 승용자동차등 : 7만원 3) 이륜자동차등 : 5만원
가. 법 제49조제1항제10호를 위반하여 운전 중 휴대용 전화를 사용한 차 또는 노면전차		
나. 법 제49조제1항제11호를 위반하여 운전 중 운전자가 볼 수 있는 위치에 영상을 표시한 차 또는 노면전차		
다. 법 제49조제1항제11호의2를 위반하여 운전 중 영상표시장치를 조작한 차 또는 노면전차		
9. 법 제50조제1항을 위반하여 동승자에게 좌석안전띠를 매도록 하지 않은 운전자	제160조 제2항 제2호	
가. 동승자가 13세 미만인 경우		6만원
나. 동승자가 13세 이상인 경우		3만원
10. 법 제50조제3항 및 제4항을 위반하여 동승자에게 인명보호 장구를 착용하도록 하지 않은 운전자(자전거 운전자는 제외한다)	제160조 제2항 제3호	2만원
10의2. 법 제50조제3항을 위반하여 운전자 및 동승자가 인명보호 장구를 착용하지 않은 이륜자동차·원동기장치자전거(개인형 이동장치는 제외한다)의 고용주등	제160조 제3항	3만원

10의3. 법 제52조제1항을 위반하여 어린이통학버스를 신고하지 않고 운행한 운영자	제160조 제1항 제7호	30만원
11. 법 제52조제2항을 위반하여 어린이통학버스 안에 신고증명서를 갖추어 두지 않은 어린이통학버스의 운영자	제160조 제2항 제4호	3만원
11의2. 법 제52조제3항에 따른 요건을 갖추지 아니하고 어린이통학버스를 운행한 운영자	제160조 제1항 제8호	30만원
11의3. 법 제53조제2항을 위반하여 어린이통학버스에 탑승한 어린이나 유아의 좌석안전띠를 매도록 하지 않은 운전자	제160조 제2항 제4호의2	6만원
11의4. 법 제53조제7항을 위반하여 안전운행기록을 제출하지 아니한 어린이통학버스 운영자	제160조 제2항 제4호의5	8만원
11의5. 법 제53조의3제1항을 위반하여 어린이통학버스 안전교육을 받지 않은 사람	제160조 제2항 제4호의3	8만원
11의6. 법 제53조의3제3항을 위반하여 어린이통학버스 안전교육을 받지 않은 사람에게 어린이통학버스를 운전하게 하거나 어린이통학버스에 동승하게 한 어린이통학버스의 운영자	제160조 제2항 제4호의4	8만원
11의7. 법 제60조제1항을 위반하여 고속도로등에서 자동차의 고장 등 부득이한 사정이 없음에도 행정안전부령으로 정하는 차로에 따라 통행하지 않은 차의 고용주등	제160조 제3항	1) 승합자동차등 : 6만원 2) 승용자동차등 : 5만원
11의8. 법 제60조제2항을 위반하여 고속도로에서 앞지르기 통행방법을 준수하지 않은 차의 고용주등	제160조 제3항	1) 승합자동차등 : 8만원 2) 승용자동차등 : 7만원
12. 법 제67조제2항에 따른 고속도로등에서의 준수사항을 위반한 운전자	제160조 제2항 제5호	1) 승합자동차등 : 2만원 2) 승용자동차등 : 2만원 3) 이륜자동차등 : 1만원
12의2. 법 제68조제3항제5호를 위반하여 도로를 통행하고 있는 차에서 밖으로 물건을 던지는 행위를 한 차의 고용주등	제160조 제3항	6만원
12의3. 법 제73조제4항을 위반하여 긴급자동차의 안전운전 등에 관한 교육을 받지 않은 사람	제160조 제2항 제6호	8만원
13. 법 제78조를 위반하여 교통안전교육기관 운영의 정지 또는 폐지 신고를 하지 않은 사람	제160조 제1항 제1호	100만원
14. 법 제87조제1항을 위반하여 운전면허증 갱신기간에 운전면허를 갱신하지 않은 사람	제160조 제2항 제7호	2만원
15. 법 제87조제2항 또는 제88조제1항을 위반하여 정기 적성검사 또는 수시 적성검사를 받지 않은 사람	제160조 제2항 제8호	3만원
16. 법 제109조제2항을 위반하여 강사의 인적 사항과 교육 과목을 게시하지 않은 사람	제160조 제1항 제2호	100만원
17. 법 제110조제2항을 위반하여 수강료등을 게시하지 않거나 같은 조 제3항을 위반하여 게시된 수강료등을 초과한 금액을 받은 사람	제160조 제1항 제3호	100만원
18. 법 제111조를 위반하여 수강료등의 반환 등 교육생 보호를 위하여 필요한 조치를 하지 않은 사람	제160조 제1항 제4호	100만원

19. 법 제112조를 위반하여 학원이나 전문학원의 휴원 또는 폐원 신고를 하지 않은 사람	제160조 제1항 제5호	100만원
20. 법 제115조제1항에 따른 간판이나 그 밖의 표지물의 제거, 시설물의 설치 또는 게시문의 부착을 거부·방해 또는 기피하거나 게시문이나 설치한 시설물을 임의로 제거하거나 못 쓰게 만든 사람	제160조 제1항 제6호	100만원

비고
1. 위 표에서 "승합자동차등"이란 승합자동차, 4톤 초과 화물자동차, 특수자동차, 건설기계 및 노면전차를 말한다.
2. 위 표에서 "승용자동차등"이란 승용자동차 및 4톤 이하 화물자동차를 말한다.
3. 위 표에서 "이륜자동차등"이란 이륜자동차 및 원동기장치자전거(개인형 이동장치는 제외한다)를 말한다.
4. 위 표 제6호 및 제6호의2의 과태료 금액에서 괄호 안의 것은 같은 장소에서 2시간 이상 정차 또는 주차 위반을 하는 경우에 적용한다.

[8] 어린이보호구역 및 노인·장애인보호구역에서의 과태료 부과기준(제88조제4항 단서 관련)

위반행위 및 행위자	근거 법조문 (도로교통법)	차량 종류별 과태료 금액
1. 법 제5조를 위반하여 신호 또는 지시를 따르지 않은 차 또는 노면전차의 고용주등	제160조 제3항	1) 승합자동차등 : 14만원 2) 승용자동차등 : 13만원 3) 이륜자동차등 : 9만원
2. 법 제17조제3항을 위반하여 제한속도를 준수하지 않은 차 또는 노면전차의 고용주등	제160조 제3항	
가. 60km/h 초과		1) 승합자동차등 : 17만원 2) 승용자동차등 : 16만원 3) 이륜자동차등 : 11만원
나. 40km/h 초과 60km/h 이하		1) 승합자동차등 : 14만원 2) 승용자동차등 : 13만원 3) 이륜자동차등 : 9만원
다. 20km/h 초과 40km/h 이하		1) 승합자동차등 : 11만원 2) 승용자동차등 : 10만원 3) 이륜자동차등 : 7만원
라. 20km/h 이하		1) 승합자동차등 : 7만원 2) 승용자동차등 : 7만원 3) 이륜자동차등 : 5만원
3. 법 제32조부터 제34조까지의 규정을 위반하여 정차 또는 주차를 한 차의 고용주등	제160조 제3항	
가. 어린이보호구역에서 위반한 경우		1) 승합자동차등 : 13만원 (14만원) 2) 승용자동차등 : 12만원 (13만원)
나. 노인·장애인보호구역에서 위반한 경우		1) 승합자동차등 : 9만원 (10만원) 2) 승용자동차등 : 8만원 (9만원)

비고
1. 위 표에서 "승합자동차등"이란 승합자동차, 4톤 초과 화물자동차, 특수자동차, 건설기계 및 노면전차를 말한다.
2. 위 표에서 "승용자동차등"이란 승용자동차 및 4톤 이하 화물자동차를 말한다.
3. 위 표에서 "이륜자동차등"이란 이륜자동차 및 원동기장치자전거(개인형 이동장치는 제외한다)를 말한다.
4. 위 표 제3호의 과태료 금액에서 괄호 안의 것은 같은 장소에서 2시간 이상 정차 또는 주차 위반을 하는 경우에 적용한다.

[9] 어린이보호구역 및 노인·장애인보호구역에서의 범칙행위 및 범칙금액(제93조제2항 관련)

범칙행위	근거 법조문 (도로교통법)	차량 종류별 범칙금액
1. 신호·지시 위반 2. 횡단보도 보행자 횡단 방해	제5조 제27조 제1항· 제2항	1) 승합자동차등 : 13만원 2) 승용자동차등 : 12만원 3) 이륜자동차등 : 8만원 4) 자전거등 및 손수레등 : 6만원
3. 속도위반 　가. 60km/h 초과	제17조 제3항	1) 승합자동차등 : 16만원 2) 승용자동차등 : 15만원 3) 이륜자동차등 : 10만원
나. 40km/h 초과 60km/h 이하		1) 승합자동차등 : 13만원 2) 승용자동차등 : 12만원 3) 이륜자동차등 : 8만원
다. 20km/h 초과 40km/h 이하		1) 승합자동차등 : 10만원 2) 승용자동차등 : 9만원 3) 이륜자동차등 : 6만원
라. 20km/h 이하		1) 승합자동차등 : 6만원 2) 승용자동차등 : 6만원 3) 이륜자동차등 : 4만원
4. 통행 금지·제한 위반 5. 보행자 통행 방해 또는 보호 불이행	제6조 제1항· 제2항· 제4항 제27조제 3항부터 제5항까 지 및 같은 조 제6항 제1호· 제2호	1) 승합자동차등 : 9만원 2) 승용자동차등 : 8만원 3) 이륜자동차등 : 6만원 4) 자전거등 및 손수레등 : 4만원
6. 정차·주차 금지 위반	제32조	
가. 어린이보호구역에서 위반한 경우		1) 승합자동차등 : 13만원 2) 승용자동차등 : 12만원 3) 이륜자동차등 : 9만원 4) 자전거등 : 6만원
나. 노인·장애인보호구역에서 위반한 경우		1) 승합자동차등 : 9만원 2) 승용자동차등 : 8만원 3) 이륜자동차등 : 6만원 4) 자전거등 : 4만원
7. 주차금지 위반	제33조	
가. 어린이보호구역에서 위반한 경우		1) 승합자동차등 : 13만원 2) 승용자동차등 : 12만원 3) 이륜자동차등 : 9만원 4) 자전거등 : 6만원
나. 노인·장애인보호구역에서 위반한 경우		1) 승합자동차등 : 9만원 2) 승용자동차등 : 8만원 3) 이륜자동차등 : 6만원 4) 자전거등 : 4만원
8. 정차·주차방법 위반	제34조	
가. 어린이보호구역에서 위반한 경우		1) 승합자동차등 : 13만원 2) 승용자동차등 : 12만원 3) 이륜자동차등 : 9만원 4) 자전거등 : 6만원
나. 노인·장애인보호구역에서 위반한 경우		1) 승합자동차등 : 9만원 2) 승용자동차등 : 8만원 3) 이륜자동차등 : 6만원 4) 자전거등 : 4만원
9. 정차·주차 위반에 대한 조치 불응	제35조 제1항	
가. 어린이보호구역에서의 위반에 대한 조치에 불응한 경우		1) 승합자동차등 : 13만원 2) 승용자동차등 : 12만원 3) 이륜자동차등 : 9만원 4) 자전거등 : 6만원
나. 노인·장애인보호구역에서의 위반에 대한 조치에 불응한 경우		1) 승합자동차등 : 9만원 2) 승용자동차등 : 8만원 3) 이륜자동차등 : 6만원 4) 자전거등 : 4만원

비고
1. 위 표에서 "승합자동차등"이란 승합자동차, 4톤 초과 화물자동차, 특수자동차, 건설기계 및 노면전차를 말한다.
2. 위 표에서 "승용자동차등"이란 승용자동차 및 4톤 이하 화물자동차를 말한다.
3. 위 표에서 "이륜자동차등"이란 이륜자동차 및 원동기장치자전거(개인형 이동장치는 제외한다)를 말한다.
4. 위 표에서 "손수레등"이란 손수레, 경운기 및 우마차를 말한다.
5. 위 표 제3호가목을 위반하여 범칙금 납부 통고를 받은 운전자가 통고처분을 이행하지 않아 제99조제1항에 따라 가산금을 더할 경우 범칙금의 최대 부과금액은 20만원으로 한다.

[10] 수시 적성검사 대상자의 개인정보의 내용(제58조 제2항 관련)

보유기관	보유내용	근거 법조문	장애 종류
1. 각 군 참모총장 및 해병대사령관	군 재직 중 정신질환으로 인하여 전역조치한 사람에 대한 자료	「군인사법」 제37조	시력장애, 치매, 정신분열병, 분열형 정동장애, 양극성 정동장애, 마약류 등 관련 장애(니코틴 관련 장애는 제외한다), 알코올 관련 장애, 뇌전증 등
2. 병무청장	정신질환 또는 시력장애로 징집이 면제된 사람에 대한 자료	「병역법」 제12조 및 제14조	
3. 시장·군수·구청장	정신질환으로 보호의무자의 동의에 의하여 입원·치료 중인 사람으로서 입원기간이 6개월 이상인 사람에 대한 자료 및 정신질환으로 시장·군수·구청장에 의하여 입원·치료 중인 사람에 대한 자료	「정신보건법」 제24조 및 제25조	
4. 특별시장·광역시장·도지사 및 특별자치도지사	마약류 중독으로 치료 중인 사람에 대한 자료	「마약류 관리에 관한 법률」 제40조	
5. 보건복지부장관	마약류 중독자로 판명되거나 마약류 중독으로 의료기관 또는 치료보호기관에서 치료 중인 사람에 대한 자료	「마약류 관리에 관한 법률」 제40조	
	시각장애인(시력으로 인한 장애에 한정한다)으로 등록된 사람에 대한 자료	「장애인복지법」 제32조	
6. 치료감호시설의 장	치료감호 후 완치되지 않고 출소한 사람에 대한 자료	「치료감호 등에 관한 법률」 제2조	
7. 국민연금공단 이사장	시력 감퇴로 장애연금을 지급받는 사람에 대한 장애등급 정보	「국민연금법」 제67조	
7의2. 국민건강보험공단 이사장	노인장기요양 등급을 받은 사람 중 치매질환이 있는 사람에 대한 자료	「노인장기요양보험법」 제15조	치매
8. 근로복지공단 이사장	산업재해로 인하여 장해 판정을 받아 보험금을 지급받은 사람에 대한 자료	「산업재해보상보험법」 제57조	「산업재해보상보험법 시행령」 별표 6의 장해등급 중 다음 각 목의 장해 가. 제1급 중 제1호 및 제3호부터 제8호까지 나. 제2급 다. 제3급 중 제1호 및 제3호부터 제5호까지 라. 제4급 중 제1호 및 제3호부터 제7호까지 마. 제5급 중 제1호부터 제5호까지, 제7호 및 제8호

			바. 제6급 중 제1호 및 제3호부터 제8호까지
사. 제7급 중 제1호부터 제10호까지 및 제14호
아. 제8급 중 제1호부터 제9호까지
자. 제9급 중 제1호부터 제4호까지, 제7호부터 제11호까지 및 제15호부터 제17호까지
차. 제10급 중 제1호 및 제7호부터 제14호까지
카. 제11급 중 제1호, 제2호 및 제5호
타. 제12급 중 제1호, 제2호, 제9호 및 제10호
파. 제13급 중 제1호 및 제2호	10. 「화물자동차 운수사업법」 제51조의2 또는 「여객자동차 운수사업법」 제61조에 따라 설립된 공제조합의 이사장	교통사고로 인한 피해로 장애 판정을 받아 공제금을 지급받은 사람에 대한 자료	「화물자동차 운수사업법」 제51조의2 또는 「여객자동차 운수사업법」 제61조	나. 제2급
다. 제3급 중 제1호 및 제3호부터 제5호까지
라. 제4급 중 제1호 및 제3호부터 제7호까지
마. 제5급 중 제1호부터 제5호까지, 제7호 및 제8호
바. 제6급 중 제1호 및 제3호부터 제8호까지
사. 제7급 중 제1호부터 제10호까지
아. 제8급 중 제1호부터 제9호까지
자. 제9급 중 제1호부터 제4호까지, 제7호부터 제11호까지, 제15호 및 제16호
차. 제10급 중 제1호 및 제5호부터 제11호까지
카. 제11급 중 제1호, 제2호 및 제5호
타. 제12급 중 제1호, 제2호, 제6호 및 제7호
파. 제13급 중 제1호 및 제2호
9. 보험료율 산출기관의 장(보험개발원장)	교통사고로 인한 피해로 장애 판정을 받아 보험금을 지급받은 사람에 대한 자료	「자동차손해배상 보장법」 제5조	「자동차손해배상 보장법 시행령」 별표 2의 후유장애 등급 중 다음 각 목의 장애
가. 제1급 중 제1호 및 제3호부터 제9호까지				

22. 운전면허증의 갱신과 정기 적성검사(법 제87조)

(1) 운전면허증의 갱신

운전면허를 받은 사람은 다음의 구분에 따른 기간 이내에 대통령령으로 정하는 바에 따라 시·도경찰청장으로부터 운전면허증을 갱신하여 발급받아야 한다.

① 최초의 운전면허증 갱신기간은 운전면허시험에 합격한 날부터 기산하여 10년(운전면허시험 합격일에 65세 이상 75세 미만인 사람은 5년, 75세 이상인 사람은 3년, 한쪽 눈만 보지 못하는 사람으로서 제1종 운전면허 중 보통면허를 취득한 사람은 3년)이 되는 날이 속하는 해의 1월 1일부터 12월 31일까지

② ①외의 운전면허증 갱신기간은 직전의 운전면허증 갱신일부터 기산하여 **매 10년**(직전의 운전면허증 갱신일에 65세 이상 75세 미만인 사람은 5년, 75세 이상인 사람은 3년, 한쪽 눈만 보지 못하는 사람으로서 제1종 운전면허 중 보통면허를 취득한 사람은 3년)이 되는 날이 속하는 해의 1월 1일부터 12월 31일까지

(2) 정기적성검사

다음의 어느 하나에 해당하는 사람은 운전면허증 갱신기간에 대통령령으로 정하는 바에 따라 도로교통공단이 실시하는 정기 적성검사를 받아야 한다.

① **제1종 운전면허를 받은 사람**
② 제2종 운전면허를 받은 사람 중 운전면허증 갱신기간에 **70세 이상인 사람**

(3) 운전면허증의 갱신을 받을 수 없는 사람

다음에 해당하는 사람은 운전면허증을 갱신하여 받을 수 없다.
① 교통안전교육을 받지 아니한 사람
② 정기 적성검사를 받지 아니하거나 이에 합격하지 못한 사람

(4) 운전면허증 갱신과 정기 적성검사 연기

운전면허증을 갱신하여 발급받거나 정기 적성검사를 받아야 하는 사람이 해외여행 또는 군 복무 등 대통령령으로 정하는 사유로 그 기간 이내에 운전면허증을 갱신하여 발급받거나 정기 적성검사를 받을 수 없는 때에는 대통령령으로 정하는 바에 따라 이를 미리 받거나 그 연기를 받을 수 있다.

제❷장 교통사고처리특례법

1. 목적(법 제1조)

이 법은 업무상과실 또는 중대한 과실로 교통사고를 일으킨 운전자에 관한 형사처벌 등의 특례를 정함으로써 교통사고로 인한 피해의 신속한 회복을 촉진하고 국민생활의 편익을 증진함을 목적으로 한다.

2. 처벌의 특례(법 제3조)

(1) 특례의 기준

교통사고처리특례법은 차의 교통으로 인한 사고가 발생하여 운전자를 형사 처벌하여야 하는 경우에 적용되는 법으로 인적피해를 야기한 경우에는 형법 제268조에 따른 업무상과실·중과실 치사상죄를 적용하고, 물적피해를 야기한 경우에는 도로교통법 제151조의 과실재물손괴죄를 적용한다.

① 업무상과실·중과실 치사상죄 : 5년 이하의 금고 또는 2천만원 이하의 벌금에 처한다.
② 벌칙 : 2년 이하의 금고나 500만원 이하의 벌금에 처한다.

(2) 사고의 적용

① 사고의 기준
 ㉠ 차에 의한 사고
 ㉡ 피해의 결과 발생
 ㉢ 차의 교통으로 인하여 발생한 사고
② 교통사고로 처리되지 않는 경우
 ㉠ 명백한 자살이라고 인정되는 경우
 ㉡ 확정적인 고의 범죄에 의해 타인을 사상하거나 물건을 손괴한 경우
 ㉢ 건조물 등이 떨어져 운전자 또는 동승자가 사상한 경우
 ㉣ 축대 등이 무너져 도로를 진행중인 차량

이 손괴되는 경우
ⓜ 사람이 건물, 육교 등에서 추락하여 운행중인 차량과 충돌 또는 접촉하여 사상한 경우
ⓑ 기타 안전사고로 인정되는 경우

3. 특례 적용 (법 제3조제2항)

(1) 공소를 제기할 수 없는 경우
① 업무상과실치상죄 또는 중과실치상죄와 건조물이나 그밖의 재물을 손괴한 죄를 범한 운전자에 대하여는 피해자의 명시적인 의사에 반하여 공소를 제기할 수 없다.
② 교통사고를 일으킨 차가 보험 또는 공제에 가입된 경우

※ 적용하지 않는 경우 :
① 업무상과실치상죄 또는 중과실치상죄를 범하고도 피해자를 구호하는 등 「도로교통법」에 따른 조치를 하지 아니하고 도주하거나 피해자를 사고 장소로부터 옮겨 유기하고 도주한 경우
② 같은 죄를 범하고 「도로교통법」 제44조제2항을 위반하여 음주측정 요구에 따르지 아니한 경우

(2) 사고운전자가 형사처벌 대상이 되는 경우(법 제3조제2항의 단서조항)
① 사망사고
② 차의 교통으로 업무상과실치상죄 또는 중과실치상죄를 범하고 피해자를 구호하는 등의 조치를 하지 아니하고 도주하거나, 피해자를 사고장소로부터 옮겨 유기하고 도주한 경우
③ 차의 교통으로 업무상과실치상죄 또는 중과실치상죄를 범하고 음주측정 요구에 불응한 경우(운전자가 채혈 측정을 요청하거나 동의한 경우는 제외)
④ 신호·지시 위반 사고
⑤ 중앙선침범 사고, 횡단, 유턴 또는 후진중 사고
⑥ 과속(20km/h 초과) 사고
⑦ 앞지르기의 방법·금지시기·금지장소 또는 끼어들기의 금지 위반하거나 고속도로에서의 앞지르기 방법 위반 사고
⑧ 철길건널목 통과방법 위반 사고
⑨ 횡단보도에서 보행자 보호의무 위반 사고
⑩ 무면허 운전중 사고
⑪ 주취·약물복용 운전중 사고
⑫ 보도침범, 통행방법 위반 사고
⑬ 승객추락방지의무 위반 사고
⑭ 어린이 보호구역내 어린이 보호의무 위반 사고
⑮ 자동차의 화물이 떨어지지 아니하도록 필요한 조치를 하지 아니하고 운전한 경우
⑯ 민사상 손해배상을 하지 않은 경우
⑰ 중상해 사고를 유발하고 형사상 합의가 안 된 경우

4. 사고운전자 가중처벌

(1) 사고운전자가 피해자를 구호하는 등의 조치를 하지 아니하고 도주한 경우
① 피해자를 사망에 이르게 하고 도주하거나, 도주 후에 피해자가 사망한 경우에는 **무기 또는 5년 이상의 징역**
② 피해자를 상해에 이르게 한 경우에는 **1년 이상의 유기징역 또는 500만원 이상 3천만원 이하**의 벌금

(2) 사고운전자가 피해자를 사고 장소로부터 옮겨 유기하고 도주한 경우
① 피해자를 사망에 이르게 하고 도주하거나, 도주 후에 피해자가 사망한 경우에는 **사형, 무기 또는 5년 이상의 징역**
② 피해자를 상해에 이르게 한 경우에는 **3년 이상의 유기징역**

(3) 위험운전 치사상의 경우
① 음주 또는 약물의 영향으로 정상적인 운전이 곤란한 상태
㉠ 사람을 상해에 이르게 한 사람은 **1년 이상 15년 이하의 징역 또는 1천만원 이상 3천만원 이하의 벌금**
㉡ 사망에 이르게 한 사람은 **무기 또는 3년 이상의 징역**

5. 사망 및 도주사고

(1) 사망사고의 정의
   ① 교통사고가 주된 원인이 되어 **교통사고 발생 시부터 30일 이내**에 사람이 사망한 사고를 말한다.
   ② **교통사고 발생 후 72시간내 사망하면 벌점 90점이 부과**되며, 교통사고처리특례법상 형사적 책임이 부과된다.

(2) 도주사고(뺑소니)
   ① 피해자 사상 사실을 인식하거나 예견됨에도 가버린 경우
   ② 피해자를 사고현장에 방치한 채 가버린 경우
   ③ 현장에 도착한 경찰관에게 거짓으로 진술한 경우
   ④ **사고운전자를 바꿔치기 하여 신고한 경우**
   ⑤ 사고운전자가 연락처를 거짓으로 알려준 경우
   ⑥ 피해자가 이미 사망하였다고 사체 안치 후 송 등의 조치 없이 가버린 경우
   ⑦ 피해자를 병원까지만 후송하고 계속 치료를 받을 수 있는 조치 없이 가버린 경우
   ⑧ 쌍방 업무상 과실이 있는 경우에 발생한 사고로 과실이 적은 차량이 도주한 경우
   ⑨ 자신의 의사를 제대로 표시하지 못하는 나이 어린 피해자가 '괜찮다'라고 하여 조치 없이 가버린 경우

(3) 도주가 아닌 경우
   ① 피해자가 부상사실이 없거나 극히 경미하여 구호조치가 필요하지 않아 연락처를 제공하고 떠난 경우
   ② 사고운전자가 심한 부상을 입어 타인에게 의뢰하여 피해자를 후송 조치한 경우
   ③ 사고 장소가 혼잡하여 불가피하게 일부 진행 후 정지하고 되돌아와 조치한 경우
   ④ 사고운전자가 급한 용무로 인해 동료에게 사고처리를 위임하고 가버린 후 동료가 사고 처리한 경우
   ⑤ 피해자 일행의 구타·폭언·폭행이 두려워 현장을 이탈한 경우
   ⑥ 사고운전자가 자기 차량 사고에 대한 조치 없이 가버린 경우

6. 신호·지시위반 사고

(1) 신호위반 사고
   ① 신호가 변경되기 전에 출발하여 인적피해를 야기한 경우
   ② 황색 주의신호에 교차로에 진입하여 인적피해를 야기한 경우
   ③ 신호내용을 위반하고 진행하여 인적피해를 야기한 경우
   ④ 적색 차량신호에 진행하다 정지선과 횡단보도 사이에서 보행자를 충격한 경우

(2) 중앙선침범 사고
   ① 중앙선침범 : 중앙선을 넘어서거나 차체가 걸친 상태에서 운전한 경우
   ② 중앙선침범을 적용하는 경우
      ㉠ 커브 길에서 과속으로 인한 경우
      ㉡ 빗길에서 과속으로 인한 경우
      ㉢ 졸다가 뒤늦은 제동으로 한 경우
      ㉣ 차내 잡담 또는 휴대폰 통화 등의 부주의로 한 경우
   ③ 중앙선침범을 적용할 수 없는 경우
      ㉠ 사고를 피하기 위해 급제동하다 한 경우
      ㉡ 위험을 회피하기 위해 한 경우
      ㉢ 빙판길 또는 빗길에서 미끄러져 한 경우

7. 과속 사고

(1) 속도의 종류
   ① 규제속도   ② 설계속도
   ③ 주행속도   ④ 구간속도

(2) 앞지르기 방법·금지위반 사고
   ① 다른 차를 앞지르고자 하는 때에는 앞차의 좌측으로 통행하여야 한다.
   ② 앞지르기 금지의 시기 및 장소
      ㉠ 아래 하나에 해당하는 경우에는 앞차를 앞지르지 못한다.
         ⓐ 앞차의 좌측에 다른 차가 앞차와 나란히 가고 있는 경우
         ⓑ 앞차가 다른 차를 앞지르고 있거나 앞지르고자 하는 경우
      ㉡ 경찰공무원의 지시를 따르거나 위험을

방지하기 위하여 정지하거나 서행하고 있는 다른 차를 앞지르지 못한다.
ⓒ 아래 어느 하나에 해당하는 곳에서는 다른 차를 앞지르지 못한다.
  ⓐ 교차로
  ⓑ 터널 안
  ⓒ 다리 위
  ⓓ 도로의 구부러진 곳, 비탈길의 고개나 내리막 등 시·도경찰청장이 도로에서의 위험을 방지하고 교통의 안전과 원활한 소통을 확보하기 위하여 필요하다고 인정하는 곳으로서 안전표지로 지정한 곳
③ 끼어들기의 금지
경찰공무원의 지시에 따르거나 위험방지를 위하여 정지 또는 서행하고 있는 다른 차 앞에 끼어들지 못한다.

8. 보행자 보호의무위반 사고

(1) 보행자로 인정되는 경우와 아닌 경우
① 횡단보도 보행자인 경우
  ㉠ 횡단보도를 걸어가는 사람
  ㉡ 횡단보도에서 원동기장치자전거나 자전거를 끌고 가는 사람
  ㉢ 횡단보도에서 원동기장치자전거나 자전거를 타고 가다 이를 세우고 한발은 페달에 다른 한발은 지면에 서 있는 사람
  ㉣ 세발자전거를 타고 횡단보도를 건너는 어린이
  ㉤ 손수레를 끌고 횡단보도를 건너는 사람
② 횡단보도 보행자가 아닌 경우
  ㉠ 횡단보도에서 원동기장치자전거나 자전거를 타고 가는 사람
  ㉡ 횡단보도에 누워 있거나, 앉아 있거나, 엎드려 있는 사람
  ㉢ 횡단보도 내에서 교통정리를 하고 있는 사람
  ㉣ 횡단보도 내에서 택시를 잡고 있는 사람
  ㉤ 횡단보도 내에서 화물 하역작업을 하고 있는 사람
  ㉥ 보도에 서 있다가 횡단보도 내로 넘어진 사람

(2) 횡단보도로 인정되는 경우와 아닌 경우
① 노면표시가 있으나 횡단보도표지판이 설치되지 않은 경우
② 노면표시가 포장공사로 반은 지워졌으나, 반이 남아 있는 경우
③ 노면표시가 완전히 지워지거나, 포장공사로 덮여졌다면 효력 상실

9. 무면허 운전

(1) 무면허 운전의 개념
① 무면허 운전의 정의
  ㉠ 정의 : 도로에서 운전면허를 받지 아니하고 운전하는 행위
② 무면허 운전의 유형
  ㉠ 운전면허를 취득하지 않고 운전하는 행위
  ㉡ 운전면허 적성검사기간 만료일로부터 1년간의 취소유예기간이 지난 면허증으로 운전하는 행위
  ㉢ 운전면허 취소처분을 받은 후에 운전하는 행위
  ㉣ 운전면허 정지 기간 중에 운전하는 행위
  ㉤ 제2종 운전면허로 제1종 운전면허를 필요로 하는 자동차를 운전하는 행위
  ㉥ 제1종 대형면허로 특수면허가 필요한 자동차를 운전하는 행위
  ㉦ 운전면허시험에 합격한 후 운전면허증을 발급받기 전에 운전하는 행위

10. 주취·약물복용 운전 중 사고

(1) 음주운전인 경우와 아닌 경우
① 불특정 다수인이 이용하는 도로와 특정인이 이용하는 주차장 또는 학교 경내 등에서의 음주운전도 형사처벌 대상. 다만, 특정인만이 이용하는 장소에서의 음주운전으로 인한 운전면허 행정처분은 불가
  ㉠ 공개되지 않은 통행로에서의 음주운전도 처벌 대상 : 공장이나 관공서, 학교, 사기업 등의 정문 안쪽 통행로와 같이 문, 차단기에 의해 도로와 차단되고 별도로

관리되는 장소의 통행로에서의 음주운전도 처벌 대상
ⓒ 술을 마시고 주차장(주차선 안 포함)에서 음주운전 하여도 처벌 대상
ⓒ 호텔, 백화점, 고층건물, 아파트 내 주차장 안의 통행로뿐만 아니라 주차선 안에서 음주운전하여도 처벌 대상
② 혈중알코올농도 0.03% 미만에서의 음주운전은 처벌 불가

11. 보도침범, 보도횡단방법위반 사고

① 보도 : 보행자의 안전을 확보하기 위해 연석이나 방호울타리 등으로 차도와 분리하여 설치된 도로의 일부분으로 차도와 대응되는 개념
② 보도침범 사고 : 보도에 차마가 들어서는 과정, 보도에 차마의 차체가 걸치는 과정, 보도에 주차시킨 차량을 전진 또는 후진시키는 과정에서 통행중인 보행자와 충돌한 경우
③ 보도횡단방법위반 사고 : 차마의 운전자는 도로에서 도로 외의 곳에 출입하기 위해서는 보도를 횡단하기 직전에 일시 정지하여 보행자의 통행을 방해하지 아니하도록 되어 있으나 이를 위반하여 보행자와 충돌하여 인적피해를 야기한 경우

12. 승객추락방지의무위반 사고

(1) 승객추락방지의무에 해당하는 경우와 아닌 경우
① 승객추락방지의무에 해당하는 경우
  ㉠ 문을 연 상태에서 출발하여 타고 있는 승객이 추락한 경우
  ㉡ 승객이 타거나 또는 내리고 있을 때 갑자기 문을 닫아 문에 충격된 승객이 추락한 경우
  ㉢ 버스 운전자가 개폐 안전장치인 전자감응장치가 고장난 상태에서 운행 중에 승객이 내리고 있을 때 출발하여 승객이 추락한 경우
② 승객추락방지의무에 해당하지 않는 경우
  ㉠ 승객이 임의로 차문을 열고 상체를 내밀어 차밖으로 추락한 경우
  ㉡ 운전자가 사고방지를 위해 취한 급제동으로 승객이 차밖으로 추락한 경우
  ㉢ 화물자동차 적재함에 사람을 태우고 운행 중에 운전자의 급가속 또는 급제동으로 피해자가 추락한 경우

13. 어린이 보호구역내 어린이 보호의무위반 사고

(1) 어린이 보호구역으로 지정될 수 있는 장소
① 유아교육법에 따른 유치원, 초·중등교육법에 따른 초등학교 또는 특수학교
② 영유아보육법에 따른 보육시설 중 정원 100명 이상의 보육시설(관할 경찰서장과 협의된 경우에는 정원이 100명 미만의 보육시설 주변도로에 대해서도 지정 가능)
③ 학원의 설립·운영 및 과외교습에 관한 법률에 따른 학원 중 학원 수강생이 100명 이상인 학원(관할 경찰서장과 협의된 경우에는 정원이 100명 미만의 학원 주변도로에 대해서도 지정 가능)
④ 초·중등교육법에 따른 외국인학교 또는 대안학교, 제주특별자치도 설치 및 국제자유도시 조성을 위한 특별법에 따른 국제학교 및 경제자유구역 및 제주국제자유도시의 외국교육기관 설립·운영에 관한 특별법에 따른 외국교육기관 중 유치원·초등학교 교과과정이 있는 학교

여객자동차운수사업법 및 택시발전법

제❶장 여객자동차운수사업법

1. 목적(제1조)
여객자동차운수사업에 관한 질서를 확립하고 여객의 원활한 운송과 여객자동차운수사업의 종합적인 발달을 도모함으로써 공공복리를 증진함을 주 목적으로 한다.

2. 용어의 정의(법 제2조)
① **자동차**
「자동차관리법」 제3조에 따른 승용자동차와 승합자동차를 말한다.

② **여객자동차 운수사업**
여객자동차운송사업, 자동차대여사업, 여객자동차터미널사업 및 여객자동차운송플랫폼사업을 말한다.

③ **여객자동차운송사업**
다른 사람의 수요에 응하여 자동차를 사용하여 유상(有償)으로 여객을 운송하는 사업을 말한다.

④ **여객자동차운송플랫폼사업**
여객의 운송과 관련한 다른 사람의 수요에 응하여 이동통신단말장치, 인터넷 홈페이지 등에서 사용되는 응용프로그램(이하 "운송플랫폼"이라 한다)을 제공하는 사업을 말한다.

⑤ **관할관청**
관할이 정해지는 국토교통부장관, 대도시권광역교통위원회나 특별시장·광역시장·특별자치시장·도지사 또는 특별자치도지사(이하 "시·도지사"라 한다)를 말한다.

⑥ **정류소**
여객이 승차 또는 하차할 수 있도록 노선 사이에 설치한 장소를 말한다.

⑦ **택시 승차대**
택시운송사업용 자동차에 승객을 승차·하차시키거나 승객을 태우기 위하여 대기하는 장소 또는 구역을 말한다.

3. 여객자동차운송사업의 종류(법 제3조)
(1) 노선 여객자동차운송사업
자동차를 정기적으로 운행하려는 구간을 정하여 여객을 운송하는 사업

(2) 구역 여객자동차운송사업
사업구역을 정하여 그 사업 구역 안에서 여객을 운송하는 사업

(3) 수요응답형 여객자동차운송사업
다음의 어느 하나에 해당하는 경우로서 운행계통·운행시간·운행횟수를 여객의 요청에 따라 탄력적으로 운영하여 여객을 운송하는 사업
① 농촌과 어촌을 기점 또는 종점으로 하는 경우
② 대중교통현황조사에서 대중교통이 부족하다고 인정되는 지역을 운행하는 경우

(4) 택시운송사업의 구분
① 경형 : 다음의 어느 하나에 해당하는 자동차를 사용하는 택시운송사업
㉠ **배기량 1,000CC 미만**의 승용자동차(승차정원 5인승 이하의 것만 해당한다)
㉡ 길이 3.6미터 이하이면서 너비 1.6미터 이하인 승용자동차(승차정원 5인승 이하의 것만 해당한다)

② 소형 : 다음의 어느 하나에 해당하는 자동차(제1호에 따른 경형 기준에 해당하는 자동차는 제외한다)를 사용하는 택시운송사업
㉠ **배기량 1,600CC 미만**의 승용자동차(승차정원 5인승 이하의 것만 해당한다)
㉡ 길이 4.7미터 이하이거나 너비 1.7미터 이하인 승용자동차(승차정원 5인승 이하의 것만 해당한다)

③ 중형 : 다음의 어느 하나에 해당하는 자동차를 사용하는 택시운송사업
㉠ **배기량 1,600CC 이상**의 승용자동차(승차정원 5인승 이하의 것만 해당한다)
㉡ 길이 4.7미터 초과이면서 너비 1.7미터를 초과하는 승용자동차(승차정원 5인승 이하의 것만 해당한다)

④ 대형 : 다음의 어느 하나에 해당하는 자동차를 사용하는 택시운송사업. 다만, ㉡의 자동

차는 광역시의 군이 아닌 군 지역의 택시운송사업에는 해당하지 아니한다.
　㉠ **배기량이 2,000CC 이상**인 승용자동차(승차정원 6인승 이상 10인승 이하의 것만 해당한다)
　㉡ 배기량이 2,000CC 이상이고 승차정원이 13인승 이하인 승합자동차
⑤ 모범형 : **배기량 1,900CC 이상**의 승용자동차(승차정원 5인승 이하의 것만 해당한다)를 사용하는 택시운송사업
⑥ 고급형 : **배기량 2,800CC 이상**의 승용자동차에 해당하는 자동차를 사용하는 택시운송사업

4. 면허 등의 기준 (법 제5조)

(1) 여객자동차운송사업의 면허기준
① 사업계획이 해당 노선이나 사업구역의 수송 수요와 수송력 공급에 적합할 것
② 최저 면허기준 대수, 보유 차고 면적, 부대시설, 그 밖에 국토교통부령으로 정하는 기준에 적합할 것
③ 대통령령으로 정하는 여객자동차운송사업인 경우에는 운전 경력, 교통사고 유무, 거주지 등 국토교통부령으로 정하는 기준에 적합할 것

(2) 수송력 공급에 관한 산정기준
국토교통부장관은 수송력 공급에 관한 산정기준(대통령령으로 정하는 여객자동차운송사업의 경우로 한정한다)을 정하여 시·도지사에게 통보할 수 있다.

(3) 수송력 공급계획 수립·공고
수송력 공급에 관한 산정기준을 통보받은 시·도지사는 5년마다 수송력 공급계획을 수립·공고하고, 이를 국토교통부장관에게 보고하여야 한다.

(4) 수송력 공급계획 변경
시·도지사는 사업구역별 택시 총량의 산정 또는 재산정이 있거나 수송 수요의 급격한 변화 등 국토교통부령으로 정하는 사유로 수송력 공급계획을 변경할 필요가 있는 경우에는 국토교통부장관의 승인을 받아 이를 변경할 수 있다. 다만, 사업구역별 택시 총량의 재산정으로 인하여 공급계획을 변경하는 경우에는 국토교통부장관의 승인을 받지 아니하고 수송력 공급계획을 변경할 수 있다.

(5) 여객자동차운송사업의 등록기준
여객자동차운송사업의 등록기준이 되는 최저 등록기준 대수, 보유 차고 면적, 부대시설, 수송력 공급계획의 수립·공고, 그 밖에 필요한 사항은 국토교통부령으로 정한다.

5. 운송사업자의 준수 사항

① 일반택시 운송사업자는 운수종사자가 이용자에게서 받은 운송수입금의 전액에 대하여 다음의 각 사항을 준수하여야 한다. 다만, 군(광역시의 군은 제외)지역의 일반택시 운송사업자는 제외한다.
　㉠ 1일 근무시간 동안 택시요금미터(운송수입금 관리를 위하여 설치한 확인 장치를 포함한다. 이하 같다)에 기록된 운송수입금의 전액을 운수종사자의 근무종료 당일 수납할 것
　㉡ 일정금액의 운송수입금 기준액을 정하여 수납하지 않을 것
　㉢ 차량 운행에 필요한 제반경비(주유비, 세차비, 차량수리비, 사고처리비 등을 포함한다)를 운수종사자에게 운송수입금이나 그 밖의 금전으로 충당하지 않을 것
　㉣ 운송수입금 확인기능을 갖춘 운송기록출력장치를 갖추고 운송수입금 자료를 보관(보관기간은 1년으로 한다)할 것
　㉤ 운송수입금 수납 및 운송기록을 허위로 작성하지 않을 것
② 법에 따른 운수종사자의 요건을 갖춘 자만 운전업무에 종사하게 하여야 한다.
③ 여객이 착용하는 좌석안전띠가 정상적으로 작동될 수 있는 상태를 유지(여객이 6세 미만의 유아인 경우에는 유아보호용 장구를 장착할 수 있는 상태를 포함)하여야 한다.

④ 좌석안전띠 착용에 관한 교육(법 제21조제7항, 시행규칙 제44조의3)
  ㉠ 운송사업자는 운수종사자에게 여객의 좌석안전띠 착용에 관한 교육을 하여야 한다(법 제27조제7항).
  ㉡ 운송사업자는 운전업무 종사자격을 갖추고 여객자동차운송사업의 운전업무에 종사하고 있는 자에게 좌석안전띠 착용에 관한 교육을 직접 실시하거나 제58조제3항에 따른 교육실시기관(운수종사자 연수기관, 한국교통안전공단, 연합회 또는 조합)으로 하여금 실시하도록 할 수 있다. 교육내용은 다음과 같다.
    – 여객의 좌석안전띠 착용에 관한 안내방법
    – 여객의 좌석안전띠 착용에 관한 안내시기
  ㉢ 운송사업자는 운수종사자에게 매 분기 1회 이상 여객의 좌석안전띠 착용에 대한 교육을 실시하되, 새로 채용한 운수종사자에게는 운전업무를 시작하기 전에 실시하여야 한다.
⑤ 일반택시운송사업 및 개인택시운송사업에 사용되는 자동차에 대하여는 운전석 및 그 옆 좌석에 에어백을 설치하여야 한다.
⑥ 운송사업자(자동차 1대를 운송사업자가 직접 운전하는 특수여객자동차운송사업자 및 개인택시운송사업자는 제외)는 사업용 자동차를 운행하기 전에 대통령령으로 정하는 바에 따라 운수종사자의 음주 여부를 확인하고 이를 기록하여야 한다. 확인한 결과 운수종사자가 음주로 안전한 운전을 할 수 없다고 판단되는 경우에는 해당 운수종사자가 차량을 운행하도록 하여서는 아니된다.
⑦ 운수종사자의 음주 여부 확인 및 기록(법 시행령 제12조의4)
  ㉠ 운송사업자는 운수종사자의 음주 여부를 확인하는 경우에는 국토교통부장관이 정하여 고시하는 성능을 갖춘 호흡측정기를 사용하여 확인해야 한다.
  ㉡ 운송사업자는 ㉠에 따라 운수종사자의 음주 여부를 확인한 경우에는 해당 운수종사자의 성명, 측정일시 및 측정결과를 변조가 불가능한 형태의 전자적 파일이나 서면으로 기록하여 3년 동안 보관·관리하여야 한다.

★ 여객법 시행령에 따라 운송사업자는 차량 운행 전에 운수종사자의 음주여부를 확인하지 않은 경우 '사업정지 30~90일 또는 과징금'에서 '사업정지 60~180일 또는 과징금'으로 현행보다 2배 강화된 처분을 받게 된다.
★ 음주사실을 사전에 확인하고도 운수종사자의 운행을 허용하는 경우 사업정지 기간이 현행보다 최대 3배(30~90일 또는 과징금 → 90~180일 또는 과징금) 늘어난다.
★ 또한, 운수종사자도 자신의 음주사실을 운송사업자에게 알리지 않고 차량을 운행하는 경우 5배가 늘어난 과태료(10→50만원) 처분을 받게 된다.

6. 운수종사자의 준수사항
(법 제26조, 시행규칙 제58조의2)

(1) 운수종사자의 준수사항
  ① 운수종사자는 다음의 어느 하나에 해당하는 행위를 하여서는 아니 된다.
    ㉠ 정당한 사유 없이 여객의 승차(제3조제1항제3호의 수요응답형 여객자동차운송사업의 경우 여객의 승차예약을 포함)를 거부하거나 여객을 중도에서 내리게 하는 행위.(구역 여객자동차운송사업 중 일반택시운송사업 및 개인택시운송사업은 제외)
    ㉡ 부당한 운임 또는 요금을 받는 행위(구역 여객자동차운송사업 중 일반택시운송사업 및 개인택시운송사업은 제외)
    ㉢ 일정한 장소에 오랜 시간 정차하여 여객을 유치(誘致)하는 행위
    ㉣ 문을 완전히 닫지 아니한 상태에서 자동차를 출발시키거나 운행하는 행위
    ㉤ 여객이 승하차하기 전에 자동차를 출발시키거나 승하차할 여객이 있는데도 정차하지 아니하고 정류소를 지나치는 행위
    ㉥ 안내방송을 하지 아니하는 행위(국토교통부령으로 정하는 자동차 안내방송 시

ⓢ 여객자동차운송사업용 자동차 안에서 흡연하는 행위
ⓞ 휴식시간을 준수하지 아니하고 운행하는 행위
ⓩ 택시요금미터를 임의로 조작 또는 훼손하는 행위
ⓒ 그 밖에 안전운행과 여객의 편의를 위하여 운수종사자가 지키도록 국토교통부령으로 정하는 사항을 위반하는 행위

② 운송사업자의 운수종사자는 운송수입금의 전액에 대하여 다음의 각 사항을 준수하여야 한다.
  ㉠ 1일 근무시간 동안 택시요금미터에 기록된 운송수입금의 전액을 운수종사자의 근무 종료 당일 운송사업자에게 납부할 것
  ㉡ 일정금액의 운송수입금 기준액을 정하여 납부하지 않을 것

③ 운수종사자는 차량의 출발 전에 여객이 좌석안전띠를 착용하도록 음성방송이나 말로 안내하여야 한다.

④ 운행기록증을 붙여야 하는 자동차를 운행하는 운수종사자는 같은 항에 따라 신고된 운행기간 중 해당 운행기록증을 식별하기 어렵게 하거나, 그러한 자동차를 운행하여서는 아니 된다.

⑤ 법 제21조제13항(안전운행과 여객의 편의 또는 서비스 개선 등을 위한 지도·확인에 대하여 운송사업자가 지켜야 할 사항) 및 법 제26조제1항제9호(그 밖에 안전운행과 여객의 편의를 위하여 운수종사자가 지키도록 국토교통부령으로 정하는 사항)에 따른 운송사업자 및 운수종사자의 준수사항은 별표 4와 같다.(법 시행규칙 제44조제3항)

(2) 자동차의 장치 및 설비 등에 관한 준수사항

① 택시운송사업용 자동차 및 수요응답형 여객자동차(승용자동차만 해당한다)
  ㉠ 택시운송사업용 자동차[대형(승합자동차를 사용하는 경우로 한정한다) 및 고급형 택시운송사업용 자동차는 제외한다]의 안에는 여객이 쉽게 볼 수 있는 위치에 요금미터기를 설치해야 한다.
  ㉡ 대형(승합자동차를 사용하는 경우는 제외한다) 및 모범형 택시운송사업용 자동차에는 요금영수증 발급과 신용카드 결제가 가능하도록 관련기기를 설치해야 한다.
  ㉢ 택시운송사업용 자동차 및 수요응답형 여객자동차 안에는 난방장치 및 냉방장치를 설치해야 한다.
  ㉣ 택시운송사업용 자동차[대형(승합자동차를 사용하는 경우로 한정한다) 및 고급형 택시운송사업용 자동차는 제외한다] 윗부분에는 택시운송사업용 자동차임을 표시하는 설비를 설치하고, 빈차로 운행 중일 때에는 외부에서 빈차임을 알 수 있도록 하는 조명장치가 자동으로 작동되는 설비를 갖춰야 한다.
  ㉤ 대형(승합자동차를 사용하는 경우는 제외한다) 및 모범형 택시운송사업용 자동차에는 호출설비를 갖춰야 한다.
  ㉥ 택시운송사업자[대형(승합자동차를 사용하는 경우로 한정한다) 및 고급형 택시운송사업자는 제외한다]는 택시 미터기에서 생성되는 택시운송사업용 자동차 운행정보의 수집·저장 장치 및 정보의 조작을 막을 수 있는 장치를 갖추어야 한다.
  ㉦ 수요응답형 여객자동차에는 시·도지사가 정하는 수요응답 시스템을 갖추어야 한다.
  ㉧ 그 밖에 국토교통부장관이나 시·도지사가 지시하는 설비를 갖춰야 한다.

(3) 천연가스 연료를 사용하는 자동차의 점검에 관한 준수사항

① 운송사업자는 천연가스를 연료로 사용하는 자동차의 차령이 5년 이하인 경우에는 3개월 마다 1회 이상, 차령이 5년을 초과하는 경우에는 2개월 마다 1회 이상 내압용기(용기밸브를 포함한다. 이하 같다) 및 연료계통의 손상·부식 및 가스누출 등에 대하여 점

검하여야 한다.
② 운송사업자는 「국가기술자격법 시행규칙」 제35조에 따른 가스기능사 이상의 국가기술자격을 가진 사람 또는 「도시가스사업법 시행규칙」 제50조제1항에 따른 특별교육을 이수한 사람으로 하여금 ①에 따른 점검을 하도록 하여야 한다.
③ 내압용기 및 연료계통의 손상·부식 및 가스누출 등을 점검할 때에는 내압용기의 외면을 세척한 후 점검을 하여야 한다.
④ 내압용기 및 연료계통의 손상·부식 및 가스누출 등에 대한 점검결과 그 손상·부식 및 가스누출 등이 「자동차관리법 시행규칙」 별표 5의7에 따른 내압용기 재검사기준에 적합하지 아니한 경우에는 자동차의 운행을 중지하고 「자동차관리법」 제35조의8제1항제2호에 따른 수시검사를 받아야 한다.
⑤ 내압용기 및 연료계통의 손상·부식 및 가스누출 등을 점검하였을 때에는 국토교통부장관이 정하는 바에 따라 자체점검일지에 기록하고 작성일부터 1년간 그 기록을 보관하여야 한다.

7. 위반행위의 종류와 위반 정도에 따른 과징금의 액수(제46조제1항 관련)

(1) 여객자동차운송사업 및 자동차대여사업

(단위 : 만원)

위반내용	관계 법조문	위반 횟수	과징금의 액수 여객자동차 운송사업	
			일반택시	개인택시
1. 여객자동차운송사업자 또는 자동차대여사업자가 사업계획변경 인가 또는 변경등록한 사항을 정당한 사유 없이 실시하지 않은 경우	법 제85조 제1항 제1호	1차 2차 3차 이상	180 360 540	180 360 540
2. 중대한 교통사고 또는 빈번한 교통사고로 많은 사람을 죽거나 다치게 한 경우	법 제85조 제1항 제3호			
가. 5대 이상의 자동차를 보유한 여객자동차운송사업자로서 해당 연도의 교통사고지수(교통사고건수/보유대수×10)가 다음의 기준 이상이 된 경우 1) 시내버스운송사업·농어촌버스운송사업 및 마을버스운송사업의 경우 : 4 2) 시외버스운송사업의 경우 가) 운행형태가 고속인 경우 : 2 나) 운행형태가 직행 및 일반인 경우 : 3 3) 일반택시운송사업의 경우 : 2 4) 전세버스운송사업의 경우 : 2 5) 특수여객자동차운송사업의 경우 : 1 6) 수요응답형 여객자동차운송사업의 경우 : 1			500	
나. 5대 미만의 자동차를 보유한 여객자동차운송사업자가 해당 교통사고일 이전 최근 1년간 다음의 구분에 따른 교통사고를 일으킨 경우 1) 1건의 교통사고 2) 2건의 교통사고			60 120	60 120
다. 1건의 교통사고로 발생한 사망자의 수가 다음에 해당하는 경우(시외버스운송사업 및 농어촌버스운송사업의 경우에는 비고				

에서 정하는 바에 따른다)			
1) 8명 이상 9명 이하		800	800
2) 5명 이상 7명 이하		400	400
3) 2명 이상 4명 이하		200	200
라. 1건의 교통사고로 발생한 중상자의 수가 다음에 해당하는 경우(시외버스운송사업 및 농어촌버스운송사업의 경우에는 비고에서 정하는 바에 따른다)			
1) 10명 이상 19명 이하		400	400
2) 6명 이상 9명 이하		200	200
3. 법 제4조 또는 제28조에 따라 면허를 받거나 등록한 업종의 범위·노선·운행계통·사업구역·업무범위 및 면허기간(한정면허의 경우에만 해당한다) 등을 위반하여 사업을 한 경우	법 제85조 제1항 제6호		
가. 면허를 받거나 등록한 업종의 범위를 벗어나 사업을 한 경우	1차 2차 3차 이상	180 360 540	180 360 540
나. 여객자동차운송사업자가 면허를 받거나 등록한 노선 또는 운행계통을 위반하여 사업을 한 경우	1차 2차 3차 이상		
다. 여객자동차운송사업자가 면허를 받은 사업구역 외의 행정구역에서 사업을 한 경우	1차 2차 3차 이상	40 80 160	40 80 160
라. 한정면허를 받은 여객자동차운송사업자가 면허를 받은 업무범위 또는 면허기간을 위반하여 사업을 한 경우	1차 2차 3차 이상	180 360 540	180 360 540

마. 면허를 받거나 등록한 차고를 이용하지 않고 차고지가 아닌 곳에서 밤샘주차를 한 경우. 다만, 다음의 어느 하나에 해당하는 경우는 제외한다.
  1) 노선 여객자동차운송사업자가 그 사업에 사용하는 자동차를 등록한 차고지와 인접한 자기 소유의 주차장에 밤샘주차 하는 경우
  2) 전세버스운송사업에 사용하는 자동차를 영업 중에 주차장에 밤샘주차 하는 경우
  3) 등록관청이 밤샘주차를 할 수 있도록 지정한 공영주차장에서 밤샘주차가 허용된 관할 전세버스운송사업자가 그 사업에 사용하는 자동차를 지정된 구역에 밤샘주차 하는 경우
  4) 대여사업에 사용하는 자동차가 대여 중인 경우
	1차
	2차
		10
		15
			10
			15

바. 법 제4조 및 이 영 제3조제2호라목을 위반하여 신고를 하지 않거나 거짓으로 신고를 하고 개인택시를 대리운전하게 한 경우		1차 2차	120 240
4. 법 제5조에 따른 여객자동차운송사업의 면허기준 또는 등록기준 중 운수종사자를 위한 휴게실 등 부대시설에 관한 기준을 충족하지 못하게 된 경우. 다만, 3개월 이내	법 제85조 제1항 제7호	1차 2차 3차 이상	90 180 270

위반내용	근거 법조문	처분 차수		
에 그 기준을 충족시킨 경우는 제외한다.				
5. 법 제8조를 위반하여 운임·요금의 신고 또는 변경신고를 하지 않거나 부당한 요금을 받은 경우 또는 1년에 3회 이상 6세 미만인 아이의 무상운송을 거절한 경우	법 제85조 제1항 제10호			
가. 운임 및 요금에 대한 신고 또는 변경신고를 하지 않고 운송을 개시한 경우		1차 2차 3차 이상	40 80 160	20 40 80
나. 신고한 운임 및 요금 등 외에 부당한 요금을 받은 경우 (택시운송사업은 제외한다)		1차 2차 3차 이상		
다. 1년에 3회 이상 6세 미만인 아이의 무상 운송을 거절한 경우				
6. 법 제9조 또는 제31조를 위반하여 운송약관 또는 대여약관의 신고 또는 변경신고를 하지 않거나 신고한 약관을 이행하지 않은 경우	법 제85조 제1항 제11호			
가. 운송약관 또는 대여약관의 신고 또는 변경신고를 하지 않은 경우		1차 2차	100 150	50 75
나. 신고한 운송약관 또는 대여약관을 이행하지 않은 경우		1차 2차 3차 이상	60 120 180	30 60 90
7. 법 제10조(법 제35조에서 준용하는 경우를 포함한다)를 위반하여 인가·등록 또는 신고를 하지 않고 사업계획을 변경한 경우	법 제85조 제1항 제12호			
가. 임의로 다음 중 어느 하나의 행위를 하여 사업계획을 위반한 경우 1) 결행 2) 도중 회차 3) 노선 또는 운행 계통의 단축 또는 연장 운행 4) 감회 또는 증회 운행		1차 2차		
나. 주사무소 또는 영업소 외의 지역에서 상시 주차시켜 영업한 경우		1차 2차 3차 이상		
다. 인가를 받지 않거나 등록 또는 신고를 하지 않고 주사무소(1인 사업자는 제외한다)·영업소·정류소 또는 차고를 신설·이전하거나 사업계획변경의 등록이나 신고를 하지 않고 주사무소나 영업소별 차량대수를 임의로 변경한 경우		1차 2차	100 150	50 75
라. 노후차의 대체 등 자동차의 변경으로 인한 자동차 말소등록 이후 6개월 이내에 자동차를 충당하지 못한 경우. 다만, 부득이한 사유로 자동차의 공급이 현저히 곤란한 경우는 제외한다.		1차 2차	120 240	120 240
마. 운행시간에 대하여 사업계획 변경의 인가를 받지 않거나 등록 또는 신고를 하지 않고 미리 운행하거나 임의로 운행시간을 준수하지 않은 경우		1차 2차		
바. 그 밖에 사업계획의 내용을 위반한 경우		1차 2차	10 15	10 15
8. 법 제13조를 위반하여 신고하지 않고 여객자동차운송사업을 관리위탁하거나 운송사업	법 제85조 제1항 제14호	1차 2차 3차 이상	360 720 1,080	

	자가 아닌 자에게 관리위탁한 경우					의 금지명령을 따르지 않은 경우		3차 이상	
9.	법 제14조(법 제35조에서 준용하는 경우를 포함한다)를 위반하여 인가를 받지 않거나 신고를 하지 않고 여객자동차운송사업을 양도·양수하거나 법인을 합병한 경우	법 제85조 제1항 제15호			12.	법 제21조제2항을 위반하여 운수종사자의 자격요건을 갖추지 않은 사람을 운전업무에 종사하게 한 경우	법 제85조 제1항 제20호	1차 2차	360 720	360 720
					13.	법 제21조제3항을 위반하여 둘 이상의 운송가맹점으로 가입한 경우	법 제85조 제1항 제20호 의2		360
가.	법 제14조제1항(법 제35조에서 준용하는 경우를 포함한다)을 위반하여 신고를 하지 않고 여객자동차운송사업(개인택시운송사업은 제외한다) 또는 자동차대여사업을 양도하거나 양수한 경우		1차 2차 3차 이상	360 720 1,080					
					14.	법 제21조제4항을 위반하여 상호를 변경하지 않거나 상호변경 신고를 하지 않은 경우	법 제85조 제1항 제20호 의3		240
					15.	법 제21조제8항을 위반하여 자동차의 운전석 및 그 옆 좌석에 에어백을 설치하지 않은 경우	법 제85조 제1항 제20호 의4	1차 2차 3차 이상	180 360 540	180 360 540
나.	법 제14조제4항(법 제35조에서 준용하는 경우를 포함한다)을 위반하여 신고를 하지 않고 법인인 여객자동차운송사업자 또는 자동차대여사업자가 법인을 합병한 경우		1차 2차 3차 이상	360 720 1,080					
					16.	법 제21조제10항을 위반하여 운행정보를 신고하지 않거나 운행기록증을 부착하지 않고 사업용 자동차를 운행한 경우	법 제85조 제1항 제20호 의5	1차 2차 3차 이상	
10.	법 제17조를 위반하여 1년에 3회 이상 사업용 자동차의 표시를 하지 않은 경우	법 제85조 제1항 제17호		10	10				
					17.	노선 여객자동차운송사업자 및 전세버스운송사업자가 법 제21조제11항에 따른 운수종사자의 휴식시간 보장에 관한 의무를 위반한 경우	법 제85조 제1항 제20호 의6	1차 2차	
11.	법 제18조제1항 및 제2항에 따라 운송할 수 있는 소화물이 아닌 소화물을 운송하거나, 같은 조 제3항에 따른 소화물 운송의 금지명령을 따르지 않은 경우	법 제85조 제1항 제18호							
가.	법 제18조제1항 및 제2항에 따라 운송할 수 있는 소화물이 아닌 소화물을 운송한 경우		1차 2차 3차 이상			17의2.	운송사업자(자동차 1대를 운송사업자가 직접 운전하는 특수여객자동차운송사업자 및 개인택시운송사업자는 제외한다)가 법 제21조제12항 전단을 위반하여 운수종사자의 음주 여부를 확인하지 않은 경우	법 제85조 제1항 제20호 의7	1차 2차 3차 이상	360 720 1,080
나.	법 제18조제3항에 다른 소화물 운송		1차 2차			17의3.	운송사업자(자동차 1대를 운송사업자가	법 제85조	1차 2차	540 1,080

위반내용	근거 법조문	차수	과징금	
직접 운전하는 특수여객자동차운송사업자 및 개인택시운송사업자는 제외한다)가 법 제21조제12항 후단을 위반하여 운수종사자가 음주로 안전한 운전을 할 수 없다고 판단됨에도 사업용 자동차를 운행하게 한 경우	제1항 제20호의8	3차 이상	1,620	
18. 법 제21조제13항에 따른 준수 사항을 위반한 경우	법 제85조 제1항 제21호			
가. 택시운송사업자가 미터기를 부착하지 않거나 사용하지 않고 여객을 운송한 경우(구간운임제 시행지역은 제외한다)		1차 2차 3차 이상	40 80 160	40 80 160
나. 운임 또는 요금을 받고 승차권이나 영수증을 발급하지 않은 경우(시내버스, 농어촌버스 및 마을버스의 경우와 승차권의 판매를 위탁한 자는 제외하며, 수요응답형 여객자동차운송사업의 경우는 여객의 요구가 있는 경우만 해당한다)		1차 2차		
다. 관할관청이 단독으로 실시하거나 관할관청과 조합이 합동으로 실시하는 청결상태 등의 검사에 대한 확인을 거부하는 경우			40	40
라. 자동차 안에 게시해야 할 사항을 게시하지 않은 경우		1차 2차	20 40	20 40
마. 정류소에서 주차 또는 정차 질서를 문란하게 한 경우		1차 2차	20 40	20 40
바. 운송사업자가 속도제한장치 또는 운행기록계가 장착된 운송사업용 자동차를 해당 장치 또는 기기가 정상적으로 작동되지 않은 상태에서 운행한 경우		1차 2차 3차 이상	60 120 180	60 120 180
사. 하차문이 있는 노선버스(시외직행, 시외고속 및 시외우등고속은 제외한다) 및 수요응답형 여객자동차에 압력감지기 또는 전자감응장치, 가속페달 잠금장치를 설치하지 않거나 작동되지 않은 상태에서 운행한 경우		1차 2차 3차 이상		
아. 차실에 냉방·난방장치를 설치하여야 할 자동차에 이를 설치하지 않고 여객을 운송한 경우		1차 2차 3차 이상	60 120 180	60 120 180
자. 차 안에 안내방송장치 및 정차신호용 버저를 작동시킬 수 있는 스위치를 설치해야 하는 자동차에 이를 설치하지 않은 경우		1차 2차		
차. 차내 안내방송 실시 상태가 불량한 경우		1차 2차		
카. 버스의 앞바퀴에 재생 타이어를 사용한 경우		1차 2차 3차 이상		
타. 앞바퀴에 튜브리스 타이어를 사용해야 할 자동차에 이를 사용하지 않은 경우		1차 2차 3차 이상		
파. 원동기의 출력기준에 맞지 않는 자동차를 운행한 경우		1차 2차 3차 이상		
하. 운전자를 보호할 수 있는 구조의 격벽시설을 설치해야 하는 자동차에 이를 설치하지 않은 경우		1차 2차 3차 이상		

거. 그 밖의 설비기준에 적합하지 않은 자동차를 이용하여 운송한 경우	1차 2차	20 30	20 30	
너. 운행하기 전에 점검 및 확인을 하지 않은 경우	1차 2차	10 15	10 15	
더. 천연가스 연료를 사용하는 자동차의 점검에 대한 준수사항을 위반한 경우	1차 2차 3차 이상	60 120 180	60 120 180	
러. 차량 정비, 운전자의 과로 방지 및 정기적인 차량 운행 금지 등 안전 수송을 위한 명령을 위반하여 운행한 경우	1차 2차	20 40	20 40	
머. 일반택시운송사업자가 소속 운수종사자가 아닌 자(형식상의 근로계약에도 불구하고 실질적으로는 소속 운수종사자가 아닌 자를 포함한다)에게 운송사업용 자동차를 제공(관계 법령상 허용되는 경우는 제외한다)한 경우	1차 2차	180 360		
버. 운송사업자가 차내에 운전자격증명을 항상 게시하지 않은 경우			10	10
서. 시외버스운송사업자 및 전세버스운송사업자가 운수종사자로 하여금 사고 시 대처요령과 비상망치·소화기 등 안전장치의 위치 및 사용방법 등 안전사항에 관한 안내 방송 자료를 차량 운행 전에 모니터 등 방송장치를 통하여 방송하게 하지 않은 경우	1차 2차 3차 이상			
어. 전세버스운송사업 운수종사자가 대열 운행(같은 계약에 따라 같은 목적지로 이동하는 2대 이상의 차량이 고속도로, 자동차전용도로 등에서 「도로교통법」 제19조에 따른 안전거리를 확보하지 않고 줄지어 운행하는 것을 말한다)을 하지 않도록 지도·감독하기를 게을리 한 경우	1차 2차 3차 이상			
저. 전세버스운송사업자가 운수종사자로 하여금 운행 중인 전세버스운송사업용 자동차 안에서 안전띠를 착용하지 않고 좌석을 이탈하여 돌아다니는 승객을 제지하고 필요한 사항을 안내하도록 지도·감독하기를 게을리 한 경우	1차 2차 3차 이상			
처. 전세버스운송사업자가 운수종사자로 하여금 운행 중인 전세버스운송사업용 자동차 안에서 가요반주기·스피커·조명시설 등을 이용하여 안전 운전에 현저히 장해가 될 정도로 춤과 노래 등 소란 행위를 하는 승객을 제지하고, 필요한 사항을 안내하도록 지도·감독하기를 게을리 한 경우	1차 2차 3차 이상			
커. 수요응답형 운송사업자가 여객의 운행 요청을 거부한 경우	1차 2차 3차 이상			
터. 운송사업자(개인택	1차	180		

위반내용	근거법조문	차수	금액	금액
시운송사업자 및 특수여객자동차운송사업자는 제외한다)가 차량 운행 전에 운수종사자의 건강상태, 운행경로 숙지 여부 등을 확인하지 않거나, 확인 결과 운수종사자가 질병·피로 또는 그 밖의 사유로 안전한 운전을 할 수 없다고 판단됨에도 해당 운수종사자로 하여금 차량을 운행하게 한 경우 또는 해당 운수종사자를 대신하여 대체 운수종사자를 투입(노선 여객자동차운송사업자만 해당한다)하지 않은 경우		2차 3차 이상	360 540	
퍼. 운송사업자(개인택시운송사업자 및 특수여객자동차운송사업자는 제외한다)가 운수종사자를 위한 휴게실 또는 대기실에 난방장치, 냉방장치 및 음수대 등 편의시설을 설치하지 않은 경우		1차 2차 3차 이상	60 120 180	
허. 노선 여객자동차운송사업자 및 전세버스운송사업자가 운수종사자의 휴식시간 보장에 관한 준수사항을 위반한 경우		1차 2차 이상		
19. 법 제23조 또는 제33조에 따른 개선명령 또는 운행명령을 이행하지 않은 경우	법 제85조 제1항 제22호	1차 2차 3차 이상	120 240 360	120 240 360
20. 법 제25조제2항에 따른 운수종사자의 교육에 필요한 조치를 하지 않은 경우	법 제85조 제1항 제23호	1차 2차 3차 이상	30 60 90	
20의2. 법 제27조의3제1항을 위반하여 영상기록장치를 설치하지 않은 경우	법 제85조 제1항 제23호의2	1차 2차 3차 이상		
20의3. 법 제27조의3제7항을 위반하여 영상기록장치의 운영·관리 지침을 마련하지 않은 경우	법 제85조 제1항 제23호의3	1차 2차 3차 이상		
21. 법 제32조를 위반하여 관리위탁 허가를 받지 않고 자동차대여사업을 관리위탁하거나 자동차대여사업자가 아닌 자에게 관리위탁한 경우	법 제85조 제1항 제25호	1차 2차 3차 이상		
22. 법 제34조제3항을 위반하여 자동차대여사업자가 사업용자동차를 사용하여 유상으로 여객을 운송하거나 이를 알선한 경우	법 제85조 제1항 제26호	1차 2차 3차 이상		
23. 법 제50조에 따른 보조금 또는 융자금을 보조 또는 융자받은 목적 외의 용도로 사용한 경우	법 제85조 제1항 제32호의2	1차 2차	180 360	180 360
24. 1년에 3회 이상 법 제79조제1항에 따른 보고나 서류제출을 하지 않거나 거짓으로 한 경우	법 제85조 제1항 제33호		20	10
25. 법 제79조제2항에 따른 검사를 거부·방해 또는 기피하거나 질문에 응하지 않거나 거짓으로 진술을 한 경우	법 제85조 제1항 제34호			
가. 검사를 거부·방해 또는 기피한 경우		1차 2차 3차 이상	60 120 180	30 60 90
나. 질문에 응하지 않거나 거짓으로 진술을 한 경우		1차 2차	40 80	40 80
26. 법 제84조에 따른 차령 또는 운행거리를 초과하여 운행한 경	법 제85조 제1항	1차 2차	180 360	180 360

	우. 다만, 같은 조 제 3항에 따라 차령을 초과하여 운행하는 경우는 제외한다.	제36호		
27. 관할 관청이 면허·허가·인가 등에 붙인 조건을 위반한 경우		법 제85조 제1항 제38호	1차 2차 3차 이상	180 360 540	180 360 540

비고
1. 천재지변이나 그 밖의 부득이한 사유로 발생한 위반행위는 위 표의 처분대상에서 제외한다.
2. 위반행위란의 제2호가목 및 나목에 따른 교통사고건수의 산정은 경상사고인 경우에는 0.3건, 중상사고인 경우에는 0.7건, 사망사고인 경우에는 1건으로 각각 계산한다.
3. 1건의 교통사고로 1명이 사망하고 3명 이상 5명 이하의 인원이 중상을 입은 경우에는 위반행위란의 제2호라목2)에 따라 처분한다.
4. 위반내용란의 제7호가목을 적용할 때에는 같은 목의 위반행위별로 구분하여 산정하되, 위반행위별로 같은 위반행위의 횟수가 최초 위반행위를 한 날부터 1년 이내에 1회 이상인 경우에는 그 추가 위반횟수(과징금 부과처분이 이루어진 위반행위의 횟수는 제외한다) 1회당 위 표의 처분기준 금액의 50%를 더하여 일괄 처분한다.
5. 고의·중과실로 위반내용란의 제12호, 제17호 및 제18호바목·허목에 해당하는 경우에는 2분의 1의 범위에서 과징금의 액수를 가중하여 처분하여야 한다.

8. 여객자동차운송사업 결격사유 (법 제6조)

다음의 어느 하나에 해당하는 자는 여객자동차운송사업의 면허를 받거나 등록을 할 수 없다. 법인의 경우 그 임원 중에 다음의 어느 하나에 해당하는 자가 있는 경우에도 또한 같다.
① 피성년후견인
② 파산선고를 받고 복권되지 아니한 자
③ 이 법을 위반하여 징역 이상의 실형을 선고받고 그 집행이 끝나거나(집행이 끝난 것으로 보는 경우를 포함한다) 면제된 날부터 2년이 지나지 아니한 자
④ 이 법을 위반하여 징역 이상의 형의 집행유예를 선고받고 그 집행유예 기간 중에 있는 자
⑤ 여객자동차운송사업의 면허나 등록이 취소된 후 그 취소일부터 2년이 지나지 아니한 자. 다만, ① 또는 ②에 해당하여 여객자동차운송사업의 면허나 등록이 취소된 경우는 제외한다.

9. 사고 시의 조치 등 (법 제19조)

① 운송사업자는 사업용 자동차의 고장, 교통사고 또는 천재지변으로 다음 각 호의 어느 하나에 해당하는 상황이 발생하는 경우 국토교통부령으로 정하는 바에 따라 같은 호에 따른 조치를 하여야 한다.
  ㉠ 사상자(死傷者)가 발생하는 경우 : 신속하게 유류품(遺留品)을 관리할 것
  ㉡ 사업용 자동차의 운행을 재개할 수 없는 경우 : 대체 운송수단을 확보하여 여객에게 제공하는 등 필요한 조치를 할 것. 다만, 여객이 동의하는 경우에는 그러하지 아니하다.
② 운송사업자는 그 사업용 자동차에 다음 각 호의 어느 하나에 해당하는 사고(이하 "중대한 교통사고"라 한다)가 발생한 경우 국토교통부령으로 정하는 바에 따라 지체 없이 국토교통부장관 또는 시·도지사에게 보고하여야 한다.
  ㉠ 전복(顚覆) 사고
  ㉡ 화재가 발생한 사고
  ㉢ 대통령령으로 정하는 수(數) 이상의 사람이 죽거나 다친 사고

10. 여객자동차운송사업의 운전업무 종사자격 (법 제24조)

(1) 요건

여객자동차운송사업의 운전업무에 종사하려는 사람은 ① 및 ②의 요건을 모두 갖추고, ③ 또는 ④(국토교통부령으로 정하는 여객자동차운송사업에 한정한다)의 요건을 갖추어야 한다.
① 국토교통부령으로 정하는 나이와 운전경력 등 운전업무에 필요한 요건을 갖출 것
② 국토교통부령으로 정하는 바에 따라 국토교통부장관이 시행하는 운전 적성에 대한 정밀검사 기준에 맞을 것
③ 국토교통부장관 또는 시·도지사가 시행하는 여객자동차 운수 관계 법령과 지리 숙지도 등에 관한 시험에 합격한 후 국토교통부장관 또는 시·도지사로부터 자격을 취득할 것

④ 국토교통부장관이 교통안전체험에 관한 연구·교육시설에서 **교통안전체험, 교통사고 대응요령 및 여객자동차 운수사업법령 등에 관하여 실시하는 이론 및 실기 교육을 이수하고 자격을 취득할 것**

(2) 교육의 이수 및 자격의 취득 등
시험의 실시, 교육의 이수 및 자격의 취득 등에 필요한 사항은 국토교통부령으로 정한다.

(3) 결격요건
여객자동차운송사업의 운전자격을 취득하려는 사람이 다음의 어느 하나에 해당하는 경우 자격을 취득할 수 없다.
① 다음의 어느 하나에 해당하는 죄를 범하여 금고 이상의 실형을 선고받고 그 집행이 끝나거나(집행이 끝난 것으로 보는 경우를 포함한다) 면제된 날부터 2년이 지나지 아니한 사람
㉠ 존속살인죄, 위계 등에 의한 촉탁살인의 죄
㉡ 약취·유인의죄, 도주차량 운전자, 상습강도 및 상습절도, 강도상해 재범, 보복범죄, 마약사범죄
㉢ 「마약류 관리에 관한 법률」에 따른 죄
㉣ 절도, 특수절도, 야간주거침입절도, 강도, 특수강도의 상습범에 따른 죄 또는 그 각 미수죄, 작물의 상습범에 따른 죄
② ①의 어느 하나에 해당하는 죄를 범하여 금고 이상의 형의 집행유예를 선고받고 그 집행유예기간 중에 있는 사람
③ 자격시험일 전 5년간 다음의 어느 하나에 해당하는 사람
㉠ 운전면허가 취소된 사람
㉡ 운전면허를 받지 아니하거나 운전면허의 효력이 정지된 상태로 자동차등을 운전하여 벌금형 이상의 형을 선고받거나 운전면허가 취소된 사람
㉢ 운전 중 고의 또는 과실로 3명 이상이 사망(사고발생일부터 30일 이내에 사망한 경우를 포함한다)하거나 20명 이상의 사상자가 발생한 교통사고를 일으켜 운전면허가 취소된 사람
④ 자격시험일 전 3년간 운전면허가 취소된 사람

(4) 구역 여객자동차운송사업 결격사유
구역 여객자동차운송사업 중 대통령령으로 정하는 여객자동차운송사업의 운전자격을 취득하려는 사람이 다음의 어느 하나에 해당하는 경우 자격을 취득할 수 없다.
① 다음의 어느 하나에 해당하는 죄를 범하여 금고 이상의 실형을 선고받고 그 집행이 끝나거나(집행이 끝난 것으로 보는 경우를 포함한다) 면제된 날부터 최대 20년의 범위에서 범죄의 종류·죄질, 형기의 장단 및 재범위험성 등을 고려하여 대통령령으로 정하는 기간이 지나지 아니한 사람
㉠ 운전면허가 취소된 사람
㉡ 성폭력범죄의 처벌 등에 관한 특례법에 해당하는 죄(미수범은 제외한다)에 따른 죄
㉢ 아동·청소년의 성보호에 관한 법률에 따른 죄
② ①에 따른 죄를 범하여 금고 이상의 형의 집행유예를 선고받고 그 집행유예기간 중에 있는 사람

(5) 운전경력 및 범죄경력자료의 조회 요청
국토교통부장관 또는 시·도지사는 운전경력 및 범죄경력을 확인하기 위하여 필요한 정보에 한하여 경찰청장에게 운전경력 및 범죄경력자료의 조회를 요청할 수 있다.

11. 운수종사자의 교육 등(법 제25조)
① 운수종사자는 국토교통부령으로 정하는 바에 따라 운전업무를 시작하기 전에 다음 각 호의 사항에 관한 교육을 받아야 한다.
㉠ 여객자동차 운수사업 관계 법령 및 도로교통 관계 법령
㉡ 서비스의 자세 및 운송질서의 확립
㉢ 교통안전수칙
㉣ 응급처치의 방법
㉤ 차량용 소화기 사용법 등 차량화재 발생시 대응방법

ⓑ 「지속가능 교통물류 발전법」 제2조제15호에 따른 경제운전
ⓐ 그 밖에 운전업무에 필요한 사항
② 운송사업자는 제1항에 따라 운수종사자가 교육을 받는 데에 필요한 조치를 하여야 하며, 그 교육을 받지 아니한 운수종사자를 운전업무에 종사하게 하여서는 아니 된다.
③ 시・도지사는 제1항에 따른 교육을 효율적으로 실시하기 위하여 필요하면 특별시・광역시・특별자치시・도・특별자치도(이하 "시・도"라 한다)의 조례로 정하는 바에 따라 운수종사자 연수기관을 직접 설립하여 운영하거나 지정할 수 있으며, 그 운영에 필요한 비용을 지원할 수 있다.

12. 사업용 자동차 운전자의 자격요건 등 (규칙 제49조)

(1) 요건

여객자동차 운송사업용 자동차의 운전업무에 종사하려는 자는 다음의 요건을 갖추어야 한다.
① 사업용 자동차를 운전하기에 적합한 운전면허를 보유하고 있을 것
② 20세 이상으로서 운전경력이 1년 이상일 것
③ 국토교통부장관이 정하는 운전 적성에 대한 정밀검사 기준 또는 운전 적성에 대한 정밀검사기준에 적합할 것
④ 다음의 어느 하나에 해당하는 요건을 갖추고 운전자격을 취득할 것
㉠ 운전자격시험에 합격
㉡ 교통안전체험교육 수료

(2) 운전적성정밀검사의 구분

정밀검사 기준에 적합한지에 관한 검사는 기기형 검사와 필기형 검사로 구분한다.

(3) 운전적성정밀검사 대상

운전적성정밀검사는 신규검사・특별검사 및 자격유지검사로 구분하되, 그 대상은 다음과 같다.
① 신규검사의 경우에는 다음의 자
㉠ 신규로 여객자동차 운송사업용 자동차를 운전하려는 자
㉡ 여객자동차 운송사업용 자동차 또는 화물자동차 운송사업용 자동차의 운전업무에 종사하다가 퇴직한 자로서 신규검사를 받은 날부터 3년이 지난 후 재취업하려는 자. 다만, 재취업일까지 무사고로 운전한 자는 제외한다.
㉢ 신규검사의 적합판정을 받은 자로서 운전적성정밀검사를 받은 날부터 3년 이내에 취업하지 아니한 자
② 특별검사의 경우에는 다음의 자
㉠ 중상 이상의 사상(死傷)사고를 일으킨 자
㉡ 과거 1년간 운전면허 행정처분기준에 따라 계산한 누산점수가 81점 이상인 자
㉢ 질병, 과로, 그 밖의 사유로 안전운전을 할 수 없다고 인정되는 자인지 알기 위하여 운송사업자가 신청한 자
③ 자격유지검사의 경우에는 다음의 사람
㉠ 65세 이상 70세 미만인 사람(자격유지검사의 적합판정을 받고 3년이 지나지 아니한 사람은 제외한다)
㉡ 70세 이상인 사람(자격유지검사의 적합판정을 받고 1년이 지나지 아니한 사람은 제외한다)

(4) 서류제출

운전적성정밀검사를 받으려는 사람은 운전적성정밀검사 신청서(전자문서를 포함한다)와 본인의 신분증 사본(주민등록증이나 운전면허증에 한정한다)을 한국교통안전공단에 제출하여야 한다.

(5) 자격유지검사 대체

택시운송사업에 종사하는 운수종사자는 의원, 병원 및 종합병원의 적성검사(신체 능력 및 질병에 관한 진단을 말한다)로 자격유지검사를 대체할 수 있다.

(6) 기타 절차 규정

운전적성정밀검사 및 적성검사의 항목・방법 및 절차 등에 관하여는 국토교통부장관이 정하는 바에 따른다.

(7) 자격유지검사 기간

자격유지검사는 검사 대상이 된 날부터 3개월 이내에 받아야 한다.

13. 운전자격의 취득(규칙 제50조)

(1) **택시운전자격시험** : 일반택시운송사업, 개인택시운송사업 및 수요응답형 여객자동차 운송사업(승용자동차를 사용하는 경우만 해당)에 대한 자격시험

(2) **교통안전체험교육** : 교통사고 대응요령과 여객자동차 운수사업법령 등에 관하여 실시하는 이론 및 실기 교육으로 한국교통안전공단이 실시

(3) 택시운전 자격시험(법 시행규칙 제52조)
① 택시운전 자격의 필기시험과목
㉠ 교통 및 운수관련 법규
㉡ 안전운행 요령
㉢ 운송서비스 및 지리(地理)에 관한 사항
② 합격자 결정 : 총점의 6할 이상을 얻을 것

(4) 운전자격시험의 응시(법 시행규칙 제53조)
① 택시운전자격시험에 응시하려는 사람은 자격시험 응시원서(전자문서를 포함)를 한국교통안전공단에 제출해야 한다. 이 경우 한국교통안전공단은 행정정보의 공동이용을 통하여 다음의 각 사항을 확인해야 하며 응시자가 확인에 동의하지 않는 경우에는 해당 서류를 첨부하게 해야 한다.
㉠ 운전면허증
㉡ 운전경력증명서
㉢ 운전적성 정밀검사 수검사실증명서
② 응시제한 : 법 제87조에 따라 운전자격이 취소된 날부터 1년이 지나지 아니한 자는 운전자격시험에 응시할 수 없다. 다만, 「도로교통법」 제87조제2항에 따른 정기적성검사를 받지 아니하였다는 이유로 운전면허가 취소되어 운전자격이 취소된 경우에는 그러하지 아니하다.

(5) 운전자격시험의 특례(법 시행규칙 제54조)
① 한국교통안전공단은 다음의 어느 하나에 해당하는 자에 대하여는 "(3) ①"에 따른 필기시험의 과목 중 안전운행 요령 및 운송서비스의 과목("㉠"에 해당하는 자에 대하여는 운수관련 법규 과목을 포함)에 관한 시험을 면제할 수 있다.
㉠ 택시운전자격을 취득한 자가 운전자격증명을 발급한 일반택시운송사업조합의 관할구역 밖의 지역에서 택시운전업무에 종사하려고 운전자격시험에 다시 응시하는 자. ← 필기시험과목 중 "지리에 관한 사항"만 응시하면 된다.
㉡ 운전자격시험일부터 계산하여 과거 4년간 사업용 자동차를 3년 이상 무사고로 운전한 자
㉢ 「도로교통법」에 따른 무사고운전자 또는 유공운전자의 표시장을 받은 자
② ①에 따라 필기시험의 일부를 면제받으려는 자("① ㉠"에 해당하는 자는 제외)는 응시원서에 이를 증명할 수 있는 서류를 첨부하여 한국교통안전공단에 제출하여야 한다.

(6) 운전자격의 등록 등(법 시행규칙 제55조)
① 한국교통안전공단은 운전자격시험을 실시한 날부터 15일 이내에 해당 시험시행기관의 인터넷 홈페이지에 합격자를 공고하여야 한다.(제1항)
② 운전자격시험에 합격한 사람은 합격자 발표일로부터 30일 이내에 운전자격증 발급신청서(전자문서를 포함)에 사진 2장을 첨부하여 한국교통안전공단에 운전자격증의 발급을 신청하여야 한다.(제2항)
③ ②에 따른 운전자격증 발급신청서를 받은 한국교통안전공단은 운전자격 등록대장에 그 사실을 적은 후 택시운전자격증을 발급하여야 한다.(제3항)

14. 운전자격증명의 게시 및 관리(규칙 제57조)

① 운수종사자는 **운전자격증명을 게시**할 때에는 승객이 쉽게 볼 수 있는 위치에 게시하여야 한다.
② 운수종사자가 퇴직하는 경우에는 본인의 운전자격증명을 운송사업자에게 반납하여야 하며, 운송사업자는 지체없이 해당 운전자격증명 발급기관에 그 운전자격증명을 제출하여야 한다.
③ 관할관청은 운송사업자에게 다음의 어느 하

나에 해당하는 사유가 생긴 경우에는 그에 규정된 사람으로부터 운전자격증명을 회수하여 폐기한 후 운전자격증명 발급기관에 그 사실을 지체 없이 통보하여야 한다.

㉠ 대리운전을 시킨 사람의 대리운전이 끝난 경우에는 그 대리운전자(개인택시운송사업자만 해당한다)
㉢ 사업의 양도·양수인가를 받은 경우에는 그 양도자
㉣ 사업을 폐업한 경우에는 그 폐업허가를 받은 사람
㉤ 운전자격이 취소된 경우에는 그 취소처분을 받은 사람

15. 운전자격의 취소 등(규칙 제59조)

(1) 운전자격의 취소 및 효력정지의 처분기준 (규칙 별표5)

① 일반기준

㉠ 위반행위가 둘 이상인 경우로서 그에 해당하는 각각의 처분기준이 다른 경우에는 그 중 무거운 처분기준에 따른다. 다만, 둘 이상의 처분기준이 모두 자격정지인 경우에는 각 처분기준을 합산한 기간을 넘지 아니하는 범위에서 무거운 처분기준의 2분의 1 범위에서 가중할 수 있다. 이 경우 그 가중한 기간을 합산한 기간은 6개월을 초과할 수 없다.

㉡ 위반행위의 횟수에 따른 행정처분의 기준은 최근 1년간 같은 위반행위로 행정처분을 받은 경우에 적용한다. 이 경우 행정처분 기준의 적용은 같은 위반행위에 대한 행정처분일과 그 처분 후의 위반행위가 다시 적발된 날을 기준으로 한다.

㉢ 처분관할관청은 자격정지처분을 받은 사람이 다음의 어느 하나에 해당하는 경우에는 ㉠ 및 ㉡에 따른 처분을 2분의 1 범위에서 늘리거나 줄일 수 있다. 이 경우 늘리는 경우에도 그 늘리는 기간은 6개월을 초과할 수 없다.

ⓐ 가중사유
㉮ 위반행위가 사소한 부주의나 오류가 아닌 고의나 중대한 과실에 의한 것으로 인정되는 경우
㉯ 위반의 내용정도가 중대하여 이용객에게 미치는 피해가 크다고 인정되는 경우

ⓑ 감경사유
㉮ 위반행위가 고의나 중대한 과실이 아닌 사소한 부주의나 오류로 인한 것으로 인정되는 경우
㉯ 위반의 내용정도가 경미하여 이용객에게 미치는 피해가 적다고 인정되는 경우
㉰ 위반행위를 한 사람이 처음 해당 위반행위를 한 경우로서 최근 5년 이상 해당 여객자동차운송사업의 모범적인 운수종사자로 근무한 사실이 인정되는 경우
㉱ 그 밖에 여객자동차운수사업에 대한 정부 정책상 필요하다고 인정되는 경우

㉣ 처분관할관청은 자격정지처분을 받은 사람이 정당한 사유 없이 기일 내에 운전자격증을 반납하지 아니할 때에는 해당 처분을 2분의 1의 범위에서 가중하여 처분하고, 가중처분을 받은 사람이 기일 내에 운전자격증을 반납하지 아니할 때에는 자격취소처분을 한다.

② 택시운전자격

위반행위	근거 법조문	처분기준	
		1차 위반	2차 이상 위반
1) 법 제6조제1호부터 제4호까지의 어느 하나에 해당하게 된 경우	법 제87조 제1항제1호	자격취소	
2) 부정한 방법으로 법 제24조제1항에 따른 택시운전자격을 취득한 경우	법 제87조 제1항제2호	자격취소	

3) 법 제24조제3항 또는 제4항에 해당하게 된 경우	법 제87조 제1항제3호	자격취소	
4) 법 제26조제1항에 따른 금지행위 중 다음의 어느 하나에 해당하는 행위로 과태료처분을 받은 사람이 1년 이내에 같은 위반행위를 한 경우	법 제87조 제1항제4호		
가) 정당한 이유 없이 여객의 승차를 거부하거나 여객을 중도에서 내리게 하는 행위		자격정지 10일	자격정지 20일
나) 신고하지 않거나 미터기에 의하지 않은 부당한 요금을 요구하거나 받는 행위		자격정지 10일	자격정지 20일
다) 일정한 장소에서 장시간 정차하여 여객을 유치하는 행위		자격정지 10일	자격정지 20일
라) 삭제 〈2014.7.29〉			
5) 4)의 가)부터 다)까지의 어느 하나에 해당하는 행위로 1년간 세 번의 과태료 또는 자격정지처분을 받은 사람이 같은 4)의 가)부터 다)까지의 어느 하나에 해당하는 위반행위를 한 경우	법 제87조 제1항제4호	자격취소	

6) 법 제26조제2항을 위반하여 운송수입금 전액을 내지 아니하여 과태료처분을 받은 사람이 그 과태료처분을 받은 날부터 1년 이내에 같은 위반행위를 세 번 한 경우	법 제87조 제1항제5호	자격정지 20일	자격정지 20일
7) 운송수입금 전액을 내지 아니하여 과태료처분을 받은 사람이 그 과태료처분을 받은 날부터 1년 이내에 같은 위반행위를 네 번 이상 한 경우	법 제87조 제1항제5호	자격정지 50일	자격정지 50일
8) 법 제49조의8 제1항에 따른 금지행위 중 다음의 어느 하나에 해당하는 행위로 과태료처분을 받은 사람이 1년 이내에 같은 위반행위를 한 경우	법 제87조 제1항제4호		
가) 정당한 이유 없이 여객을 중도에서 내리게 하는 행위		자격정지 10일	자격정지 20일
나) 신고한 운임 또는 요금이 아닌 부당한 운임 또는 요금을 받거나 요구하는 행위		자격정지 10일	자격정지 20일
다) 일정한 장소에서 장시간		자격정지 10일	자격정지 20일

	정차하거나 배회하면서 여객을 유치하는 행위		
라) 여객의 요구에도 불구하고 영수증 발급 또는 신용카드 결제에 응하지 않은 행위		자격정지 10일	자격정지 10일
9) 8)의 가)부터 라)까지의 어느 하나에 해당하는 행위로 1년간 세 번의 과태료 또는 자격정지 처분을 받은 사람이 같은 위반행위를 한 경우	법 제87조 제1항제4호	자격취소	
10) 영 제11조에 따른 중대한 교통사고로 다음의 어느 하나에 해당하는 수의 사상자를 발생하게 한 경우 가) 사망자 2명 이상 나) 사망자 1명 및 중상자 3명 이상 다) 중상자 6명 이상	법 제87조 제1항제6호	자격정지 60일 자격정지 50일 자격정지 40일	자격정지 60일 자격정지 50일 자격정지 40일
11) 교통사고와 관련하여 거짓이나 그 밖의 부정한 방법으로 보험금을 청구하여 금고 이상의 형을 선고받고 그 형이 확정된 경우	법 제87조 제1항 제6호의2	자격취소	
12) 운전업무와 관련하여 다음의 어느 하나에	법 제87조 제1항제7호		
해당하는 부정 또는 비위(非違)사실이 있는 경우 가) 택시운전자 격증을 타인에게 대여한 경우 나) 개인택시운송사업자가 불법으로 타인으로 하여금 대리운전을 하게 한 경우		자격취소 자격정지 30일	자격정지 30일
13) 그 밖에 다음의 어느 하나에 해당한 경우 가) 택시운전자격 정지의 처분기간 중에 택시운송사업 또는 플랫폼운송사업을 위한 운전업무에 종사한 경우 나) 「도로교통법」 위반으로 사업용 자동차를 운전할 수 있는 운전면허가 취소된 경우 다) 삭제 〈2016.2.23.〉 라) 정당한 사유 없이 법 제25조에 따른 교육과정을 마치지 않은 경우	법 제87조 제1항제8호	자격취소 자격취소 자격정지 5일	자격정지 5일

(2) 경감 및 가중

관할관청은 처분기준을 적용할 때 위반행위의 동기 및 횟수 등을 고려하여 처분기준의 **2분의 1의 범위**에서 경감하거나 가중할 수 있다.

(3) 운전자격증 등 반납

관할관청은 처분을 하였을 때에는 그 사실을 처분대상자, 해당 시험시행기관에 각각 통지하고 처분대상자에게 운전자격증 등을 반납하게 하여야 한다.

(4) 운전자격증 등 반환

관할관청은 운전자격증 등을 반납받은 경우 운전자격취소처분을 받은 자가 반납한 운전자격증 등은 폐기하고, 운전자격정지처분을 받은 자가 반납한 운전자격증 등은 보관한 후 자격정지기간이 지난 후에 돌려주어야 한다.

(5) 운전자격증 등 폐기

관할관청이 운전자격증 등을 폐기한 경우 해당 시험시행기관은 운전자격 등록을 말소하고 운전자격 등록대장에 그 사실을 적어야 한다.

16. 운수종사자의 교육의 대상 및 내용

(1) 운수종사자가 받아야 하는 교육의 종류

구 분	교육 대상자	교육시간	주기
가. 신규교육	새로 채용한 운수종사자(사업용자동차를 운전하다가 퇴직한 후 2년 이내에 다시 채용된 사람은 제외한다)	16	
나. 보수교육	무사고·무벌점 기간이 5년 이상 10년 미만인 운수종사자	4	격년
	무사고·무벌점 기간이 5년 미만인 운수종사자		매년
	법령위반 운수종사자	8	수시
다. 수시교육	국제행사 등에 대비한 서비스 및 교통안전 증진 등을 위하여 국토교통부장관 또는 시·도지사가 교육을 받을 필요가 있다고 인정하는 운수종사자	4	필요 시

(비고)
1. 무사고·무벌점이란 「도로교통법」에 따른 교통사고와 같은 법에 따른 교통법규 위반 사실이 모두 없는 것을 말한다.
2. 보수교육 대상자 선정을 위한 무사고·무벌점 기간은 전년도 10월 말을 기준으로 산정한다.
3. 법령위반 운수종사자는 다음 각 목의 사람을 말한다.
    가. 법 제26조제1항 또는 「택시운송사업의 발전에 관한 법률」 제16조제1항에 따른 운수종사자의 준수사항을 위반하여 과태료 처분을 받은 사람(개인택시 운송사업자는 법 제21조제6항을 위반하여 과태료 처분을 받은 경우를 포함한다)
    나. 제49조제3항제2호가목 또는 나목에 해당되어 특별검사 대상이 된 사람
4. 제3호가목에 해당하는 사람에 대한 보수교육은 해당 운수종사자가 과태료 처분을 받은 날부터 3개월 이내에 실시해야 한다.
5. 새로 채용된 운수종사자가 「교통안전법 시행규칙」 별표 7 제2호에 따른 심화교육과정을 이수한 경우에는 신규교육을 면제한다.
6. 해당 연도의 신규교육 또는 수시교육을 이수한 운수종사자(제3호에 따른 법령위반 운수종사자는 제외한다)는 해당 연도의 보수교육을 면제한다.

(2) 교육과목

① 여객자동차 운수사업 관계 법령 및 도로교통 관계 법령
② 서비스의 자세 및 운송질서의 확립
③ 교통안전수칙(신규교육의 경우에는 대열운행, 졸음 운전, 운전 중 휴대폰 사용 등 교통사고 요인과 관련된 교통안전수칙을 포함한다)
④ 응급처치 방법
⑤ 차량용 소화기 사용법 등 차량화재 예방 및 대처방법
⑥ 「지속가능 교통물류 발전법」 제2조제15호에 따른 경제운전
⑦ 그 밖에 운전업무에 필요한 사항

17. 과태료 부과기준 (제49조 관련)

(1) 일반기준

① 하나의 행위가 둘 이상의 위반행위에 해당하는 경우에는 그 중 무거운 과태료의 부과기준에 따른다.

② 위반행위의 횟수에 따른 과태료의 가중된 부과기준은 최근 1년간 같은 위반행위로 과태료 부과처분을 받은 경우에 적용한다. 이 경우 기간의 계산은 위반행위에 대하여 과태료 부과처분을 받은 날과 그 처분 후 다시 같은 위반행위를 하여 적발된 날을 기준으로 한다.

③ ②에 따라 가중된 부과처분을 하는 경우 가중처분의 적용 차수는 그 위반행위 전 부과처분 차수(②에 따른 기간 내에 과태료 부과처분이 둘 이상 있었던 경우에는 높은 차수를 말한다)의 다음 차수로 한다.

④ 부과권자는 다음의 어느 하나에 해당하는 경우에는 제2호에 따른 과태료 금액의 2분의 1의 범위에서 그 금액을 줄일 수 있다. 다만, 과태료를 체납하고 있는 위반행위자의 경우에는 그러하지 아니하다.
  ㉠ 위반행위자가 「질서위반행위규제법 시행령」 제2조의2제1항 각 호의 어느 하나에 해당하는 경우
  ㉡ 위반행위가 사소한 부주의나 오류로 인한 것으로 인정되는 경우
  ㉢ 위반행위자가 법 위반상태를 시정하거나 해소하기 위하여 노력한 것으로 인정되는 경우
  ㉣ 그 밖에 위반행위의 정도, 위반행위의 동기와 그 결과 등을 고려하여 줄일 필요가 있다고 인정되는 경우

⑤ 부과권자는 다음의 어느 하나에 해당하는 경우에는 제2호에 따른 과태료 금액의 2분의 1의 범위에서 늘릴 수 있다. 다만, 법 제94조에 따른 과태료 금액의 상한을 넘을 수 없다.
  ㉠ 위반의 내용·정도가 중대하여 이용객 등에게 미치는 피해가 크다고 인정되는 경우
  ㉡ 최근 1년간 같은 위반행위로 과태료 부과처분을 3회를 초과하여 받은 경우
  ㉢ 그 밖에 위반행위의 정도, 위반행위의 동기와 그 결과 등을 고려하여 늘릴 필요가 있다고 인정되는 경우

(2) 개별기준

위반행위	근거 법조문	과태료 금액(만원)		
		1회	2회	3회 이상
가. 법 제8조를 위반하여 운임·요금을 신고하지 않은 경우	법 제94조 제1항제1호	500	750	1,000
나. 법 제8조제6항을 위반하여 어린아이의 운임을 받은 경우	법 제94조 제2항제1호	5	10	10
다. 법 제15조제1항(법 제35조와 제48조에서 준용하는 경우를 포함한다)에 따른 상속 신고를 하지 않은 경우	법 제94조 제1항제2호	500	750	1,000
라. 법 제17조를 위반하여 사업용 자동차의 표시를 하지 않은 경우	법 제94조 제2항제2호	10	15	20
마. 법 제19조에 따른 사고 시의 조치 또는 보고를 하지 않거나 거짓 보고를 한 경우	법 제94조 제2항제3호			
1) 법 제19조제1항에 따른 사고 시의 조치를 하지 않은 경우		50	75	100
2) 법 제19조제2항에 따른 보고를 하지 않거나 거짓 보고를 한 경우		20	30	50
바. 법 제21조제1항을 위반하여 운수종사자로부터 운송수익금의 전액을 납부받지 않은 경우	법 제94조 제1항제3호	500	1,000	1,000
사. 법 제21조제6항을 위반하여 좌석안전띠가 정상적으로 작동될 수 있는 상태를 유지하지 않은 경우	법 제94조 제3항제1호	20	30	50
아. 법 제21조제7항을 위반하여 운수종사자에게 여객의 좌석안전띠 착용에 관한 교육을 실시하지 않은 경우	법 제94조 제3항제2호	20	30	50
자. 정당한 사유 없이 제21조제9항을 위반하여 교통안전정보의 제공을 거부하거나 거짓의 정보를 제공한 경우	법 제94조 제3항제3호	20	30	50

(2) 개별기준

차. 노선 여객자동차운송사업자 및 전세버스 운송사업자가 법 제21조제11항에 따른 운수종사자의 휴식시간 보장에 관한 의무를 위반한 경우	법 제94조제1항제3호의2	50	75	100
카. 법 제22조제1항제1호 및 제2호를 위반하여 운수종사자 취업현황을 알리지 않거나 거짓으로 알린 경우	법 제94조제2항제4호	50	75	100
타. 제22조제1항제3호를 위반하여 휴식시간 보장내역을 알리지 않거나 거짓으로 알린 경우	법 제94조제2항제5호	50	75	100
파. 법 제24조제1항의 운수종사자의 요건을 갖추지 않고 여객자동차운송사업의 운전업무에 종사한 경우	법 제94조제2항제6호	50	50	50
하. 법 제24조의2제1항 또는 제2항을 위반하여 같은 항에 따른 증표를 게시하지 않은 경우	법 제94조제3항제3호의2	10	15	20
거. 법 제26조제1항제1호부터 제3호까지 및 제5호를 위반한 경우	법 제94조제3항제4호	20	20	20
너. 법 제26조제1항제6호·제7호·제7호의2·제7호의3 및 제8호를 위반한 경우	법 제94조제3항제4호	10	10	10
더. 법 제26조제1항제9호를 위반한 경우 1) 안전운행을 위한 운수종사자의 준수사항 중 국토교통부령으로 정하는 준수사항을 위반한 경우	법 제94조제3항제4호	50	50	50
2) 1)에 따른 준수사항 외의 준수사항을 위반한 경우	법 제94조제3항제4호	10	10	10
러. 법 제26조제2항을 위반한 경우	법 제94조제3항제4호	50	50	50
머. 법 제26조제3항을 위반하여 **차량의 출발 전에 여객이 좌석안전띠를 착용하도록 안내하지 않은 경우**	법 제94조제4항	3	5	10
버. 법 제34조의2제2항을 위반하여 대여사업용 자동차를 대여할 때 임대차계약서상의 운전자(법 제34조제2항에 따라 운전자를 알선하는 경우에는 해당 운전자를 말한다. 이하 같다)에 대하여 운전자격을 확인하지 않은 경우	법 제94조제2항제6호의2	20	30	50
서. 법 제34조의2제2항을 위반하여 같은 항 각 호의 어느 하나에 해당하는 운전자에게 자동차를 대여한 경우	법 제94조제2항제6호의2	50	50	50
어. 법 제45조에 따른 터미널 사용명령을 위반한 경우	법 제94조제2항제9호	100	150	200
저. 법 제56조에 따른 정관변경 등의 명령을 따르지 않은 경우	법 제94조제2항제10호	100	150	200
처. 법 제65조제1항(법 제60조제2항에서 준용하는 경우를 포함한다)에 따른 보고서를 제출하지 않거나 거짓 보고서를 제출한 경우 또는 조사나 검사를 거부·방해 또는 기피한 경우	법 제94조제2항제11호	200	300	500
커. 법 제66조(법 제60조제2항에서 준용하는 경우를 포함한다)에 따른 개선명령을 따르지 않은 경우	법 제94조제1항제4호	500	750	1,000
터. 법 제67조(법 제60조제2항에서 준용하는 경우를 포함한다)에 따른 임직원에 대한 징계·해임의 요구에 따르지 않거나 시정명령을 따르지 않은 경우	법 제94조제1항제5호	500	750	1,000

퍼. 법 제79조제1항에 따른 보고를 하지 않거나 거짓으로 보고한 경우	법 제94조 제2항제12호	25	50	50
허. 법 제79조제1항에 따른 서류 제출을 하지 않거나 거짓 서류를 제출한 경우	법 제94조 제2항제13호	50	75	100
고. 정당한 사유 없이 법 제79조제2항에 따른 검사 또는 질문에 불응하거나 이를 방해 또는 기피한 경우	법 제94조 제2항제14호	50	75	100
노. 법 제83조에 따른 자가용자동차의 사용 제한 또는 금지에 관한 명령을 위반한 경우	법 제94조 제2항제15호	500	500	500
도. 법 제89조제1항을 위반하여 자동차 등록증과 자동차 등록번호판을 반납하지 않은 경우	법 제94조 제2항제16호	500	500	500

비고 : 위 표 제2호나목·라목·터목 및 퍼목의 경우에는 법 제85조제1항에 따라 처분을 받은 경우에는 과태료를 부과하지 아니한다.

18. 사업용 자동차의 차령과 그 연장요건 (영 별표2)

차종	사업의 구분		차령
승용 자동차	여객 자동차 운송사업용	**개인택시(경형·소형)**	**5년**
		개인택시(배기량 2,400cc 미만)	7년
		개인택시(배기량 2,400cc 이상)	9년
		개인택시[전기자동차(「환경친화적 자동차의 개발 및 보급 촉진에 관한 법률」제2조제3호에 따른 전기자동차를 말한다. 이하 같다)]	9년
		일반택시(경형·소형)	3년 6개월
		일반택시(배기량 2,400cc 미만)	**4년**
		일반택시(배기량 2,400cc 이상)	6년
		일반택시(전기자동차)	6년
	자동차 대여사업용	**경형·소형·중형**	**5년**
		대형	8년
	특수여객 자동차 운송사업용	경형·소형·중형	6년
		대형	10년
승합 자동차	특수여객자동차운송사업용		10년 6개월
	그 밖의 사업용		9년

제❷장 택시운송사업의 발전에 관한 법률(택시발전법)

1. 목적(법 제1조)

이 법은 택시운송사업의 발전에 관한 사항을 규정함으로써 택시운송사업의 건전한 발전을 도모하여 택시운수종사자의 복지 증진과 국민의 교통편의 제고에 이바지함을 목적으로 한다.

2. 용어의 정의(법 제2조)

(1) 택시운송사업

구역 여객자동차운송사업 중 다음의 여객자동차운송사업을 말한다.

① 일반택시운송사업 : 운행계통을 정하지 아니하고 국토교통부령으로 정하는 **사업구역에서 1개의 운송계약에 따라 국토교통부령으로 정하는 자동차를 사용하여 여객을 운송하는 사업**

② 개인택시운송사업 : 운행계통을 정하지 아니하고 국토교통부령으로 정하는 사업구역에서 1개의 운송계약에 따라 국토교통부령으로 정하는 자동차 1대를 사업자가 직접 운전(사업자의 질병 등 국토교통부령으로 정하는 사유가 있는 경우는 제외한다)하여 여객을 운송하는 사업

(2) 택시운송사업면허

택시운송사업을 경영하기 위하여 받은 면허를 말한다.

(3) 택시운송사업자

택시운송사업면허를 받아 택시운송사업을 경영하는 자를 말한다.

(4) 택시운수종사자

운전업무 종사자격을 갖추고 택시운송사업의 운전업무에 종사하는 사람을 말한다.

(5) 택시운수종사자단체

택시운수종사자가 조직하는 단체로서 대통령령으로 정하는 바에 따라 등록한 단체를 말한다.

(6) 택시공영차고지

택시운송사업에 제공되는 차고지로서 특별시장·광역시장·특별자치시장·도지사·특별자치도지사 또는 시장·군수·구청장(자치구의 구청장을 말한다.)이 설치한 것을 말한다.

(7) 택시공동차고지

택시운송사업에 제공되는 차고지로서 2인 이상의 일반택시운송사업자가 공동으로 설치 또는 임차하거나 조합 또는 연합회가 설치 또는 임차한 차고지를 말한다.

3. 국가 등의 책무 (법 제3조)

국가 및 지방자치단체는 택시운송사업의 발전과 국민의 교통편의 증진을 위한 정책을 수립하고 시행하여야 한다.

4. 택시정책심의위원회

(1) 택시정책심의위원회 설치

택시운송사업에 관한 중요 정책 등에 관한 사항을 심의하기 위하여 국토교통부장관 소속으로 택시정책심의위원회를 둔다.

(2) 위원회의 심의사항

① 택시운송사업의 면허제도에 관한 중요 사항
② 사업구역별 택시 총량에 관한 사항
③ 사업구역 조정 정책에 관한 사항
④ 택시운수종사자의 근로여건 개선에 관한 중요 사항
⑤ 택시운송사업의 서비스 향상에 관한 중요 사항
⑥ 이 법 또는 다른 법률에서 위원회의 심의를 거치도록 한 사항
⑦ 그 밖에 택시운송사업에 관한 중요한 사항으로서 위원장이 회의에 부치는 사항

(3) 위원회의 구성

위원회는 위원장 1명을 포함한 10명 이내의 위원으로 구성한다.

(4) 위원의 위촉

다음의 어느 하나에 해당하는 사람 중에서 전문분야와 성별 등을 고려하여 국토교통부장관이 위촉한다.(법 시행령 제2조)

① 택시운송사업에 5년 이상 종사한 사람
② 교통관련 업무에 공무원으로 2년 이상 근무한 경력이 있는 사람
③ 택시운송사업 분야에 관한 학식과 경험이 풍부한 사람

(5) 위원회의 위원장 : 위원 중에서 호선(互選)한다.

(6) 위원의 임기 : 2년

5. 택시운송사업 발전 기본계획의 수립 (법 제6조)

(1) 택시운송사업 발전 기본계획의 수립

국토교통부장관은 택시운송사업을 체계적으로 육성·지원하고 국민의 교통편의 증진을 위하여 관계 중앙행정기관의 장 및 시·도지사의 의견을 들어 5년 단위의 **택시운송사업 발전 기본계획을 5년마다 수립**하여야 한다.

(2) 기본계획에 포함되어야 할 사항

① 택시운송사업 정책의 기본방향에 관한 사항
② 택시운송사업의 여건 및 전망에 관한 사항
③ 택시운송사업면허 제도의 개선에 관한 사항
④ 택시운송사업의 구조조정 등 수급조절에 관한 사항
⑤ 택시운수종사자의 근로여건 개선에 관한 사항
⑥ 택시운송사업의 경쟁력 향상에 관한 사항
⑦ 택시운송사업의 관리역량 강화에 관한 사항
⑧ 택시운송사업의 서비스 개선 및 안전성 확보에 관한 사항
⑨ 그 밖에 택시운송사업의 육성 및 발전에 관한 사항으로서 대통령령으로 정하는 사항

(3) 자료제출의 요구

국토교통부장관은 기본계획의 수립에 필요한 기초자료를 수집하기 위하여 관계 중앙행정기관의 장, 시·도지사 및 택시운송사업자에게 자료의 제출을 요구할 수 있다. 이 경우 관계 중앙행정기관의 장, 시·도지사 및 택시운송사업자는 특별한 사유가 없으면 이에 따라야 한다.

(4) 기본계획 확정
국토교통부장관은 위원회의 심의를 거쳐 기본계획을 확정한다.

(5) 기본계획 변경
국토교통부장관은 택시운송사업 여건의 급격한 변화 등 국토교통부령으로 정하는 사유로 인하여 기본계획을 변경할 필요가 있는 경우에는 위원회의 심의를 거쳐 이를 변경할 수 있다. 다만, 국토교통부령으로 정하는 경미한 사항을 변경하는 경우에는 위원회의 심의를 거치지 아니하고 이를 변경할 수 있다.

(6) 시·도지사 시행계획 수립
시·도지사는 기본계획을 시행하기 위하여 주민 및 관계 전문가의 의견을 들어 5년 단위의 시행계획을 수립한 후 국토교통부장관에게 제출하여야 한다.

(7) 지방교통위원회의 심의
시·도지사는 시행계획을 수립하려는 경우에는 지방교통위원회의 심의를 거쳐야 한다.

(8) 시·도지사가 시행계획을 변경하려는 경우
제5항을 준용한다. 이 경우 "기본계획"은 "시행계획"으로, "위원회"는 "지방교통위원회"로 본다.

6. 재정지원 (법 제7조, 시행규칙 제7조)

(1) 시·도의 지원
특별시·광역시·특별자치시·도·특별자치도(이하 "시·도"라 한다)는 택시운송사업의 발전을 위하여 택시운송사업자 또는 택시운수종사자단체에 다음의 어느 하나에 해당하는 사업에 대하여 조례로 정하는 바에 따라 필요한 자금의 전부 또는 일부를 보조 또는 융자할 수 있다. (법 제7조제1항)

① 택시운송사업자에 대한 지원
  ㉠ 합병, 분할, 분할합병, 양도·양수 등을 통한 구조조정 또는 경영개선 사업
  ㉡ 사업구역별 택시 총량을 초과한 차량의 감차(減車) 사업
  ㉢ 택시의 「환경친화적 자동차의 개발 및 보급 촉진에 관한 법률」에 따른 친환경 택시로의 대체 사업
  ㉣ 택시운송사업의 서비스 향상을 위한 시설·장비의 확충·개선·운영 사업
  ㉤ 서비스 교육 등 택시운수종사자에게 실시하는 교육 및 연수 사업
  ㉥ **그 밖에** 택시운송사업의 발전을 위한 사항으로서 **국토교통부령으로 정하는 사업**
    * 그 밖에 국토교통부령으로 정하는 사업(법 시행규칙 제7조)
    - 택시운수종사자의 근로여건 개선 사업
    - 택시운송사업자의 경영개선 및 연구개발 사업
    - 택시운수종사자의 교육 및 연수 사업
    - 택시의 고급화 및 낡은 택시의 교체 사업
    - 그 밖에 택시운송사업의 육성 및 발전을 위하여 국토교통부장관이 필요하다고 인정하는 사업

② 택시운수종사자단체에 대한 지원
서비스 교육 등 택시운수종사자에게 실시하는 교육 및 연수 사업

(2) 국가의 지원
국가는 다음의 어느 하나에 해당하는 자금의 전부 또는 일부를 **시·도**에 지원할 수 있다. (법 제7조제2항)

① 시·도가 "(1)"에 따라 택시운송사업자 또는 택시운수종사자단체(이하 "택시운송사업자등"이라 한다)에 보조한 자금. 다만, "(1) ① ㉣"에 따른 시설·장비의 운영 사업에 보조한 자금은 제외한다.
② 택시공영차고지 설치에 필요한 자금

7. 보조금의 사용 등 (법 제8조)

(1) 용도 외 사용금지
보조를 받은 택시운송사업자등은 그 자금을 보조받은 목적 외의 용도로 사용하지 못한다.

(2) 보조금 사용감독
국토교통부장관 또는 시·도지사는 보조를 받

은 택시운송사업자 등이 그 자금을 적정하게 사용하도록 감독하여야 한다.

(3) 보조금의 반환명령

국토교통부장관 또는 시·도지사는 택시운송사업자등이 거짓이나 그 밖의 부정한 방법으로 보조금을 교부받거나 목적 외의 용도로 사용한 경우 택시운송사업자등에게 보조금의 반환을 명하여야 한다.

(4) 보조금 징수

국토교통부장관은 택시운송사업자등이 명령을 받고 보조금을 반환하지 아니하는 경우에는 국세 또는 지방세 체납처분의 예에 따라 이를 징수하여야 한다.

8. 택시운수종사자 소정근로시간 산정 특례
(제11조의2)

일반택시운송사업 택시운수종사자의 근로시간을 「근로기준법」 제58조제1항 및 제2항에 따라 정할 경우 1주간 40시간 이상이 되도록 정하여야 한다.

[시행일] 다음 각 호의 구분에 따른 날
① 서울특별시 : 2021년 1월 1일
② 제1호를 제외한 사업구역 : 공포 후 5년을 넘지 아니하는 범위에서 제1호에 따른 시행지역의 성과, 사업구역별 매출액 및 근로시간의 변화 등을 종합적으로 고려하여 대통령령으로 정하는 날

9. 신규 택시운송사업면허의 제한 등

(1) 신규면허 제한

다음의 사업구역에서는 누구든지 신규 택시운송사업면허를 받을 수 없다.
① 사업구역별 택시 총량을 산정하지 아니한 사업구역
② 국토교통부장관이 사업구역별 택시 총량의 재산정을 요구한 사업구역
③ 고시된 사업구역별 택시 총량보다 해당 사업구역 내의 택시의 대수가 많은 사업구역. 다만, 해당 사업구역이 연도별 감차 규모를 초과하여 감차 실적을 달성한 경우 그 초과분의 범위에서 관할 지방자치단체의 조례로 정하는 바에 따라 신규 택시운송사업면허를 받을 수 있다.

(2) 사업계획 변경불가

(1)의 사업구역에서 일반택시운송사업자가 사업계획을 변경하고자 하는 경우 증차를 수반하는 사업계획의 변경은 할 수 없다.

10. 운송비용 전가 금지 등

(1) 택시운수종사자에게 비용부담금지

대통령령으로 정하는 사업구역의 택시운송사업자는 택시의 구입 및 운행에 드는 비용 중 다음의 비용을 택시운수종사자에게 부담시켜서는 아니 된다.
① 택시 구입비(신규차량을 택시운수종사자에게 배차하면서 추가 징수하는 비용을 포함한다)
② 유류비
③ 세차비
④ 그 밖에 택시의 구입 및 운행에 드는 비용으로서 대통령령으로 정하는 비용

(2) 택시운수종사자가 아닌 사람에게 택시 제공금지

택시운송사업자는 소속 택시운수종사자가 아닌 사람(형식상의 근로계약에도 불구하고 실질적으로는 소속 택시운수종사자가 아닌 사람을 포함한다)에게 택시를 제공하여서는 아니 된다.

(3) 장시간 근로 방지

택시운송사업자는 택시운수종사자가 안전하고 편리한 서비스를 제공할 수 있도록 택시운수종사자의 장시간 근로 방지를 위하여 노력하여야 한다.

(4) 택시운송사업자의 준수사항 조사

시·도지사는 1년에 2회 이상 대통령령으로 정하는 바에 따라 택시운송사업자가 전가금지사항을 준수하고 있는지를 조사하고, 그 조사 내용과 조치결과를 국토교통부장관에게 보고하여야 한다.

11. 택시 운행정보의 관리 (법 제13조)

(1) 택시 운행정보 관리시스템 구축·운영

국토교통부장관 또는 시·도지사는 택시정책을

효율적으로 수행하기 위하여 운행기록장치와 택시요금미터를 활용하여 국토교통부령으로 정하는 정보를 수집·관리하는 시스템을 구축·운영할 수 있다.

(2) 정보수집·이용

국토교통부장관 또는 시·도지사는 택시 운행정보 관리시스템을 구축·운영하기 위한 정보를 수집·이용할 수 있다.

(3) 택시 운행정보 관리시스템 공동 이용

택시 운행정보 관리시스템으로 처리된 자료는 교통사고 예방 등 공공의 목적을 위하여 국토교통부령으로 정하는 바에 따라 공동 이용할 수 있다.

(4) 기타 사항

택시 운행정보 관리시스템의 구축·운영, 전산자료의 공동 이용 대상 및 범위 등에 관한 구체적인 사항은 국토교통부령으로 정한다.

(5) 여객의 합승행위가 허용되는 운송플랫폼의 기준

법 제16조제1항제3호 단서에서 "여객의 안전·보호조치 이행 등 국토교통부령으로 정하는 기준을 충족한 경우"란 다음 각 호의 기능을 모두 갖추는 경우를 말한다.
① 합승을 신청한 여객의 본인 여부를 확인하고 합승을 중개하는 기능
② 탑승하는 시점·위치 및 탑승 가능한 좌석 정보를 탑승 전에 여객에게 알리는 기능
③ 동성(同性) 간의 합승만을 중개하는 기능(「여객자동차 운수사업법 시행규칙」 제9조제1항제1호부터 제3호까지의 경형, 소형 및 중형 택시운송사업에 사용되는 자동차의 경우만 해당한다)
④ 자동차 안에서 불쾌감을 유발하는 신체 접촉 등 여객의 신변 안전에 위해를 미칠 수 있는 위험상황 발생 시 그 사실을 고객센터 또는 경찰에 신고하는 방법을 탑승 전에 알리는 기능

(6) 규제의 재검토

국토교통부장관은 제11조의2에 따른 여객의 합승행위가 허용되는 운송플랫폼의 기준에 대하여 2022년 7월 1일을 기준으로 매 2년마다(매 2년이 되는 해의 기준일과 같은 날 전까지를 말한다) 그 타당성을 검토하여 개선 등의 조치를 해야 한다.

12. 택시운수종사자 복지기금의 설치 등 (법 제15조)

(1) 복지기금 설치

택시운송사업자단체 또는 택시운수종사자단체는 택시운수종사자의 근로여건 개선 등을 위하여 택시운수종사자 복지기금을 설치할 수 있다.

(2) 기금의 재원
① 출연금(개인·단체·법인으로부터의 출연금에 한정한다)
② 기금운용 수익금
③ 액화석유가스를 연료로 사용하는 차량을 판매하여 발생한 수입 중 일부로서 택시운송사업자가 조성하는 수입금
④ 그 밖에 대통령령으로 정하는 수입금

(3) 기금의 용도
① 택시운수종사자의 건강검진 등 건강관리 서비스 지원
② 택시운수종사자 자녀에 대한 장학사업
③ 기금의 관리·운용에 필요한 경비
④ 그 밖에 택시운수종사자의 복지향상을 위하여 필요한 사업으로서 국토교통부장관이 정하는 사업

(4) 기금 감독

국토교통부장관 또는 시·도지사는 기금이 적정하게 사용될 수 있도록 감독하여야 한다.

(5) 기타 사항규정

기금의 관리·운용·감독 등에 필요한 사항은 대통령령으로 정한다.

13. 택시운수종사자의 준수사항 등

(1) 택시운수종사자의 금지행위
① 정당한 사유 없이 여객의 승차를 거부하거나 여객을 중도에서 내리게 하는 행위
② 부당한 운임 또는 요금을 받는 행위

③ 여객을 합승하도록 하는 행위
④ 여객의 요구에도 불구하고 영수증 발급 또는 신용카드결제에 응하지 아니하는 행위(영수증발급기 및 신용카드결제기가 설치되어 있는 경우에 한정한다)

(2) 운전업무 종사자격 취소 및 정지명령
국토교통부장관은 택시운수종사자가 (1)의 사항을 위반하면 **운전업무 종사자격을 취소하거나 6개월 이내의 기간을 정하여 그 자격의 효력을 정지시킬 수 있다.**

(3) 처분의 기준과 절차
처분의 기준과 절차 등에 관하여 필요한 사항은 국토교통부령으로 정한다.

(4) 여객의 합승행위가 허용되는 운송플랫폼의 기준
법 제16조제1항제3호 단서에서 "여객의 안전·보호조치 이행 등 국토교통부령으로 정하는 기준을 충족한 경우"란 다음의 기능을 모두 갖추는 경우를 말한다.
① 합승을 신청한 여객의 본인 여부를 확인하고 합승을 중개하는 기능
② 탑승하는 시점·위치 및 탑승 가능한 좌석 정보를 탑승 전에 여객에게 알리는 기능
③ 동성(同姓) 간의 합승만을 중개하는 기능(「여객자동차 운수사업법 시행규칙」 제9조제1항 제1호부터 제3호까지의 경형, 소형 및 중형 택시운송사업에 사용되는 자동차의 경우만 해당한다)
④ 자동차 안에서 불쾌감을 유발하는 신체 접촉 등 여객의 신변 안전에 위해를 미칠 수 있는 위험상황 발생 시 그 사실을 고객센터 또는 경찰에 신고하는 방법을 탑승 전에 알리는 기능

14. 운전자격의 취소 등의 처분기준(제59조제1항 관련)

(1) 일반기준
① 위반행위가 둘 이상인 경우로서 그에 해당하는 각각의 처분기준이 다른 경우에는 그 중 무거운 처분기준에 따른다. 다만, 둘 이상의 처분기준이 모두 자격정지인 경우에는 각 처분기준을 합산한 기간을 넘지 아니하는 범위에서 무거운 처분기준의 2분의 1 범위에서 가중할 수 있다. 이 경우 그 가중한 기간을 합산한 기간은 6개월을 초과할 수 없다.
② 위반행위의 횟수에 따른 행정처분의 기준은 최근 1년간 같은 위반행위로 행정처분을 받은 경우에 적용한다. 이 경우 행정처분 기준의 적용은 같은 위반행위에 대한 행정처분일과 그 처분 후의 위반행위가 다시 적발된 날을 기준으로 한다.
③ 처분관할관청은 자격정지처분을 받은 사람이 다음의 어느 하나에 해당하는 경우에는 가목 및 나목에 따른 처분을 2분의 1 범위에서 늘리거나 줄일 수 있다. 이 경우 늘리는 경우에도 그 늘리는 기간은 6개월을 초과할 수 없다.
㉠ 가중사유
ⓐ 위반행위가 사소한 부주의나 오류가 아닌 고의나 중대한 과실에 의한 것으로 인정되는 경우
ⓑ 위반의 내용정도가 중대하여 이용객에게 미치는 피해가 크다고 인정되는 경우
㉡ 감경사유
ⓐ 위반행위가 고의나 중대한 과실이 아닌 사소한 부주의나 오류로 인한 것으로 인정되는 경우
ⓑ 위반의 내용정도가 경미하여 이용객에게 미치는 피해가 적다고 인정되는 경우
ⓒ 위반행위를 한 사람이 처음 해당 위반행위를 한 경우로서 최근 5년 이상 해당 여객자동차운송사업의 모범적인 운수종사자로 근무한 사실이 인정되는 경우
ⓓ 그 밖에 여객자동차운수사업에 대한 정부 정책상 필요하다고 인정되는 경우
④ 처분관할관청은 자격정지처분을 받은 사람이 정당한 사유 없이 기일 내에 운전자격증을 반납하지 아니할 때에는 해당 처분을 2

분의 1의 범위에서 가중하여 처분하고, 가중처분을 받은 사람이 기일 내에 운전자격증을 반납하지 아니할 때에는 자격취소처분을 한다.

15. 과태료 부과기준(영 별표3)

(1) 일반기준

① 하나의 행위가 둘 이상의 위반행위에 해당하는 경우에는 그 중 무거운 과태료의 부과기준에 따른다.
② 위반행위의 횟수에 따른 과태료 부과기준은 제2호나목의 위반행위 중 법 제16조제1항제1호를 위반한 경우에는 최근 2년간, 그 밖의 위반행위의 경우에는 최근 1년간 같은 위반행위로 과태료 처분을 받은 경우에 적용한다. 이 경우 위반횟수별 부과기준의 적용일은 위반행위에 대한 과태료처분일과 그 처분 후 다시 적발된 날로 한다.
③ 부과권자는 다음의 어느 하나에 해당하는 경우에는 제2호에 따른 과태료 금액의 2분의 1의 범위에서 그 금액을 줄일 수 있다. 다만, 과태료를 체납하고 있는 위반행위자의 경우는 제외한다.
  ㉠ 위반행위자가 「질서위반행위규제법 시행령」 제2조의2제1항 각 호의 어느 하나에 해당하는 경우
  ㉡ 위반행위가 사소한 부주의나 오류로 인한 것으로 인정되는 경우
  ㉢ 위반행위자가 법 위반상태를 시정하거나 해소하기 위하여 노력한 것으로 인정되는 경우
  ㉣ 그 밖에 위반행위의 정도, 위반행위의 동기와 그 결과 등을 고려하여 줄일 필요가 있다고 인정되는 경우
④ 부과권자는 다음의 어느 하나에 해당하는 경우에는 제2호에 따른 과태료 금액의 2분의 1 범위에서 그 금액을 늘릴 수 있다. 다만, 금액을 늘리는 경우에도 법 제23조에 따른 과태료 금액의 상한을 넘을 수 없다.
  ㉠ 위반의 내용·정도가 중대하여 이용객 등에게 미치는 피해가 크다고 인정되는 경우
  ㉡ 최근 1년간 같은 위반행위로 과태료 부과처분을 3회를 초과하여 받은 경우
  ㉢ 그 밖에 위반행위의 정도, 위반행위의 동기와 그 결과 등을 고려하여 늘릴 필요가 있다고 인정되는 경우

과태료 부과기준

위반행위	근거 법조문	과태료 금액(만원)		
		1회 위반	2회 위반	3회 위반 이상
가. 법 제12조제1항 각 호의 비용을 택시운수종사자에게 전가시킨 경우	법 제23조 제1항	500	1,000	1,000
나. 법 제16조제1항에 따른 택시운수종사자 준수사항을 위반한 경우	법 제23조 제2항 제1호	20	40	60
다. 법 제17조제1항에 따른 보고를 하지 않거나 거짓으로 한 경우	법 제23조 제2항 제2호	25	50	50
라. 법 제17조제1항에 따른 서류제출을 하지 않거나 거짓 서류를 제출한 경우	법 제23조 제2항 제2호	50	75	100
마. 법 제17조제2항에 따른 검사를 정당한 사유 없이 거부·방해 또는 기피한 경우	법 제23조 제2항 제3호	50	75	100

제❶편 교통 및 운송 관련 법규 기출예상문제

01 도로교통법의 목적에 해당되지 않는 것은?
① 모든 위험과 장애를 방지·제거한다.
② **법규 위법자를 처벌하는 것이 기본 목적이다.**
③ 도로 교통의 질서를 지키는 기본법이다.
④ 안전하고 원활한 교통의 확보를 위해서이다.

02 도로교통의 3대 요소에 해당하지 않는 것은?
① **도로교통법**
② 자동차
③ 도로
④ 사람(운전자, 보행자)

03 도로에 대한 설명 중 틀린 것은?
① 상급 도로와 하급 도로의 노선이 상호 중복되는 경우에 그 중복되는 부분의 도로에 대하여는 상급도로에 관한 규정을 적용한다.
② 다른 도로의 노선과 중복되게 노선을 인정하거나 변경하고자 할 때는 다른 노선을 인정하고 있는 관리청에 이를 통지하여야 한다.
③ **특별시·광역시 또는 시 관할구역 안의 상급도로(고속국도를 포함한다)는 특별시장·광역시장 또는 시장이 관리청이 된다.**
④ 행정청이 특히 필요하다고 인정할 때에는 관계 행정청과 협의하여 그 관할구역 외에 걸치는 도로의 노선을 인정할 수 있다.

04 긴급자동차의 특례적용 사항이 아닌 것은?
① 끼어들기 금지
② 앞지르기 금지시기
③ **앞지르기 방법**
④ 제한속도 위반

05 주차만 금지하는 구역인 곳은?
① **터널 안, 다리 위**
② 교차로, 횡단보도, 보도
③ 도로모퉁이로부터 5m 이내
④ 교차로 가장자리로부터 5m 이내

06 앞지르기에 대한 설명 중 맞는 것은?
① 교차로에서는 위험이 있을 때만 앞지르기가 금지된다.
② 앞지르기할 때는 앞차의 우측으로 한다.
③ 위험 방지를 위해 서행중인 차는 앞지르기 할 수 없다.
④ **앞지르기는 앞차의 좌측으로 한다.**

07 도로상태가 위험하거나 도로 부근에 위험물이 있는 경우에 필요한 안전조치를 할 수 있도록 이를 도로 사용자에게 알리는 안전표지는?
① 지시표시
② 노면표지
③ **주의표지**
④ 규제표지

정답 01 ② 02 ① 03 ③ 04 ③ 05 ① 06 ④ 07 ③

08 범칙금 납부기간 경과 시 20일 이내의 범칙금 액은?

① **20/100을 더한 금액을 납부한다.**
② 30/100을 더한 금액을 납부한다.
③ 40/100을 더한 금액을 납부한다.
④ 50/100을 더한 금액을 납부한다.

09 정당한 사유없이 교육과정을 마치지 않을 경우 처분은?

① **자격정지 5일**　② 자격정지 30일
③ 자격정지 50일　④ 자격정지 60일

10 택시운전 운행 특성과 관련된 사항 중 잘못 설명한 것은?

① 1개의 계약의 의해 보호의무 사항을 성실히 이행하여야 한다.
② 언제 어디서나 타고 내릴 수 있는 편의성이 있다.
③ 신속, 안전하게 여객을 운송할 수 있다.
④ **자가용에 비해 우선 통행권이 부여된다.**

11 운수사업법 위반으로 적발되어 질문을 받거나 진술요구에 불응시 처벌은?

① 승무정지　　② 면허취소
③ 자격정지　　④ **과징금처분**

12 택시의 바깥쪽에 운송사업자의 명칭·기호 기타 국토교통부령이 정하는 사항을 표시하지 않는 경우에 받게 되는 처분은?

① 과태료 20만원　② 과징금 15만원
③ **운행정지 10일**　④ 면허정지 10일

13 일정 장소에서 장시간 정차하며 승객을 유치할 때 해당되는 과태료 처분은?

① 10만원
② **20만원**
③ 30만원
④ 40만원

14 다음 중 택시 운송 사업에 대한 설명이 아닌 것은?

① 여객자동차 운송 사업이다.
② 여객자동차 운수사업법에 의해 운행하는 것이 원칙이다.
③ 정해진 사업구역 내에서 운행하는 것이 원칙이다.
④ **국토교통부 장관이 택시요금을 인가한다.**

 택시요금인가제에서 국토교통부 장관이 정하는 기준 및 요율범위 내에서 신고제로 전환되었다.

15 다음 중 택시 운전자에게 과태료가 부과되는 경우는?

① **여객을 합승하도록 하는 행위**
② 신호위반
③ 사업구역위반
④ 미터기 미사용

16 사업용 택시를 운전할 수 있는 요건 중 틀린 것은?

① **개인택시는 연령이 19세 이상인 자**
② 2종 보통 운전면허를 취득한 기간이 1년 이상인 자
③ 1종 보통 운전면허 소지자로서 운전경력 1년 이상인 자
④ 운전 정밀 검사에 적합 판정을 받은 자

정답　08 ①　09 ①　10 ④　11 ④　12 ③　13 ②　14 ④　15 ①　16 ①

17 택시가 사업구역을 위반하여 영업행위를 한 때에는 과징금 처분이 된다. 이때 부과되는 금액은 얼마인가?
① 100만원 ② 40만원
③ 150만원 ④ 180만원

18 다음 설명 중 틀린 것은?
① 경찰 공무원으로부터 운전면허증 제시를 요구받았을 때 이에 불응하면 위반이다.
② 긴급자동차를 운행할 때는 좌석안전띠를 착용하지 않아도 된다.
③ 택시업종의 운임을 인가하는 사람은 시·도지사이다.
④ 택시를 항상 청결하게 유지해야 하는 이유는 승객에게 더 많은 요금을 요구하기 위해서이다.

19 다음 안전표지의 뜻은?

① 승용자동차 통행금지 표지
② 승용자동차 통행 표지
③ 승용자동차 우선통행 표지
④ 승용자동차 전용도로

20 보행자의 통행방법으로 잘못된 것은?
① 보도와 차도가 구분된 도로에서 보도로 통행하여야 한다.
② 보도와 차도가 구분되지 않는 도로에서는 도로의 우측으로 통행하여야 한다.
③ 주행 중인 자동차와는 충분한 거리를 두고 안전하게 보행하여야 한다.
④ 도로공사 등으로 보도 통행이 불가능한 경우에는 차도로 통행하여야 한다.

21 신체장애인의 도로 횡단방법으로 잘못된 것은?
① 앞을 보지 못하는 사람은 흰색지팡이를 가지고 다녀야 한다.
② 육교나 지하도를 이용할 수 없는 신체장애인은 이를 이용하지 않고 횡단할 수 있다.
③ 신체 장애인이 도로 횡단시설을 이용하지 않고 횡단 중 다른 교통에 방해가 될 때에는 책임을 져야 한다.
④ 신체장애인 일지라도 반드시 도로 횡단시설 이용하여 횡단하여야 한다.

22 다음 안전표지의 뜻은?

① 도로 폭이 좁아짐 표시
② 좌측 차로 없어짐
③ 전방에 장애물 있음 표지
④ 전방에 장애물 없음 표지

23 적성검사에 대한 설명 중 틀린 것은?
① 정기적성검사는 제1종 운전면허를 받은 사람이 대상이다.
② 수시적성검사는 안전운행에 장애가 되는 후천적인 장애가 되는 경우에 실시한다.
③ 적성검사에 합격하지 못한 사람은 운전면허를 갱신할 수 없다.
④ 자가용 무사고 운전 10년 이상인 자는 면제한다.

24 택시운전 중 흡연 과태료 중 적발 상황과 과태료가 바르게 연결된 것은?
① 1차-10,000
② 2차-50,000
③ 3차-100,000
④ 시민신고-10,000

정답 17 ② 18 ④ 19 ① 20 ② 21 ④ 22 ① 23 ④ 24 ③

25 미터기 미사용 시 행정처분에 대한 설명 중 틀린 것은?

① 처분 대상은 사업자와 운전자
② 1차 적발 시 과징금 40만원
③ 2차 적발 시 과징금 80만원
④ 3차 적발 시 과징금 160만원

26 정비가 불량한 차량에 대해 시·도경찰청장이 정비기간을 정하여 차사용을 정지시키는데 정비기간은?

① 5일을 초과할 수 없다.
② 10일을 초과할 수 없다.
③ 15일을 초과할 수 없다.
④ 20일을 초과할 수 없다.

27 다음 중 거리시간병산제의 한계속도는 얼마인가?

① 15km ② 20km
③ 30km ④ 50km

 한계속도는 15km/h이며 시간요금은 35초당 100원이다.

28 다음 중 여객 자동차 운수사업법상의 위반 행위가 아닌 것은?

① 합승행위 ② 도중하차
③ 승차거부 ④ **신호위반**

29 다음 사고결과에 따른 벌점기준에 대한 설명이 틀린 것은?

① 사망 1명마다 90점
② 중상 1명마다 15점
③ 경상 1명마다 5점
④ 부상신고 1명마다 1점

 부상신고 1명마다 2점, 부상은 5일 미만의 치료를 요하는 의사의 진단이 있는 사고이다.

30 택시에 지정된 부착물을 부착하지 않고 영업을 하는 경우 1차 적발과 2차 적발 시의 행정처분은?

① 1차 - 과징금 10만원, 2차 - 과징금 20만원
② **1차 - 과징금 20만원, 2차 - 과징금 40만원**
③ 1차 - 과징금 20만원, 2차 - 과징금 20만원
④ 1차 - 과징금 30만원, 2차 - 과징금 30만원

31 다음 중 주차에 해당되는 것은?

① 버스가 승객을 태우려고 정지
② 택시가 승객을 승차시키기 위해 정지
③ 신호 대기시 후사경을 조정하기 위해 정지
④ 고속 도로상에서 고장차량을 수리정비하기 위해 정지

32 다음 보기 중 도로교통법의 목적을 가장 올바르게 설명한 것은?

① 도로교통상의 위험과 장해를 제거하여 안전하고 원활한 교통을 확보함을 목적으로 한다.
② 도로를 관리하고 안전한 통행을 확보하는 데 있다.
③ 교통사고로 인한 신속한 피해 복구와 편익을 증진하는데 있다.
④ 교통법규 위반자 및 사고 야기자를 처벌하고 교육하는 데 있다.

33 도로 교통법상 "고속도로의 정의"를 가장 올바르게 설명한 것은?

① 자동차의 고속운행에 사용하기 위하여 지정된 도로

정답 25 ① 26 ② 27 ① 28 ④ 29 ④ 30 ② 31 ④ 32 ① 33 ①

② 고속버스만 다닐 수 있도록 설치된 도로
③ 중앙분리대 설치에 따른 고속주행을 안전하게 할 수 있도록 설치된 도로
④ 자동차만 다닐 수 있도록 설치된 도로

34 다음 중 최고속도의 100분의 20을 줄인 속도로 운행하여야 하는 경우는?

① 폭우·폭설·안개 등으로 가시거리가 100m 이내일 때
② 노면이 얼어붙은 때
③ 눈이 20m 이상 쌓인 때
④ 비가 내려 노면에 습기가 있는 때

 ①, ②, ③ 최고 속도의 100분의 50을 줄인 속도로 운행

35 도로교통법상 몇 분을 기준으로 주차와 정차로 구분되는가?

① 3분 ② 5분
③ 7분 ④ 10분

36 주차 위반차의 이동·보관·공고·매각 또는 폐차 등에 소요된 비용은 누가 부담해야 하는가?

① 시장 등 ② 경찰서장
③ 차의 소유자 ④ 차의 운전자

37 도로에 관한 금지행위가 아닌 것은?

① 도로를 손괴하는 행위
② 도로에 토석, 죽목, 기타의 장애물을 적치하는 행위
③ **도로를 통행하는 행위**
④ 기타 도로의 구조 또는 교통에 지장을 끼치는 행위

38 다음 중 도로에서 좌측통행을 하여서는 아니 되는 경우는?

① 일방통행로로 되어 있는 도로
② **우측 도로의 교통이 혼잡하고 좌측부분이 한산한 때**
③ 우측 부분의 폭이 6m에 미달하는 도로에서 앞지르기 할 때
④ 도로 공사로 인하여 우측부분을 통행할 수 없을 때

39 자동차 전용도로 최고속도는 매시 ( )km이며, 최저속도는 매시 ( )km이다. 괄호 안에 들어갈 내용으로 맞는 것은?

① 90, 30 ② 100, 40
③ 110, 60 ④ 80, 50

40 편도 2차로 이상의 일반도로에서 승용자동차의 법정 최고속도는?

① 매시 40km ② **매시 80km**
③ 매시 50km ④ 매시 60km

41 앞지르기할 수 있는 곳은?

① 중앙선이 황색실선인 구간
② **중앙선이 황색점선인 구간**
③ 백색실선 구간
④ 황색실선과 황색점선의 복선구간

42 편도 4차로인 일반도로에서 덤프트럭의 주행차로는?

① 1차로 ② 2차로
③ 3차로 ④ **4차로**

정답 34 ④ 35 ② 36 ③ 37 ③ 38 ② 39 ① 40 ② 41 ② 42 ④

43 보·차도 구별이 없는 지역에서 주차를 할 경우 도로의 우측 가장자리로부터 중앙으로 (　) 이상 거리를 두어야 하는가?
① 50cm
② 40cm
③ 30cm
④ 10cm

44 다음 중 용어의 설명이 옳은 것은?
① 자동차 전용도로 : 자동차의 고속교통에만 사용하기 위하여 지정된 도로
② 보도 : 보행자가 도로를 횡단할 수 있도록 안전표지로써 표시한 도로의 부분을 말한다.
③ 횡단보도 : 도로를 횡단하는 보행자나 통행하는 차마의 안전을 위하여 안전표지 그 밖의 이와 비슷한 공작물로써 표시한 도로의 부분을 말한다.
④ 길 가장자리구역 : 보도와 차도가 구분되지 아니한 도로에서 보행자의 안전을 확보하기 위하여 그 경계를 표시한 도로

45 자가용으로 영업운송을 했을 때 해당하는 처분은?
① 범칙금
② 보호감호
③ 구류
④ 면허취소

★☆
46 다음 중 택시운전자에게 과태료가 부과되는 것은?
① 안전운전
② 부당한 요금 징수
③ 정차 및 주차
④ 공차 운행

47 범칙금 납부 통지서를 분실하였을 경우(단, 납부기한 내에 한함) 어떻게 하여야 하는가?
① 경찰서에 분실신고로 범칙금을 납부하지 않아도 된다.
② 즉결심판을 받아야 한다.
③ 단속지 경찰서에 신고하여 재발급 받는다.
④ 읍·면·동사무소에 신고하고 재발급 받는다.

★☆
48 여객자동차 운수사업법의 적용받는 위반 사항이 아닌 것은?
① 승차거부
② 합승행위
③ 신호위반
④ 도중하차

49 택시에 대한 설명 중 틀린 것은?
① 택시의 종류는 소형택시, 중형택시, 모범택시로 구분한다.
② 택시는 승용자동차와 지프형 자동차로 영업할 수 있다.
③ 택시는 전국 어디서나 상주하여 영업할 수 있다.
④ 택시에는 요금미터기, 빈차표시기, 안전벨트를 설치해야 한다.

★☆
50 택시 운전자에게 택시운전자격 정지 사유가 되는 것이 아닌 것은?
① 승차거부
② 부당요금
③ 합승행위
④ 저속운전

51 어린이 보호구역에서의 제한 속도는?
① 20km
② 30km
③ 40km
④ 50km

정답　43 ①　44 ④　45 ①　46 ②　47 ③　48 ④　49 ③　50 ④　51 ②

52 택시미터기를 사용치 아니하고 요금을 받을 수 있는 경우는?

① 대절운행
② 목적지가 정해진 경우
③ 선불운행
④ 구간운행 시행구간

53 다음 중 택시운전자가 해서는 안 될 것은?

① 승객의 안전을 도모한다.
② **부당 요금을 징수한다.**
③ 미터 요금을 징수한다.
④ 지정 복장을 착용한다.

54 다음 안전표시의 뜻은?

① **최고속도를 매시 50km 제한 표시**
② 최저속도를 매시 50km 제한 표시
③ 차간거리를 50m 이상 확보 표지
④ 총 중량 50톤 초과한 차량을 제한 표지

55 황색 신호 시 통행방법에 대한 설명으로 잘못된 것은?

① 차마는 정지선 또는 횡단보도 직전에 정지해야 한다.
② 차마는 우회전할 수 있고, 우회전시 보행자의 횡단을 방해하지 못한다.
③ **이미 횡단을 하고 있는 보행자는 반드시 되돌아 와야 한다.**
④ 보행자는 횡단하여서는 아니 된다.

56 앞지르기를 할 수 있는 장소는?

① 가파른 비탈길의 내리막
② 터널 안
③ 비탈길의 고갯마루 부근
④ **황색점선의 중앙선이 설치된 도로**

57 다음 중 택시운전자격증이 퇴색 또는 마멸된 것을 게시한 경우 1차 적발 시 행정처분은?

① **운전자와 사업자에게 각각 과태료 5만원**
② 운전자에게 과태료 5만원
③ 사업자에게 각각 과태료 5만원
④ 운전자 또는 사업자에게 과태료 5만원

58 택시의 경우 정기점검을 얼마 만에 받아야 하는가?

① 3개월
② 6개월
③ **12개월**
④ 24개월

59 택시영업과 관련된 내용으로 틀린 것은?

① 법에 정해진 운송약관을 준수해야 한다.
② 운임 요금은 원칙적으로 미터기에 표시되는 금액을 받는다.
③ 사업구역 외에서의 영업행위는 원칙적으로 금지된다.
④ **심야시간대에는 50% 할증된 요금을 받는다.**

60 여객자동차 운수사업법상의 운수 종사자 금지사항에 해당되지 않는 것은?

① 정당한 이유 없이 여객의 승차를 거부하거나 여객을 중도에서 내리게 하는 행위
② 일정한 장소에서 장시간 정차하여 여객을 유치하는 행위

정답 52 ④ 53 ② 54 ① 55 ③ 56 ④ 57 ① 58 ③ 59 ④ 60 ④

③ 자동차 문을 완전히 닫지 아니한 상태에서 출발 또는 운행하는 행위
④ 교통관련법규를 준수하지 아니하고 운전을 하는 행위

61 행정 처분대상 중 운전자가 처분 대상인 것은?
① 고객이 영수증 요구시 영수증 발급의무위반
② 상호 표시 및 관리 번호 미부착
③ 택시 자격증 미게시
④ 정원초과 난폭운전

62 차량이 출발하기 전에 여객이 안전띠를 착용하도록 안내하지 않는 경우의 3번 적발시 과태료는?
① 100,000원 ② 150,000원
③ 180,000원 ④ 200,000원

63 택시 취업전 사전교육은 몇 시간을 이수해야 하나?
① 10시간 ② 16시간
③ 30시간 ④ 42시간

64 도로교통관계법령이 개정되었을 때 실시하는 교육은 무엇인가?
① 수시교육 ② 정기교육
③ 보수교육 ④ 교통안전교육

65 택시운전자격증을 타인에게 대여한 경우의 처분은?
① 정지 10일 ② 정지 20일
③ 정지 30일 ④ 자격취소

66 택시운전자 보수교육은 연간 몇 시간인가?
① 2시간 ② 4시간
③ 6시간 ④ 8시간

 신규 16시간, 보수 4시간, 수시 4시간

67 택시의 영업운행에 관한 설명 중 올바르지 못한 것은?
① 정해진 운송약관을 준수하여야 한다.
② 사업구역 외의 지역에서는 영업행위를 할 수 없는 것이 원칙이다.
③ 요금은 미터기에 표시되는 금액을 수수하는 것이 원칙이다.
④ 심야시간대(0시~04시)에는 요금은 40% 할증하여 받는다.

 심야시간대는 0시~04시이며 요금의 20%를 할증하여 받을 수 있다.

68 다음 중 택시를 구분하는 기준으로 틀린 것은?
① 소형 : 배기량 1,600CC 미만(5인 이하)
② 중형 : 배기량 1,600CC 이상(5인 이하)
③ 대형 : 배기량 2,000CC(6인승 ~ 10인승)
④ 고급 : 배기량 3,500CC 이상

69 택시운전자격의 취소 사유에 해당되지 않은 것은?
① 택시운전자격을 타인에게 대여한 때
② 부정한 방법으로 택시운전자격을 취득한 때
③ 중상자 3인이 발생한 사고를 유발한 때
④ 택시운전자격 정지 처분기간 중에 운전업무에 종사한 때

정답 61 ① 62 ① 63 ② 64 ④ 65 ④ 66 ② 67 ④ 68 ④ 69 ③

70 다음 중 벌점이 부과되지 않은 것은?
① 중앙선 침범 ② 안전띠 미착용
③ 신호 위반 ④ 속도위반

71 ★☆ 교통사고 사망자는 교통사고가 주원인이 되어 얼마 만에 사망하는 것을 말하는가?
① 24시간 ② 72시간
③ 30일 ④ 48시간

72 여객자동차 운수사업법의 목적이 아닌 것은?
① 운송사업의 질서 확립
② 자동차 생산기술 발전
③ 공공복리의 증진 도모
④ 운송사업의 건전한 발전

73 다음 중 지방자치단체장이 제정하는 것을 무엇이라고 하는가?
① 긴급명령 ② 규칙
③ 조례 ④ 헌법

74 다음 중 택시영업의 사업구역 제한범위는?
① 시·도
② 특별시, 광역시, 시·군 단위
③ 읍·면
④ 생활권역

75 택시 운전자 취업 및 퇴직 등 인사관리를 전산처리 하는 곳은?
① 택시사업조합 ② 택시공제조합
③ 노조 도지부 ④ 교통안전공단

76 택시 차령 연장은 최장 얼마까지 허용하나?
① 3개월 ② 6개월
③ 12개월 ④ 24개월

77 ★☆ 노면에 습기가 있을 때는 규정속도의 몇 %를 감속하는가?
① 10% ② 20%
③ 40% ④ 50%

78 고속도로 버스전용차로로 통행할 수 없는 차량은?
① 36인승 이상의 고속용 승합차
② 대형승합차에 운전자만 승차했을 때
③ 9인승 승합차에 6명이 승차했을 때
④ 12인승 승합차에 5명이 승차했을 때

79 다음 도로 중 지방도로가 아닌 것은?
① 도청 소재지로부터 시청 또는 군청 소재지에 이르는 도로
② 시청 또는 군청 소재지 상호간을 연결하는 도로
③ 도내의 비행장, 항만, 역 또는 이와 밀접한 관계가 있는 비행장, 항만 또는 역을 상호 연결하는 도로
④ 도시 내 주요 지역간이나 인근 도시 및 주요 지방간을 연결하는 도로

 국도는 전국의 중요한 도시 및 지정항만 등을 연결하는 도로이다.

80 택시운전 중 사람을 1명 사망시키는 사고를 냈다. 운전면허 행정처분 기준은?
① 60일 면허정지 ② 40일 면허정지
③ 90일 면허정지 ④ 면허취소

정답 70 ② 71 ② 72 ② 73 ② 74 ② 75 ① 76 ④ 77 ② 78 ④ 79 ③ 80 ③

81 고속도로 갓길 운행시 면허 행정처분 벌점기준은?
① 100점 이하 ② 90점 이하
③ 80점 이하 ④ **30점 이하**

82 ★☆ 도로교통법상 만취상태에 해당되는 음주취의 한계는?
① **0.08% 이상** ② 0.01% 이상
③ 0.05% 이상 ④ 0.2% 이상

83 다음 도로안내표지가 나타내는 뜻은?

① 200m 앞 지점에 터널에 있다.
② 전방에 길이 200m 비상주차장이 있다.
③ **200m 전방에 비상주차장이 있다.**
④ 전방에 200m 정도의 굴곡도로가 있다.

84 다음 표지가 의미하는 것은?

① 자동차가 서행하여야 함
② **자동차만 통행할 수 있음**
③ 야간주차가 가능함
④ 주차장이 있음

85 교통사고 발생 시 처리요령으로 틀린 것은?
① 대인 사고 발생 시에는 정차하여 필요한 구호조치를 한다.
② 차량을 손괴한 경우에는 현장 표시 후 소통을 위해 도로의 가장자리로 이동한다.
③ 주변의 목격자를 확보하고 인적사항, 연락처 등을 입수한다.
④ **경찰관서에 사고 사실만을 연락한 후 자리를 이탈한다.**

86 ★☆ 교통사고 발생 시 현장 보존을 위한 조치사항으로 볼 수 없는 것은?
① 사고현장 촬영
② 스프레이로 현장표시
③ **현장 증거물 폐기**
④ 목격자 확보

87 승객 도중하차 위반을 1년에 3번 적발 시 과태료는?
① 100,000원
② 150,000원
③ **200,000원**
④ 300,000원

88 사업 구역 외 영업으로 적발되면 과징금은 1차에 얼마인가?
① 300,000원
② 500,000원
③ **400,000원**
④ 1,000,000원

89 다음 중 택시운전법규위반차량에 대한 행정처분의 부과대상이 다른 하나는?
① 승차거부
② 부당요금징수
③ 합승
④ **상호표시 미부착**

정답 81 ④ 82 ① 83 ③ 84 ② 85 ④ 86 ③ 87 ③ 88 ③ 89 ④

90 운수종사자로부터 운송수입금의 전액을 납부받지 않을 경우 운송사업자에 대한 행정처분으로 바른 것은?

① 1차 위반 시 과태료 500만원
② 2차 위반 시 과태료 600만원
③ 3차 위반 시 과태료 700만원
④ 4차 위반 시 과태료 800만원

91 운수종사자 준수사항이 명시되어 있는 법은?

① 도로교통법
② 교통사고특례법
③ 여객자동차운수사업법
④ 자동차관리법

92 교통정리가 행하여지고 있지 아니하는 교통이 빈번한 교차로에서의 통행방법으로 가장 적절한 것은?

① 교통의 상황에 따라 서행한다.
② 평상시의 속도대로 주행한다.
③ 반드시 일시 정지하여야 한다.
④ 반드시 서행하여야 한다.

93 택시운전자가 중상자 3명의 교통사고를 낸 경우 받아야 할 교육은 무엇인가?

① 교양소양교육
② 정신교육
③ 교통안전교육
④ 특별교육

94 승용차 운전 중 휴대폰 사용 시 범칙금과 벌점은?

① 범칙금 5만원, 벌점 20점
② 범칙금 6만원, 벌점 15점
③ 범칙금 3만원, 벌점 10점
④ 범칙금 3만원, 벌점 20점

95 다음 중 택시운전자격이 취소되는 경우는?

① 합승행위 위반한 자
② 정원초과 위반한 자
③ 피성년후견인
④ 호객행위를 한 자

96 차도와 인도의 구별이 없는 도로에서 정차 및 주차시 우측 가장자리로부터 얼마 이상의 거리를 두어야 하는가?

① 30cm 이상
② 50cm 이상
③ 10cm 이상
④ 20cm 이상

97 긴급자동차의 정의로 맞는 것은?

① 긴급자동차는 교통법규 위반을 단속하는 차량을 말한다.
② 그 본래의 긴급한 용도로 운행되는 차량
③ 소방자동차는 언제나 긴급자동차이다.
④ 폭발물 운반차량도 긴급자동차에 해당한다.

98 철길 건널목 내에서 고장 시 조치 사항은?

① 승객대피 → 철도공무원에게 연락 → 건널목 밖으로 차량을 이동
② 승객대피 → 건널목 밖으로 차량을 이동 → 철도공무원에게 연락
③ 건널목 밖으로 차량을 이동 → 승객대피 → 철도공무원에게 연락
④ 철도공무원에게 연락 → 건널목 밖으로 차량을 이동 → 승객대피

정답 90 ① 91 ③ 92 ③ 93 ③ 94 ② 95 ③ 96 ② 97 ② 98 ①

99 다음 중 특례의 적용을 받지 못하고 형사처벌을 받아야 하는 경우가 아닌 것은?

① 교통사고로 사람을 사망케 한 사고의 경우
② 교통사고 야기 도주 또는 사고 장소로부터 옮겨 유기 도주한 경우
③ 무면허 운전하던 중 사고를 유발하여 사람을 다치게 한 경우
④ 위험 회피를 위해 중앙선을 침범하여 사람을 다치게 한 경우

★☆ 100 긴급자동차에 해당되지 않는 것은?

① 독극물을 운반중인 자동차
② 응급환자의 수송을 위한 구급차
③ 화재진압을 위한 소방차
④ 생명이 위급한 환자를 수송하는 택시

101 승용자동차가 야간에 도로를 통행할 때 켜야 할 등은?

① 전조등, 차폭등, 미등, 번호등, 실내조명등
② 전조등, 차폭등, 번호등, 실내조명등
③ 전조등, 차폭등, 미등, 실내조명등
④ 전조등, 차폭등, 미등, 번호등

102 음주운전으로 처벌되는 음주상태의 최저기준은?

① 혈중알코올농도 0.03% 이상
② 혈중알코올농도 0.2% 이상
③ 혈중알코올농도 0.1% 이상
④ 혈중알코올농도 0.25% 이상

0.03~0.07% 형사입건, 면허정지, 벌점 100점
0.08~0.15% 형사입건, 면허취소
0.16~0.25% 형사입건, 면허취소
0.26~0.35% 형사입건, 면허취소

103 교통사고처리특례법상 보도를 침범하거나, 보도 횡단방법을 위반하여 보행자를 다치게 하는 교통사고를 일으켰을 때 운전자 처벌 기준으로 옳은 것은?

① 피해자의 처벌의사에 관계없이 형사처벌
② 피해자의 여하에 따라 처리된다.
③ 종합보험에 가입하였을 때는 형사처벌이 면제된다.
④ 가해자는 피해자와 합의하면 형사처벌이 면제된다.

★☆ 104 다음 중 교통사고처리특례법상 중요법규위반 12개 항목에 해당되는 것은?

① 정류장 질서 문란으로 인한 사고
② 통행 우선순위 위반사고
③ 철길건널목 통과방법 위반사고
④ 난폭운전사고

105 어린이 보호구역을 지정하고 차의 통행을 제한하거나 금지할 수 있는 사람은?

① 경찰서장
② 시장 등
③ 시·도경찰청장
④ 행정안전부장관

106 중앙선 침범으로 교통사고 야기 후 도주했을 경우의 행정처분은?

① 면허정지 110일
② 면허정지 100일
③ 면허정지 90일
④ 운전면허 취소

정답 99 ④ 100 ① 101 ④ 102 ① 103 ① 104 ③ 105 ② 106 ④

107 교통안전교육을 마친 사람의 면허정지 감면 일수는?

① 10일　② 15일
③ 20일　④ 30일

108 다음은 인적피해 교통사고 결과에 따른 벌점 기준을 연결한 것이다. 틀린 것은?

① 사망 1명마다 : 90점
② 중상 1명마다 : 30점
③ 경상 1명마다 : 5점
④ 부상사고 1명마다 : 2점

109 다음 중 도로교통법상의 도로에 해당되지 않는 장소는 어디인가?

① 깊은 산 속 비포장 도로
② 통행이 자유로운 아파트 단지 내의 큰 도로
③ 공원의 휴양지 도로
④ 군부대내 도로

110 다음은 어떤 노면 표지인가?

① 좌회전 금지
② 직진금지
③ 유턴금지
④ 과속금지

111 비보호 좌회전 표지가 있을 때 좌회전할 수 있는 신호는?

① 황색 점멸 신호　② 적색 점멸 신호
③ 황색신호　　　　④ 녹색신호

112 철길 건널목에서의 안전운전 요령이다. 잘못된 것은?

① 교통정체로 건널목 건너편에 공간이 없는 경우 건널목에 들어가면 위험하다.
② 건널목 통과 중 기어변속을 하면 위험하다.
③ 건널목 경보기가 울리고 있을 때에는 신속히 통과해야 한다.
④ 건널목 통과 중 차바퀴가 철길에 빠지지 않도록 중앙 부분으로 통과해야 한다.

113 다음 안전표시는?

① 안전지대 표지
② 보행금지 표지
③ 어린이 보호표지
④ 횡단금지 표지

114 여객자동차운수사업상의 운수종사자 준수사항을 2차 위반한 경우의 행정처분은?

① 과태료 20만원, 자격정지 10일
② 과태료 20만원, 자격정지 20일
③ 과태료 30만원, 자격정지 10일
④ 과태료 30만원, 자격정지 20일

115 택시운전사가 좌석 안전띠를 매지 않은 승객을 태우고 운전하다가 적발되었을 때의 처벌대상은?

① 운전자만 교통범칙금을 물어야 한다.
② 운전자와 승객 모두 교통범칙금을 물어야 한다.
③ 승객이 위반하였으므로 승객만 범칙금을 물어야 한다.
④ 운전자가 승객으로부터 교통범칙금을 받아 물어야 한다.

정답 107 ③　108 ②　109 ④　110 ③　111 ④　112 ③　113 ③　114 ②　115 ①

116 다음 보기 중 일반도로에서 차마의 통행우선순위로 잘못된 것은?

① 교통정리가 행하여지고 있지 아니하는 교차로에서는 우측도로의 차가 우선한다.
② 비탈길에서 내려가는 차는 올라가는 차에 우선한다.
③ 비탈길에서 승객을 태운 차는 빈차보다 우선한다.
④ 비탈길에 짐을 싣고 내려오는 차는 올라가는 긴급자동차에 우선한다.

117 행정처분 대상 중 사업자가 처벌받는 행위가 아닌 것은?

① 택시 상호 미부착
② 복장 미착용
③ 운전 중 흡연
④ 사업 구역외 영업

118 여객자동차운수사업법상의 운수종사자 준수사항을 1차 위반한 경우의 행정처분은?

① 과태료 10만원   ② 과태료 20만원
③ 과태료 30만원   ④ 과태료 40만원

119 교통사고의 3대 요인이 아닌 것은?

① 안전 시설 요인   ② 도로 환경 요인
③ 인적 요인   ④ 차량 요인

120 다음 택시운전자의 법규위반 시 행정처분에 대한 설명으로 틀린 것은?

① 미터기 미사용 – 1차 적발시 사업자에게 과징금 40만원
② 사용구역 외 영업 – 1차 적발 시 사업자에게 과징금 40만원
③ 운전 중 휴대폰사용 – 적발 때마다 과태료 10만원
④ 택시서비스 미개선 – 1차 적발 시 사업자에게 과징금 20만원

121 도로교통법의 목적으로 가장 올바르게 설명한 것은?

① 교통사고의 방지를 위한 종합적인 계획
② 자동차의 등록, 점검, 안전기준에 관한 제정
③ 도로 교통상의 모든 위해의 방지와 제거 및 원활한 교통 확보
④ 자동차의 안전과 공공복리 증진

 위험과 장애물 제거하여 원활한 교통 확보에 있다.

122 긴급자동차의 지정권자는?

① 시·도경찰청장
② 국토교통부 장관
③ 행정안전부 장관
④ 산업통상자원부 장관

123 교통사고처리특례법상 반의사불벌죄가 적용되는 경우는?

① 보도 침범으로 일어난 치상 사고
② 일반도로에서 횡단, 회전, 후진 중 일어난 치상 사고
③ 앞지르기 방법 위반으로 일어난 치상 사고
④ 무면허 운전으로 일어난 치상 사고

 반의사불벌죄 : 피해자가 가해자의 처벌을 원치 않는다는 의사를 표시하면 처벌할 수 없는 범죄

124 신호등의 배열순서는?

① 적색 → 황색 → 녹색 → 화살표
② **적색 → 황색 → 화살표 → 녹색**
③ 적색 → 녹색 → 화살표 → 황색
④ 황색 → 녹색 → 화살표 → 적색

125 서행 운전 방법으로 옳은 것은?

① 차가 일시적으로 차 바퀴를 완전히 정지시키는 것
② 다른 차가 추월할 수 있는 느린 속도로 진행하는 것
③ 차가 즉시 정지할 수 있도록 느린 속도로 진행하는 것
④ 해당 도로의 최저 제한속도로 진행하는 것

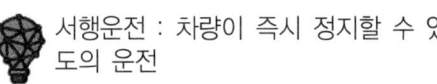 서행운전 : 차량이 즉시 정지할 수 있는 느린 속도의 운전

126 경찰공무원의 수신호가 신호기의 표시하는 내용과 다른 신호를 할 때 운전자의 통행방법 중 옳은 것은?

① 신호기의 신호에 우선적으로 따라야 한다.
② **경찰공무원의 신호에 우선적으로 따라야 한다.**
③ 경찰공무원의 신호에 따를 필요가 없다.
④ 어느 신호에 따르든 상관없다.

127 안전지대가 설치된 도로에서는 그 안전지대의 사방 ( )m 이내에서 주차할 수 없는가?

① 10m   ② 5m
③ 20m   ④ 15m

128 승용자동차가 교차로에서 양보운전 위반으로 인한 범칙금은?

① 2만원   ② 3만원
③ 5만원   ④ **6만원**

★☆
129 술에 취한 상태에서 경찰 공무원의 음주 측정 요구에 불응한 때의 처벌은?

① **운전면허 취소**   ② 면허정지 120일
③ 1년 이상의 징역   ④ 면허정지 100일

★☆
130 다음 중 택시운전자격이 취소되는 것과 관련이 있는 것은?

① **택시운전자격이 정지 중 운행한 때**
② 인가받은 운행시간 동안 운행한 경우
③ 면허 받은 노선을 준수하여 운행한 경우
④ 허가 받은 소화물을 수송한 경우

131 다음 중 택시운전자에게 과태료가 부과되는 경우는?

① **승객과 체결한 운송계약을 위반한 경우**
② 인가받은 운행시간 동안 운행한 경우
③ 면허 받은 노선을 준수하여 운행한 경우
④ 허가 받은 소화물을 수송한 경우

132 위반시 택시운전자에게 과태료가 부과되지 않는 것은?

① 승차거부   ② 부당요금징수
③ 합승행위   ④ **저속운행**

 승차거부, 부당요금징수, 합승행위 : 1차 위반 20만원, 2차 위반 40만원, 3차 위반 60만원

정답 124 ② 125 ③ 126 ② 127 ① 128 ④ 129 ① 130 ① 131 ① 132 ④

133 여객자동차 운수사업법의 사업이 아닌 것은?
 ① **철도운송사업**
 ② 노선(路線) 여객자동차운송사업
 ③ 구역(區域) 여객자동차운송사업
 ④ 수요응답형 여객자동차운송사업

134 고속도로에서 시속 21km~40km 미만 초과한 경우에 적발되었을 때 범칙금과 벌점은?
 ① 6만원, 30점 ② **6만원, 15점**
 ③ 7만원, 30점 ④ 7만원, 10점

135 사업용 자동차 운전자 중 운전자격을 취득하여야 하는 업종은 어느 업종인가?
 ① 고속버스 업종
 ② 대여 자동차 업종
 ③ **택시 업종**
 ④ 전세버스 업종

136 택시가 보행자 통행을 방해하거나 보호 불이행했을 때의 벌점은?
 ① **10점** ② 20점
 ③ 30점 ④ 40점

137 도로를 통행하는 보행자나 운전자가 지켜야 할 사항으로 적절하지 못한 것은?
 ① 주위의 교통에 주의하면서 통행한다.
 ② 주변사람에게 불쾌감을 주는 일이 없도록 한다.
 ③ 방어운전과 방어보행으로 도로를 통행한다.
 ④ **교통사고를 목격하더라도 구호하지 않는다.**

138 다음 중 택시에 대한 설명이 틀린 것은?
 ① 택시운송사업의 발전에 관한 법률에서 택시 운송 사업에 대해 규정하고 있다.
 ② 택시는 주로 승용자동차로 영업하고 있다.
 ③ **택시 운송 사업은 누구나 할 수 있다.**
 ④ 택시운수종사자는 운전업무 종사자격을 갖추고 택시운송사업의 운전업무에 종사하는 사람을 말한다.

139 다음 그림의 노면표시는?

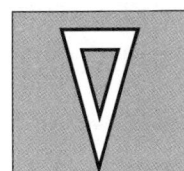

 ① 유도
 ② **양보**
 ③ 경사 주차
 ④ 안전지대

140 일반도로에서 차마 서로간의 통행 우선순위로 잘못된 것은?
 ① 긴급자동차가 최우선적이다.
 ② **큰 차는 작은 차에 우선한다.**
 ③ 비탈길에서 내려가는 차는 올라가는 차에 우선한다.
 ④ 비탈길에서 승객을 태운 차는 빈차보다 우선한다.

141 자동차가 도로의 중앙이나 좌측부분을 통행할 수 있는 경우로 잘못된 것은?
 ① 도로가 일방통행으로 된 때
 ② 도로의 파손, 공사 등으로 우측부분을 통행할 수 없는 때
 ③ **도로 우측부분의 폭이 6m가 안되는 앞지르기 금지지점에서 앞지르기 하는 때**
 ④ 도로 우측부분의 폭이 그 차마의 통행에 충분하지 않을 때

142 처분대상은 운전자이며 1차 200,000원 2차 400,000원의 행정 처분을 받는 위반 행위가 아닌 것은?
① 승차거부
② 도중하차
③ 부당한 요금을 받는 행위
④ 사업 구역 외 영업

143 택시운전자가 운전 중 여객을 합승하도록 하는 행위로 2차 위반 시의 행정 처분은?
① 과태료 10만원 ② 과태료 15만원
③ 과태료 20만원 ④ **과태료 40만원**

144 다음 차에 해당하지 않는 것은?
① 건설기계
② 자전거
③ **우마**
④ 원동기장치자전거

145 차도의 우측을 통행하여야 하는 경우가 아닌 것은?
① 장의 행렬
② 사회적으로 중요한 행사에 따라 시가를 행진하는 경우
③ 현수막 등을 휴대한 행렬
④ 학생 단체의 행렬

★☆
146 편도 3차로 도로에서 소형 승합자동차가 주행하는 차로는?
① 1차로   ② **2차로**
③ 3차로   ④ 2차로와 3차로

147 편도 4차로의 도로에서 자전거가 주행하는 차로는?
① 1차로   ② 2차로
③ 3차로   ④ **4차로**

148 고속도로 외의 도로에서 전용차로로 통행할 수 없는 차량은?
① 36인승 이상의 대형자동차
② 25인승 이상의 외국인 관광객 수송용 승합차
③ **9인승 승합자동차**
④ 어린이 통학버스

149 고속도로에서 전용차로로 통행할 수 없는 차량은?
① 36인승 이상의 대형자동차
② **12인승 승합차 5인 승차**
③ 9인승 승합자동차 7인 승차
④ 36인승 미만의 농어촌 사업용 승합자동차

150 편도 1차로의 도로에서 최고속도는?
① 40km   ② 50km
③ **60km**   ④ 80km

★☆
151 자동차 전용도로에서의 최저속도는?
① **30km**   ② 40km
③ 50km   ④ 60km

152 편도 2차로 이상의 고속도로에서 승용차의 최저속도는?
① 30km   ② 40km
③ **50km**   ④ 60km

정답 142 ④ 143 ④ 144 ③ 145 ② 146 ② 147 ④ 148 ③ 149 ② 150 ③ 151 ① 152 ③

153 편도 2차로 이상의 고속도로에서 승용차의 최고속도는?

① 60km　② 80km
③ 90km　④ 100km

154 편도 1차로 고속도로의 최고속도는?

① 50km　② 60km
③ 80km　④ 90km

155 최고속도의 20%를 감속하여야 하는 경우는?

① 눈이 20mm 미만 쌓인 경우
② 안개로 가시거리가 100m 이내인 경우
③ 노면이 얼어붙은 경우
④ 폭우로 가시거리가 100m 이내인 경우

156 최고속도 50%를 감속하여야 하는 경우가 아닌 것은?

① 눈이 20mm 이상 쌓인 경우
② 안개, 폭우, 폭설로 가시거리가 100m 이내인 경우
③ 노면이 얼어붙은 경우
④ 비가 내려 노면이 젖어 있는 경우

157 다음 앞지르기의 금지장소가 아닌 것은?

① 교차로
② 점선으로 이어진 도로
③ 터널 안
④ 도로의 구부러진 곳

158 다음 교차로의 통행방법으로 틀린 것은?

① 우회전하려면 우측으로 서행하면서 우회전한다.
② 좌회전하려는 차량은 교차로의 중심 안쪽을 이용하여 좌회전한다.
③ 혼잡한 교차로에서는 앞차의 꼬리를 빠르게 물어 진입하여야 한다.
④ 좌회전 하려고 신호를 하는 차량을 그 뒤차가 진행을 방해해서는 안된다.

159 다음 보행자보호에 관한 것으로 틀린 것은?

① 횡단보도가 없는 공로에서는 보행자를 보호할 의무가 없다.
② 횡단보고 앞에서는 일시 정지한다.
③ 신호에 따라 횡단하는 보행자에게 우선권이 있다.
④ 보행자 옆을 지날 때에는 서행하여야 한다.

160 다음 차량이 서행하여야 할 장소가 아닌 것은?

① 도로가 구부러진 곳
② 교통정리가 행해지고 있는 교차로
③ 비탈길의 고갯마루 부근
④ 가파른 비탈길의 내리막

161 긴급자동차에 대한 특례가 적용되지 않는 것은?

① 자동차등의 속도 제한
② 앞지르기의 금지
③ 끼어들기의 금지
④ 갓길통행 금지

정답 153 ④　154 ③　155 ①　156 ④　157 ②　158 ③　159 ①　160 ②　161 ④

162 다음 주차금지 장소가 아닌 것은?
① 건널목의 가장자리 또는 횡단보도로부터 50m 이내인 곳
② 터널 안
③ 다리 위
④ 도로공사를 하고 있는 경우에는 그 공사구역의 양쪽 가장자리의 5m 이내인 곳

163 다음 6대 절대 주·정차금지구역으로 틀린 것은?
① 소화전 5m 이내
② 교차로 모퉁이 5m 이내
③ 횡단보도
④ 아파트 단지 내 도로

6대 절대 주·정차금지구역
소화전 5m 이내, 교차로 모퉁이 5m 이내, 버스정류소 10m 이내, 횡단보도, 초등학교 정문 앞 어린이 보호구역, 인도

164 다음 운전자의 준수사항이 아닌 것은?
① 난폭운전 금지
② 과로한 상태에서의 운전금지
③ 무면허운전 금지
④ 장거리 운전금지

165 좌석 안전띠를 착용하지 않아도 되는 경우가 아닌 것은?
① 자동차를 후진시킬 때
② 어린이를 동승한 때
③ 우편물을 집배하는 때
④ 부상으로 좌석안전띠 착용이 적당하지 않은 때

166 편도 4차로 고속도로에서 택시가 앞지르기할 때의 차로는?
① 1차로
② 2차로
③ 3차로
④ 4차로

167 다음 고속도로에서의 금지사항이 아닌 것은?
① 횡단의 금지
② 이륜자동차의 통행금지
③ 주차금지
④ 건설기계의 통행금지

168 고속도로에서 차량 고장시 조치사항으로 바르지 못한 것은?
① 차량을 우측 가장자리로 이동시킨다.
② 고장차 뒤쪽 100m 이상의 지점에 고장표지판을 세운다.
③ 야간에는 고장차 뒤쪽 200m 이상의 지점에 고장표지판을 세운다.
④ 갓길을 통하여 걸어서 이동한다.

169 교통법규 위반으로 운전면허 효력 정지처분을 받을 가능성이 있는 사람이 받게 되는 교통법규교육의 시간은?
① 2시간
② 4시간
③ 8시간
④ 10시간

170 교통법규교육을 받으면 감경되는 벌점은?
① 5점
② 10점
③ 20점
④ 50점

171 교통소양교육을 받으면 감경되는 정지처분 기간은?
① 1일
② 20일

정답 162 ① 163 ④ 164 ④ 165 ② 166 ① 167 ④ 168 ④ 169 ② 170 ③ 171 ②

③ 30일   ④ 50일

④ 부상신고 1명마다 2점

172 운전자는 자동차등의 운전 중에는 휴대용 전화를 사용할 수 없는 경우는?

① 자동차등이 정지하고 있는 경우
② 긴급자동차를 운전하는 경우
③ 각종 범죄 및 재해 신고 등 긴급한 필요가 있는 경우
④ 어린이 운송차량을 운전하는 경우

173 차량사고를 낸 운전자가 신고하여야 할 내용이 아닌 것은?

① 부상자가 입원할 병원
② 사고가 일어난 곳
③ 사상자 수 및 부상 정도
④ 손괴한 물건 및 손괴 정도

174 운전면허가 취소되는 벌점이 틀린 것은?

① 누산점수 1년간 121점 이상
② 누산점수 2년간 201점 이상
③ 누산점수 3년간 271점 이상
④ 누산점수 6개월간 51점 이상

175 보복운전을 하였을 경우 벌점은?

① 10점   ② 50점
③ 100점   ④ 150점

176 다음 벌점이 바르지 못한 것은?

① 사망 1명마다 90점
② 중상 1명마다 20점
③ 경상 1명마다 5점

177 교통사고 발생으로 중상을 입은 경우 중상의 기준은?

① 1주 이상의 치료를 요하는 의사의 진단이 있는 사고
② 2주 이상의 치료를 요하는 의사의 진단이 있는 사고
③ 3주 이상의 치료를 요하는 의사의 진단이 있는 사고
④ 5주 이상의 치료를 요하는 의사의 진단이 있는 사고

178 다음 범칙금에 대한 것으로 틀린 것은?

① 10일 이내에 납부하여야 한다.
② 기간만료일이 지난 경우에는 20%를 가산한 금액으로 한다.
③ 수납기관은 은행과 우체국 등이다.
④ 분할하여 납부할 수 있다.

179 교통사고처리의 특례에 해당하지 않는 것은?

① 업무상과실치상죄
② 교통사고로 사람을 치사한 경우
③ 중과실치상죄
④ 재물을 손괴한 사고

180 교통사고 처벌의 특례에 해당하지 않는 항목은 몇 개인가?

① 중요법규 10개 항목
② 중요법규 11개 항목
③ 중요법규 12개 항목
④ 중요법규 15개 항목

정답 172 ④ 173 ① 174 ④ 175 ③ 176 ② 177 ③ 178 ④ 179 ② 180 ③

181 다음 뺑소니가 아닌 경우는?
① 급한 용무로 동료에게 처리를 부탁하고 간 경우
② 피해자의 사상이 예견됨에도 가버린 경우
③ 피해자를 사고현장에 두고 가버린 경우
④ 연락처를 거짓으로 알려준 경우

182 중요법규 12개 위반항목이 아닌 것은?
① 중앙선 침범
② 10km 초과하여 운전한 경우
③ 철길건널목 통과방법을 위반하여 운전한 경우
④ 횡단보도에서의 보행자 보호의무를 위반하여 운전한 경우

183 중요법규 12개 위반항목 중 가장 최근에 도입한 것은?
① 철길건널목 통과방법을 위반하여 운전한 경우
② 승객의 추락 방지의무를 위반하여 운전한 경우
③ 자동차의 화물이 떨어지지 아니하도록 필요한 조치를 하지 아니하고 운전한 경우
④ 약물의 영향으로 정상적으로 운전하지 못할 우려가 있는 상태에서 운전한 경우

184 철길건널목 통과방법위반 사고가 아닌 것은?
① 제한속도를 초과하여 통행하는 경우
② 일시 정지 불이행
③ 안전미확인 중 사고
④ 고장난 차량 승객대피 위반

185 다음 앞지르기를 할 수 있는 곳은?
① 교차로
② 터널 안
③ 편도 2차로의 고속도로
④ 다리 위

186 다음 여객자동차 운수사업에 해당하지 않은 것은?
① 여객자동차운송사업
② 자동차대여사업
③ 여객자동차터미널사업
④ 택시임대사업

187 여객자동차운송사업의 종류에 해당하지 않은 것은?
① 노선(路線) 여객자동차운송사업
② 지역(地域) 여객자동차운송사업
③ 구역(區域) 여객자동차운송사업
④ 수요응답형 여객자동차운송사업

188 일반택시운송사업의 유형에 해당하지 않은 것은?
① 경형
② 소형
③ 중형
④ 일반형

189 개인택시운송사업의 유형에 해당하지 않은 것은?
① 보급형
② 대형
③ 모범형
④ 고급형

정답 181 ① 182 ② 183 ③ 184 ① 185 ③ 186 ④ 187 ② 188 ④ 189 ①

190 택시운송사업 중 택시의 배기량의 연결이 바르지 않은 것은?

① 경형 – 1,00CC
② 소형 – 1,600CC
③ **대형 – 1,900CC**
④ 고급형 – 2,800CC

191 다음 구역 여객자동차운송사업에 해당하지 않은 것은?

① **마을버스운송사업**
② 특수여객자동차운송사업
③ 일반택시운송사업
④ 개인택시운송사업

192 여객자동차운송사업을 할 수 있는 자는?

① 피성년후견인
② **여객자동차운송사업의 면허나 등록이 취소된 후 그 취소일부터 5년이 지난 자**
③ 파산선고를 받고 복권되지 아니한 자
④ 이 법을 위반하여 징역 이상의 실형을 선고받고 그 집행이 끝나거나(집행이 끝난 것으로 보는 경우를 포함한다) 면제된 날부터 2년이 지나지 아니한 자

193 택시 자동차에 표시하여야 할 사항이 아닌 것은?

① 자동차의 종류
② 관할관청
③ **운전자**
④ 여객자동차운송가맹사업자

194 여객자동차운송사업의 운전업무에 종사하려는 사람이 갖추어야 할 요건이 아닌 것은?

① **시장 또는 군수로부터 자격을 취득할 것**
② 운전업무에 필요한 요건을 갖출 것
③ 운전 적성에 대한 정밀검사 기준에 맞을 것
④ 이론 및 실기 교육을 이수하고 자격을 취득할 것

195 다음 운수종사자의 교육내용이 아닌 것은?

① 여객자동차 운수사업 관계 법령 및 도로교통 관계 법령
② 서비스의 자세 및 운송질서의 확립
③ 교통안전수칙
④ **외국어 기초회화**

★☆
196 다음 운수종사자의 금지행위가 아닌 것은?

① 휴식시간을 준수하지 아니하고 운행하는 행위
② **승객에게 안전띠를 착용하게 하는 행위**
③ 부당한 운임 또는 요금을 받는 행위
④ 자동차 안에서 흡연하는 행위

197 운송종사자가 운송사업자에게 내야 하는 운송수입금은?

① **전액** ② 반액
③ 월급의 30분의 1 ④ 10분의 1

198 운송종사자의 자격취소에 해당하지 않은 것은?

① 부정한 방법으로 자격을 취득한 경우
② 운행기록증을 식별하기 어렵게 하거나, 그러한 자동차를 운행한 경우
③ **승객에게 불친절하게 한 경우**

④ 운전업무와 관련하여 부정이나 비위 사실이 있는 경우

199 다음 중대한 교통사고에 해당하지 않은 것은?
① 사망자 2명 이상
② **경상자 10명 이상**
③ 사망자 1명과 중상자 3명 이상
④ 중상자 6명 이상

200 다음 택시운전자격시험의 운전적성정밀검사를 시행하는 곳은?
① 교통안전공단
② 국토교통부장관
③ 시도지사
④ 택시운송사업조합

201 택시운전자격시험의 시행횟수는?
① 월 1회 이상
② 분기별 1회 이상
③ 연 1회 이상
④ 필요시 시행

202 택시운전자격시험에 관한 것으로 틀린 것은?
① 시험과목은 교통 및 운수관련 법규, 안전운행 요령, 운송서비스 및 지리에 관한 사항이다.
② 필기시험으로 한다.
③ 제1종 및 2종 보통 운전면허 취득 후 무사고 운전경력 1년 이상 경과해야 한다.
④ 필기시험 총점의 5할 이상을 얻어야 합격할 수 있다.

★☆
203 택시운전자격시험에 필요한 것이 아닌 것은?
① 운전면허증
② 운전경력증명서
③ **주민등록증**
④ 운전적성 정밀검사 수검사실증명서

204 기존의 택시운전 자격소지자가 타 지역의 자격을 취득하려는 사람이 응시하는 시험과목은?
① 안전운행 요령
② 교통 및 운송 관련 법규
③ **지리에 관한 사항**
④ 운송서비스

205 운전자격증명을 회수하여 폐기하는 경우가 아닌 것은?
① 대리운전을 시킨 사람의 대리운전이 끝난 경우에는 그 대리운전자
② 사업의 양도·양수인가를 받은 경우에는 그 양도자
③ 사업을 폐업한 경우에는 그 폐업허가를 받은 사람
④ 운전자격이 정지된 경우에는 그 정지처분을 받은 사람

206 다음 운수종사자에 대한 교육이 아닌 것은?
① 신규교육
② **임시교육**
③ 보수교육
④ 수시교육

★☆
207 정당한 이유 없이 여객의 승차를 거부하거나 여객을 중도에서 내리게 하는 1차 위반행위에 대한 벌칙은?
① 자격정지 10일
② 자격정지 20일
③ 자격정지 30일
④ 자격정지 50일

정당한 이유 없이 여객의 승차를 거부하거나 여객을 중도에서 내리게 하는 행위, 신고하지 않거나 미터기에 의하지 않은 부당한 요금을 요구하거나 받는 행위, 일정한 장소에서 장시간 정차하여 여객을 유치하는 행위는 1차 위반 자격정지 10일, 2차 이상 위반 자격정지 20일

208 교통사고로 사망자 2명 이상일 때의 자격정지 기준은?

① 자격정지 10일　② 자격정지 20일
③ 자격정지 30일　④ **자격정지 60일**

 사망자 2명 자격정지 60일, 사망자 1명 및 중상자 3명 이상 자격정지 50일, 중상자 6명 이상 자격정지 40일

209 소형 개인택시의 차령은?

① **5년**　② 7년
③ 9년　④ 10년 6개월

210 배기량 2,00CC 미만의 일반택시의 차령은?

① 3년 6개월　② **4년**
③ 5년　④ 7년

211 택시운송사업의 발전에 관한 법률의 목적으로 볼 수 없는 것은?

① 택시운송사업의 건전한 발전
② 택시운수종사자의 복지 증진
③ 국민의 교통편의 제고
④ 대중교통의 활성화

212 다음 설명이 틀린 것은?

① 택시운송사업면허는 택시운송사업을 경영하기 위하여 받은 면허를 말한다.
② 택시운송사업자는 택시운송사업면허를 받아 택시운송사업을 경영하는 자를 말한다.
③ 개인택시운송사업은 운행계통을 정하지 아니하고 국토교통부령으로 정하는 사업구역에서 1개의 운송계약에 따라 국토교통부령으로 정하는 자동차를 사용하여 여객을 운송하는 사업
④ 택시운수종사자는 운전업무 종사자격을 갖추고 택시운송사업의 운전업무에 종사하는 사람을 말한다.

213 택시운수종사자 복지기금의 용도가 아닌 것은?

① **택시산업의 발전을 위한 홍보비 지원**
② 택시운수종사자의 건강검진 등 건강관리 서비스 지원
③ 택시운수종사자 자녀에 대한 장학사업
④ 기금의 관리·운용에 필요한 경비

214 택시운수종사자의 금지사항이 아닌 것은?

① 정당한 사유 없이 여객의 승차를 거부하거나 여객을 중도에서 내리게 하는 행위
② 여객을 합승하도록 하는 행위
③ 여객의 요구에도 불구하고 영수증 발급 또는 신용카드결제에 응하지 아니하는 행위
④ **여객이 요금을 지불하게 못하게 하는 행위**

215 택시운수종사자가 부당한 운임 또는 요금을 받은 경우 1회 위반시 과태료는?

① **20만원**　② 25만원
③ 50만원　④ 75만원

정답　208 ④　209 ①　210 ②　211 ④　212 ③　213 ①　214 ④　215 ①

제2편 안전운행 요령
Taxi Driver's License

제1장 안전운행

1. 교통안전시설

(1) 교통시설(교통안전법 제2조 제2호)

도로·철도·궤도·항만·어항·수로·공항·비행장 등 교통수단의 운행·운항 또는 항행에 필요한 시설과 그 시설에 부속되어 사람의 이동 또는 교통수단의 원활하고 안전한 운행·운항 또는 항행을 보조하는 교통안전표지·교통관제시설·항행안전시설 등의 시설 또는 공작물을 말한다.

(2) 신호기 등의 설치 및 관리(도로교통법 제4조)

① 특별시장·광역시장·제주특별자치도지사 또는 시장·군수(광역시의 군수는 제외한다.)는 도로에서의 위험을 방지하고 교통의 안전과 원활한 소통을 확보하기 위하여 필요하다고 인정하는 경우에는 신호기 및 안전표지(교통안전시설)를 설치·관리하여야 한다. 다만, 유료도로에서는 시장 등의 지시에 따라 그 도로관리자가 교통안전시설을 설치·관리하여야 한다.

② 도는 시장이나 군수가 교통안전시설을 설치·관리하는 데에 드는 비용의 전부 또는 일부를 시나 군에 보조할 수 있다.

③ 시장 등은 대통령령으로 정하는 사유로 도로에 설치된 교통안전시설을 철거하거나 원상회복이 필요한 경우에는 그 사유를 유발한 사람으로 하여금 해당 공사에 드는 비용의 전부 또는 일부를 부담하게 할 수 있다.

(3) 교통시설설치·관리자의 의무(교통안전법 제4조)

교통시설설치·관리자는 당해 교통시설을 설치 또는 관리함에 있어서 교통안전표지 그 밖의 교통안전시설을 확충·정비하는 등 교통안전을 확보하기 위한 필요한 조치를 강구하여야 한다.

(4) 교통수단운영자의 의무(교통안전법 제6조)

교통수단운영자는 법령이 정하는 바에 따라 그가 운영하는 교통수단의 안전한 운행·항행·운항 등을 확보하기 위하여 필요한 노력을 하여야 한다.

(5) 차량 운전자 등의 의무(교통안전법 제7조 제1항)

차량을 운전하는 자 등은 법령이 정하는 바에 따라 당해 차량이 안전운행에 지장이 없는지를 점검하고 보행자와 자전거이용자에게 위험과 피해를 주지 아니하도록 안전하게 운전하여야 한다.

(6) 보행자의 의무(교통안전법 제8조)

보행자는 도로를 통행함에 있어서 법령을 준수하여야 하고, 육상교통에 위험과 피해를 주지 아니하도록 노력하여야 한다.

2. 신호기

(1) 신호기가 표시하는 신호의 종류 및 신호의 뜻

구 분	신호의 종류		신호의 뜻
차량 신호등	원형 등화	녹색의 등화	1. **차마는 직진 또는 우회전할 수 있다.** 2. 비보호좌회전표지 또는 비보호좌회전표시가 있는 곳에서는 좌회전할 수 있다.

구분			내용
차량 신호등	원형 등화	황색의 등화	1. 차마는 정지선이 있거나 횡단보도가 있을 때에는 그 직전이나 교차로의 직전에 정지하여야 하며, 이미 교차로에 차마의 일부라도 진입한 경우에는 신속히 교차로 밖으로 진행하여야 한다. 2. 차마는 우회전할 수 있고 우회전하는 경우에는 보행자의 횡단을 방해하지 못한다.
		적색의 등화	차마는 정지선, 횡단보도 및 교차로의 직전에서 정지하여야 한다. 다만, 신호에 따라 진행하는 다른 차마의 교통을 방해하지 아니하고 우회전할 수 있다.
		황색 등화의 점멸	**차마는 다른 교통 또는 안전표지의 표시에 주의하면서 진행할 수 있다.**
		적색 등화의 점멸	차마는 정지선이나 횡단보도가 있을 때에는 그 직전이나 교차로의 직전에 일시정지한 후 다른 교통에 주의하면서 진행할 수 있다.
	화살표 등화	녹색 화살표의 등화	차마는 화살표시 방향으로 진행할 수 있다.
		황색 화살표의 등화	화살표시 방향으로 진행하려는 차마는 정지선이 있거나 횡단보도가 있을 때에는 그 직전이나 교차로의 직전에 정지하여야 하며, 이미 교차로에 차마의 일부라도 진입한 경우에는 신속히 교차로 밖으로 진행하여야 한다.
		적색 화살표의 등화	화살표시 방향으로 진행하려는 차마는 정지선, 횡단보도 및 교차로의 직전에서 정지하여야 한다.
		황색 화살표 등화의 점멸	**차마는 다른 교통 또는 안전표지의 표시에 주의하면서 화살표시 방향으로 진행할 수 있다.**
		적색 화살표 등화의 점멸	차마는 정지선이나 횡단보도가 있을 때에는 그 직전이나 교차로의 직전에 일시정지한 후 다른 교통에 주의하면서 화살표시 방향으로 진행할 수 있다.
	사각형 등화	녹색 화살표의 등화(하향)	차마는 화살표로 지정한 차로로 진행할 수 있다.
		적색×표 표시의 등화	차마는 ×표가 있는 차로로 진행할 수 없다.
		적색×표 표시 등화의 점멸	차마는 ×표가 있는 차로로 진입할 수 없고, 이미 차마의 일부라도 진입한 경우에는 신속히 그 차로 밖으로 진로를 변경하여야 한다.
보 행 신호등		녹색의 등화	보행자는 횡단보도를 횡단할 수 있다.
		녹색 등화의 점멸	보행자는 횡단을 시작하여서는 아니 되고, 횡단하고 있는 보행자는 신속하게 횡단을 완료하거나 그 횡단을 중지하고 보도로 되돌아와야 한다.
		적색의 등화	보행자는 횡단보도를 횡단하여서는 아니 된다.
자 전 거 신 호 등	자전거 주행 신호등	녹색의 등화	자전거등은 직진 또는 우회전할 수 있다.
		황색의 등화	1. 자전거등은 정지선이 있거나 횡단보도가 있을 때에는 그 직전이나 교차로의 직전에 정지해야 하며, 이미 교차로에 차마의 일부라도 진입한 경우에는 신속히 교차로 밖으로 진행해야 한다. 2. 자전거등은 우회전할 수 있고 우회전하는 경우에는 보행자의 횡단을 방해하지 못한다.
		적색의 등화	자전거등은 정지선, 횡단보도 및 교차로의 직전에서 정지해야 한다. 다만, 신호에 따라 진행하는 다른 차마의 교통을 방해하지 않고 우회전할 수 있다.
		황색 등화의 점멸	자전거등은 다른 교통 또는 안전표지의 표시에 주의하면서 진행할 수 있다.
		적색 등화의 점멸	자전거등은 정지선이나 횡단보도가 있는 때에는 그 직전이나 교차로의 직전에 일시정지한 후 다른 교통에 주의하면서 진행할 수 있다.

	자전거 횡단 신호등	녹색의 등화	자전거등은 자전거횡단도를 횡단할 수 있다.
		녹색 등화의 점멸	자전거등은 횡단을 시작해서는 안 되고, 횡단하고 있는 자전거등은 신속하게 횡단을 종료하거나 그 횡단을 중지하고 진행하던 차도 또는 자전거도로로 되돌아와야 한다.
		적색의 등화	자전거등은 자전거횡단도를 횡단해서는 안 된다.
버스 신호등		녹색의 등화	버스전용차로에 차마는 직진할 수 있다.
		황색의 등화	버스전용차로에 있는 차마는 정지선이 있거나 횡단보도가 있을 때에는 그 직전이나 교차로의 직전에 정지하여야 하며, 이미 교차로에 차마의 일부라도 진입한 경우에는 신속히 교차로 밖으로 진행하여야 한다.
		적색의 등화	버스전용차로에 있는 차마는 정지선, 횡단보도 및 교차로의 직전에서 정지하여야 한다.
		황색 등화의 점멸	버스전용차로에 있는 차마는 다른 교통 또는 안전표지의 표시에 주의하면서 진행할 수 있다.
		적색 등화의 점멸	버스전용차로에 있는 차마는 정지선이나 횡단보도가 있을 때에는 그 직전이나 교차로의 직전에 일시정지한 후 다른 교통에 주의하면서 진행할 수 있다.
노면전차 신호등		황색 T자형의 등화	노면전차가 직진 또는 좌회전·우회전할 수 있는 등화가 점등될 예정이다.
		황색 T자형 등화의 점멸	노면전차가 직진 또는 좌회전·우회전할 수 있는 등화의 점등이 임박하였다.
		백색 가로 막대형의 등화	노면전차는 정지선, 횡단보도 및 교차로의 직전에서 정지해야 한다.
		백색 가로 막대형 등화의 점멸	노면전차는 정지선이나 횡단보도가 있는 경우에는 그 직전이나 교차로의 직전에 일시정지한 후 다른 교통에 주의하면서 진행할 수 있다.
		백색 점형의 등화	노면전차는 정지선이 있거나 횡단보도가 있는 경우에는 그 직전이나 교차로의 직전에 정지해야 하며, 이미 교차로에 노면전차의 일부가 진입한 경우에는 신속하게 교차로 밖으로 진행해야 한다.
		백색 점형 등화의 점멸	노면전차는 다른 교통 또는 안전표지의 표시에 주의하면서 진행할 수 있다.
		백색 세로 막대형의 등화	노면전차는 직진할 수 있다.
		백색 사선 막대형의 등화	노면전차는 백색사선막대의 기울어진 방향으로 좌회전 또는 우회전할 수 있다.

비고
1. 자전거등을 주행하는 경우 자전거주행신호등이 설치되지 않은 장소에서는 차량신호등의 지시에 따른다.
2. 자전거횡단도에 자전거횡단신호등이 설치되지 않은 경우 자전거등은 보행신호등의 지시에 따른다. 이 경우 보행신호등란의 "보행자"는 "자전거등"으로 본다.

(2) 신호등의 종류, 만드는 방식 및 설치기준

구분	종류	만드는 방식 (단위 : 밀리미터)	설치 기준
차량등	횡형 삼색등		• 1일 중 교통이 가장 빈번한 8시간 동안 주도로의 자동차 통행량이 시간당 600대(양방향의 합계) 이상이고, 부도로에서의 자동차 진입량이 시간당 200대 이상인 교차로에 설치한다. • 1일 중 교통이 가장 빈번한 8시간 동안 시간당 자동차 통행량이 600대(양방향의 합계)이상이고, 횡단보도의 통행량이 가장 많은 1시간 동안 횡단보행자가 150명 이상인 경우에 설치한다. • 신호등의 설치간격이 300미터 이상으로 인접신호등과의 연동효과를 기대할 수 없을 때 중간지점에 설치한다. • 1일 중 교통이 가장 빈번한 8시간 동안 주도로의 자동차 통행량이 시간당 900대(양방향의 합계) 이상이고, 부도로에서의 자동차 진입량이 시간당 100대 이상인 교차로로서 교차로 통과대기시간이 너무 긴 경우에 설치한다.
	횡형 화살표 삼색등		
	횡형 사색등 A		
	횡형 사색등 B		
	종형 삼색등		
	종형 화살표 삼색등		
	종형 사색등		
버스 삼색등			• 중앙버스전용차로에 설치한다.
가변형 가변등			• 일자 또는 시간에 따라 교통량의 변동이 많은 간선도로 중 가변차로로 지정된 도로구간의 입구, 중간 및 출구에 설치한다.

• 교통사고가 연간 5회 이상 발생한 장소로 교통 신호등의 설치로 사고를 방지할 수 있다고 인정되는 경우에 설치한다.
• 학교 앞 300미터 이내에 신호등이 없고 통학시간대 자동차 통행시간 간격이 1분 이내인 경우에 설치한다.
• 어린이 보호구역 내 초등학교 또는 유치원의 주출입문과 가장 가까운 거리에 위치한 횡단보도에 설치한다.
• 화살표 삼색등은 화살표시 방향의 차량통행을 위한 신호를 따로 줄 필요가 있는 경우 화살표시 방향의 통행을 위해 사용되는 차로에 설치한다.
• 횡형사색등은 도로의 사정에 따라 화살표 등화의 위치를 하단에 두는 횡형 사색등 B를 설치할 수 있다.

	경보형 경보등		• 학교 앞 300미터 이내에 신호등이 없고, 통학시간의 자동차 통행시간 간격이 1분 이내인 경우에 설치한다. • 다른 신호기가 설치되지 아니하고 차량 통행이 잦은 횡단보도 또는 교통사고 위험성이 있는 교차로에 설치한다. • 차량 통행이 빈번한 철길건널목에 설치한다. • 장애물로 인하여 교통사고 위험성이 있는 도로에 주의표지와 같이 설치한다. • 신호기가 급커브·곡선구간에 설치되어 교통사고 위험성이 있는 경우 신호기 예고표지와 같이 설치한다. • 도로 곡선부 등에서 시선유도기능으로 사용할 수 없다.			• 차량신호만으로는 보행자에게 언제 통행권이 있는지 분별하기 어려울 경우에 설치 • 차도의 폭이 16미터 이상인 교차로 또는 횡단보도에서 차량신호가 변하더라도 보행자가 차도 내에 남을 때가 많을 경우에 설치 • 어린이 보호구역 등 내 초등학교 또는 유치원 등의 주 출입문과 가장 가까운 거리에 위치한 횡단보도
				자전거 신호등	종형 이색등 A	• 자전거횡단도에 설치 • 자전거 횡단이 필요하다고 인정되는 지점에 자전거횡단도와 함께 설치 • 자전거도로에서 교통소통 및 안전상 삼색등 설치가 어려울 경우 인접 횡단보도에 자전거횡단도와 함께 설치 • A형 신호등 사용을 원칙으로 하되, 횡단보도의 횡단거리가 길어 이용자의 시인성 향상이 요구되는 등 그 밖에 필요하다고 판단될 경우 B형 신호등 사용
보행등	보행등		• 차량신호기가 설치된 교차로의 횡단보도로서 1일중 횡단보도의 통행량이 가장 많은 1시간 동안의 횡단보행자가 150명을 넘는 곳에 설치 • 번화가의 교차로, 역앞 등의 횡단보도로서 보행자의 통행이 빈번한 곳에 설치		종형 이색등 B	

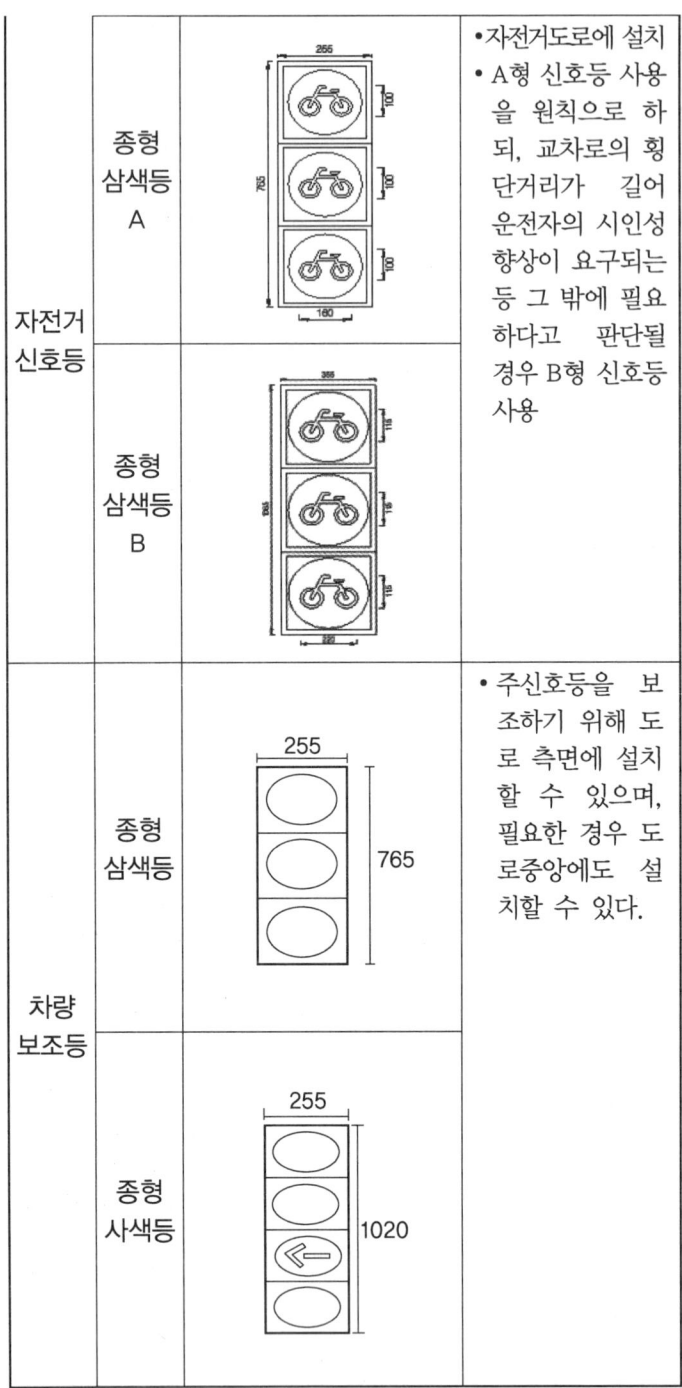

신호등 \ 배열	횡형 신호등	종형 신호등
적색·황색·녹화살표·녹색의 사색등화로 표시되는 신호등	• 좌로부터 적색·황색·녹색화살표·녹색의 순서로 한다. • 좌로부터 적색·황색·녹색의 순서로 하고, 적색등화 아래에 녹색화살표 등화를 배열한다.	위로부터 적색·황색·녹색화살표·녹색의 순서로 한다.
적색·황색 및 녹색(녹색화살표)의 삼색등화로 표시되는 신호등	좌로부터 적색·황색·녹색(녹색화살표)의 순서로 한다.	위로부터 적색·황색·녹색(녹색화살표)의 순서로 한다.
적색화살표·황색화살표 및 녹색화살표의 삼색등화로 표시되는 신호등	좌로부터 적색화살표·황색화살표·녹색화살표의 순서로 한다.	위로부터 적색화살표·황색화살표·녹색화살표의 순서로 한다.
적색 및 녹색의 이색등화로 표시되는 신호등		위로부터 적색·녹색의 순서로 한다.

3. 교통안전표지

(1) 주의표지

도로 주변에 위험물이 있거나 도로 상태가 위험할 경우 도로 이용자가 안전조치를 취할 수 있도록 알려주는 표지이다.

(2) 규제표지

도로교통의 안전을 지키기 위해 제한 또는 금지되는 규제를 하는 경우 이를 도로 이용자에게 알리기 위한 표지이다.

(3) 지시표지

도로교통 안전을 위해 도로 통행 방법, 통행 구분 등 지시가 필요할 경우 도로 이용자에게 이를 알리는 표지이다.

(4) 보조표지

주의표지, 규제표지, 지시표지의 주요 기능을 보충해 도로 이용자에게 알리는 표지이다.

(5) 노면표지

주의, 규제, 지시 등의 내용을 노면에 기호, 문자, 선으로 표시해 도로 이용자에게 알리기 위한 표지이다.

 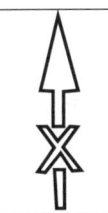 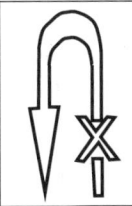 

제❷장 자동차 안전관리

제1절 자동차관리

1. 자동차 점검

(1) 예방과 정비
  ① **예방** : 질병이나 재해 따위가 발생하지 않도록 미리 대비하여 막는 것
  ② **정비** : 흐트러진 구조나 조직, 기계 등이 본래의 성능대로 작동할 수 있도록 손질하는 것
  ※ **점검의 종류** : 운행 전 점검, 운행 후 점검, 정기점검 등으로 구분.
  예방정비는 운수종사자의 필수 의무사항이기도 하다.

2. 점검 항목 및 내용

(1) 일상점검 : 자동차를 운행하는 사람이 매일 자동차를 운행하기 전에 점검하는 것

(2) 점검 시 주의사항
  ① 경사가 없는 평탄한 장소에서 점검한다.
  ② 변속레버는 P(주차)에 위치시킨 후 주차 브레이크를 당겨 놓는다.
  ③ 엔진 시동 상태에서 점검해야 할 사항이 아니면 엔진 시동을 끄고 한다.
  ④ 점검은 환기가 잘 되는 장소에서 실시한다.
  ⑤ 엔진을 점검할 때에는 가급적 엔진을 끄고, 식은 다음에 실시한다.
  ⑥ 연료장치나 배터리 부근에서는 불꽃을 멀리 한다.
  ⑦ 배터리, 전기 배선을 만질 때에는 미리 배터리의 ⊖단자를 분리한다.

(3) 일상점검 항목 및 내용
  ① 엔진룸 내부 : 엔진, 변속기, 기타
  ② 자동차 외관 : 완충 스프링, 타이어, 램프, 등록번호판, 배기가스
  ③ 운전석 : 엔진, 브레이크, 변속기, 후사경, 경음기, 와이프, 각종 계기

3. 운행 전 점검

(1) 운전석에서 점검
① 연료 게이지량
② 브레이크 페달 유격 및 작동상태
③ 룸미러 각도, 경음기 작동 상태, 계기 점등 상태
④ 와이퍼 작동상태
⑤ 핸들 및 운전석 조정

(2) 엔진 점검
① 엔진오일의 양
② 냉각수의 양
③ 각종 벨트의 장력
④ 배선의 정리

4. 운행 후 점검

(1) 외관 점검
① 차체에 굴곡이나 손상된 곳 등 확인
② 타이어 공기압 차이에 의한 기울어짐 확인
③ 보닛의 고리 빠짐 확인
④ 주차 후 오일/냉각수 확인

(2) 짧은 점검 주기가 필요한 조건
① 짧은 거리를 반복해서 주행
② 모래, 먼지가 많은 지역 주행
③ 과도한 공회전
④ 33℃ 이상의 온도에서 교통 체증이 심한 도로를 절반 이상 주행
⑤ 험한 길(자갈길, 비포장길)의 주행 빈도가 높은 경우
⑥ 산길, 오르막길, 내리막길의 주행 횟수가 많은 경우
⑦ 고속 주행의 빈도가 높은 경우
⑧ 해변, 부식 물질이 있는 곳, 한랭 지역을 주행한 경우

제2절 주행 전·후 안전수칙

1. 주행 전 안전 수칙

안전벨트의 착용, 안전운전을 위한 청결 유지, 올바른 운전 자세, 핸들, 후사경, 룸 미러 등의 확인, 주행 전 건강 체크

(1) 운전 중 피로를 푸는 방법
① 차 안에는 항상 신선한 공기가 충분히 유입되도록 한다.
② 빛이 강하거나 눈의 반사가 심할 때는 햇빛 가리개를 내리거나 선글라스를 착용한다.
③ 지루하게 느껴지거나 졸음이 올 때는 라디오를 틀거나, 노래 부르기 등의 방법을 써 본다.
④ 차에서 나와 산책을 하거나 가볍게 체조를 한다.
⑤ 운전 중에 계속 피곤함을 느끼게 된다면, 운전을 지속하기보다는 차를 멈추어 휴식을 취한다.

(2) 졸음운전의 징후
① 눈이 스르르 감기거나 전방을 제대로 주시할 수 없어진다.
② 머리를 똑바로 유지하기가 힘들어 진다.
③ 하품이 자주 난다.
④ 이 생각 저 생각이 나면서 생각이 단절된다.
⑤ 어떻게 운전해 왔는지 가물가물하다.
⑥ 차선을 제대로 유지하지 못하고 차가 좌우로 조금씩 왔다 갔다 하는 것을 느낀다.
⑦ 앞차에 바짝 붙는다거나 교통신호를 놓친다.
⑧ 순간적으로 차도에서 갓길로 벗어나가거나 거의 사고 직전에 이르기도 한다.

(3) 일상 점검의 생활화
① 차량 주위에 사람이나 물건 등이 없는지 확인한다.
② 타이어와 노면의 접지 상태를 확인하여 적정 공기압을 유지하고 있는지 확인한다.
③ 차량 하부에 누유, 누수 등이 있는지 확인한다.
④ 차량 외관의 이상 유무를 확인한다.
⑤ 교대근무 전, 차량이 정상 주행 상태인지를 교대 전 운전자에게 물어보는 과정을 거친다.

(4) 위험 물질의 차내 방치 금지
① 여름철 차 내부의 실내 온도는 약 70℃ 이상의 고온이므로 화재/폭발 위험이 있는 인화성 물질(라이터 등)의 차내 방치는 금물이다.
② 시트 커버 및 각종 비닐 커버는 배선의 합

선 등으로 인한 화재의 위험성이 있다.
③ 소화기를 비치하여 화재가 발생한 경우 초기에 진화한다.

(5) 주정차 시 주변 화재 및 화사 위험 물질의 차내 방치 금지
① 주정차 시 배기관 주변에 연소되기 쉬운 것이 가까이 있으면 화재의 위험이 있다.
② 차량 후면 부분이 벽 등에 닿은 상태에서 공회전을 하게 되면 배기가스의 열에 의해 화재의 위험이 있으니 차량 후면 부분과 차 밑면의 거리를 충분히 유지한다.

2. 주행 후 안전 수칙

(1) 주행 종료 후 안전 확인
① 주행 종료 후에도 긴장을 늦추지 않는다.
② 주행 종료 후 주차 시 가능한 편평한 곳에 주차하고 경사가 있는 곳에 주차할 경우 변속 기어를 "P"에 놓고 주차 브레이크를 작동시키고 바퀴를 좌·우측 방향으로 조향 핸들을 작동시킨다.
③ 차량 관리를 위해 습기가 많고 통풍이 잘되지 않는 차고에는 주차하지 않는 것이 바람직하다.
④ 휴식을 위해 장시간 주·정차 시 반드시 시동을 끈다. 무의식중에 변속 버튼을 누르거나 가속 페달을 밟아 예기치 못한 사고가 발생할 수 있으며, 과열로 인한 화재가 발생할 수 있다.
⑤ 휴식을 위해 장시간 주·정차 시 반드시 창문을 열어 놓는다. 시동을 걸고 에어컨이나 히터를 켜놓은 상태로 밀폐된 차 안에 오래 있을 경우 질식사할 가능성이 매우 높다.

제3절 자동차 관리 요령

1. 세차시기
① 겨울철에 동결방지제(염화칼슘, 모래 등)가 뿌려진 도로를 주행하였을 경우
② 해안 지대를 주행하였을 경우
③ 진흙 및 먼지 등으로 심하게 오염되었을 경우
④ 옥외에서 장시간 주차하였을 경우
⑤ 아스팔트 공사 도로를 주행하였을 경우
⑥ 새의 배설물, 벌레 등이 붙어 도장이 손상되었을 가능성이 있는 경우

2. 세차할 때의 주의사항
① 세차할 때 엔진룸은 에어를 이용하여 세척한다. 전기장치들의 배선에 수분이 침투했을 경우에는 차량의 고장원인이 된다.
② 겨울철에 세차하는 경우에는 물기를 완전히 제거한다.
③ 기름 또는 왁스가 묻어 있는 걸레로 전면 유리를 닦지 않는다.

3. 외장 손질
① 차량 표면에 녹이 발생하거나, 부식되는 것을 방지하도록 깨끗이 세척한다.
② 차량의 도장보호를 위해 소금, 먼지, 진흙 또는 다른 이물질들이 퇴적되지 않도록 깨끗이 제거한다.
③ 자동차의 더러움이 심할 경우 고무 제품의 변색을 예방하기 위해 가정용 중성세제 대신 자동차 전용 세척제를 사용한다.
④ 범퍼나 차량 외부를 세차 시 부드러운 브러시나 스펀지를 사용하여 닦아낸다.
⑤ 차량 외부의 합성수지 부품에 엔진 오일, 방향제 등이 묻은 경우 변색이나 얼룩이 발생하므로 즉시 깨끗이 닦아낸다.
⑥ 도장의 보호를 위해 차체의 먼지나 오물을 마른걸레로 닦아내지 않는다.

4. 내장 손질
① 차량 내장을 아세톤, 에나멜 및 표백제 등으로 세척할 경우 변색되거나 손상이 발생할 수 있다.
② 액상 방향제가 유출되어 계기판 부분이나 인스트루먼트 패널 및 공기 통풍구에 묻으면 액상 방향제의 고유 성분으로 인해 손상될 수 있다.

5. 타이어 마모에 영향을 주는 요소
(1) 타이어 공기압
① 타이어의 공기압이 낮으면 승차감은 좋아지나, 타이어 숄더 부분에 마찰력이 집중되어

타이어 수명이 짧아지게 된다.
② 타이어의 공기압이 높으면 승차감이 나빠지며, 트레드 중앙부분의 마모가 촉진 된다.

(2) 차의 하중
① 타이어에 걸리는 차의 하중이 커지면 공기압이 부족한 것처럼 타이어는 크게 굴곡되어 타이어의 마모를 촉진하게 된다.
② 타이어에 걸리는 차의 하중이 커지면 마찰력과 발열량이 증가하여 타이어의 내마모성(耐磨耗性)을 저하시키게 된다.

(3) 차의 속도
① 타이어가 노면과의 사이에서 발생 하는 마찰력은 타이어의 마모를 촉진시킨다.
② 속도가 증가하면 타이어의 내부온도도 상승하여 트레드 고무의 내마모성이 저하 된다.

(4) 커브(도로의 굽은 부분)
① 차가 커브를 돌 때에는 관성에 의한 원심력과 타이어의 구동력 간의 마찰력 차이에 의해 미끄러짐 현상이 발생하면 타이어 마모를 촉진하게 된다.
② 커브의 구부러진 상태나 커브구간이 반복될수록 타이어 마모는 촉진된다.

(5) 브레이크
① 고속주행 중에 급제동한 경우는 저속주행 중에 급제동한 경우보다 타이어 마모는 증가한다.
② 브레이크를 밟는 횟수가 많으면 많을수록 또는 브레이크를 밟기 직전의 속도가 빠르면 빠를수록 타이어의 마모량은 커진다.

(6) 노면
① 포장도로는 비포장도로를 주행하였을 때보다 타이어 마모를 줄일 수 있다.
② 콘크리트 포장도로는 아스팔트 포장도로보다 타이어 마모가 더 발생한다.

(7) 기타
① 정비불량 : 타이어 휠의 정렬 불량이나 차량의 서스펜션 불량 등은 타이어의 자연스런 회전을 방해하여 타이어 이상마모 등의 원인이 된다.
② 기온 : 기온이 올라가는 여름철은 타이어 마모가 촉진되는 경향이 있다.
③ 운전자의 운전습관, 타이어의 트레드 패턴 등도 타이어 마모에 영향을 미친다.

제4절 LPG 자동차

1. 자동차용 LPG 성분

(1) 일반적 특성
① LPG의 주성분은 부탄과 프로판의 혼합체로 구성되어 있다.
② LPG는 감압 또는 가열 시 쉽게 기화되며 발화하기 쉬우므로 취급 주의를 요한다.
③ 화학적으로 순수한 LPG는 상온과 상압하에서 무색무취의 가스나 가스누출 시 위험을 감지할 수 있도록 부취제를 첨가하여 독특한 냄새가 난다.
④ LPG 충전은 과충전 방지 장치가 내장되어 있어 85% 이상 충전되지 않으나 약 80%가 적정하다.

(2) 부탄과 프로판의 구성 비율
① LPG는 온도와 압력에 따라 기화점이 다른 부탄(C_4H_{10})과 프로판(C_3H_8)을 주성분으로 하는 혼합물이다.
② 겨울에는 낮은 온도에서 쉽게 기화할 수 있도록 프로판의 비율을 높이는 것이 바람직하다.

2. LPG 자동차의 장·단점

(1) LPG 자동차의 장점
① 연료비가 적게 들어 경제적이다.
② 유해 배출 가스량이 줄어든다.
③ 연료의 옥탄가가 높아 노킹(Knocking) 현상이 거의 발생하지 않는다.
④ 가솔린 자동차에 비해 엔진 소음이 적다.
⑤ 엔진 관련 부품의 수명이 상대적으로 길어 경제적이다.

(2) LPG 자동차의 단점
① LPG 충전소가 적어 연료 충전이 불편하다.
② 겨울철에 시동이 잘 걸리지 않는다.
③ 가스가 누출되는 경우 잔류하여 점화원에 의해 폭발의 위험성이 있다.

3. LPG 연료탱크의 구성

(1) 충전 밸브(녹색)
① LPG 연료 충전 시에 사용되며, 과충전 방지 밸브와 일체형으로 구성되어 있다.
② 연료가 과충전 되는 것을 방지하는 기능을 한다.

(2) 연료 차단 밸브(적색)
① 연료를 수동으로 강제 차단하는 밸브이다.
② 정비 시나 비상시에 차단하여야 한다.

4. LPG 차량 관리 요령

① LPG는 공기에 비해 약 두 배 정도 무거운 특징을 가진다.
② 누출이 되었을 경우 LPG는 바닥에 체류하기 쉬우며, 화기나 점화원에 노출 시 화재·폭발이 발생할 수 있다.
③ 지하 주차장이나 밀폐된 장소 등에 장시간 주차하지 말아야 하고 장시간 주차 시 연료 충전 밸브(녹색)를 잠가야 한다.
④ LPG 탱크의 수리는 절대로 해서는 안 되며, 고장 시 신품으로 교환하고 정비 시 공인된 업체에서 수행해야 한다.
⑤ LPG 누출 확인 방법은 비눗물을 이용한다.
⑥ 화기 옆에서 LPG 관련 부품을 점검하거나 수리하는 것은 금물이다.
⑦ 가스 누출량이 많은 부위는 LPG 기화열로 인해 하얗게 서리가 형성된다.
⑧ 가스 누출 부위를 손으로 접촉하면 동상에 걸릴 수 있다.
⑨ 가스의 누출이 확인되면 LPG 탱크의 모든 밸브(적색, 녹색)를 잠가야 한다.

5. LPG 차량 시동 전 점검

① LPG 탱크 밸브(적색, 녹색)의 열림 상태 점검
② LPG 탱크 고정벨트의 풀림 여부 점검
③ 연료 파이프의 연결 상태 및 연료 누기 여부 점검
④ 가스 누출 시, 담뱃불과 같은 화기를 멀리하고 모든 창문을 개방하고 전문 정비업체에 연락하여 조치를 취함.
⑤ 엔진에서 베이퍼라이저로 가는 냉각수 호스 연결 상태, 누수 여부 점검
⑥ 냉각수 적정 여부를 점검

6. LPG 충전 방법

① 연료를 충전하기 전에 반드시 시동을 끈다.
② 연료 주입구 도어를 연다. 차량의 잠금을 해제한 후 연료 주입구 도어의 뒤쪽 끝부분을 눌렀다 놓으면 도어가 열린다.
③ 결빙 등으로 인해 도어가 열리지 않을 경우, 연료 주입구 도어를 손으로 몇 번 가볍게 두드리면 열린다.
④ 외기 온도의 상승으로 인해 연료 탱크 내의 압력이 상승할 수 있어 LPG 충전량이 85%를 초과하지 않도록 충전하여야 한다.
⑤ 연료 주입구 도어를 닫은 뒤 확인한다.

7. LPG 충전(겨울철)

① 겨울철에 평소 운행하던 지역을 벗어나 추운 지방으로 이동 시, 전날 충전소에서 완전 충전하면 다음날 시동이 보다 용이하다.
② 지역별로 외기 온도에 따라 시동성 향상을 위한 LPG 내에 포함된 프로판의 비율이 다르며 추운 지역의 LPG의 경우에는 프로판의 비율이 높다.

8. 주차 요령(겨울철)

① 가급적 건물 내 또는 주차장에 주차하는 것이 바람직하나 부득이 옥외에 주차하게 될 경우에는 엔진 위치가 건물 벽 방향으로 향하도록 주차한다.
② 차량 앞쪽을 해가 뜨는 방향으로 주차해놓음으로써 태양열의 도움을 받을 수 있도록 하는 것이 시동성 향상에 도움이 된다.

9. 시동 요령

① 엔진 시동 전에 반드시 안전벨트를 착용하여 불의의 사고에 대비한다.
② 주차 브레이크 레버를 당긴다.
③ 모든 전기 장치는 OFF 시킨다.
④ 점화 스위치를 "ON"모드로 변환시킨다.
⑤ 점화 스위치를 "ON"모드로 변환했을 경우 "딱" 하는 소리가 들릴 수 있으나 이는 시동 전에 연료 공급을 위한 밸브가 열리는 소리로 차량에는 이상이 없다.
⑥ 저온(겨울철) 조건에서는 계기판에 PCT(LPG 연료를 예열하는 기능) 작동지시등이 점등된다. 이는 시동성 향상을 위한 것으로 부품의 성능에는 영향이 없다.
⑦ PTC 작동 지시등이 점등되는 동안에는 엔진 시동이 걸리지 않는다.
⑧ PTC 작동 지시등이 소등되었는지 확인 후, 엔진 시동을 건다.
⑨ 점화 스위치를 이용하여 엔진 시동을 걸 경우, 브레이크 페달을 밟고 키를 돌린다.
⑩ Start/Stop 버튼으로 엔진 시동을 걸 경우, 브레이크 페달을 밟고 시동 버튼을 누른다.

제5절 운행 시 자동차 조작 요령

1. 브레이크 조작 방법

① 풋 브레이크를 밟을 때 약 2~3회에 걸쳐 밟게 되면 안정적으로 제동할 수 있고, 뒤따라오는 차량 운전자에게 안전 조치를 취할 수 있는 시간을 주게 되어 후미 추돌을 방지할 수 있다.
② 길이가 긴 내리막 도로에서 계속해서 풋브레이크만을 작동시키면 브레이크 파열 등 제동력에 영향을 미칠 수 있기 때문에 저단 기어로 변속하여 엔진 브레이크가 작동되게 한다.
③ 주행 중에 브레이크를 작동시킬 때는 핸들을 안정적으로 잡고 변속 기어가 들어가 있는 상태에서 제동한다.
④ 내리막길에서 운행할 때 연료 절약 등을 위해 기어를 N(중립)에 두고 운행하지 않는다.

2. ABS(Anti-lock Brake System) 조작

① 급제동할 때 ABS가 정상적으로 작동하기 위해서는 브레이크 페달을 차량이 완전히 정지할 때까지 힘껏 밟고 있어야 한다.
② ABS 차량이라도 옆으로 미끄러지는 위험은 방지할 수 없으며, 자갈길이나 평평하지 않은 도로 등 접지면이 부족한 경우에는 일반 브레이크보다 제동거리가 더 길어질 수 있다.
③ 키 스위치를 ON 했을 때 ABS가 정상일 경우 ABS 경고등은 3초 동안 점등(자가진단)된 후 소등된다. 만약 계속 점등된다면 점검이 필요하다.

3. 브레이크의 이상 현상

(1) 베이퍼 록(Vaper Lock) 현상
① 연료 회로 또는 브레이크 장치 유압 회로 내에 브레이크액이 온도 상승으로 인하여 기화되어 압력 전달이 원활하게 이루어지지 않아 제동 기능이 저하되는 현상이다.
② 긴 내리막길 운행 등에서 유압 브레이크를 과도하게 사용하였을 때 브레이크 디스크와 패드 간의 마찰열에 의해 발생되는 경우가 많다.
③ 이때 페이드 현상도 함께 발생하기 쉬우므로 주의를 요한다.
④ 베이퍼 록이 발생하면 브레이크 페달을 밟아도 브레이크의 작용이 매우 둔해진다.
⑤ 일정 시간 경과 후 온도가 내려가면 정상적으로 회복된다.

(2) 페이드(Fade) 현상
① 운행 중에 계속해서 브레이크를 사용함으로써 온도 상승으로 인해 제동 마찰제의 기능이 저하되어 마찰력이 약해지는 현상이다.
② 일정 시간 경과 후 온도가 내려가면 정상적으로 회복된다.

(3) 모닝 록(Morning Lock) 현상
① 장마철이나 습도가 높은 날, 장시간 주차 후 브레이크 드럼 등에 미세한 녹이 발생하는 현상이다.

② 브레이크 디스크와 패드 간의 마찰 계수가 높아져 평소보다 브레이크가 민감하게 작동될 수 있다.

4. 선회 특성과 방향 안정성

(1) 커브길에서는 핸들을 돌린 각도와 실제 주행하는 차량의 회전각도가 다르게 나타나는 경우가 있으며, 이러한 현상은 언더 스티어(Under steer) 또는 오버 스티어(Over steer)라 한다. 차량의 구동방식, 차량 하중의 이동과 상태, 타이어의 종류와 상태 등이 영향을 미친다.

(2) 언더 스티어(Under steer)
① 코너링 상태에서 구동력이 원심력보다 작아 타이어가 그립의 한계를 넘어서 핸들을 돌린 각도만큼 라인을 타지 못하고 코너 바깥쪽으로 밀려나가는 현상이다.
② 전륜구동 차량에서 주로 발생한다.
③ 핸들을 지나치게 꺾거나 과속, 브레이크 잠김 등이 원인이 되어 발생할 수 있다.
④ 타이어 그립이 더 떨어질수록 언더 스티어가 심하고(바깥쪽으로 밀려나갈수록) 경우에 따라선 스핀이나 그와 유사한 사고를 초래한다.
⑤ 커브길을 돌 때에 속도가 너무 높거나, 가속이 진행되는 동안에는 원심력을 극복 할 수 있는 충분한 마찰력이 발생하기 어렵다.
⑥ 앞바퀴와 노면과의 마찰력 감소에 의해 슬립각이 커지면 언더 스티어 현상이 발생할 수 있으므로 앞바퀴의 마찰력을 유지하기 위해 커브길 진입 전에 가속 페달에서 발을 떼거나 브레이크를 밟아 감속한 후 진입하면 앞바퀴의 마찰력이 증대되어 언더 스티어 현상을 방지할 수 있다.

(3) 오버 스티어(Over steer)
① 코너링 시 운전자가 핸들을 꺾었을 때 그 꺾은 범위보다 차량 앞쪽이 진행 방향의 안쪽(코너 안쪽)으로 더 돌아가려고 하는 현상이다.
② 후륜구동 차량에서 주로 발생한다.
③ 구동력을 가진 뒷 타이어는 계속 앞으로 나아가려하고 차량 앞은 이미 꺾인 핸들 각도로 인해 그 꺾인 쪽으로 빠르게 진행하게 되므로 코너 안쪽으로 말려들어오게 되는 현상이다.
④ 예방을 위해서는 커브길 진입 전에 충분히 감속하여야 한다. 만일 오버 스티어 현상이 발생할 때는 가속페달을 살짝 밟아 뒷바퀴의 구동력을 유지하면서 동시에 감은 핸들을 살짝 풀어줌으로서 방향을 유지하도록 한다.

5. 전조등

(1) 스위치 조절
① 1단계 : 차폭등, 미등, 번호판 등, 계기판등
② 2단계 : 차폭등, 미등, 번호판 등, 계기판 등, 전조등

(2) 사용 시기
① 하향 - 마주 오는 차가 있거나 앞차를 따라 갈 경우
② 상향 - 야간 및 안갯길 운행 시 시야 확보를 위한 경우
③ 상향 점멸
중앙선을 침범하는 상대 차량 등 다른 차의 주의를 환기시키는 경우

6. 와이퍼(wiper)의 손상

① 워셔액 탱크가 비어 있을 경우에 와이퍼를 작동시키면 와이퍼 모터가 손상된다.
② 겨울철에 와이퍼가 얼어붙어 있는 경우, 와이퍼를 작동시키면 와이퍼 링크가 이탈하거나 와이퍼 모터가 손상될 수 있다.
③ 겨울철에 워셔액을 사용하면 유리창에 워셔액이 얼어붙어 시야를 가려 안전운전에 치명적일 수 있다.

7. 차바퀴가 빠져 헛도는 경우

① 차바퀴가 빠져 헛도는 경우 급가속을 하게 되면 바퀴가 헛돌면서 더 깊이 빠진다.
② 변속 레버를 '전진'과 'R(후진)' 위치로 번갈아 두며 가속 페달을 부드럽게 밟으면서 탈출을 시도한다.

③ 필요한 경우에는 납작한 돌, 나무 또는 바퀴의 미끄럼을 방지할 수 있는 물건을 타이어 밑에 놓은 다음 자동차를 앞뒤로 반복하여 움직이면서 탈출을 시도한다.
④ 타이어 밑에 물건을 놓은 상태에서 갑자기 출발함으로써 타이어 밑에 놓았던 물건이 튀어나오거나 타이어의 회전 또는 갑작스러운 움직임으로 자동차 주위에 서 있던 사람들이 다칠 수 있으므로 주위 사람들을 안전지대로 피하게 한 뒤 시동을 건다.
⑤ 진흙이나 모래 속을 빠져나오기 위해 무리하게 엔진 회전수를 올리게 되면 엔진 손상, 과열, 변속기 손상 및 타이어의 손상을 초래할 수 있다.

제6절 차량의 상황별 응급조치 및 점검사항

1. 응급처치

(1) 팬벨트
① 가속 페달을 힘껏 밟는 순간 '끼익' 하는 소리 발생
② 팬벨트 등이 이완되어 걸려 있는 풀리와의 미끄러짐 여부 점검

(2) 엔진의 점화 장치
① 주행 시작 전 특이한 진동이 느껴질 때
② 엔진에서의 고장이 주요 원인
③ 플러그 배선의 빠짐 여부와 플러그 불량 여부 확인

(3) 클러치
① 클러치를 밟고 있을 때 '덜덜덜' 떨리는 소리와 함께 차체에서 진동이 발생
② 클러치 릴리스 베어링 고장 여부 확인

(4) 브레이크
① 브레이크 페달을 밟아 정지하려 할 때 바퀴에서 '쇠 소리' 발생
② 브레이크 라이닝의 마모 정도나 라이닝의 결함 여부 확인

(5) 조향장치
① 운행 중 매우 심한 핸들의 흔들림 발생
② 전륜의 정열(휠 얼라이먼트)의 부조화 여부 및 바퀴의 휠 밸런스 확인

(6) 바퀴 부분
① 주행 중 차량 하체 부분에서 비틀거리는 흔들림 발생
② 특히 커브를 돌았을 때 휘청거리는 현상 발생
③ 바퀴의 휠 너트의 이완 및 바퀴의 공기 부족 확인

(7) 완충(현가) 장치
① 비포장도로의 울퉁불퉁하고 험한 노면을 달릴 때 이상한 소리 발생
② 충격 완충 장치인 쇽업소버의 고장 여부 확인

2. 냄새와 열이 날 때의 점검 사항

(1) 전기 장치
① 고무 같은 것이 타는 냄새 발생
② 가급적 빨리 차를 세운다.
③ 엔진실 내의 전기 배선 등의 피복이 벗겨져 합선에 의해 전선이 타는지 확인
④ 보닛을 열고 잘 살펴보면 그 부위를 발견할 수 있다.

(2) 바퀴 부분
① 각 바퀴의 드럼에 손을 대보았을 때 어느 한쪽만 뜨거울 경우
② 브레이크 라이닝 간격이 좁아 브레이크가 끌리는지 확인

(3) 브레이크 부분
① 치과에서 이을 갈아낼 때 나는 냄새가 나는 경우
② 풋브레이크가 너무 좁지는 않는지 확인
③ 주차 브레이크를 당겼다 풀었으나 완전히 풀리지 않았는지 확인
④ 긴 언덕길을 내려갈 때 계속 풋브레이크를 밟았을 경우 현상이 발생

3. 배출 가스에 의한 점검 사항

자동차 후면에 장착된 머플러(소음기) 배관에서 배출되는 가스의 색을 자세히 살펴보면 엔진 상태를 알 수 있다.

(1) 무색
　① 완전 연소 시 정상 배출 가스의 색은 무색 또는 약간 엷은 청색을 띤다.

(2) 검은색
　① 농후한 혼합 가스가 들어가 불완전하게 연소되는 경우이다.
　② 초크 고장이나 에어 클리너 엘리먼트의 막힘, 연료 장치 고장 등을 확인

(3) 백색
　① 엔진 안에서 다량의 엔진 오일이 실린더 위로 올라와 연소되는 경우
　② 헤드 개스킷 파손, 밸브의 오일 씰 노후 또는 피스톤 링의 마모 등 확인

4. 엔진 시동이 걸리지 않는 경우 대처·점검 사항

(1) 동승자 또는 주위의 도움을 받아 차를 안전한 장소로 이동시킨다.

(2) 철길 건널목에서 엔진 시동이 꺼지고 차가 움직이지 않을 경우 즉시 동승자를 피난시키고 비상 사태를 알린다.

(3) 시동 모터가 회전하지 않을 경우
　배터리의 방전 상태, 배터리 단자의 연결 상태 확인

(4) 시동 모터는 회전하나 시동이 걸리지 않을 경우
　연료의 유무 확인

(5) 배터리가 방전되어 있을 경우
　① 주차 브레이크를 작동시켜 차량이 움직이지 않도록 한다.
　② 변속기는 '중립'에 위치시킨다.
　③ 보조 배터리를 사용하는 경우 점프 케이블을 연결한 후 시동을 건다.
　④ 타 차량의 배터리에 점프 케이블을 연결하여 시동을 거는 경우에는 타 차량의 시동을 먼저 건 후 방전된 차량의 시동을 건다.
　⑤ 시동이 걸린 후 배터리가 일부 충전되면 먼저 점프 케이블의 '-'단자를 분리한 후 '+'단자를 분리한다.
　⑥ 방전된 배터리가 충분히 충전되도록 일정 시간 시동을 걸어둔다.
　⑦ 주의 사항
　　㉠ 점프 케이블의 양극(+)과 음극(-)이 서로 닿는 경우에는 불꽃이 발생하여 위험하므로 서로 닿지 않도록 한다.
　　㉡ 방전된 배터리가 얼었거나 배터리액이 부족한 경우에는 점프 도중에 배터리의 파열 및 폭발이 발생할 수 있다.

(6) 전기 장치에 고장이 있는 경우
　① 퓨즈의 단선 여부 확인
　② 규정된 용량의 퓨즈만을 사용하여 교체
　③ 높은 용량의 퓨즈로 교체한 경우에는 전기 배선 손상 및 화재 발생의 원인이 된다.

5. 엔진 오버히트가 발생하는 경우 점검 사항

(1) 오버히트가 발생하는 경우
　① 냉각수의 부족 여부 확인
　② 엔진 내부가 얼어 냉각수가 순환하지 않는 경우인지 확인

(2) 엔진 오버히트가 발생할 때의 징후
　① 운행 중 수온계가 H 부분을 가리키는 경우
　② 엔진 출력이 갑자기 떨어지는 경우
　③ 압축된 공기와 연료 혼합물의 일부가 내연 기관의 실린더에서 비정상적으로 폭발할 때 나는 날카로운 소리가 들리는 경우

(3) 엔진 오버히트가 발생할 때의 안전 조치 사항
　① 비상 경고등을 작동시킨 후 도로의 가장자리로 안전하게 이동하여 정차한다.
　② 여름에는 에어컨, 겨울에는 히터의 작동을 중지시킨다.
　③ 엔진이 작동하는 상태에서 보닛(Bonnet)을 열어 엔진을 냉각시킨다.
　④ 엔진을 충분히 냉각시킨 다음에는 냉각수의 양을 점검하고 라디에이터 호스의 연결 부위 등의 누수 여부를 확인한다.
　⑤ 특이한 사항이 없다면 냉각수를 보충하여 운행하고, 누수나 오버히트가 발생할 만한 문제가 발견된다면 점검을 받아야 한다.

6. 타이어에 펑크가 난 경우 조치 사항

① 운행 중 타이어가 펑크 났을 경우에는 핸들이 돌아가지 않도록 견고하게 잡고, 비상 경고등을 작동시킨다. (한쪽으로 쏠리는 현상 예방)
② 가속 페달에서 발을 떼어 속도를 서서히 감속시키면서 길 가장자리로 이동한다. (급브레이크를 밟게 되면서 양쪽 바퀴의 제동력 차이로 자동차가 회전하는 것을 예방)
③ 브레이크를 밟아 차를 도로 옆 평탄하고 안전한 장소에 주차한 후 주차 브레이크를 당겨 놓는다.
④ 자동차의 운전자가 고장난 자동차의 표지를 직접 설치하는 경우 그 자동차의 후방에서 접근하는 차량들의 운전자들이 확인할 수 있는 위치에 설치하여야 한다. 밤에는 사방 500m 지점에서 식별할 수 있는 적색의 섬광 신호, 전기제등 또는 불꽃 신호를 추가로 설치한다.
⑤ 잭을 사용하여 차체를 들어 올릴 때 자동차가 밀려 나가는 현상을 방지하기 위해 교환할 타이어의 대각선에 위치한 타이어에 고임목을 설치한다.

※ 주의 사항
- 잭을 사용할 때에는 평탄하고 안전한 장소에서 사용한다.
- 잭을 사용하는 동안에 시동을 걸면 위험하다.
- 잭으로 차량을 올린 상태에서 차량 하부로 들어가면 위험하다.
- 잭을 사용할 때에 후륜의 경우에는 리어 액슬 아래 부분에 설치한다.

7. 운행 중 차가 구덩이에 빠진 경우 조치 사항

① 눈이나 진흙 구덩이 등에 바퀴가 빠졌을 경우 수동 변속기는 2단으로, 자동 변속기는 '+' '-' 모드를 이용하여 2단을 선택, 눈길 2단 출발할 수 있는 기능을 가진 차량은 HOLD, SLOW 모드 스위치를 눌러 선택하여 핸들을 좌·우로 빨리 움직이면서 빠져나온다.
② 갑작스러운 급가속은 더욱 미끄러질 수 있으므로 하지 아니한다.
③ 바퀴 밑에 돌이나 나무 등을 집어넣어서 마찰력을 높여 빠져나온다.

8. 가스 누출 시 조치 사항

① 시동을 끈다.
② LPG 스위치를 끈다.
③ 트렁크 안에 있는 용기의 연료 출구 밸브(황색, 적색) 2개를 모두 잠근다.
④ 필요한 정비를 전문 업체에 맡긴다.

9. 교통사고 발생 시 조치 사항

① LPG 스위치를 끈 후 엔진을 정지시킨다.
② 동행 승객을 빨리 대피시킨다.
③ 트렁크 안에 있는 용기의 연료 출구 밸브(황색, 적색) 2개를 모두 잠근다.
④ 누출 부위에 불이 붙었을 경우 신속하게 소화기 또는 물로 불을 끈다.

10. 응급조치가 불가능할 경우

① 부근의 화기를 신속하게 제거한다.
② 소방서, 경찰서 등에 신고한다.
③ 차량에서 일정 부분 떨어진 후 주변 차량의 접근을 막는다.

11. 운행 중 충전 경고등이 점멸되는 경우

① 엔진이 회전하는 상태에서 모든 전원의 공급은 발전기에서 담당한다.
② 배터리는 발전기에 남는 전기를 저장해두었다가 시동을 걸 때 시동 모터를 회전시키는 역할을 한다.
③ 충전 경고등에 불이 들어온다는 것은 발전기에서 전기가 발생되지 않았을 경우이다.
④ 충전 경고등에 불이 들어온 상태에서 계속 운행을 하게 되면 남은 전기를 사용하게 되어 배터리가 방전되어 시동이 꺼질 가능성이 매우 높아진다.
⑤ 충전 경고등이 들어오면 우선 안전한 장소로 이동하여 주차하고 시동을 끈다.
⑥ 보닛(Bonnet)을 열어 구동 벨트가 끊어지거나 헐거워졌는지 확인한다.
⑦ 수리할 조건이 안 되면 가까운 정비업소에서 정비를 받고 운행한다.

12. 기타 응급조치사항

(1) 풋브레이크가 작동하지 않는 경우

고단 기어에서 저단 기어로 한 단씩 줄여 감속한 뒤에 주차 브레이크를 이용하여 정지한다.

(2) 견인자동차로 견인하는 경우
① 구동되는 바퀴를 들어 올려 견인되도록 한다.
② 견인되기 전에 주차 브레이크를 해제한 후 변속 레버를 N(중립)에 놓는다.

제7절 자동차 검사

1. 필요성
① 자동차 결함으로 인한 교통사고 예방으로 국민의 생명보호
② 자동차 배출가스로 인한 대기환경 개선
③ 불법튜닝 등 안전기준 위반 차량 색출로 운행질서 및 거래질서 확립
④ 자동차보험 미가입 자동차의 교통사고로부터 국민피해 예방

2. 자동차 종합검사 (배출가스 검사+안전도 검사)

(1) 개념

한 번의 검사로 모든 검사가 완료되도록 함으로써 자동차검사로 인한 국민의 불편을 최소화하고 편익을 도모하기 위해 시행하는 제도.
다음 각 호에 대하여 실시하는 자동차 종합검사를 받은 경우에는 자동차 정기검사, 배출가스 정밀검사 및 특정경유자동차검사를 받은 것으로 본다.
① 자동차 안전검사
② 자동차 배출가스 정밀검사

(2) 자동차 종합검사 유효기간 (자동차 종합검사의 시행 등에 관한 규칙 제9조)
① 검사 유효기간 계산 방법
㉠ 자동차관리법에 따라 신규등록을 하는 경우 : 신규등록일부터 계산
㉡ 자동차 종합검사기간 내에 종합검사를 신청하여 적합 판정을 받은 경우 : 직전 검사 유효기간 마지막 날의 다음 날부터 계산
㉢ 자동차 종합검사기간 전 또는 후에 자동차 종합검사를 신청하여 적합 판정을 받은 경우 : 자동차 종합검사를 받은 날의 다음 날부터 계산
㉣ 재검사 결과 적합 판정을 받은 경우 : 자동차 종합검사를 받은 것으로 보는 날의 다음 날부터 계산
② 자동차 소유자가 자동차 종합검사를 받아야 하는 기간
㉠ 자동차 종합검사 유효기간의 마지막 날(검사 유효기간을 연장하거나 검사를 유예한 경우에는 그 연장 또는 유예된 기간의 마지막 날) 전후 각각 31일 이내에 받아야 한다.
㉡ 소유권 변동 또는 사용본거지 변경 등의 사유로 자동차 종합검사의 대상이 된 자동차 중 자동차 정기검사의 기간 중에 있거나 자동차 정기검사의 기간이 지난 자동차는 변경등록을 한 날부터 62일 이내에 자동차 종합검사를 받아야 한다.

(3) 자동차 검사 유효기간 (자동차 종합검사의 시행 등에 관한 규칙 별표1) 〈개정 2020. 7. 22.〉

검사 대상		적용 차령(車齡)	검사 유효기간
승용자동차	비사업용	차령이 4년 초과인 자동차	2년
	사업용	차령이 2년 초과인 자동차	1년
경형·소형의 승합 및 화물자동차	비사업용	차령이 3년 초과인 자동차	1년
	사업용	차령이 2년 초과인 자동차	1년
사업용 대형화물자동차		차령이 2년 초과인 자동차	6개월
사업용 대형승합자동차		차령이 2년 초과인 자동차	차령 8년까지는 1년, 이후부터는 6개월
중형 승합자동차	비사업용	차령이 3년 초과인 자동차	차령 8년까지는 1년, 이후부터는 6개월
	사업용	차령이 2년 초과인 자동차	차령 8년까지는 1년, 이후부터는 6개월
그 밖의 자동차	비사업용	차령이 3년 초과인 자동차	차령 5년까지는 1년, 이후부터는 6개월
	사업용	차령이 2년 초과인 자동차	차령 5년까지는 1년, 이후부터는 6개월

※ 비고
1. 검사 유효기간이 6개월인 자동차의 경우 종합검사 중 자동차관리법 제43조의2제1항제3호에 따른 자동차 배출가스 정밀검사 분야의 검사는 1년마다 받는다.
2. 사업용 자동차란 자동차관리법 제5조에 따라 등록된 자동차 중 여객자동차 운수사업법 제2조제2호에 따른 여객자동차운수사업 또는 화물자동차 운수사업법 제2조제2호에 따른 화물자동차 운수사업에 사용되는 자동차
3. 최초로 종합검사를 받아야 하는 날은 위 표의 적용차령 후 처음으로 도래하는 정기검사 유효기간 만료일로 한다. 다만, 자동차가 정기검사를 받지 아니하여 정기검사기간이 경과된 상태에서 적용차령이 도래한 자동차가 최초로 종합검사를 받아야 하는 날은 적용차령 도래일로 한다.
4. 제3호에도 불구하고 「자동차관리법 시행규칙」 제75조에 따라 정기검사 유효기간이 연장 또는 유예된 상태에서 위 표의 적용 차령의 대상이 된 경우에는 같은 규칙 제77조제2항에 따른 정기검사기간 내에 정기검사를 받을 수 있다. 이 경우 최초로 종합검사를 받아야 하는 날은 위 표의 적용차령의 대상이 된 후 두 번째로 도래하는 정기검사 유효기간 만료일로 한다.

(4) 자동차 종합검사 재검사기간 (자동차 종합검사의 시행 등에 관한 규칙 제7조)
① 자동차 종합검사기간 내에 종합검사를 신청한 경우 : 부적합 판정을 받은 날부터 자동차 종합검사기간 만료 후 10일까지
② 단, 부적합 판정을 받은 날부터 10일 이내 재검사 적용
  ㉠ 최고속도 제한장치의 미설치, 무단해체, 해제 및 미작동
  ㉡ 자동차 배출가스 검사기준 위반
③ 자동차 종합검사기간 전 또는 후에 종합검사를 신청한 경우 : 부적합 판정을 받은 날의 다음 날부터 10일 이내
④ 자동차 종합검사 재검사기간 내에 적합 판정을 받은 자동차 : 자동차 종합검사 결과표 또는 자동차기능 종합진단서를 받은 날에 자동차 종합검사를 받은 것으로 본다.
⑤ 자동차 종합검사 결과 부적합 판정을 받은 자동차의 소유자가 재검사기간 내에 재검사를 신청하지 않은 경우(재검사기간 내에 말소등록을 한 경우는 제외한다) 또는 재검사기간 내에 재검사를 신청하였으나 그 기간 내에 적합 판정을 받지 못한 경우 종합검사를 받지 않은 것으로 본다.
⑥ 자동차 종합검사 결과 부적합 판정을 받은 자동차가 특정경유자동차의 배출허용기준에 맞는지에 대한 검사가 면제되는 경우 자동차 배출가스 정밀검사 분야에 대해서는 재검사기간 내에 적합 판정을 받은 것으로 본다.

(5) 자동차 종합검사 미필시 과태료 부과기준 (자동차관리법 시행령 별표2)
① 자동차 종합검사를 받아야 하는 기간만료일부터 30일 이내인 경우 : 2만원
② 자동차 종합검사를 받아야 하는 기간만료일부터 30일을 초과 114일 이내인 경우 : 2만원에 31일째부터 계산하여 3일 초과 시마다 1만원을 더한 금액
③ 자동차 종합검사를 받아야 하는 기간만료일부터 115일 이상인 경우 : 30만원

(6) 자동차 종합검사 유효기간 연장 (자동차 종합검사의 시행 등에 관한 규칙 제10조)
① 검사 유효기간 연장사유에 해당하는 경우
  ㉠ 전시·사변 또는 이에 준하는 비상사태로 인하여 관할지역에서 자동차 종합검사 업무수행 할 수 없다고 판단되는 경우(대상 자동차, 유예기간 및 대상지역 등이 공고된 경우만 해당)
  ㉡ 자동차를 도난당한 경우, 사고발생으로 인하여 자동차를 장기간 정비할 필요가 있는 경우, 형사소송법 등에 따라 자동차가 압수되어 운행할 수 없는 경우, 운전면허 취소 등으로 인하여 자동차를 운행할 수 없는 경우 및 그 밖에 부득이한 사유로 자동차를 운행할 수 없다고 인정되는 경우
  ㉢ 자동차 소유자가 폐차를 하려는 경우
② 자동차 종합검사 유효기간 연장 및 유예를 위한 서류
  ㉠ 자동차등록증

ⓛ 자동차의 도난, 사고, 압류, 등록번호판 영치 등 부득이한 사유가 있는 경우
　　ⓐ 경찰관서에서 발급하는 도난신고확인서
　　ⓑ 시장·군수·구청장, 경찰서장, 소방서장, 보험사 등이 발행한 사고사실증명서류
　　ⓒ 정비업체에서 발행한 정비예정증명서
　　ⓓ 행정처분서
　　ⓔ 시장·군수·구청장(읍·면·동·이장을 포함)이 확인한 섬 지역 장기체류 확인서
　　ⓕ 병원입원 또는 해외출장 등 그 밖의 부득이한 사유가 있는 경우에는 그 사유를 객관적으로 증명할 수 있는 서류

(7) 자동차 소유자가 폐차를 하는 경우 : 폐차인수증명서

3. 자동차 정기검사 (안전도 검사)

(1) 개념 : 자동차관리법에 따라 종합검사 시행지역 외 지역에 대하여 안전도 분야에 대한 검사를 시행하며, 배출가스검사는 공회전상태에서 배출가스 측정

(2) 검사방법 및 항목
종합검사의 안전도 검사 분야의 검사방법 및 검사항목과 동일하게 시행

(3) 정기검사 미시행에 따른 과태료 (자동차관리법 시행령 별표2)
① 정기검사를 받아야 하는 기간만료일부터 30일 이내인 경우 : 2만원
② 정기검사를 받아야 하는 기간만료일부터 30일을 초과 114일 이내인 경우 : 2만원에 31일째부터 계산하여 3일 초과 시마다 1만원을 더한 금액
③ 정기검사를 받아야 하는 기간만료일부터 115일 이상인 경우 : 30만원

(4) 검사유효기간 (자동차관리법 시행규칙 별표 15의2)

구 분		검사유효기간
비사업용 승용자동차 및 피견인자동차		2년(신조차로서 자동차관리법 제43조제5항에 따른 신규검사를 받은 것으로 보는 자동차의 최초 검사유효기간은 4년)
사업용 승용자동차		1년(신조차로서 자동차관리법 제43조제5항에 따른 신규검사를 받은 것으로 보는 자동차의 최초 검사유효기간은 2년)
경형·소형의 승합 및 화물자동차		1년
사업용 대형화물 자동차	차령이 2년 이하인 경우	1년
	차령이 2년 초과인 경우	6월
그 밖의 자동차	차령이 5년 이하인 경우	1년
	차령이 5년 초과인 경우	6월

※ 10인 이하를 운송하기에 적합하게 제작된 자동차로서 2000년 12월 31일 이전에 등록된 승합자동차의 경우에는 승용자동차의 검사유효기간을 적용하되, 그 내부의 특수한 설비로 인하여 승차인원이 10인 이하로 된 자동차, 경형승합자동차로서 승차인원이 10인 이하인 전방조종자동차, 캠핑용자동차 또는 캠핑용 트레일러는 제외

4. 튜닝검사

(1) 개념 : 튜닝의 승인을 받은 날부터 45일 이내에 한국교통안전공단 자동차검사소에서 안전기준 적합여부 및 승인받은 내용대로 변경하였는가에 대하여 검사를 받아야 하는 일련의 행정절차

(2) 튜닝승인신청 구비 서류 (자동차관리법 시행규칙 제56조)
① 튜닝승인신청서 : 자동차소유자가 신청, 대리인인 경우 소유자(운송회사)의 위임장 및 인감증명서 첨부 필요
② 튜닝 전·후의 주요제원 대비표 : 제원변경이 있는 경우만 해당
③ 튜닝 전·후의 자동차의 외관도 : 외관도

및 설계도면에 변경내용(축간거리, 승객 좌석간 거리 등)이 정확히 표시·기재되어 있어야 함(외관변경이 있는 경우에 한함)
④ 튜닝하고자 하는 구조·장치의 설계도 : 특수한 장치 등을 설치할 경우 장치에 대한 상세도면 또는 설계도 포함
※ 튜닝승인은 승인신청 접수일부터 10일 이내에 처리되며, 구조변경승인 신청 시 신청 서류의 미비, 기재내용 오류 및 변경내용이 관련법령에 부적합한 경우 접수가 반려 또는 취소될 수 있음

(3) 구조·장치 변경승인 불가 항목
① 총중량이 증가되는 튜닝
② 승차정원 또는 최대적재량의 증가를 가져오는 승차장치 또는 물품적재장치의 튜닝
③ 자동차의 종류가 변경되는 튜닝
다만
㉠ 승용자동차와 동일한 차체 및 차대로 제작된 승합자동차의 좌석장치를 제거하여 승용자동차로 튜닝하는 경우(튜닝하기 전의 상태로 회복하는 경우를 포함한다)
㉡ 화물자동차를 특수자동차로 튜닝하거나 특수자동차를 화물자동차로 튜닝하는 경우
④ 튜닝 전보다 성능 또는 안전도가 저하될 우려가 있는 경우의 튜닝

(4) 튜닝승인 대상 항목 등

구분	승인 대상	승인 불필요 대상
구조	- 길이·너비 및 높이 (범퍼, 라디에이터그릴 등 경미한 외관변경의 경우 제외) - 총중량	- 최저지상고 - 중량분포 - 최대안전경사각도 - 최소회전반경 - 접지부분 및 접지압력
장치	- 원동기(동력발생장치) 및 동력전달장치 - 주행장치(차축에 한함) - 조향장치 - 제동장치 - 연료장치 - 차체 및 차대 - 연결장치 및 견인장치 - 승차장치 및 물품적재장치 - 소음방지장치 - 배기가스발산방지장치 - 전조등·번호등·후미등·제동등·차폭등·후퇴등 기타 등화장치 - 내압용기 및 그 부속장치 - 기타 자동차의 안전운행에 필요한 장치로서 국토교통부령이 정하는 장치	- 조종장치 - 현가장치 - 전기·전자장치 - 창유리 - 경음기 및 경보장치 - 방향지시등 기타 지시장치 - 후사경·창닦이기 기타 시야를 확보하는 장치 - 후방 영상장치 및 후진 경고음 발생장치 - 속도계·주행거리계 기타 계기 - 소화기 및 방화장치

※ 공통사항 : 자동차관리법 제29조제1항에 따른 자동차안전기준에 적합하여야 함

(5) 튜닝검사 신청 서류(자동차관리법 시행규칙 제78조)
① 자동차등록증
② 튜닝승인서
③ 튜닝 전·후의 주요제원대비표
④ 튜닝 전·후의 자동차외관도(외관의 변경이 있는 경우)
⑤ 튜닝하려는 구조·장치의 설계도

5. 신규검사
(1) 개념 : 신규등록을 하고자 할 때 받는 검사
(2) 신규검사를 받아야 하는 경우
① 여객자동차 운수사업법에 의하여 면허, 등록, 인가 또는 신고가 실효하거나 취소 되어 말소한 경우
② 자동차를 교육·연구목적으로 사용하는 등 대통령령이 정하는 사유에 해당하는 경우
㉠ 자동차 자기인증을 하기 위해 등록한 자
㉡ 국가 간 상호인증 성능시험을 대행할 수 있도록 지정된 자
㉢ 자동차 연구개발 목적의 기업부설연구소를 보유한 자
㉣ 해외자동차업체와 계약을 체결하여 부품개발 등의 개발업무를 수행하는 자
㉤ 전기자동차 등 친환경·첨단미래형 자동차의 개발·보급을 위하여 필요하다고

국토교통부장관이 인정하는 자
③ 자동차의 차대번호가 등록원부상의 차대번호와 달라 직권 말소된 자동차
④ 속임수나 그 밖의 부정한 방법으로 등록되어 말소된 자동차
⑤ 수출을 위해 말소한 자동차
⑥ 도난당한 자동차를 회수한 경우

(3) 신규검사 신청서류
① 신규검사 신청서
② 출처증명서류[말소사실증명서 또는 수입신고서, 자기인증 면제확인서]
③ 제원표(이미 자기인증된 자동차와 같은 제원의 자동차인 경우 제원표를 첨부 생략 가능)

제8절 자동차 보험 및 공제

1. 자동차 보험

(1) 대인배상 1 (책임보험)
① 책임보험이란
자동차를 소유한 사람은 의무적으로 가입해야 하는 보험으로 자동차의 운행으로 인하여 남을 사망케 하거나 다치게 하여 자동차 손해배상 보장법에 의한 손해배상 책임을 짐으로서 입은 손해를 보상
② 책임기간
보험료를 납입한 때로부터 시작되어 보험기간 마지막 날의 24시에 종료되며, 단, 보험기간 개시 이전에 보험계약을 하고 보험료를 납입한 때에는 보험기간의 첫날 0시부터 유효
③ 의무가입 대상
㉠ 자동차관리법에 의하여 등록된 모든 자동차
㉡ 이륜자동차
㉢ 9종 건설기계 : 12톤 이상 덤프트럭, 콘크리트 믹서트럭, 타이어식 기중기, 트럭적재식 콘크리트 펌프, 타이어식 굴삭기, 아스콘 살포기, 트럭 지게차, 도로보수트럭, 노면측정 장비
④ 피 견인차량(제외)
피 견인차량은 원동기 장치 없이 견인차에 의해 견인되는 트레일러, 세미 트레일러, 풀 트레일러 등으로 자력으로 이동하지 못하여 의무적으로 가입대상에서 제외
⑤ 가입하지 않으면
신규등록 및 이전등록이 불가하고 자동차의 정기검사를 받을 수 없으며 벌금 및 과태료 부과
㉠ 벌금부과 : 미가입 자동차 운전 시 1년 이하의 징역 또는 500만원 이하 벌금
㉡ 과태료 부과 : 자동차 손해배상 보장법
⑥ 책임보험금 지급기준
㉠ 사망 : 1인당 최저 2천만 원이며 최고 1.5억 원 내에서 약관 지급기준에 의해 산출한 금액을 보상
㉡ 부상 : 상해등급(1~14급)에 따라 1인당 최고 3천만원을 한도로 보상
㉢ 후유장해 : 신체에 장해가 남는 경우 장해의 정도(1~14급)에 따라 급수별 한도액 내에서 최고 1.5억원까지 보상.
⑦ 특성
㉠ 강제성 보험으로 의무가입 대상
㉡ 보험자의 계약인수 의무화
㉢ 피해자 구호를 위한 무 면책 특성(음주운전, 무면허운전, 절취운전, 등의 사고도 보상)
㉣ 계약해지 제한(말소등록이나 중복계약, 자동차 양도 등을 제외하고는 계약 해지 불가
㉤ 피해자의 권리를 보호하기 위해 피해자의 직접청구권 인정
㉥ 책임보험 청구권은 압류 및 양도를 금지
㉦ 고의로 인한 사고는 면책, 단, 보험사가 피해자에게 손해배상을 지급한 때에는 피보험자에게 청구권 행사
㉧ 청구권 소멸시한 3년
㉨ 피해자가 가해자 측으로부터 일부 보상을 받은 경우에는 보장사업으로 지급하는 금액에서 이미 보상받은 금액을 공제

※ 정부 보장사업이란?
소유자가 알 수 없는 자동차(뺑소니)나 책임보험 미 가입차량 또한 차주

의 배상책임이 발생하지 않는 도난 차량 등에서 사상당한 경우 경찰서에 신고를 한 후 관할 경찰서가 발급한 보유불명 자동차 사고사실 확인원 등의 서류를 구비한 후 보험금을 청구하면 책임보험과 동일한 내용으로 보상 받을 수 있는 보험제도

제9절 안전운전

1. 인지, 판단의 기술

운전은 도로주행 환경에서 끊임없는 정보의 인지와 판단과 조작을 통한 실행행위며 실천하는 행동이다.

운전 조작에 따라 차의 움직임에 변화가 있게 되며, 이는 다시 새로운 교통환경을 유발하게 되고, 다시 인지, 판단, 조작 과정이 반복적으로 시행되는 것이 바로 운전이다. 교통사고 원인의 대부분은 운전자의 지각 및 판단의 실수라 할 정도로 운전에 있어 지각, 판단과정은 매우 중요하다. 확인, 예측, 판단, 실행 과정은 안전운전을 하는데 필수적인 과정이고 운전자의 안전의무로 볼 수 있다.

2. 확인

확인이란 주변의 모든 것을 빠르게 보고 한눈에 파악하는 것을 말한다.

(1) 확인과정에서 실수를 낳는 요인
① 선택적 주시과정에서 어느 한 물체에 시선을 뺏겨 오래 머문다(주의의 고착)
   ㉠ 좌회전 중 진입방향의 우회전 접근 차량에 시선이 뺏겨, 같이 회전하는 차량에 대해 주의하지 못했다.
   ㉡ 목적지를 찾느라 전방을 주시하지 못해 보행자와 충돌하였다.
   ㉢ 교차로 진행신호를 확인하지 않고, 대형 차량 뒤를 따라 진행하다 신호위반이나 충돌사고가 발생하였다.
② 운전과 무관한 물체에 대한 정보 등을 선택적으로 받아들이는 경우(주의의 분산)
   ㉠ DMB 시청에 시선을 빼앗겨 앞차와의 안전거리를 확보하지 못해 앞차를 추돌하였다.
   ㉡ 승객과 대화를 하다가 앞차의 급정지를 늦게 발견하고 제동을 하였으나 추돌을 하였다.

(2) 주의해서 보아야 할 것

전방 탐색 시 주의해서 보아야 할 것들은 다른 차로의 차량, 보행자, 자전거 교통의 흐름과 신호 등이다.

3. 예측

예측한다는 것은 운전 중에 확인한 정보를 모으고, 사고가 발생할 수 있는 지점을 판단하는 것이다. 운전 중의 판단의 기본 요소는 시인성, 시간, 거리, 안전공간 및 잠재적 위험원 등에 대한 평가이다. 평가의 내용은 다음과 같은 것이다.
① 주행로 : 다른 차의 진행 방향과 거리
② 행동 : 다른 차의 운전자가 할 것으로 예상되는 행동
③ 타이밍 : 다른 차의 운전자가 행동하게 될 시점
④ 위험원 : 특정 차량, 자전거 이용자 또는 보행자의 잠재적 위험
⑤ 교차지점 : 교차하는 문제가 발생하는 정확한 지점

4. 판단

운전 중 수집된 정보에 대한 판단과정에서는 운전자의 경험뿐 아니라 성격, 태도, 동기 등 다양한 요인이 작용한다. 이 중 가장 중요한 것은 위험에 대해 어떤 입장에서 판단할 것인가이다.

예측 회피 운전행동을 하는 사람은 사전에 위험을 예측, 통제 가능한 속도로 주행하기 때문에 높은 상태의 각성수준을 유지할 필요가 없다. 반면에 지연 회피 운전행동을 하는 사람은 기분을 중시하고, 비교적 높은 속도로 주행하며, 그만큼 각성수준도 높지만, 위험상황을 쉽게 마주치게 되고, 그만큼 사고 가능성도 높아진다. 장시간에 걸쳐 운전업무에 종사해야 하는 택시 운전자는 운전 중에 손님을 맞이하고 보내고를 반복하는 위험운전에 따른 높은 각성수준 유지가 가능하지 않으며, 위험 대처에도 한계가 있으므로 기본적인 전략으

로서 예측 회피 운전을 하여야 할 것이다.

(1) 예측회피 운전의 기본적 방법

① 속도 가속, 감속

때로는 속도를 낮추거나 높이는 결정을 해야 한다. 예컨대 동시에 자전거 운전자, 보행자, 앞에서 다가오는 차와 같은 위험상황에 빠질 수 있다. 이런 상황에서는 속도를 줄이는 것이 상책이다.

② 위치 바꾸기(진로변경)

현명한 운전자라면 사고 상황이 발생할 경우를 대비해서 주변에 긴급 상황 발생 시 회피할 수 있는 완충 공간을 확보하면서 운전한다. 필요한 경우는 이 공간으로 이동한다.

③ 다른 운전자에게 신호하기

가다 서고를 반복하고 수시로 차선변경을 필요로 하는 택시의 운전은 자신의 의도를 주변에 등화 신호로 미리 알려 주어야 한다. 별 문제가 없다고, 신호를 게을리 하는 사람이 있는데, 이것은 다른 사람에게 판단의 부담을 주는 행동이라는 것을 잊어서는 안 된다. 차에 설치되어 있는 방향지시등, 전조등, 미등(尾燈), 제동등, 비상등 등의 각종 등화와 경적 등을 활용하는 것을 주저할 필요가 없다.

5. 실행

결정된 행동을 실행에 옮기는 단계에서 중요한 것은 요구되는 시간 안에 필요한 조작을, 가능한 부드럽고, 신속하게 해내는 것이다. 상황에 따라서는 핸들, 액셀, 브레이크 등과 관련한 조작의 우선순위가 매우 중요할 수 있다. 이 과정에서 기본적인 조작기술이지만 가·감속, 제동 및 핸들조작 기술을 제대로 구사하는 것은 매우 중요하다.

(1) 급제동시 브레이크 페달을 급하고 강하게 밟는다고 제동거리가 짧아지는 것은 아니다.

① ABS 브레이크도 속도나 도로환경에 따라 미끄러지거나 방향성을 상실할 수도 있다. ABS브레이크장치도 과신하면 안 되고 과격한 운전은 사고의 원인이 될 수도 있다.

② 급제동 시에는 신속하게 브레이크를 여러 번(더블브레이크) 나누어 뒤차의 준비상황을 주고 점진적으로 세게 밟는 제동 방법 등을 잘 구사할 필요가 있다.

(2) 핸들 조작도 부드러워야 한다. 흔히 핸들 과대 조작, 핸들 과소 조작 등으로 인한 사고는 바로 적절한 핸들 조작의 중요성을 말해준다.

제10절 안전운전의 5가지 기본 기술

안전운전을 위해서는 운전 중에 확인, 예측, 의사결정, 실행(IPDE) 과정에서 요구되는 필요한 행동을 정확하게 수행하는 것이 기본적이다.

1. 운전 중에 전방을 멀리 본다.

전방을 멀리 본다는 것은 직진, 회전, 후진 등에 관계없이 항상 진행 방향 멀리 바라보는 것을 말한다. 가능한 한 시선은 전방 먼 쪽에 두되, 바로 앞 도로 부분을 내려다보지 않도록 한다.

(1) 전방 가까운 곳을 보고 운전할 때의 징후들

초보 운전자는 전방을 멀리 보지 못하는 어려움이 있다. 초보 운전자는 보행자가 바로 앞쪽 지면을 보고 걷듯이 차의 앞쪽 도로를 내려다보고 운전하는 경향이 있다. 그 징후는 다음과 같다.

① 교통의 흐름에 맞지 않을 정도로 너무 빠르게 차를 운전한다.
② 차로의 한편으로 치우쳐서 주행한다.
③ 우회전, 좌회전 차량 등을 인지가 늦어서 급브레이크를 밟는다던가, 회전차량에 진로를 막혀버린다.
④ 우회전할 때 도로를 필요이상의 거리를 넓게 두고 회전한다.
⑤ 시인성이 낮은 상황에서 속도를 줄이지 않는다.

2. 전체적으로 살펴본다.

전체적으로 파악한다는 것은 교통상황을 폭넓게 전반적으로 확인해야 한다는 것을 말한다. 즉 모든 상황을 여유 있는 포괄적으로 바라보고 핵심이 되는 상황만 반복, 확인해서 보는 것을 말한다. 교통 상황을 전체적으로 파악하게 되면 차를 회전을 할 때나 정지할 때 미리 준비를 할 수 있기 때문에 안전한 회전과 정지를 할 수 있고 확인, 예측, 결정, 실행 과정의 시간을 가질 수 있다.

(1) 시야 확보가 적은 징후들
① 급정거
② 앞차에 바짝 붙어 가는 경우
③ 좌, 우회전 등의 차량에 진로를 방해받음
④ 상황적 사안에 반응이 늦은 경우
⑤ 빈번하게 놀라는 경우
⑥ 급차로 변경 등이 많을 경우
⑦ 황색 신호에 꼬리를 자주 무는 경우
⑧ 신호를 놓치는 경우
⑨ 목적지를 자주 지나치는 경우

3. 시선과 시야를 계속해서 움직인다.

많은 운전자들이 앞쪽 차량과의 추돌 회피에만 신경을 집중하는 경향이 있다. 운전자가 특정 차량 대열 만을 약 2초 정도만 계속해서 바라 볼 경우, 그 운전자의 시선과 시야는 이미 고정되어 다른 것을 놓치게 된다.

(1) 시야 고정이 많은 운전자의 특성
① 위험에 대응하기 위해 경적이나 전조등을 좀처럼 사용하지 않는다.
② 더러운 창이나 안개에 개의치 않는다.
③ 거울이 더럽거나 방향이 맞지 않는데도 개의치 않는다.
④ 정지선 등에서 정지 후, 다시 출발할 때 좌우를 확인하지 않는다.
⑤ 회전하기 전에 뒤를 확인하지 않는다.
⑥ 자기 차를 앞지르려는 차량의 접근 사실을 미리 확인하지 못한다.

4. 타인들이 볼 수 있게 한다.

회전을 하거나 차로 변경을 할 경우에 다른 사람이 미리 알 수 있도록 신호를 보내야 한다.

5. 차가 빠져나갈 공간을 확보한다.

운전자는 주행 시 앞·뒤 뿐만 아니라 좌·우로 안전 공간을 확보하도록 노력해야 한다. 좌·우로 차가 빠져나갈 공간이 없을 때에는 앞차와의 차간 거리를 더 확보해야 한다. 의심스런 상황이 발생할 경우에는 항상 거리를 유지해야만 한다. 다음의 의심스러운 상황은 방어해야 한다.
① 주행로 앞쪽으로 고정물체나 장애물이 있는 것으로 의심되는 경우
② 전방 신호등이 일정시간 계속 녹색일 경우(신호가 곧 바뀔 것을 알려 줌)
③ 주차차량 옆을 지날 때 그 차의 운전자가 운전석에 있는 경우(주차차량이 갑자기 빠져나올지도 모른다)
④ 반대 차로에서 다가오는 차가 좌회전을 할 수도 있는 경우
⑤ 다른 차가 옆 도로에서 너무 빨리 나올 경우
⑥ 진출로에서 나오는 차가 자신을 보지 못할 경우
⑦ 담장이나 수풀, 빌딩, 혹은 주차 차량들로 인해 시야장애를 받을 경우

※ 안전공간을 확보하기 위해 다음으로 중요한 것은 뒤차가 바짝 붙어 오는 상황을 피하는 것이다. 그 방법으로는 다음과 같은 것이 있다.
① 가능하면 뒤차가 지나갈 수 있게 차로를 변경한다.
② 가능하면 속도를 약간 내서 뒤차와의 거리를 늘린다.
③ 브레이크 페달을 가볍게 밟아서 제동등이 들어오게 하여 속도를 줄이려는 의도를 뒤차가 알 수 있게 한다.
④ 정지할 공간을 확보할 수 있게 점진적으로 속도를 줄인다. 이렇게 해서 뒤차가 추월할 수 있게 만든다.

제11절 방어운전

방어운전은 주요 사고유형 패턴의 실수를 예방하기 위한 방법으로서 위험의 인지, 방어의 이해, 제시간 내의 정확한 행동이라는 3단계 시계열적 과정을 핵심요소로 한다.

1. 기본적인 사고

(1) 정면충돌사고

정면 충돌사고는 직선로, 커브 및 좌회전 차량이 있는 교차로에서 주로 발생한다.

대향차량과의 사고를 회피하는 법은 다음과 같다.
① 전방의 도로 상황을 파악한다. 내 차로로 들어오거나 앞지르려고 하는 차나 보행자에 대해 주의한다.
② 정면으로 마주칠 때 핸들조작의 기본적 동작은 오른쪽으로 한다. 상대차로 쪽으로 틀지 않도록 하는 것은 상대 운전자 또한 본능적으로 자신의 차로 쪽으로 방향을 틀 것이기 때문이다.
③ 오른쪽으로 방향을 조금 틀어 공간을 확보한다. 필요하다면 차도를 벗어나 길 가장자리 쪽으로 주행한다. 상대에게 차도를 양보하면 최소한 정면충돌을 회피 할 확률이 클 것이다.
④ 속도를 줄인다. 속도를 줄이는 것은 주행거리와 충격력을 줄이는 효과가 있다.

(2) 후미 추돌사고

가장 흔한 사고의 형태로, 이를 피하는 데는 다음과 같은 것이 참고가 될 수 있다.
① 앞차에 대한 주의를 늦추지 않는다. 앞차의 운전자가 어떻게 행동할지를 보여주는 징후나 신호를 살핀다. 제동등, 방향지시기 등을 단서로 활용한다.
② 상황을 멀리까지 살펴본다. 앞차 너머의 상황을 살핌으로서 앞차 운전자를 갑자기 행동하게 만드는 상황과 그로 인해 자신이 위협받게 되는 상황을 파악한다.
③ 충분한 거리를 유지한다. 앞차와 최소한 3초 정도의 추종거리를 유지한다.
④ 상대보다 더 빠르게 속도를 줄인다. 위험상황이 전개될 경우 바로 엑셀에서 발을 떼서 브레이크를 밟는다.
상대보다 제동이 늦어져서 뒤늦게 브레이크를 세게 밟는 것은 방어운전의 자세가 아니다.

(3) 단독사고

차 주변의 모든 것을 제대로 판단하지 못하는 빈약한 판단에서 비롯된다.

(4) 미끄러짐 사고

눈이나, 비가 올 때 등에 주로 발생한다. 눈, 비 등이 오는 날씨에는 다음과 같은 사항에 주의한다.
① 다른 차량 주변으로 가깝게 다가가지 않는다.
② 수시로 브레이크 페달을 작동해서 제동이 제대로 되는지를 살펴본다.
③ 제동상태가 나쁠 경우 도로 조건에 맞춰 속도를 낮춘다.

(5) 차량 결함 사고

브레이크와 타이어 결함 사고가 대표적이다. 이 경우 대처 방법은 다음과 같다.
① 차의 앞바퀴가 터지는 경우 핸들을 단단하게 잡아 차가 한 쪽으로 쏠리는 것을 막고, 의도한 방향을 유지한 다음 속도를 줄인다.
② 뒷바퀴의 바람이 빠지면 차의 후미가 좌우로 흔들리는 것을 느낄 수 있다. 차가 한쪽으로 미끄러지는 것을 느끼면 핸들 방향을 그 방향으로 틀어주며 대처한다. 이때 핸들을 순간적으로 과도하게 틀면 안 되며, 페달은 수회 반복적으로 나누어 밟아서 안전한 곳에 멈춘다.
③ 브레이크 고장 시 앞, 뒤 브레이크가 동시에 나가는 경우는 자동차의 구조상 거의 없다. 브레이크 베이퍼록 현상으로 페달이 푹 꺼진 경우라면 브레이크 페달을 반복해서 계속 밟으며 유압계통에 압력이 생기게 하여야 하고, 만일 브레이크 유압 계통이 터진 경우라면 빠르고 세게 밟아(계속 여러 차례 밟으면 브레이크액 모두 빠져나갈 수 있음) 속도를 줄이는 순간 변속기 기어를 저단으로 바꾸어 엔진브레이크로 속도를 감속한 후 안전한 장소를 택해 정차한다. 브레이크액이 모두 빠져나간 다면 전·후 제동력이 모두 상실되기 때문이다.
④ 브레이크를 계속 밟아 열이 발생하여 듣지 않는 페이딩 현상이 일어난다면 차를 멈추고 브레이크가 식을 때까지 기다려야 한다.

2. 운행 전 주의사항

(1) 운전하기 전의 준비

• 차 안팎 유리창을 깨끗이 닦는다.

- 차의 모든 등화를 깨끗이 닦는다.
- 성애제거기, 와이퍼, 워셔 등이 제대로 작동되는지를 점검한다.
- 후사경과 사이드 미러를 조정한다. 운전석의 높이도 적절히 조정한다.
- 선글라스, 점멸등, 창 닦게 등을 준비하여 필요할 때 사용할 수 있도록 한다.
- 후사경에 매다는 장식물이나 시야를 가리는 차내의 장애물을 치운다.

(2) 운전 중 행동
- 낮에도 흐린 날 등에는 하향(변환빔) 전조등을 켠다.
- 자신의 의도를 다른 도로이용자에게 좀 더 분명히 전달함으로써 자신의 시인성을 최대화할 수 있다.
- 다른 운전자의 사각에 들어가 운전하는 것을 피한다.
- 남보다 시력이 떨어지면 항상 안경이나 콘택트렌즈를 착용한다.
- 햇빛 등으로 눈부신 경우는 선글라스를 쓰거나 선바이저를 사용한다.

3. 앞지르기 방법

(1) 앞지르기 할 때 주의사항
① 앞지르기 금지장소 여부를 확인한다.
② 전방의 안전을 확인하는 동시에 후사경으로 좌측 및 좌·후방을 확인한다.
③ 좌측 방향지시등을 켠다.
④ 최고속도의 제한범위 내에서 가속하여 진로를 서서히 좌측으로 변경한다.
⑤ 차가 일직선이 되었을 때 방향지시등을 끈 다음 앞지르기 당하는 차의 좌측을 통과한다.
⑥ 앞지르기 당하는 차를 후사경으로 볼 수 있는 거리까지 주행한 후 우측 방향지시등을 켠다.
⑦ 진로를 서서히 우측으로 변경한 후 차가 일직선이 되었을 때 방향지시등을 끈다.

(2) 앞지르기를 해서는 안 되는 경우
① 앞차가 좌측으로 진로를 바꾸려고 하거나 다른 차를 앞지르려고 할 때
② 앞차의 좌측에 다른 차가 나란히 가고 있을 때
③ 뒤차가 자기 차를 앞지르려고 할 때
④ 마주 오는 차의 진행을 방해하게 될 염려가 있을 때
⑤ 앞차가 교차로나 철길건널목 등에서 정지 또는 서행하고 있을 때
⑥ 앞차가 경찰공무원 등의 지시에 따르거나 위험방지를 위하여 정지 또는 서행하고 있을 때
⑦ 어린이통학버스가 어린이 또는 유아를 태우고 있다는 표시를 하고 도로를 통행할 때

(3) 앞지르기할 때 사고
① 최초 진로를 변경할 때에는 동일방향 좌측 후속 차량 또는 나란히 진행하던 차량과의 충돌
② 중앙선을 넘어 앞지르기할 때에는 반대 차로에서 횡단하고 있는 보행자나 주행하고 있는 차량과의 충돌
③ 앞지르기를 하고 있는 중에 앞지르기 당하는 차량이 좌회전하려고 진입하면서 발생하는 충돌
④ 앞지르기를 시도하기 위해 앞지르기 당하는 차량과의 근접주행으로 인한 후미 추돌
⑤ 앞지르기한 후 주행차로로 재진입하는 과정에서 앞지르기 당하는 차량과의 충돌

(4) 앞지르기할 때의 방어운전
① 자신의 차가 다른 차를 앞지르기 할 때
  ㉠ 앞지르기에 필요한 속도가 그 도로의 최고속도 범위 이내일 때 앞지르기를 시도한다(과속은 금물이다).
  ㉡ 앞지르기에 필요한 충분한 거리와 시야가 확보되었을 때 앞지르기를 시도한다.
  ㉢ 앞차가 앞지르기를 하고 있는 때는 앞지르기를 시도하지 않는다.
  ㉣ 앞차의 오른쪽으로 앞지르기하지 않는다.
  ㉤ 점선으로 되어 있는 중앙선을 넘어 앞지르기 하는 때에는 대향차의 움직임에 주의한다.
② 다른 차가 자신의 차를 앞지르기 할 때
  ㉠ 앞지르기를 시도하는 차가 원활하게 주

행차로로 진입할 수 있도록 속도를 줄여준다. 앞지르기를 시도하는 차가 안전하고 신속하게 앞지르기를 완료할 수 있도록 함으로써 자신의 차와의 충돌 위험을 줄일 수 있기 때문이다.
ⓒ 앞지르기 금지 장소 등에서도 앞지르기를 시도하는 차가 있다는 사실을 항상 염두에 두고 방어운전을 한다.

제12절 시가지도로에서의 안전운전

1. 시가지 안전운전

(1) 시가지에서의 시인성, 시간, 공간의 관리

① 시인성 관리
㉠ 1~2블록 전방의 상황과 길의 양쪽 부분을 모두 탐색한다. 주행로 전방의 어느 특정 물체에 주의를 뺏겨서는 안 된다.
㉡ 조금이라도 어두울 때는 하향(변환빔) 전조등을 켜도록 한다.
㉢ 교차로에 접근할 때나 차의 속도를 늦추든지 멈추려고 할 때는 언제든지 후사경과 사이드 미러를 이용해서 차들을 살펴본다.
㉣ 예정보다 빨리 회전하거나 한쪽으로 붙을 때는 자신의 의도를 신호로 알린다.
㉤ 전방 차량 후미의 등화에 지속적으로 주의하여, 제동과 회전여부 등을 예측한다. 항상 예기치 못한 정지나 회전에도 마음의 준비를 한다.
㉥ 주의표지나 신호에 대해서도 감시를 늦추지 말아야 한다. 또한 경찰차, 앰뷸런스, 소방차 및 기타 긴급차량의 사이렌 소리나 점멸등에 대해서도 주의한다.
㉦ 빌딩이나 주차장 등의 입구나 출구에 대해서도 주의한다. 가까이 접근해서도 잘 볼 수 없는 경우가 많다.

② 시간 관리
㉠ 속도를 낮춘다. 특히 교차로에 진입할 때 등에는 확인, 예측, 판단, 조작 과정을 이용하는 것이 위협적인 상황을 조기에 발견하는 데 도움이 된다.
㉡ 교통체증이 발생하면 운전자는 긴장하게 되고, 참을성이 없어지며, 때로는 난폭해지기도 한다. 항상 사고를 회피하기 위해 멈추거나 핸들을 틀 준비를 한다.
㉢ 흔히 도심에서 브레이크에 의존하는 운전으로 사고를 회피하려 하는 경향은 위험하다. 위협적인 상황임을 알아차렸지만 멈추어야 할 것인지 확신할 수 없을 때는 액셀에서 발을 떼고, 브레이크 페달 위에 발을 올려놓되, 밟지는 않는다. 필요할 때 이처럼 브레이크를 밟을 준비를 함으로서 갑작스런 위험상황에 대비한다.
㉣ 다른 운전자와 보행자가 자신을 보고 반응할 수 있도록 하기 위해서는 항상 사전에 자신의 의도를 신호로 표시한다.
㉤ 도심교통상의 운전, 특히 러시아워에 있어서는 여유시간을 가지고 주행하도록 한다. 또한 사전에 우회 경로를 생각해 두든가 또는 교통방송 등을 참조하여 주행 경로를 조정한다.

③ 공간 관리
㉠ 교통체증으로 서로 근접하는 상황이라도 앞차와는 2초 정도의 거리를 둔다.
㉡ 다른 차 뒤에 멈출 때 앞차의 6~9m 뒤에 멈추도록 한다. 뒤에서 2~3대의 차가 다가와 멈추면 그때 가볍게 앞으로 나가도록 한다.
㉢ 다른 차로로 진입할 공간의 여지를 남겨둔다. 이것은 앞차가 갑자기 멈출 경우나, 또는 뒤차에게 받히게 될 경우를 피하기 위한 회피공간이다.
㉣ 항상 앞차가 앞으로 나간 다음에 자신의 차를 앞으로 움직인다.
㉤ 주차한 차와는 가능한 한 여유 공간을 넓게 유지한다. 주차한 차에서 나오는 사람의 여부와 그 차의 갑작스런 움직임에 주의한다.
㉥ 다차로 도로에서 다른 차의 바로 옆 사각으로 주행하는 것을 피한다. 그 차의 앞으로 나가든가 뒤로 빠진다.

ⓐ 대향차선의 차와 자신의 차 사이에는 가능한 한 많은 공간을 유지한다.

2. 시가지 교차로에서의 방어운전

전체 교통사고의 절반가까이 교차로에서 발생하며, 그 중 상당수는 신호 교차로에서 발생한다. 방어운전자가 되기 위해서는 교차로에 접근할 때마다 항상 양방향을 살피는 훈련이 필요하다.

(1) 교차로에서의 방어운전

① 신호는 운전자의 눈으로 직접 확인한 후 선 신호에 따라 진행하는 차가 없는지 확인하고 출발한다. 즉, 앞서 직진, 좌회전, 우회전 또는 U턴하는 차량 등에 주의한다.
② 신호에 따라 진행하는 경우에도 신호를 무시하고 갑자기 달려드는 차 또는 보행자가 있다는 사실에 주의한다.
③ 좌·우회전할 때에는 방향지시등을 정확히 점등한다.
④ 성급한 우회전은 횡단하는 보행자와 충돌할 위험이 증가한다.
⑤ 통과하는 앞차를 맹목적으로 따라가면 신호를 위반할 가능성이 높다.
⑥ 교통정리가 행하여지고 있지 아니하고 좌·우를 확인할 수 없거나 교통이 빈번한 교차로에 진입할 때에는 일시정지 하여 안전을 확인한 후 출발한다.
⑦ 내륜차에 의한 사고에 주의한다.
  - 우회전할 때에는 뒷바퀴로 자전거나 보행자를 치지 않도록 주의한다.
  - 좌회전할 때에는 정지해 있는 차와 충돌하지 않도록 주의한다.

(2) 교차로 황색신호에서의 방어운전

① 황색신호일 때에는 멈출 수 있도록 감속하여 접근한다.
② 황색신호일 때 모든 차는 정지선 바로 앞에 정지하여야 한다.
③ 이미 교차로 안으로 진입하여 있을 때 황색신호로 변경된 경우에는 신속히 교차로 밖으로 빠져 나간다.
④ 교차로 부근에는 무단 횡단하는 보행자 등 위험요인이 많으므로 돌발 상황에 대비한다.
⑤ 가급적 복잡한 구간에 도달하기 전에 속도를 줄여 신호가 변경되면 바로 정지 할 수 있도록 준비한다.
  - 급정지할 경우에는 뒤 차량이 후미를 추돌할 수 있으며, 차내 안전사고가 발생할 가능성이 높아진다.
  - 정지선을 초과하여 횡단보도에 정지하면 보행자의 통행에 방해가 된다.
  - 복잡한 구간을 계속 진행하여 황색신호가 끝날 때까지 교차로를 통과하지 못하면 다른 신호를 받고 정상 진입하는 차량과 충돌할 위험이 증가한다.

3. 이면도로에서의 방어운전

이면도로는 운전을 하는데 있어 여러 가지 교통환경과 여건이 간선도로와 달리 좋지 않기 때문에 다음과 같은 위험성이 많이 내포되어 있다.

① 주변에 주택 등이 밀집되어 있는 주택가나 동네길, 학교 앞 도로로 보행자의 횡단이나 통행이 많다.
② 길가에서 뛰노는 어린이들이 많아 어린이들과의 접촉사고가 발생할 가능성이 높다.

이면도로에서 안전하게 운전하려면 항상 위험을 예상하면서 속도를 낮추고 운전하는 것이 중요하다. 특히 어린이 보호구역에서는 시속 30킬로미터 이하로 운전해야 한다. 주요 주의사항은 다음과 같다.

① 항상 보행자의 출현 등 돌발 상황에 대비한 방어운전을 한다.
  • 차량의 속도를 줄인다.
  • 자동차나 어린이가 갑자기 출현할 수 있다는 생각을 가지고 운전한다.
  • 언제라도 곧 정지할 수 있는 마음의 준비를 갖춘다.
② 위험한 대상물은 계속 주시한다.
  • 돌출된 간판 등과 충돌하지 않도록 주의한다.
  • 위험스럽게 느껴지는 자동차나 자전거, 손수레, 보행자 등을 발견하였을 때에는 그의 움직임을 주시하면서 운행한다.

- 자전거나 이륜차가 통행하고 있을 때에는 통행공간을 배려하면서 운행한다.
- 자전거나 이륜차의 갑작스런 회전 등에 대비한다.
- 주·정차된 차량이 출발하려고 할 때에는 감속하여 안전거리를 확보한다.

4. 커브길 주행 시의 주의 사항

① 커브길에서는 기상상태, 노면상태 및 회전속도 등에 따라 차량이 미끄러지거나 전복될 위험이 증가하므로 부득이한 경우가 아니면 급핸들 조작이나 급가속 급제동은 하지 않는다.
② 회전 중에 발생하는 가속은 원심력을 증가시켜 도로이탈의 위험이 발생하고, 감속은 차량의 무게중심이 한쪽으로 쏠려 차량의 균형이 쉽게 무너질 수 있다.
③ 운전자가 몸의 중심을 잃는다는 것은 회전 중에는 속도를 가·감속의 균형이 깨진 것으로 커브길 진입 전에 감속행위가 이루어 져야 차선 이탈 등의 사고를 예방한다.
④ 중앙선을 침범하거나 도로의 중앙선으로 치우친 운전을 하지 않는다. 항상 반대 차로에 차가 오고 있다는 것을 염두에 두고 주행차로를 준수하며 운전한다.
⑤ 시력이 볼 수 있는 범위(시야)가 제한되어 있다면 주간에는 경음기, 야간에는 전조등을 사용하여 내 차의 존재를 반대 차로 운전자에게 알린다.
⑥ 급커브길 등에서의 앞지르기는 대부분 규제표지 및 노면표시 등 안전표지로 금지하고 있으나, 금지표지가 없어도 전방의 안전이 확인 안 되는 경우에는 절대 하지 않는다.
⑦ 겨울철 커브길은 노면이 얼어있는 경우가 많으므로 사전에 충분히 감속하여 안전사고가 발생하지 않도록 주의한다.

5. 언덕길의 방어운전

오르막과 내리막으로 구성되어 있는 언덕길에서 차량을 운행하는 경우에는 평지에서 운행하는 것보다 다음과 같은 것에 많은 주의를 기울여야 한다.

(1) 내리막길에서의 방어운전
① 내리막길을 내려갈 때에는 엔진 브레이크로 속도를 조절하는 것이 바람직하다.
② 엔진 브레이크를 사용하면 브레이크 의존운전에서 벗어나 브레이크 과열을 예방한다. 페이드(Fade) 현상 및 베이퍼 록(Vapour lock) 현상을 예방하여 운행 안전도를 높일 수 있다.
③ 도로의 내리막이 시작되는 시점에서 브레이크를 힘껏 밟아 브레이크를 점검한다. 브레이크에 이상이 있다면 내려가지 말고 도로 가장자리로 안전하게 세운다.(2017년 11월 02일 창원터널 5톤 화물차 브레이크 파열에 의한 사례)
④ 내리막길은 반드시 변속기 저속기어로 자동변속기는 수동모드의 저속기어 상태로 엔진 브레이크로 속도를 줄여 감속운전 한다.
⑤ 커브길을 주행할 때와 마찬가지로 경사길 주행 중간에 불필요하게 속도를 줄이거나 급제동하는 것은 주의해야 한다.
⑥ 비교적 경사가 가파르지 않은 긴 내리막길을 내려갈 때에 운전자의 시선은 먼 곳을 바라보고, 무심코 가속 페달을 밟아 순간 속도를 높일 수 있으므로 주의해야 한다.

(2) 오르막길에서의 방어운전
① 정차할 때는 앞차가 뒤로 밀려 충돌할 가능성이 있으므로 충분한 차간거리를 유지한다.
② 오르막길의 정상 부근은 시야가 제한되는 사각지대로, 반대 차로의 차량이 앞에 다가올 때까지는 보이지 않을 수 있으므로 서행하며 위험에 대비한다.
③ 정차해 있을 때에는 가급적 풋 브레이크와 핸드 브레이크를 동시에 사용한다.
④ 뒤로 미끄러지는 것을 방지하기 위해 정지하였다가 출발할 때에 핸드 브레이크를 사용하면 도움이 된다.
⑤ 오르막길에서 부득이하게 앞지르기 할 때에는 힘과 가속이 좋은 저단 기어를 사용하는 것이 안전하다.
⑥ 언덕길에서 올라가는 차량과 내려오는 차량이 교차할 때에는 내려오는 차량에게 통행

우선권이 있으므로 올라가는 차량이 양보하여야 한다. 이것은 내리막 가속에 의한 사고위험이 더 높은 점을 반영된 것이다.

6. 철길 건널목 방어운전

(1) 철길 건널목에서의 방어운전
① 철길건널목에 접근할 때에는 속도를 줄여 접근한다.
② 일시정지 후에는 철도 좌·우의 안전을 확인한다.
③ 건널목을 통과할 때에는 기어를 변속하지 않는다.
④ 건널목 건너편 여유 공간을 확인한 후에 통과한다.

(2) 철길 건널목 통과 중에 시동이 꺼졌을 때의 조치 방법
① 즉시 동승자를 대피시키고, 차를 건널목 밖으로 이동시키기 위해 노력한다.
② 철도공무원, 건널목 관리원이나 경찰에게 알리고 지시에 따른다.
③ 건널목 내에서 움직일 수 없을 때에는 열차가 오고 있는 방향으로 뛰어가면서 옷을 벗어 흔드는 등 기관사에게 위급상황을 알려 열차가 정지할 수 있도록 안전조치를 취한다.

제13절 운전 기본 운행 수칙

1. 출발, 정지, 주차

(1) 출발하고자 할 때
① 운행을 시작할 때에는 후사경 조정
② 시동을 걸 때에는 기어 확인
③ 주차브레이크 확인
④ 운전석은 체형에 맞게 조절
⑤ 차량의 사각지점을 고려 확인
⑥ 운행을 시작하기 제동등 점등
⑦ 도로로 진입하는 경우 진행방향의 안전여부
⑧ 출발할 때에는 방향지시등을 작동시켜 주행 의사를 표시한 후 출발
⑨ 출발 후 진로변경이 끝나기 전에 신호를 중지하지 않는다.
⑩ 출발 후 진로변경이 끝난 후에도 신호를 계속하고 있지 않는다.

(2) 정지할 때
① 미리 감속하여 급정지를 하지 않도록 한다.
② 브레이크페달을 가볍게 2~3회 나누어 밟아 정지한다.
③ 미끄러운 노면에서는 제동으로 인해 차량이 회전하지 않도록 주의한다.

(3) 주차할 때
① 주차가 허용된 지역이나 안전한 지역에 주차한다.
② 주행차로로 주차된 차량의 일부분이 돌출되지 않도록 주의한다.
③ 경사가 있는 도로에 주차할 때에는 밀리는 현상을 방지하기 위해 바퀴에 고임목 등을 설치하여 안전여부를 확인한다.
④ 도로에서 차가 고장이 일어난 경우 안전한 장소로 이동한 후 고장자동차의 표지를 설치한다.

2. 주행, 추종, 진로변경

(1) 주행하고 있을 때
① 교통량이 많은 곳에서는 급제동 또는 후미추돌 등을 방지하기 위해 감속하여 주행한다.
② 노면상태가 불량한 도로에서는 감속하여 주행한다.
③ 전방의 시야가 충분히 확보되지 않는 기상상태나 도로조건 등에서는 감속하여 주행한다.
④ 해질 무렵, 터널 등 조명조건이 불량한 경우에는 감속하여 주행한다.
⑤ 주택가나 이면도로 등은 돌발 상황 등에 대비하여 과속이나 난폭운전을 하지 않는다.
⑥ 곡선반경이 작은 도로나 과속방지턱이 설치된 도로에서는 감속하여 안전하게 통과한다.
⑦ 주행하는 차들과 제한속도를 넘지 않는 범위 내에서 속도를 맞추어 주행한다.
⑧ 핸들을 조작할 때마다 상체가 한 쪽으로 쏠리지 않도록 왼발은 발판에 놓아 상체 이동을 최소화시킨다.
⑨ 신호대기 중에 기어를 넣은 상태에서 클러

치와 브레이크페달을 밟아 자세가 불안정하게 만들지 않는다.
⑩ 신호대기 등으로 잠시 정지하고 있을 때에는 주차브레이크를 당기거나, 브레이크페달을 밟아 차량이 미끄러지지 않도록 한다.
⑪ 급격한 핸들조작으로 타이어가 옆으로 밀리는 경우, 핸들복원이 늦어 차로를 이탈하는 경우, 운전조작 실수로 차체가 균형을 잃는 경우 등이 발생하지 않도록 주의한다.
⑫ 통행우선권이 있는 다른 차가 진입할 때에는 양보한다.
⑬ 직선도로를 통행하거나 구부러진 도로를 돌 때 다른 차로를 침범하거나, 2개 차로에 걸쳐 주행하지 않는다.

(2) 앞차를 뒤따라가고 있을 때
① 앞차가 급제동할 때 후미를 추돌하지 않도록 안전거리를 유지한다.
② 적재상태가 불량하거나, 적재물이 떨어질 위험이 있는 자동차에 근접하여 주행하지 않는다.

(3) 다른 차량과의 차간거리 유지
① 앞 차량에 근접하여 주행하지 않는다. 앞 차량이 급제동할 경우 안전거리 미확보로 인해 앞차의 후미를 추돌하게 된다.
② 좌·우측 차량과 일정거리를 유지한다.
③ 다른 차량이 차로를 변경하는 경우에는 양보하여 안전하게 진입할 수 있도록 한다.

(4) 진로변경 및 주행차로를 선택할 때
① 도로별 차로에 따른 통행차의 기준을 준수하여 주행차로를 선택한다.
② 급차로 변경을 하지 않는다.
③ 일반도로에서 차로를 변경하는 경우에는 그 행위를 하려는 지점에 도착하기 전30m(고속도로에서는 100m) 이상의 지점에 이르렀을 때 방향지시등을 작동시킨다.
④ 도로노면에 표시된 백색 점선에서 진로를 변경한다.
⑤ 터널 안, 교차로 직전 정지선, 가파른 비탈길 등 백색 실선이 설치된 곳에서는 진로를 변경하지 않는다.
⑥ 진로변경이 끝날 때까지 신호를 계속 유지하고, 진로변경이 끝난 후에는 신호를 중지한다.
⑦ 다른 통행차량 등에 대한 배려나 양보 없이 본인 위주의 진로변경을 하지 않는다.
⑧ 진로변경 위반에 해당하는 경우
  ㉠ 두 개의 차로에 걸쳐 운행하는 경우
  ㉡ 한 차로로 운행하지 않고 두 개 이상의 차로를 지그재그로 운행하는 행위
  ㉢ 갑자기 차로를 바꾸어 옆 차로로 끼어드는 행위
  ㉣ 여러 차로를 연속적으로 가로지르는 행위
  ㉤ 진로변경이 금지된 곳에서 진로를 변경하는 행위 등

3. 앞지르기
(1) 편도 1차로 도로 등에서 앞지르기하고자 할 때
① 앞지르기 할 때에는 언제나 방향지시등을 작동시킨다.
② 앞지르기가 허용된 구간에서만 시행한다.
③ 앞지르기 할 때에는 반드시 반대방향 차량, 추월차로에 있는 차량, 뒤쪽 및 앞 차량과의 안전여부를 확인한 후 시행한다.
④ 제한속도를 넘지 않는 범위 내에서 시행한다.
⑤ 앞지르기한 후 본 차로로 진입할 때에는 뒤 차와의 안전을 고려하여 진입한다.
⑥ 앞 차량의 좌측 차로를 통해 앞지르기를 한다.
⑦ 도로의 구부러진 곳, 오르막길의 정상부근, 급한 내리막길, 교차로, 터널 안, 다리 위에서는 앞지르기를 하지 않는다.
⑧ 앞차가 다른 자동차를 앞지르고자 할 때에는 앞지르기를 시도하지 않는다.
⑨ 앞차의 좌측에 다른 차가 나란히 가고 있는 경우에는 앞지르기를 시도하지 않는다.

4. 교차로 통행
(1) 좌·우로 회전할 때
① 회전이 허용된 차로에서만 회전하고, 회전하고자 하는 지점에 이르기 전 30m(고속도로에서는 100m) 이상의 지점에 이르렀을 때

방향지시등을 작동시킨다.
② 좌회전 차로가 2개 설치된 교차로에서 좌회전할 때에는 1차로(중·소형승합자동차), 2차로(대형승합자동차) 통행기준을 준수한다.
③ 대향차가 교차로를 통과하고 있을 때에는 완전히 통과시킨 후 좌회전한다.
④ 우회전할 때에는 내륜차 현상으로 인해 보도를 침범하지 않도록 주의한다.
⑤ 우회전하기 직전에는 직접 눈으로 또는 후사경으로 오른쪽 옆의 안전을 확인하여 충돌이 발생하지 않도록 주의한다.
⑥ 회전할 때에는 원심력이 발생하여 차량이 이탈하지 않도록 감속하여 진입한다.

(2) 신호할 때
① 진행방향과 다른 방향의 지시등을 작동시키지 않는다.
② 정당한 사유 없이 반복적이거나 연속적으로 경음기를 울리지 않는다.

제❷편 안전운행 요령 기출예상문제

01 다음 보기 중 경유를 사용하는 자동차의 배출가스가 아닌 것은?
① 일산화탄소   ② 탄산수소
③ 질소산화물   ④ 알데히드

02 교통법규를 잘 지키는 근본이 되는 것은?
① 양보운전   ② **법규준수**
③ 형법준수   ④ 민법준수

03 차마가 길가의 건물이나 주차장에 들어가려고 할 때 운전자는?
① 시행하여야 한다.
② **일시 정지한 후 서행하여야 한다.**
③ 서행한 후 신속히 통과하여야 한다.
④ 일시 정지 후 신속히 통과하여야 한다.

04 운행 중 안전을 확보하기 위한 운전방법이 아닌 것은?
① 차간거리 확보   ② **안전표지판 관리**
③ 속도 준수   ④ 양보운전

05 택시 차량 환경개선 일제점검은 연 몇 회인가?
① 1회   ② **2회**
③ 3회   ④ 4회

06 택시의 안전운전을 위한 운전 습관은?
① 주의력을 집중하여 운전한다.
② 급제동을 자주하면서 운전한다.
③ 차로를 무시하면서 운전한다.
④ 조급하고 난폭하게 운전한다.

07 긴 내리막길을 내려갈 때의 안전한 운전방법은?
① 엔진 브레이크만 사용하면서 내려간다.
② 차체의 중량으로 가속이 붙어 위험하므로 시동을 끄고 타력을 이용하여 내려간다.
③ 엔진 브레이크와 풋 브레이크를 겸용하되, 될 수 있는 한 풋 브레이크 사용을 적게 한다.
④ 핸드 브레이크와 풋 브레이크를 동시에 사용한다.

08 LPG충전 방법 중 LPG 용기는 몇 %까지 충전이 가능한가?
① 80%   ② 83%
③ 85%   ④ 90%

09 LPG차량 주행 중 준수사항에 대한 설명 중 틀린 것은?
① LPG스위치를 누른 다음 초크 레버를 당기고 시동을 건다.
② 휘발유 차량보다 500~1000 정도의 RPM을

정답   01 ④   02 ②   03 ②   04 ②   05 ②   06 ①   07 ③   08 ③   09 ④

유지한다.
③ 주행 중 LPG 스위치에 손을 대지 않는 것이 좋다.
④ 시속 80km로 주행 시 RPM은 2000 미만이 좋다.

10 비 또는 눈이 오는 날의 안전보행 요령으로 잘못된 것은?
① 밤에 아스팔트 노면이 비에 젖은 곳은 보행자가 잘 보이므로 안전하다.
② 비오는 날은 자동차의 정지거리가 길어져 무리한 횡단을 삼간다.
③ 도로 조명이 있는 곳이나 되도록 밝은 장소를 선택하여 보행한다.
④ 비오는 날은 시야가 잘 띄는 밝은 색상의 옷을 입는다.

11 양보정신 설명 중 적절하지 못한 것은?
① 도로를 이용하는 사람이 상대방 입장에서 길을 비켜 주는 마음이다.
② 모든 도로 이용자가 양보정신을 가질 때 명랑한 교통 환경이 이루어진다.
③ 각자 자기 자신의 편리를 위해 운전하는 정신이다.
④ 양보를 위해서는 상대방과의 충분하고 정확한 의사소통이 필요하다.

12 다음 보기 중 도로에서 도로 이용자가 해서는 안 될 행위는?
① 운전할 사람에게 술을 못 마시게 하는 행위
② 신호기나 표지 등을 함부로 조작, 이동, 파괴하는 행위
③ 도로상에 방치한 물건을 제거하는 행위
④ 얼어붙은 도로에 모래를 뿌리는 행위

13 다음 보기 중 봄철 자동차 관리 사항으로 틀린 것은?
① 월동장비 점검　② 엔진오일 점검
③ 배선상태 점검　④ 부동액 검사

14 다음 중 빗길 속 수막현상에 대한 설명 중 옳지 않은 것은?
① 타이어가 새것일수록 이러한 현상이 많이 나타난다.
② 타이어와 노면과의 사이에 물막이 생겨 자동차가 물 위에 뜨는 현상이 나타난다.
③ 속도를 조절할 수 없어 사고가 많이 일어난다.
④ 이러한 현상은 시속 90km 이상일 때 많이 일어나지만 물이 고여 있는 곳에서는 더 낮은 속도에서도 나타난다.

15 LPG 자동차 운전자 교육을 법에 따라 받지 않을 경우의 행정처분은?
① 과태료 10만원 이하
② 과태료 20만원 이하
③ 과징금 10만원 이하
④ 과징금 20만원 이하

16 제동장치에 대한 설명으로 잘못된 것은?
① 브레이크 종류는 크게 나누어 풋 브레이크, 핸드브레이크, 보조브레이크가 있다.
② 핸드브레이크는 센터와 뒷바퀴 및 앞바퀴 브레이크식이 있다.
③ 보조브레이크는 엔진, 배기브레이크가 있다.
④ 제동장치란 주행하는 자동차를 감속 및 정지시키거나 정지 상태를 계속 유지하는 것이다.

정답　10 ①　11 ③　12 ②　13 ①　14 ①　15 ②　16 ②

17 다음 중 타이어의 마모에 영향을 주는 요소로 보기 힘든 것은?

① 공기압
② **면적**
③ 변속
④ 브레이크

18 자동차 브레이크 페달의 유격에 대한 설명으로 옳지 않은 것은?

① 유격은 불필요한 회전에 의한 소손방지에 있다.
② **유격이 없으면 제동이 민감해진다.**
③ 유격이 없으면 브레이크라이닝이 쉽게 마모된다.
④ 유격은 일반적으로 10 내지 25가 적당하다.

★☆
19 운전자가 장시간 운전할 때 일반적으로 몇 시간마다 휴식 및 관절운동 하는 것이 좋은가?

① 1시간
② 2시간
③ 3시간
④ 8시간

★☆
20 자동차 운전 중 운전자 준수사항으로 잘못된 것은?

① 고인물을 튀게 하여 다른 사람에게 피해를 주는 일이 없도록 한다.
② 어린이가 보호자 없이 걷고 있을 때에는 일시 정지하여야 한다.
③ 보행자가 횡단보도를 통행하고 있을 때에는 서행하여야 한다.
④ 보행자가 안전지대에 있을 때에도 서행하여야 한다.

21 지진이 발생했을 때 자동차 운전조치요령으로 부적당한 것은?

① 핸들을 꽉 잡고 차체를 똑바로 유지시키며 서서히 길 가장자리에 정지시킨다.
② 정지 후에 방송에 따라 지진 및 교통정보를 듣고 그에 따라 행동한다.
③ 자동차를 두고 피난시는 가능한 도로 위에 주차시켜야 한다.
④ 지진이 발생하면 급정거, 급제동하여 건물 밑 등 장애물 옆으로 피난해야 한다.

22 다음 보기 중 자동차 운송질서 준수 사항이 아닌 것은?

① **과속운행**
② 교통신호준수
③ 적정속도유지
④ 지정복장착용

23 냉각장치에 사용되는 냉각수로 가장 적절한 것은?

① 증류수
② 냇물
③ 바닷물
④ 저수지물

24 연료 절약 운전방법이 아닌 것은?

① 고속 공회전을 하지 않는다.
② 급발차, 급가속을 하지 않는다.
③ **클러치를 완전히 떼지 않는다.**
④ 불필요한 짐을 싣지 않는다.

25 고속도로 주행시 연료절약을 위한 경제속도는?

① 60km/h
② **80km/h**
③ 100km/h
④ 110km/h

정답 17 ② 18 ② 19 ② 20 ③ 21 ④ 22 ① 23 ① 24 ③ 25 ②

26 자동차의 사각지대가 생기는 이유가 아닌 것은?
① 백미러로 보이지 않는 부분
② 주행 시 또는 정차 시 다른 차량에 의해 가려진 부분
③ 어두워서 보이지 않는 부분
④ 나무나 빌딩 등에 가려서 보이지 않는 부분

27 다음 중 LPG 차량 운전 중의 주의사항으로 보기 힘든 것은?
① 항상 차 내부에 스며드는 LPG 냄새에 주의한다.
② 충전할 때는 엔진의 구동 상태를 유지하여야 한다.
③ 충전이 끝나면 밸브의 조여진 상태를 반드시 확인하여야 한다.
④ 라이터 또는 성냥 같은 화기의 사용을 점검하여야 한다.

28 제동거리에 대한 설명으로 옳은 것은?
① 위험을 느끼고 브레이크를 밟아 정지한 거리
② 공주거리와 정지거리를 합한 거리이다.
③ 지각 반응시간 동안 달려간 거리이다
④ 브레이크가 작동하여 정지할 때까지 자동차가 이동한 거리이다.

29 부탄과 프로판 차이점에 대한 설명이다. 틀린 것은?
① 프로판 가스는 공기에 비해 약 1.5배 무겁다.
② 부탄 가스는 공기에 비해 약 2배 무겁다.
③ 프로판 연소범위는 2.1~9.8%이다.
④ 부탄의 연소범위는 0.9~1.8%이다.

 연소범위 ┌ 프로판 2.1 ~ 9.8%
         └ 부 탄 1.8 ~ 8.4%

30 운전하기 전 자동차 운행계획에 포함될 내용이 아닌 것은?
① 목적지의 숙박시설
② 휴식 및 주차장소 시간
③ 운행경로와 구간 및 전체 소요시간
④ 사고 다발지점·공사구간 등 교통정보

31 녹색신호에 대한 설명으로 옳은 것은?
① 차마는 직진 또는 다른 교통에 방해되지 않도록 천천히 우회전할 수 있다.
② 보행자는 횡단보도를 횡단할 수 없다.
③ 비보호 좌회전 표시가 있는 것에서는 좌회전할 수 없다.
④ 비보호 좌회전 중 교통에 방해가 된 때에는 교차로 통행방법위반 책임만 진다.

32 LPG차량의 연료통 색깔은?
① 흰색　　② 파란색
③ 회색　　④ 노란색

33 LPG차량의 단점이 아닌 것은?
① 충전소가 적다.
② 시동이 잘 걸린다.
③ 폭발 위험성이 있다.
④ LPG 차량운전자는 교육을 받아야 한다.

34 교차로 통행방법에 대한 설명 중 잘못된 것은?
① 직진하려는 차는 이미 좌회전하고 있는 차의 통행을 방해하지 못한다.
② 좌회전하려는 차는 직진하려는 차의 통행을 방해하지 못한다.
③ 우회전하려는 차는 이미 좌회전하고 있는

정답　26 ③　27 ②　28 ④　29 ④　30 ①　31 ①　32 ③　33 ②　34 ④

차의 통행을 방해하지 못한다.
④ 좌회전 차는 우회전하려는 차에 우선한다.

35 베이퍼 록(Vaper lock)과 페이드(Fade) 현상에 대한 설명으로 잘못된 것은?
① 베이퍼 록이란 브레이크를 자주 밟으면서 마찰열로 인해 브레이크가 듣지 않는 현상이다.
② 페이드란 브레이크가 자주 밟으면 마찰열이 브레이크 라이닝 재질을 변화시켜 브레이크가 밀리거나 듣지 않는 현상이다.
③ 페이드 현상 등이 발생하면 브레이크가 듣지 않아 대형사고의 원인이 된다.
④ 내리막길을 매려갈 때에는 반드시 핸드브레이크만 사용해야 한다.

36 다음 보기 중 경쟁의식이 강한 운전자가 가장 범하기 쉬운 것은?
① 주취운전
② 정차위반
③ 과속운전
④ 과로운전

37 다음 중 자동차 냉각수 점검요령으로 적절하지 못한 것은?
① 라디에이터와 연결부위 고무가 변형되었는지 확인한다.
② 시동을 걸어 놓은 상태에서 점검하는 것이 좋다.
③ 냉각수가 가득 채워져 있는지 확인한다.
④ 라디에이터 캡을 열고 냉각수의 양을 확인한다.

38 고속운전 시 타이어의 공기압 부족으로 나타나는 현상은?
① 스탠딩웨이브
② 베이퍼록
③ 페이드
④ 하이드로플래닝

39 교통정리가 행하여지고 있지 아니하고 좌우를 살필 수 없는 교차로에서는 어떻게 통과해야 하는가?
① 교차로 진입직전에 일시 정지하여 안전을 확인 후 진행한다.
② 속도를 줄이고 경음기를 울리며 진행한다.
③ 교차로에서 좌·우회전할 때에는 빠르게 진행해야 한다.
④ 폭이 좁은 도로에서 넓은 도로로 진입할 때에는 일시 정지하여야 한다.

40 택시운행 중 교통의 원활한 소통을 위해 준수할 사항 중 부적절한 것은?
① 자동차의 최고최저속도 준수
② 차 사이의 거리 확보
③ 진로양보 의무
④ 안전표지 관리

41 다음 중 보행등의 설치기준으로 잘못된 것은?
① 차량신호만으로 보행자는 언제 통행권이 있는지 분별하기 어려울 경우 설치
② 어린이보호구역 내 초등학교 또는 유치원의 주 출입문과 가장 가까운 거리에 위치한 횡단보도
③ 번화가의 교차로, 역전 등의 횡단보도로서 보행자의 통행이 빈번한 곳에 설치
④ 차량신호기가 설치된 교차로의 횡단보도로서 1일 중 교통이 가장 빈번한 8시간 내의 시간 횡단보행자가 100명을 넘는 곳에 설치

정답 35 ④ 36 ③ 37 ④ 38 ① 39 ① 40 ④ 41 ④

42 정비 불량 택시의 운행은 금지되어야 한다. 이를 준수이행 하여야 할 의무자가 아닌 사람은?
① 회사대표
② 정비책임자
③ 운전자
④ 경비관리자

43 택시운전 자격에 대한 설명 중 틀린 것은?
① 택시운전 자격증은 항상 휴대하여야 한다.
② 택시 승무시에는 차내에 자격증을 게시하여야 한다.
③ 자격증을 타인에게 대여한 때에는 자격이 취소된다.
④ 일단 택시운전 자격을 취득하면 전국 어디서나 취업을 할 수 있다.

44 운전을 삼가야 하는 경우가 아닌 것은?
① 주차위반으로 범칙금 납부통지서를 받을 때
② 걱정이나 불안・흥분상태에 있을 때
③ 피곤하거나 감기몸살 등 병이 났을 때
④ 잠이 오는 감기약을 복용했거나 술이 덜 깬 상태일 때

45 고속버스의 승차자 전원이 좌석안전띠를 매어야 하는 도로는?
① 자동차 전용도로
② 모든 도로
③ 고속도로
④ 일반도로

46 부탄과 프로판 가스는 공기보다 약 몇 배 무거 우나?
① 부탄 2배, 프로판 1.5배
② 부탄 1.5배, 프로판 1배
③ 부탄 1배, 프로판 2배
④ 부탄 1배, 프로판 1배

47 연결 장치와 설명이 바르게 연결된 것은?
① 혼합기 – 충전량 확인
② 액면제 – 기화된 공기와 가스를 혼합
③ 전자밸브 – 사고시 연료 공급 차단
④ 충전밸브 – 액상의 연료를 엔진으로 공급

48 운전 중 갖추어야 할 요건이 아닌 것은?
① 운전기능의 과신
② 냉철한 판단
③ 민첩한 행동
④ 정확한 결정

49 어린이에 대한 교통 안전지도 요령으로 잘못 설명한 것은?
① 어린이 옷이나 신발은 활동하기 쉽고 밝고 눈에 잘 뛰는 색으로 한다.
② 어린이가 횡단하려 할 때에는 주위의 어른들은 안전한 횡단을 도와준다.
③ 사고 위험 장소를 미리 알려주어 안전하게 행동하도록 한다.
④ 자동차를 탈 때에는 어른이 먼저 타고 내릴 때에는 어린이를 먼저 내리게 한다.

50 자동차 타이어의 이상 마모시 일어나는 현상이 아닌 것은?
① 진동이 발생한다.
② 타이어 한쪽 부분이 마모된다.
③ 연료가 절감된다.
④ 소음이 발생한다.

정답 42 ④ 43 ④ 44 ① 45 ② 46 ① 47 ③ 48 ① 49 ④ 50 ③

51 운전하기 전 준비해야 할 서류가 아닌 것은?
① 운전면허증
② 자동차등록증
③ **건강보험증**
④ 책임 및 종합보험가입 영수증

52 LPG차량의 액체출구밸브와 기체출구밸브의 색을 순서대로 바르게 연결한 것은?
① **적색, 황색**
② 황색, 백색
③ 적색, 흑색
④ 청색, 적색

53 LPG자동차 운전자 교육의 대상으로 가장 바른 것은?
① LPG 차량 소유주
② **LPG 차량 운전자**
③ LPG 차량 소유주와 운전자
④ 택시운전자

54 경음기 사용을 제한하는 장소가 아닌 곳은?
① 교통량이 너무 많아 소음공해가 극심한 지역
② 주택가로서 교통량이 많은 곳
③ 학교, 병원, 도서관 등 공공시설 부근
④ **좌우를 살필 수 없는 교차로**

55 주간이라도 전조등을 켜야 하는 경우로 맞지 않은 것은?
① 폭우나 폭설로 100m 이내의 물체 확인이 어려울 때
② 짙은 안개로 100m 이내의 물체 확인이 어려울 때
③ 터널 안을 운행할 때
④ **천둥, 번개가 칠 때**

56 다음 중 지혈방법에 해당하지 않는 것은?
① 직접압박
② 지압법
③ 지혈대 사용
④ **심폐소생술**

57 운전자의 준수사항으로 옳지 않은 것은?
① 물이 괸 곳을 통과할 때는 물이 보행자에게 튀지 않도록 서행한다.
② 진로를 변경하고자 할 경우에는 사전에 신호를 한다.
③ 안전지대에 보행자가 있을 때에는 서행한다.
④ **어린이 보호구역에서는 아이들의 안전을 위해 경음기를 사용한다.**

58 다음 중 직업의 4가지 의미에 해당하지 않는 것은?
① 경제적 의미
② 개인적 의미
③ 사회적 의미
④ **철학적 의미**

59 다음 중 일상생활에서 LPG를 점화시키지 못하는 것은?
① 전기스파크
② **정전기**
③ 담뱃불
④ 라이터 불

60 자동차 전용도로에서 운전자와 승차자 전원이 좌석안전띠를 매어야 하는 자동차는?
① 화물자동차와 승용자동차
② 고속버스
③ 승용자동차와 고속버스
④ **모든 자동차**

61 고속도로 운행 전 점검 및 준비사항으로 적절하지 않은 것은?
① 자동차의 사전점검 실시
② 화물의 적재상태 안전 여부
③ 3시간마다 휴식을 취할 수 있는 계획 수립
④ 도로 교통상황의 사전 파악

62 좌석안전띠를 매지 않고 운전하여도 위반이 되지 않는 운전자는?
① 택시운전자
② 정부의 관용차량 운전자
③ 병원약품을 운반 중인 화물자동차의 운전자
④ 화재진압을 위해 출동하는 소방차의 운전자

63 다음 중 안전운행을 위한 택시 운전자의 올바른 자세로 알맞은 것은?
① 다른 운전자들보다 항상 내가 완벽한 운전자임을 과신한다.
② 승객의 급한 요구가 있을 때는 교통법규를 지키지 않아야 한다.
③ 다른 운전자의 양보가 없다면 스스로도 양보하지 않는다.
④ 타인의 생명을 자신의 생명과 같이 존중한다.

64 다음 중 인내심이 부족한 운전자의 행동은?
① 속도준수   ② 끼어들기
③ 신호준수   ④ 법규준수

65 택시 차량의 계속검사 주기는 얼마인가?
① 6개월   ② 12개월
③ 24개월   ④ 36개월

66 차량의 운행에 따라 증가하는 요금이 아닌 것은?
① 기본요금   ② 주행요금
③ 대기요금   ④ 할증요금

67 운행 중 감속 운행이 필요치 아니한 때는?
① 폭염   ② 폭설
③ 운무   ④ 우천

68 고속도로상에서 자동차 고장 시 조치방법으로 적절하지 않은 것은?
① 100m 후방에 고장차량 표지를 설치한다.
② 야간에는 200m 후방에 적색섬광 신호를 설치한다.
③ 야간에 설치하는 적색섬광 신호는 사방 500m 후방에서 식별이 가능하여야 한다.
④ 주행차로에서 정지한 다음 지나가는 차를 세워 도움을 청한다.

69 진로변경에 대한 순서로 올바른 것은?
① 안전확인 → 핸들조작 → 신호 → 안전조작 → 신호종료
② 안전확인 → 신호 → 핸들조작 → 안전확인 → 신호종료
③ 안전확인 → 신호 → 안전확인 → 핸들조작 → 신호종료
④ 신호 → 안전 확인 → 핸들 조작 → 안전 확인 → 신호종료

70 도로교통 3요소 중 사람이 가장 중요한 이유로 적절하지 못한 것은?
① 사고를 미연에 방지할 수 있는 것은 교통환경이기 때문이다.

정답 61 ③ 62 ④ 63 ④ 64 ② 65 ② 66 ① 67 ① 68 ④ 69 ③ 70 ①

② 자동차는 파손될 경우 사람의 힘으로 수리, 회복이 가능하기 때문이다.
③ 도로시설과 같은 환경은 사람이 사용하기에 따라 가치가 달라지기 때문이다.
④ 사람은 확인, 판단, 결정, 행동 등을 능동적으로 할 수 있기 때문이다.

71 내리막길에서 연료절약을 위해 동력을 끄고 타력에 의하여 운전하였을 경우 자동차에 미치는 영향은?

① 클러치 각 부분에 손실이 많고 매우 위험하다.
② 위험성이 없고 승차감이 좋다.
③ 연료소비량이 없고 승차감이 좋다.
④ 연료소비량을 줄이고 안전하다.

★☆ 72 우리나라에서 권장되는 프로판 비율은 얼마인가?

① 20% ② 30%
③ 40% ④ 50%

73 자동변속기차량의 주차 및 엔진시동 시 변속레버의 위치는?

① L에 둔다.
② P에 둔다.
③ R에 둔다.
④ 2(2nd)에 둔다.

74 LPG가 연소 반응하여 완전히 CO_2와 H_2O로 바뀌는 현상을 무엇이라 하나?

① 가연성 ② 연소
③ 액면계 ④ 충전 압력

75 연료 주입 시 주의할 사항과 거리가 먼 것은?

① **연료 탱크의 주입구까지 가득 채운다.**
② 화기를 가까이 하지 않는다.
③ 불순물이 있는 것은 주입하지 않는다.
④ 연료 탱크의 여과망을 통해 주입시킨다.

76 녹색 신호 시 통행방법에 대한 설명으로 잘못된 것은?

① **비보호 좌회전 중 사고는 신호위반으로 볼 수 없다.**
② 차마는 직진할 수 있고 다른 교통에 방해되지 않도록 천천히 우회전 할 수 있다.
③ 비보호 좌회전 표시가 있는 곳에서는 다른 교통에 방해되지 않을 때 좌회전 할 수 있다.
④ 보행자는 횡단할 수 있다.

77 음주운전의 위험성과 관계가 희박한 것은?

① 감정이 불안정해진다.
② 행동조절기능이 약화된다.
③ **소심한 행동을 한다.**
④ 판단력과 자제력을 상실된다.

78 엔진의 과열여부를 알 수 있는 방법으로 가장 적당한 것은?

① 소리로 알 수 있다.
② 충전경고등을 보고 알 수 있다.
③ 냄새를 맡고 알 수 있다.
④ **냉각수 온도계를 보고 알 수 있다.**

79 적색신호에 대한 설명으로 옳은 것은?

① 차마는 다른 교통에 방해가 되지 않도록 좌회전을 할 수 있다.

정답 71 ① 72 ② 73 ② 74 ② 75 ① 76 ① 77 ③ 78 ④ 79 ③

② 차마는 절대 우회전할 수 없다.
③ 차마는 정지선이나 횡단보도 직전에 정지해야 한다.
④ 보행자는 횡단할 수 있다.

80 운전자 준수사항에 대한 설명으로 가장 적절한 것은?
① 승객이 차내에서 춤을 추는 등 소란행위를 방치하고 운전하는 행위
② 시·도경찰청장이 교통안전과 질서유지를 위해 지정한 사항을 지키지 않는 행위
③ 좌석안전띠를 매지 않는 행위
④ 운전자가 옆 좌석 승차자에게 좌석안전띠를 매도록 하는 행위

81 다음 중 자동차 차체에 대한 설명으로 볼 수 없는 것은?
① 차대에 얹혀 자동차의 외형을 형성하는 부분이다.
② 차체는 운전실, 차실, 하대 등으로 구성되어 있다.
③ 차대를 제외한 나머지 부분으로 주행에 필요한 장치가 설치되어 있다.
④ 용도에 따라 승용형, 화물형, 승용화물겸용 등이 있다.

82 자동차 정비불량으로 인한 연료소비가 증가하는 원인이 아닌 것은?
① 연료필터 불량
② 유리세척수 부족
③ 연료공급 펌프 불량
④ 엔진 과열

83 운전자 준수사항에 저촉되지 않는 행위는?
① 도로에서 자동차를 세워둔 채로 시비하여 다른 차마 교통에 방해를 주는 행위
② 유아나 동물을 안고 운전장치를 조작하는 행위
③ 운전석 주위에 물건 등을 싣는 등 운전에 지장을 주는 행위
④ 보행자가 횡단보도를 통행하고 있을 때에 일시정지하는 행위

84 오르막길에서 자동차 속도가 감소되고 힘이 떨어지며 타는 냄새가 난다. 어느 부분에 이상이 생겼는가?
① 브레이크 계통 고장
② 클러치 계통 고장
③ 점화 계통 고장
④ 현가장치 고장

85 긴급업무를 수행하는 긴급자동차가 뒤따라 올 때 지켜야 할 사항은?
① 가로막더라도 정지한다.
② 피하였다가 뒤따라간다.
③ 길 가장자리로 피하여 양보한다.
④ 빠른 속도로 앞질러 간다.

86 다음 중 고속도로에서 추월차로를 계속 운행해서는 안 되는 차량은?
① 급한 손님을 태운 영업용택시
② 범죄수사를 위한 긴급자동차
③ 교통단속을 위한 긴급자동차
④ 고속도로 보수를 위한 긴급자동차

정답 80 ④ 81 ③ 82 ② 83 ④ 84 ① 85 ③ 86 ①

87 차마의 통행 우선순위 중 맞는 것은?
① 긴급 자동차 → 기타 자동차 → 원동기장치자전거 → 차마 → 긴급자동차 이외의 자동차
② 긴급 자동차 → 기타 자동차 → 원동기장치자전거 → 차마
③ 차마 → 긴급 자동차 → 원동기장치자전거 → 기타 자동차
④ 긴급 자동차 → 긴급자동차 이외의 자동차 → 원동기장치 자전거 → 기타 자동차

88 교차로 통행방법에 대한 설명으로 맞는 것은?
① 교차로에서는 언제나 좌측 도로의 차가 우선한다.
② 교차로에서 좌회전을 하고자 할 때에는 최대한 빠르게 진입해야 한다.
③ 우회전을 하고자 할 때는 아무 때나 해도 상관없다.
④ 일시정지 또는 양보 표시가 있는 교차로에서는 다른 차의 진행을 방해하여서는 안된다.

89 시속 100km로 주행 시 운전자의 시선의 각도는 어느 정도인가?
① 100° ② 180°
③ 40°   ④ 60°

 시속 100km 주행시 운전자의 시각은 40°

90 앞지르기를 해서는 안 되는 곳은?
① 황색점선의 중앙선이 설치된 도로
② 백색점선의 차선이 설치된 도로
③ 황색실선의 중앙선이 설치된 도로
④ 포장이 안 된 직선도로

91 유턴(U-turn)시 주의사항이다. 잘못된 것은?
① 진행차량이나 보행자 기타 도로 이용자를 세심히 살핀다.
② 유턴 허용지점에서 유턴한다.
③ 방향지시등을 켜고 가능한 한번에 회전이 이루어지도록 유턴한다.
④ 한 번에 유턴이 곤란한 지점에서는 절대로 유턴해서는 안 된다.

92 교통신호에 대한 설명으로 잘못된 것은?
① 모든 운전자와 보행자는 신호기의 신호에 따라 통행하여야 한다.
② 운전자는 자기가 가는 방향의 신호를 정확히 확인하여야 한다.
③ 가변차로의 가변신호등은 교통신호가 아니다.
④ 주변 신호만 보고 전방으로 달려 나가지 않도록 한다.

93 LPG의 주성분으로 알맞은 것은?
① 프로판   ② 프로판, 부탄
③ 메탄   ④ 프레온, 부탄

94 다음 중 커브길에서의 핸들조작 통과방법으로 옳은 것은?
① 슬로우 인 - 패스트 아웃
② 패스트 인 - 슬로우 아웃
③ 슬로우 인 - 슬로우 아웃
④ 패스트 인 - 패스트 아웃

95 다음 중 자동차 운전 중 운전자 준수사항으로 잘못된 것은?

정답 87 ④ 88 ④ 89 ③ 90 ③ 91 ④ 92 ③ 93 ② 94 ① 95 ④

① 안전을 확인하지 아니하고 차의 문을 열거나 내려서는 아니 된다.
② 승객이 타고 내릴 때 떨어지지 않도록 필요한 조치를 한다.
③ 자동차 안전띠를 매고 옆 좌석 승객에게도 매도록 하여야 한다.
④ **승객이 차내에서 춤과 노래를 할 때에는 운전에 장애가 되어도 그냥 두어야 한다.**

96 LPG차량의 긴급사태(가스누출) 발생시 조치요령이 아닌 것은?

① LPG스위치를 끈다.
② 필요한 정비를 한다.
③ 엔진을 정지시킨다.
④ **연료 출루밸브를 열고 누출 장소를 확인한다.**

97 다음 중 횡단, 후진, 유턴할 수 있는 경우는?

① 다른 차의 정상적인 통행에 방해가 될 염려가 있을 때
② 시·도경찰청장이 위험방지를 위하여 안전표지로 금지한 구역
③ 고속도로에서 다른 교통에 방해가 되지 아니하는 때
④ **일반도로에서 다른 교통에 방해가 되지 아니하는 때**

98 다음 중 교통법규를 지키지 않는 것이 습관화된 사람과 관계없는 것은?

① 도로라는 공간을 먼저 차지하게 되므로 앞서 갈 수 있다.
② 사고에 휘말리거나 생명을 잃을 가능성이 높아진다.
③ 도로를 공간을 먼저 사용하려는 경쟁에서 이길 수 있다.
④ **운전기술이 뛰어난 사람이므로 사고를 당하지 않는다.**

99 도로를 운행하는 자동차 교통질서를 보면 그 나라의 ( )를(을) 알 수 있다. ( ) 안에 적합한 말은?

① 교통경찰관의 정신자세
② 교통관련 법규
③ 국민의 준법정식
④ 경제발전 정도

100 자동차의 동력전달장치에 대한 설명으로 적절하지 못한 것은?

① 변속기는 자동차를 후진시키는 역할만 한다.
② 클러치는 동력을 끊거나 연결하는 장치이다.
③ 엔진에서 발생한 동력을 타이어까지 전달하는 장치이다.
④ 클러치, 변속기, 추진축, 차동장치, 차축 등으로 구성되어 있다.

101 다음 정비불량 자동차란?

① 자동차 운수사업에 의하여 운행할 수 없는 상태의 차
② 도로교통법에 의한 자동차 정비가 불량한 차
③ 자동차 구조학적으로 정상적인 운전에 지장을 줄 상태의 차
④ **자동차관리법에 의한 장치가 정비되어 있지 아니한 차**

★☆
102 다음 중 운전자의 준수사항 위반 행위는?

① 이륜자동차의 운전자가 인명 구호장구를 착용하는 행위
② 이륜자동차의 승차자에게 인명 보호 장구를 착용하도록 하는 행위

정답 96 ④ 97 ④ 98 ④ 99 ③ 100 ① 101 ④ 102 ④

③ 10m 거리에서 차 안에 승차한 사람을 식별할 수 있도록 썬팅한 행위
④ 도로에 차·마를 세워둔 채 시비·다툼 등을 하는 행위

103 다음 중 봄과 가을에 차량환경개선 점검은 어느 곳에서 하는가?

① 관할 시·도
② 국토교통부
③ 택시조합
④ 교통안전공단

104 고속 도로상에서 자동차 고장 시 조치 방법으로 적절하지 않은 것은?

① 고장난 장소에 정차시킨 후 양쪽 비상 점멸등을 켠다.
② 주간에는 자동차 전방 100m 도로상에 고장표시판을 설치한다.
③ 고장차량 확인이 어려운 급커브 지점에서는 정지하지 않도록 한다.
④ 터널 안에서는 정지하지 않도록 한다.

105 녹색등화일 때의 차량운전자가 하지 않아야 하는 것은?

① 직진할 수 있다.
② 우회전할 수 있다.
③ 비보호 좌회전 표시가 있는 곳에서 좌회전할 수 있다.
④ 일시 정지하여 좌우를 살펴야 한다.

106 황색등화일 때의 차량운전자가 하지 않아야 하는 것은?

① 차마는 우회전할 수 있다.
② 우회전하는 경우 보행자의 횡단은 무시해도 된다.
③ 정지선이 있으면 정지선에 정지하여야 한다.
④ 교차로에 진입한 경우에는 신속히 밖으로 진행하여야 한다.

107 적색등화일 때의 차량운전자가 하지 않아야 하는 것은?

① 정지선에 정지하여야 한다.
② 횡단보도가 있으면 정지하여야 한다.
③ 우회전할 수 없다.
④ 교차로의 직전에서 정지하여야 한다.

108 다음 표지판이 의미하는 것은?

① 자동차 통행금지
② 버스 일방통행
③ 모든 차량 통행금지
④ 승합차 통행금지

109 다음 최저속도제한 표지는 어떤 교통안전표지의 종류인가?

① 지시표지
② 규제표지
③ 주의표지
④ 노면표지

110 다음 표지판은 무엇을 뜻하는가?

① 앞지르기 금지
② 자동차 통행금지
③ 미끄럼 주의
④ 나란히 통행금지

정답 103 ③ 104 ① 105 ④ 106 ② 107 ③ 108 ④ 109 ② 110 ①

111 노면에 기호, 문자 등으로 도로 사용자에게 알리는 표지는?
① 규제표지
② 지시표지
③ 보조표시
④ 노면표지

112 다음 교통안전표지가 의미하는 것은?

① 우측면통행
② 좌측면통행
③ 양측방통행
④ 회전교차로

113 다음 교통사고의 3요소가 아닌 것은?
① 사람　② 법규
③ 차　　④ 도로

114 사람에 의한 사고요인으로 볼 수 없는 것은?
① 관련법규의 미비
② 운전태도
③ 주행환경의 친숙
④ 운전기술의 부족

115 신체, 생리적 요인에 의한 교통사고의 원인이 아닌 것은?
① 피로
② 음주
③ 사고발생에 대한 믿음
④ 신경성 질환

116 다음 교통표지판이 의미하는 것은?

① 비올 때 감속
② 승용차 통행금지
③ 갓길통행금지
④ 미끄러운 도로

117 다음 운전조작의 실수가 아닌 것은?
① 정보인지의 실수
② 브레이크 고장
③ 판단의 실수
④ 조작처리의 실수

118 교통사고 방지를 위한 기본원칙이 아닌 것은?
① 최저속도로 운행한다.
② 위험예측을 빠르고 올바르게 한다.
③ 방어운전을 익힌다.
④ 적절한 시기에 운전조작을 한다.

119 정지시력을 측정할 때의 거리는?
① 3m
② 4m
③ 5m
④ 6m

120 동체시력에 관한 것으로 틀린 것은?
① 움직이면서 물체를 볼 수 있는 시력이다.
② 동체시력은 밝기에 영향을 받지 않는다.
③ 물체의 이동속도가 빠르면 저하된다.
④ 동체시력은 정지시력과 어느 정도 비례관계에 있다.

정답　111 ④　112 ③　113 ②　114 ①　115 ③　116 ④　117 ②　118 ①　119 ③　120 ②

121 야간에 물체를 식별하기 가장 어려운 시기는?
① 해질 무렵 ② 밤 10시경
③ 밤 12시경 ④ 밤 2시경

122 야간에 전조등만으로 물체를 식별하기 가장 쉬운 색은?
① 흑색 ② **흰색**
③ 회색 ④ 황색

123 야간에 전조등으로 사람으로 알아보기 가장 어려운 색은?
① **흑색** ② 적색
③ 녹색 ④ 황색

124 암순응과 명순응에 대한 대처로 바르지 않은 것은?
① 대향차량의 전조등 불빛을 직접적으로 보지 않는다.
② 순간적으로 앞을 잘 볼 수 없다면 속도를 줄인다.
③ 커브길에서 전조등이 비칠 경우를 미리 대비한다.
④ **대향차량의 전조등에 같이 상향등으로 대응한다.**

125 반대편 차량의 불빛이나 너무 많이 보아서 잠시 시력을 잃는 현상은?
① 증발현상
② 착시현상
③ **현혹현상**
④ 수막현상

126 체내 알코올 농도가 0.05%일 때 알코올이 제거되는 시간은?
① 1시간 ② 3시간
③ 5시간 ④ 7시간

127 마약, 대마, 향정신성 의약품을 사용하였을 때 나타나는 현상이 아닌 것은?
① 각성 ② 환각
③ 적대심 ④ 공격성향

128 피로가 나타내는 현상이 아닌 것은?
① 하품 ② 졸음
③ **집중력 상승** ④ 심박수 증가

129 피로현상에 따른 현상이 아닌 것은?
① 주의력 산만 ② **사고력 상승**
③ 정신활동 둔화 ④ 판단력 저하

130 피로가 운전에 미치는 영향이 아닌 것은?
① 교통표지판을 간과한다.
② 보행자를 보지 못할 수 있다.
③ 사소한 일에도 당황하게 된다.
④ **평상시보다 운전능력이 상승한다.**

131 피로가 신체능력에 미치는 영향이 아닌 것은?
① 손과 발이 신속하게 움직이게 된다.
② 빛에 민감해진다.
③ 근육이 경직된다.
④ 시계가 단조로우면 졸게 된다.

정답 121 ① 122 ② 123 ① 124 ④ 125 ③ 126 ④ 127 ① 128 ③ 129 ② 130 ④ 131 ①

132 과로운전을 피하는 방법이 아닌 것은?
① 수면을 충분히 한다.
② 심신이 건강한 상태에서 운전한다.
③ **정신상태가 불안전하더라도 자신을 믿고 운전한다.**
④ 2시간에 1회 이상 휴식한다.

133 다음 베이퍼 록 현상이 발생하는 원인이 아닌 것은?
① 브레이크 드럼이 과열되었을 때
② **브레이크 라이닝을 새 것으로 교체하였을 때**
③ 불량한 브레이크 오일을 사용한 경우
④ 브레이크 오일의 변질로 비등점이 저하되었을 때

134 수막현상을 예방하기 위한 조치가 아닌 것은?
① **고속으로 주행한다.**
② 마모된 타이어를 사용하지 않는다.
③ 공기압을 조금 높게 한다.
④ 배수효과가 좋은 타이어를 사용한다.

135 스탠딩 웨이브 현상을 막기 위한 타이어의 공기압은?
① 10~20% 적게 한다.
② 20~30% 적게 한다.
③ 10~20% 많게 한다.
④ **20~30% 많게 한다.**

136 다음 방어운전 요령이 아닌 것은?
① 넓은 시야를 갖는다.
② 안전거리를 확보한다.
③ **뒤차가 가까이 접근하면 급정지한다.**
④ 진로변경시 방향지시등을 켠다.

137 빗길 운전 시 주의 사항이 아닌 것은?
① 타이어의 마모 상태와 공기압을 점검한다.
② 워셔액을 충분히 보충한다.
③ 와이퍼의 작동 상태를 점검한다.
④ **등화장치의 작동 상태를 점검하고 전조등을 끈 채 운행한다.**

138 다음 방어운전의 요령이 아닌 것은?
① **앞차에 가까이 붙여 운전한다.**
② 급제동을 해야 할 상황을 만들지 않는다.
③ 고속주행 중 브레이크를 밟을 때는 여러 번 나누어 밟아 뒤차에 알려 준다.
④ 가능한 한 4~5대 앞의 상황까지 살핀다.

139 방어운전의 요령으로 적절하지 않은 것은?
① 적재물이 떨어질 위험이 있는 화물차로부터 가급적 멀리 떨어진다.
② 상대방 차가 갑자기 진로를 변경하더라도 안전할 만큼 충분한 간격을 두고 진행한다.
③ 중앙선을 넘어 앞지르기하는 차량이 있으므로 2차로 도로에서는 가급적 중앙선에서 떨어져 주행한다.
④ **4차로 도로에서는 가능한 한 좌측 차로로 통행한다.**

140 다음 양보운전의 요령이 아닌 것은?
① 진로를 변경하거나 끼어드는 차량이 있을 때 속도를 줄이고 공간을 만들어 준다.
② 대형차가 밀고 나오면 즉시 양보해 준다.
③ **뒤차가 접근해 오면 빠르게 진행한다.**

④ 뒤차가 앞지르려고 할 때 도로의 오른쪽으로 다가서 진행하거나 감속하여 피해준다.

141 주행시 예측운전으로 보기 어려운 것은?
① 진로를 변경할 때 신호와 함께 진로를 변경한다.
② 신호를 무시하고 뛰어드는 차나 사람이 있을 수 있으므로 신호를 절대적인 것으로만 믿지 말고 안전을 확인한 뒤에 진행한다.
③ 진로를 변경할 때 여유 있게 신호를 보낸다.
④ 보행자가 차의 접근을 알고 있는지를 확인한다.

142 다음 야간운전의 방법이 바람직하지 않은 것은?
① 중앙선으로부터 조금 떨어져서 주행한다.
② 밤에는 신호를 확실하게 하는 것이 안전을 보장한다.
③ 도로의 상태나 차로 등을 확인하면서 주행한다.
④ **타인에게 자신을 감춘다.**

143 안전한 야간운전방법이 아닌 것은?
① 뒤차의 불빛에 현혹되지 않도록 룸미러를 조정한다.
② **앞차를 따라 주행할 때 전조등은 위로 비추고 주행한다.**
③ 낮보다 느린 속도로 통과한다.
④ 졸릴 때에는 곧 운전을 중지하고 휴식을 취하거나 교대운전을 한다.

144 빗길 운전이 위험한 이유가 아닌 것은?
① **타이어가 미끄러지지 않는다.**
② 시야가 나빠 안전을 확인하기 어렵다.
③ 차바퀴가 미끄러지기 쉽다.
④ 보행자의 주의력이 약해진다.

145 안전한 빗길 운전요령이 아닌 것은?
① 속도를 20% 정도 낮춘다.
② 충분한 안전거리를 확보하여 운전한다.
③ **물이 고인 곳에서는 고속으로 통과한다.**
④ 절대로 급브레이크를 밟지 않는다.

146 철길 건널목의 위험성이 아닌 것은?
① 대형 사고일 가능성이 크다.
② 교통 소통상의 피해가 크다.
③ 인명피해가 클 가능성이 있다.
④ **사고복구가 쉽다.**

★☆
147 철길 건널목의 통과요령이 잘못된 것은?
① 반드시 일시 정지한다.
② **앞차가 통과하면 그대로 통과한다.**
③ 좌·우의 안전을 확실하게 확인하여야 한다.
④ 교통이 정체될 경우에는 건널목에 진입하지 않는다.

148 다음 이면도로 운전의 위험성이 아닌 것은?
① **어린이 사고가 적은 곳이다.**
② 도로의 폭이 좁고, 차도와 보도의 구분이 없다.
③ 폭이 좁은 도로의 교차가 많다.
④ 보행자, 자전거 등의 통행이 잦다.

정답 141 ① 142 ④ 143 ② 144 ① 145 ③ 146 ④ 147 ② 148 ①

149 이면도로의 운전방법으로 바르지 못한 것은?
① 항상 위험을 예상한다.
② 속도를 낮추고 마음의 준비를 하고 운전한다.
③ 보행자를 발견하면 그 움직임을 주시한다.
④ **빠른 속도로 이면도로를 빠져나간다.**

150 안개길을 운전할 때의 요령이 아닌 것은?
① 안개등을 이용한다.
② 속도를 낮추어 주행한다.
③ **커브길이나 구부러진 길 등에서는 빠른 속도로 그 지역을 벗어나도록 한다.**
④ 보행자를 발견하면 그 움직임을 주시한다.

151 LPG차량 시동 전 점검사항이 아닌 것은?
① 충전밸브가 잠겨 있는지 확인한다.
② 연결부위를 누출이 있는가를 확인한다.
③ 배선의 피복을 점검한다.
④ **가스가 새는지 라이터로 확인한다.**

152 LPG차량 엔진의 시동방법이 아닌 것은?
① **시동이 걸리면 액체, 기체 전환램프에 불이 있을 때 출발한다.**
② LPG 스위치를 누른다.
③ 초크 손잡이를 적당히 당긴다.
④ 수동변속기의 경우 클러치 페달을 밟고 시동을 건다.

153 LPG차량 시동을 끄는 요령으로 틀린 것은?
① 적당히 공회전을 유지한다.
② LPG 스위치를 누른다.
③ **잠깐 주차시 연료출구밸브를 잠근다.**
④ 시동키를 뺀다.

154 LPG 충전방법이 바르지 못한 것은?
① **시동을 켠다.**
② 충전밸브 핸들을 연다.
③ LPG 주입 뚜껑을 열어 주입한다.
④ 주입이 끝나면 주입 뚜껑을 닫는다.

155 가스 누출시의 조치로 틀린 것은?
① 엔진을 정지시킨다.
② LPG 스위치를 끈다.
③ 필요한 정비를 한다.
④ **연료 출구밸브를 열어 둔다.**

156 LP가스 자동차 교육의 시간은?
① 1시간   ② **2시간**
③ 4시간   ④ 8시간

157 LP가스 자동차 교육의 내용이 아닌 것은?
① LPG 자동차 특성
② LPG 위험성
③ 연료장치 점검요령
④ **LPG 주입요령**

158 다음 LPG 자동차의 장점이 아닌 것은?
① 연료비가 적게 들어 경제적이다.
② 엔진 소음이 적다.
③ **점화플러그의 수명이 줄어든다.**
④ 유해 배출가스의 배출이 줄어든다.

정답 149 ④ 150 ③ 151 ④ 152 ① 153 ③ 154 ① 155 ④ 156 ② 157 ④ 158 ③

159 다음 LPG 자동차의 단점이 아닌 것은?

① LPG 충전소가 적기 때문에 찾기가 힘든다.
② **가격이 비싸다.**
③ 겨울철에 시동이 잘 걸리지 않는다.
④ 가스누출시 체류하여 점화원에 의해 폭발의 위험성이 있다.

160 LPG의 성분으로 바르지 않은 것은?

① **충전시에는 100% 충전이 기본이다.**
② 주성분은 프로판과 부탄이다.
③ 감압 또는 가열시 쉽게 기화한다.
④ 무색무취의 가스이다.

161 부탄과 프로판의 혼합 비율 중 프로판의 비율은?

① 10%   ② 15%
③ 20%   ④ **30%**

 국내 프로판 비율은 30%로 혼합하여 사용하도록 권장하고 있다. 현재의 프로판 비율 30%에서도 -15℃이하에서는 LPG 연료 특성상 시동불량 현상이 나타날 수 있다.

162 LPG 연료탱크(봄베)에 있는 밸브가 아닌 것은?

① **혼합밸브**   ② 과류방지밸브
③ 과충전방지밸브   ④ 전자밸브

163 LPG차량 응급조치가 불가능할 경우 행해야 할 사항이 아닌 것은?

① 부근의 화기를 제거한다.
② 경찰서나 소방서에 신고한다.
③ 주변 차량의 접근을 통제한다.
④ **차량으로부터 빠르게 벗어난다.**

정답 159 ② 160 ① 161 ④ 162 ① 163 ④

제3편 운송서비스
Taxi Driver's License

제1장 운송서비스
(택시운전자의 예절에 관한 사항 포함)

제1절 운송서비스의 개념과 특징

1. 서비스의 개념
(1) 정의 : 한 당사자가 다른 당사자에게 제공해 줄 수 있는 무형의 행위 또는 활동
(2) 개념 : 여객운송업에 있어 서비스란 긍정적인 마음을 적절하게 표현하여 승객을 기쁘고 즐겁게 목적지까지 안전하게 이동시키는 것
(3) 서비스 제공을 위한 요소
단정한 용모와 복장, 밝은 표정, 공손한 인사, 친근한 언어, 따뜻한 응대.

2. 서비스의 특징
(1) 무형성 : 보이지 않음.
(2) 동시성 : 재고가 발생하지 않음
(3) 주체 : 사람에게 의존한다.
(4) 소멸성 : 즉시 사라진다.
(5) 소유권 : 가질 수 없다.
(6) 변동성 : 변동성을 가질 수 있다.
(7) 다양성 : 주관적이어서 일관되고 표준화된 서비스 질을 유지하기 어렵다.

제2절 승객만족

1. 일반적인 승객의 욕구
기대와 욕구를 수용하고 싶어한다.

2. 승객만족을 위한 기본예절
① 승객을 기억한다.
② 자신의 것만 챙기는 이기주의는 바람직한 인간관계형성의 저해요소이다.
③ 약간의 어려움을 감수하는 것은 좋은 인간관계 유지를 위한 투자이다.
④ 예의란 인간관계에서 지켜야 할 도리이다.
⑤ 연장자는 사회의 선배로서 존중하고, 공·사를 구분하여 예우한다.
⑥ 상스러운 말을 하지 않는다.
⑦ 승객에게 관심을 갖는 것은 승객으로 하여금 내게 호감을 갖게 한다.
⑧ 관심을 가짐으로써 인간관계는 더욱 성숙된다.
⑨ 승객의 입장을 이해하고 존중한다.
⑩ 승객의 여건, 능력, 개인차를 인정하고 배려한다.
⑪ 승객의 결점을 지적할 때에는 진지한 충고와 격려로 한다.
⑫ 승객을 존중하는 것은 돈 한 푼 들이지 않고 승객을 접대하는 효과가 있다.
⑬ 모든 인간관계는 성실을 바탕으로 한다.
⑭ 항상 변함없는 진실한 마음으로 승객을 대한다.

제3절 승객을 위한 행동예절

1. 이미지(Image) 관리
(1) 이미지란 상대방이 받아들이는 느낌을 말한다.
(2) 상대방이 보고 느낀 것에 의해 결정된다.
(3) 긍정적인 이미지를 만들기 위한 3요소
① 시선처리 ② 음성관리 ③ 표정관리

2. 인사

(1) 인사의 개념
① 인사는 서비스의 첫 동작이자 마지막 동작이다.
② 인사는 서로 만나거나 헤어질 때 말·태도 등으로 존경, 사랑, 우정을 표현하는 행동 양식이다.
③ 상대의 인격을 존중하고 배려하며 경의를 표시하는 수단으로 마음, 행동, 말씨가 일치되어 승객에게 공경의 뜻을 전달하는 방법이다.
④ 상사에게는 존경심을, 동료에게는 우애와 친밀감을 표현할 수 있는 수단이다.

(2) 인사의 중요성
① 인사는 평범하고도 대단히 쉬운 행동이지만 생활화되지 않으면 실천에 옮기기 어렵다.
② 인사는 애사심, 존경심, 우애, 자신의 교양 및 인격의 표현이다.
③ 인사는 서비스의 주요 기법 중 하나이다.
④ 인사는 승객과 만나는 첫걸음이다.
⑤ 인사는 승객에 대한 마음가짐의 표현이다.
⑥ 인사는 승객에 대한 서비스 정신의 표시이다.

표정관리	
좋은 표정	잘못된 표정
밝고 상쾌한 표정을 만든다.	상대의 눈을 보지 않는 표정
얼굴 전체가 웃는 표정을 만든다.	무관심하고 의욕이 없는 무표정
돌아서면서 표정이 굳어지지 않도록 한다.	입을 일자로 굳게 다문 표정
입은 가볍게 다문다.	갑자기 표정이 자주 변하는 얼굴
입의 양 꼬리가 올라가게 한다.	눈썹 사이에 세로 주름이 지는 찡그리는 표정
	코웃음을 치는 것 같은 표정

(3) 승객 응대 마음가짐 10가지
① 사명감을 가진다.
② 승객의 입장에서 생각한다.
③ 원만하게 대한다.
④ 항상 긍정적으로 생각한다.
⑤ 승객이 호감을 갖도록 한다.
⑥ 공사를 구분하고 공평하게 대한다.
⑦ 투철한 서비스 정신을 가진다.
⑧ 예의를 지켜 겸손하게 대한다.
⑨ 자신감을 갖고 행동한다.
⑩ 부단히 반성하고 개선해 나간다.

3. 용모 및 복장

※ 단정한 용모와 복장의 중요성
① 승객이 받는 첫인상을 결정한다.
② 회사의 이미지를 좌우하는 요인을 제공한다.
③ 하는 일의 성과에 영향을 미친다.
④ 활기찬 직장 분위기 조성에 영향을 준다.

4. 언어예절

※ 대화할 때의 주의사항
① 듣는 입장에서의 주의사항
  ㉠ 침묵으로 일관하는 등 무관심한 태도를 취하지 않는다.
  ㉡ 불가피한 경우를 제외하고 가급적 논쟁은 피한다.
  ㉢ 상대방의 말을 중간에 끊거나 말참견을 하지 않는다.
  ㉣ 다른 곳을 바라보면서 말을 듣거나 말하지 않는다.
  ㉤ 팔짱을 끼고 손장난을 치지 않는다.
② 말하는 입장에서의 주의사항
  ㉠ 불평불만을 함부로 말하지 않는다.]
  ㉡ 전문적인 용어나 외래어를 남용하지 않는다.
  ㉢ 욕설, 독설, 험담, 과장된 몸짓은 하지 않는다.
  ㉣ 남을 중상모략하는 언동은 조심한다.
  ㉤ 쉽게 흥분하거나 감정에 치우치지 않는다.
  ㉥ 손아랫사람이라 할지라도 농담은 조심스럽게 한다.
  ㉦ 함부로 단정하고 말하지 않는다.
  ㉧ 상대방의 약점을 잡아 말하는 것은 피한다.
  ㉨ 일부를 보고, 전체를 속단하여 말하지 않는다.
  ㉩ 도전적으로 말하는 태도나 버릇은 조심한다.

㉮ 자기 이야기만 일방적으로 말하는 행위는 조심한다.

5. 직업관

※ 올바른 직업윤리
① 소명의식 ② 천직의식
③ 직분의식 ④ 봉사정신
⑤ 전문의식 ⑥ 책임의식

※ 직업의 가치
① 내재적 가치 ② 외재적 가치

제❷장 운송사업자 및 운수종사자 준수사항

제1절 운송사업자 준수사항

1. 일반적인 준수사항

① 운송사업자는 노약자·장애인 등에 대해서는 특별한 편의를 제공해야 한다.
② 운송사업자는 여객에 대한 서비스의 향상 등을 위하여 관할관청이 필요하다고 인정하는 경우에는 운수종사자로 하여금 단정한 복장 및 모자를 착용하게 해야 한다.
③ 운송사업자는 자동차를 항상 깨끗하게 유지하여야 하며, 관할관청이 단독으로 실시하거나 관할관청과 조합이 합동으로 실시하는 청결상태 등의 검사에 대한 확인을 받아야 한다.
④ 운송사업자[대형(승합자동차를 사용하는 경우로 한정한다) 및 고급형 택시운송사업자는 제외한다]는 다음의 사항을 승객이 자동차 안에서 쉽게 볼 수 있는 위치에 게시하여야 한다. 이 경우 택시운송사업자는 앞좌석의 승객과 뒷좌석의 승객이 각각 볼 수 있도록 2곳 이상에 게시하여야 한다.
㉠ 회사명(개인택시운송사업자의 경우는 게시하지 아니한다), 자동차번호, 운전자 성명, 불편사항 연락처 및 차고지 등을 적은 표지판
⑤ 운송사업자는 운수종사자로 하여금 여객을 운송할 때 다음의 사항을 성실하게 지키도록 하고, 이를 항시 지도·감독해야 한다.
㉠ 정류소 또는 택시승차대에서 주차 또는 정차할 때에는 질서를 문란하게 하는 일이 없도록 할 것
㉡ 정비가 불량한 사업용자동차를 운행하지 않도록 할 것
㉢ 위험방지를 위한 운송사업자·경찰공무원 또는 도로관리청 등의 조치에 응하도록 할 것
㉣ 교통사고를 일으켰을 때에는 긴급조치 및 신고의 의무를 충실하게 이행하도록 할 것
㉤ 자동차의 차체가 헐었거나 망가진 상태로 운행하지 않도록 할 것
⑥ 운송사업자는 「자동차안전기준에 관한 규칙」 제54조제2항에 따른 속도제한장치 또는 제56조제1항에 따른 운행기록계가 장착된 운송사업용 자동차를 해당 장치 또는 기기가 정상적으로 작동되는 상태에서 운행되도록 해야 한다.
⑦ 택시운송사업자[대형(승합자동차를 사용하는 경우로 한정한다) 및 고급형 택시운송사업자는 제외한다]는 차량의 입·출고 내역, 영업거리 및 시간 등 택시 미터기에서 생성되는 택시운송사업용 자동차의 운행정보를 1년 이상 보존하여야 한다.
㉠ 일반택시운송사업자는 소속 운수종사자가 아닌 자(형식상의 근로계약에도 불구하고 실질적으로는 소속 운수종사자가 아닌 자를 포함한다)에게 관계 법령상 허용되는 경우를 제외하고는 운송사업용 자동차를 제공하여서는 아니 된다.
⑧ 운송사업자(개인택시운송사업자 및 특수여객자동차운송사업자는 제외한다)는 차량 운행 전에 운수종사자의 건강상태, 음주 여부 및 운행경로 숙지 여부 등을 확인해야 하고, 확인 결과 운수종사자가 질병·피로·음주 또는 그 밖의 사유로 안전한 운전을 할 수 없다고 판단되는 경우에는 해당 운수종사자가 차량을 운행하도록 해서는 안 된다.
⑨ 수요응답형 여객자동차운송사업자는 여객의 운행요청이 있는 경우 이를 거부하여서는 안 된다.

⑩ 운송사업자(개인택시운송사업자 및 특수여객자동차운송사업자는 제외한다)는 운수종사자를 위한 휴게실 또는 대기실에 난방장치, 냉방장치 및 음수대 등 편의시설을 설치해야 한다.

2. 자동차의 장치 및 설비 등에 관한 준수사항

(1) 택시운송사업용 자동차 및 수요응답형 여객자동차(승용자동차만 해당한다)

① 택시운송사업용 자동차[대형(승합자동차를 사용하는 경우로 한정한다) 및 고급형 택시운송사업용 자동차는 제외한다]의 안에는 여객이 쉽게 볼 수 있는 위치에 요금미터기를 설치해야 한다.

② 대형(승합자동차를 사용하는 경우는 제외한다) 및 모범형 택시운송사업용 자동차에는 요금영수증 발급과 신용카드 결제가 가능하도록 관련기기를 설치해야 한다.

③ 택시운송사업용 자동차 및 수요응답형 여객자동차 안에는 난방장치 및 냉방장치를 설치해야 한다.

④ 택시운송사업용 자동차[대형(승합자동차를 사용하는 경우로 한정한다) 및 고급형 택시운송사업용 자동차는 제외한] 윗부분에는 택시운송사업용 자동차임을 표시하는 설비를 설치하고, 빈차로 운행 중일 때에는 외부에서 빈차임을 알 수 있도록 하는 조명장치가 자동으로 작동되는 설비를 갖춰야 한다.

⑤ 대형(승합자동차를 사용하는 경우는 제외한다) 및 모범형 택시운송사업용 자동차에는 호출설비를 갖춰야 한다.

⑥ 택시운송사업자[대형(승합자동차를 사용하는 경우로 한정한다) 및 고급형 택시운송사업자는 제외한다]는 택시 미터기에서 생성되는 택시운송사업용 자동차 운행정보의 수집·저장 장치 및 정보의 조작을 막을 수 있는 장치를 갖추어야 한다.

⑦ 수요응답형 여객자동차에는 시·도지사가 정하는 수요응답 시스템을 갖추어야 한다.

⑧ 그 밖에 국토교통부장관이나 시·도지사가 지시하는 설비를 갖춰야 한다.

제2절 운수종사자 준수사항

① 여객의 안전과 사고예방을 위하여 운행 전 사업용자동차의 안전설비 및 등화장치 등의 이상 유무를 확인해야 한다.

② 질병·피로·음주나 그 밖의 사유로 안전한 운전을 할 수 없을 때에는 그 사정을 해당 운송사업자에게 알려야 한다.

③ 자동차의 운행 중 중대한 고장을 발견하거나 사고가 발생할 우려가 있다고 인정될 때에는 즉시 운행을 중지하고 적절한 조치를 해야 한다.

④ 운전업무 중 해당 도로에 이상이 있었던 경우에는 운전업무를 마치고 교대할 때에 다음 운전자에게 알려야 한다.

⑤ 관계 공무원으로부터 운전면허증, 신분증 또는 자격증의 제시 요구를 받으면 즉시 이에 따라야 한다.

⑥ 여객자동차운송사업에 사용되는 자동차 안에서 담배를 피워서는 안 된다.

⑦ 사고로 인하여 사상자가 발생하거나 사업용자동차의 운행을 중단할 때에는 재사고의 상황에 따라 적절한 조치를 취해야 한다.

⑧ 영수증발급기 및 신용카드결제기를 설치해야 하는 택시의 경우 승객이 요구하면 영수증의 발급 또는 신용카드결제에 응해야 한다.

⑨ 관할관청이 필요하다고 인정하여 복장 및 모자를 지정할 경우에는 그 지정된 복장과 모자를 착용하고, 용모를 항상 단정하게 해야 한다.

⑩ 택시운송사업의 운수종사자[구간운임제 시행지역 및 시간운임제 시행지역의 운수종사자와 대형(승합자동차를 사용하는 경우로 한정한다) 및 고급형 택시운송사업의 운수종사자는 제외한다]는 승객이 탑승하고 있는 동안에는 미터기를 사용하여 운행해야 한다.

⑪ 문을 완전히 닫지 아니한 상태에서 자동차를 출발시키거나 운행하는 행위

⑫ 택시요금미터를 임의로 조작 또는 훼손하는 행위

⑬ 운송사업자의 운수종사자는 운송수입금의 전액에 대하여 다음 각 호의 사항을 준수하여야 한다.
　㉠ 1일 근무시간 동안 택시요금미터에 기록된 운송수입금의 전액을 운수종사자의 근무종료 당일 운송사업자에게 납부할 것

ⓒ 일정금액의 운송수입금 기준액을 정하여 납부하지 않을 것
⑭ 운수종사자는 차량의 출발 전에 여객이 좌석안전띠를 착용하도록 안내하여야 한다. 이 경우 안내의 방법, 시기, 그 밖에 필요한 사항은 국토교통부령으로 정한다.
⑮ 그 밖에 이 규칙에 따라 운송사업자가 지시하는 사항을 이행해야 한다.

제❸장 운수종사자의 기본 소양

제1절 운전예절

1. 교통질서의 중요성

① 제한된 도로 공간에서 많은 운전자가 안전한 운전을 하기 위해서는 운전자의 질서의식이 제고되어야 한다.
② 타인도 쾌적하고 자신도 쾌적한 운전을 하기 위해서는 모든 운전자가 교통질서를 준수해야 한다.
③ 교통사고로부터 국민의 생명 및 재산을 보호하고, 원활한 교통흐름을 유지하기 위해서는 운전자 스스로 교통질서를 준수해야 한다.

2. 사업용 운전자의 사명과 자세

(1) 운전자의 사명
　① 타인의 생명도 내 생명처럼 존중 : 사람의 생명은 이 세상 다른 무엇보다도 존귀하고 소중하며, 안전운행을 통해 인명손실을 예방할 수 있다.
　② 사업용 운전자는 '공인'이라는 사명감 필요 : 승객의 소중한 생명을 보호할 의무가 있는 공인이라는 사명감이 수반되어야 한다.

(2) 운전자가 가져야 할 기본자세
　① 교통법규 이해와 준수
　　㉠ 교통법규나 규칙은 단지 아는 것으로 끝나는 것이 아니라 실천하는 것이 중요하다.
　　ⓒ 운전자는 수시로 변하는 교통상황에 맞게 차를 운전하면서 그 상황에 맞는 적절한 판단으로 교통법규를 준수해야 한다.
　② 여유 있는 양보운전

　　㉠ 교통사고의 원인에는 운전자의 조급성과 자기중심적인 사고가 깔려 있다.
　　ⓒ 항상 마음의 여유를 가지고, 서로 양보하는 마음의 자세로 운전한다.
　③ 주의력 집중
　　㉠ 운전은 한 순간의 방심도 허용되지 않는 복잡한 과정이다.
　　ⓒ 운전 중에는 방심하지 않고, 운전에만 집중해야 돌발 상황을 빨리 발견하여 적절한 조치를 취할 수 있다.
　　ⓒ 전방주시 태만, 과속, 운전 부주의 등의 운전 중 부적절한 행동은 대형사고의 원인이 될 수 있다.
　④ 심신상태 안정
　　㉠ 운전자의 몸과 마음이 안정되어 있어야 운전도 안전하게 할 수 있다.
　　ⓒ 운전자는 운행 전에 심신 상태를 차분하게 진정시켜, 냉정하고 침착한 자세로 운전하여야 한다.
　⑤ 추측운전 금지
　　㉠ 운전자는 운행 중에 발생하는 각종 상황에 대해 자신에게만 유리한 판단이나 행동은 조심해야 한다.
　　ⓒ 조그만 교통상황 변화에도 반드시 안전을 확인한 후 자동차를 조작하여야 한다.
　⑥ 운전기술 과신은 금물
　　㉠ 운전이란 혼자 하는 것이 아니라 도로이용자인 다른 운전자, 보행자 등과 도로에서 상충될 수 있다.
　　ⓒ 아무리 유능하고 자신 있는 운전자라 하더라도 자신의 판단 착오 등으로 사고가 발생할 수 있다.
　⑦ 배출가스로 인한 대기오염 및 소음공해 최소화 노력 등

3. 올바른 운전예절

(1) 인성과 습관의 중요성
　① 운전자는 일반적으로 각 개인이 가지는 사고, 태도 및 행동특성인 인성(人性)의 영향을 받게 된다.
　② 운전자의 운전행태를 보면 어떤 행위를 오

랫동안 되풀이하는 과정에서 저절로 익혀진 운전습관이 나타나는 것을 살펴볼 수 있다.
- ㉠ 습관은 후천적으로 형성되는 조건반사 현상으로 무의식중에 어떤 것을 반복적으로 행할 때 자신도 모르게 생활화된 행동으로 나타나게 된다.
- ㉡ 습관은 본능에 가까운 강력한 힘을 발휘하게 되어 나쁜 운전습관이 몸에 배면 나중에 고치기 어려우며 잘못된 습관은 교통사고로 이어질 수 있다.
③ 올바른 운전 습관은 다른 사람들에게 자신의 인격을 표현하는 방법 중의 하나이다.

(2) 운전예절의 중요성
① 사람은 일상생활의 대인관계에서 예의범절을 중시하고 있다.
② 사람의 됨됨이는 그 사람이 얼마나 예의 바른가에 따라 가늠하기도 한다.
③ 예절바른 운전습관은 명랑한 교통질서를 유지하고, 교통사고를 예방할 뿐만 아니라 교통문화 선진화의 지름길이 될 수 있다.

(3) 운전자가 지켜야 하는 행동
① 횡단보도에서의 올바른 행동
- ㉠ 신호등이 없는 횡단보도를 통행하고 있는 보행자가 있으면 일시정지하여 보행자를 보호한다.
- ㉡ 보행자가 통행하고 있는 횡단보도 내로 차가 진입하지 않도록 정지선을 지킨다.
② 전조등의 올바른 사용
- ㉠ 야간운행 중 반대차로에서 오는 차가 있으면 전조등을 변환빔(하향등)으로 조정하여 상대 운전자의 눈부심 현상을 방지한다.
- ㉡ 야간에 커브 길을 진입하기 전에 상향등을 깜박거려 반대차로를 주행하고 있는 차에게 자신의 진입을 알린다.
③ 차로변경에서의 올바른 행동
- ㉠ 방향지시등을 작동시킨 후 차로를 변경하고 있는 차가 있는 경우에는 속도를 줄여 진입이 원활하도록 도와준다.
④ 교차로를 통과할 때의 올바른 행동
- ㉠ 교차로 전방의 정체 현상으로 통과하지 못할 때에는 교차로에 진입하지 않고 대기한다.
- ㉡ 앞 신호에 따라 진행하고 있는 차가 있는 경우에는 안전하게 통과하는 것을 확인하고 출발한다.

(4) 운전자가 삼가야 하는 행동
① 지그재그 운전으로 다른 운전자를 불안하게 만드는 행동을 하지 않는다.
② 과속으로 운행하며 급브레이크를 밟는 행위를 하지 않는다.
③ 운행 중에 갑자기 끼어들거나 다른 운전자에게 욕설을 하지 않는다.
④ 도로상에서 사고가 발생한 경우 차량을 세워 둔 채로 시비, 다툼 등의 행위로 다른 차량의 통행을 방해하지 않는다.
⑤ 운행 중에 갑자기 오디오 볼륨을 크게 작동시켜 승객을 놀라게 하거나, 경음기 버튼을 작동시켜 다른 운전자를 놀라게 하지 않는다.
⑥ 신호등이 바뀌기 전에 빨리 출발하라고 전조등을 깜빡이거나 경음기로 재촉하는 행위를 하지 않는다.
⑦ 교통 경찰관의 단속에 불응하거나 항의하는 행위를 하지 않는다.
⑧ 갓길로 통행하지 않는다.

제2절 운전자 상식

1. 관련 용어 정의

(1) 교통사고조사규칙(경찰청 훈령)에 따른 대형사고란 다음과 같은 사고를 말한다.
① 3명 이상이 사망(교통사고 발생일로부터 30일 이내에 사망한 것을 말한다)
② 20명 이상의 사상자가 발생한 사고

(2) 여객자동차 운수사업법에 따른 중대한 교통사고는 다음과 같은 사고를 말한다.
① 전복(顚覆)사고
② 화재가 발생한 사고
③ 사망자 2명 이상 발생한 사고
④ 사망자 1명과 중상자 3명 이상이 발생한 사고

⑤ 중상자 6명 이상이 발생한 사고

(3) 교통사고조사규칙에 따른 교통사고의 용어
① 충돌사고 : 차가 반대방향 또는 측방에서 진입하여 그 차의 정면으로 다른 차의 정면 또는 측면을 충격한 것을 말한다.
② 추돌사고 : 2대 이상의 차가 동일방향으로 주행 중 뒤차가 앞차의 후면을 충격한 것을 말한다.
③ 접촉사고 : 차가 추월, 교행 등을 하려다가 차의 좌우측면을 서로 스친 것을 말한다.
④ 전도사고 : 차가 주행 중 도로 또는 도로 이외의 장소에 차체의 측면이 지면에 접하고 있는 상태(좌측면이 지면에 접해 있으면 좌전도, 우측면이 지면에 접해 있으면 우전도)를 말한다.
⑤ 전복사고 : 차가 주행 중 도로 또는 도로 이외의 장소에 뒤집혀 넘어진 것을 말한다.
⑥ 추락사고 : 자동차가 도로의 절벽 등 높은 곳에서 떨어진 사고

(4) 자동차 및 자동차부품의 성능과 기준에 관한 규칙에 따른 자동차와 관련된 용어
① 공차상태 : 자동차에 사람이 승차하지 아니하고 물품(예비부분품 및 공구 기타 휴대물품을 포함한다)을 적재하지 아니한 상태로서 연료·냉각수 및 윤활유를 만재하고 예비타이어(예비타이어를 장착한 자동차만 해당한다)를 설치하여 운행할 수 있는 상태를 말한다.
② 차량중량 : 공차상태의 자동차 중량을 말한다.
③ 적차상태 : 공차상태의 자동차에 승차정원의 인원이 승차하고 최대적재량의 물품이 적재된 상태를 말한다. 이 경우 승차정원 1인(13세 미만의 자는 1.5인을 승차정원 1인으로 본다)의 중량은 65킬로그램으로 계산하고, 좌석정원의 인원은 정위치에, 입석정원의 인원은 입석에 균등하게 승차시키며, 물품은 물품적재장치에 균등하게 적재시킨 상태이어야 한다.
④ 차량총중량 : 적차상태의 자동차의 중량을 말한다.
⑤ 승차정원 : 자동차에 승차할 수 있도록 허용된 최대인원(운전자를 포함한다)을 말한다.

2. 사고 현장에서의 상황별 안전조치
(1) 교통사고 상황파악
① 짧은 시간 안에 사고 정보를 수집하여 침착하고 신속하게 상황을 파악한다.
② 피해자와 구조자 등에게 위험이 계속 발생하는지 파악한다.
③ 생명이 위독한 환자가 누구인지 파악한다.
④ 구조를 도와줄 사람이 주변에 있는지 파악한다.
⑤ 전문가의 도움이 필요한지 파악한다.

(2) 사고현장의 안전관리
① 피해자를 위험으로부터 보호하거나 피신시킨다.
② 사고위치에 노면표시를 한 후 도로 가장자리로 자동차를 이동시킨다.

3. 사고 현장에서의 원인조사
(1) 노면에 나타난 흔적조사
① 스키드마크, 요마크, 프린트자국 등 타이어 자국의 위치 및 방향
② 차의 금속부분이 노면에 접촉하여 생긴 파인 흔적 또는 긁힌 흔적의 위치 및 방향
③ 충돌 충격에 의한 차량파손품의 위치 및 방향
④ 충돌 후에 떨어진 액체잔존물의 위치 및 방향
⑤ 차량 적재물의 낙하위치 및 방향
⑥ 피해자의 유류품(遺留品) 및 혈흔자국
⑦ 도로구조물 및 안전시설물의 파손위치 및 방향

(2) 사고차량 및 피해자조사
① 사고차량의 손상부위 정도 및 손상방향
② 사고차량에 묻은 흔적, 마찰, 찰과흔(擦過痕)
③ 사고차량의 위치 및 방향
④ 피해자의 상처 부위 및 정도
⑤ 피해자의 위치 및 방향

(3) 사고당사자 및 목격자조사
① 운전자에 대한 사고상황조사
② 탑승자에 대한 사고상황조사
③ 목격자에 대한 사고상황조사

(4) 사고현장 시설물조사
① 사고지점 부근의 가로등, 가로수, 전신주(電信柱) 등의 시설물 위치

② 신호등(신호기) 및 신호체계
③ 차로, 중앙선, 중앙분리대, 갓길 등 도로횡단구성요소
④ 방호울타리, 충격흡수시설, 안전표지 등 안전시설요소
⑤ 노면의 파손, 결빙, 배수불량 등 노면상태요소

(5) 사고현장 측정 및 사진촬영
① 사고지점 부근의 도로선형(평면 및 교차로 등)
② 사고지점의 위치
③ 차량 및 노면에 나타난 물리적 흔적 및 시설물 등의 위치
④ 사고현장에 대한 가로방향 및 세로방향의 길이
⑤ 곡선구간의 곡선반경, 노면의 경사도(종단구배 및 횡단구배)
⑥ 도로의 시거 및 시설물의 위치 등
⑦ 사고현장, 사고차량, 물리적 흔적 등에 대한 사진촬영

4. 법규 및 사내 안전관리 규정 준수
① 배차지시 없이 임의 운행금지
② 정당한 사유 없이 지시된 운행노선을 임의로 변경운행 금지
③ 승차 지시된 운전자 이외의 타인에게 대리운전 금지
④ 사전승인 없이 타인을 승차시키는 행위 금지
⑤ 운전에 악영향을 미치는 음주 및 약물복용 후 운전 금지
⑥ 철길건널목에서는 일시정지 준수 및 정차 금지
⑦ 도로교통법에 따라 취득한 운전면허로 운전할 수 있는 차종 이외의 차량 운전금지
⑧ 자동차 전용도로, 급한 경사길 등에서는 주·정차 금지
⑨ 기타 사회적인 물의를 일으키거나 회사의 신뢰를 추락시키는 난폭운전 등의 운전 금지
⑩ 차는 이동하는 회사(이동을 하면서 회사를 홍보해주는) 도구로써 청결 유지. 차의 내·외부를 청결하게 관리하여 쾌적한 운행환경 유지

5. 운행 전 준비사항
① 용모 및 복장 확인(단정하게)
② 승객에게는 항상 친절하게 불쾌한 언행 금지
③ 차의 내·외부를 항상 청결하게 유지
④ 운행 전 일상점검을 철저히 하고 이상이 발견되면 관리자에게 즉시 보고하여 조치 받은 후 운행
⑤ 배차사항, 지시 및 전달사항 등을 확인한 후 운행

6. 운행 중 주의사항
① 주·정차 후 출발할 때에는 차량주변의 보행자, 승·하차자 및 노상취객 등을 확인한 후 안전하게 운행한다.
② 내리막길에서는 풋 브레이크를 장시간 사용하지 않고, 엔진 브레이크 등을 적절히 사용하여 안전하게 운행한다.
③ 보행자, 이륜차, 자전거 등과 교행, 나란히 진행할 때에는 서행하며 안전거리를 유지하면서 운행한다.
④ 후진할 때에는 유도요원을 배치하여 수신호에 따라 안전하게 후진한다.
⑤ 후방카메라를 설치한 경우에는 카메라를 통해 후방의 이상 유무를 확인한 후 안전하게 후진한다.
⑥ 눈길, 빙판길 등은 체인이나 스노타이어를 장착한 후 안전하게 운행한다.
⑦ 뒤따라오는 차량이 추월하는 경우에는 감속 등을 통해 양보운전을 한다.

7. 사고에 따른 조치
① 교통사고를 발생시켰을 때에는 도로교통법령에 따라 현장에서의 인명구호, 관할경찰서 신고 등의 의무를 성실히 이행한다.
② 어떤 사고라도 임의로 처리하지 말고, 사고발생 경위를 육하원칙에 따라 거짓 없이 정확하게 회사에 보고한다.
③ 사고처리 결과에 대해 개인적으로 통보를 받았을 때에는 회사에 보고한 후 회사의 지시에 따라 조치한다.

8. 신상변동 등에 따른 보고
① 결근, 지각, 조퇴가 필요하거나, 운전면허증 기재사항 변경, 질병 등 신상변동이 발생한 때에는 즉시 회사에 보고한다.
② 운전면허 정지 및 취소 등의 행정처분을 받았

을 때에는 즉시 회사에 보고하여야 하며, 어떠한 경우라도 운전을 해서는 아니 된다.

제④장 응급처치방법

1. 부상자 의식 상태 확인

① 말을 걸거나 팔을 꼬집어 눈동자를 확인한 후 의식이 있으면 말로 안심시킨다.
② 의식이 없다면 기도를 확보한다. 머리를 뒤로 충분히 젖힌 뒤, 입안에 있는 피나 토한 음식물 등을 긁어내어 막힌 기도를 확보한다.
③ 의식이 없거나 구토할 때는 목이 오물로 막혀 질식하지 않도록 옆으로 눕힌다.
④ 목뼈 손상의 가능성이 있는 경우에는 목 뒤쪽을 한 손으로 받쳐준다.
⑤ 환자의 몸을 심하게 흔드는 것은 금지한다.

2. 심폐소생술

(1) 의식/호흡 확인 및 주변 도움 요청(119 신고. 자동제세동기)

① 성인, 소아 : 환자를 바로 눕힌 후 양쪽 어깨를 가볍게 두드리며 의식이 있는지, 숨을 정상적으로 쉬는지 확인, 주변 사람들에게 119 신고 및 자동제세동기를 가져올 것을 요청
② 영아 : 한쪽 발바닥을 가볍게 두드리며 의식이 있는지, 숨을 정상적으로 쉬는지 확인, 주변 사람들에게 119 신고 및 자동제세동기를 가져올 것을 요청

(2) 가슴 압박 30회

① 성인, 소아 : 가슴압박 30회(분당 100~120회/ 약 5cm 이상의 깊이)
② 영아 : 가슴압박 30회(분당 100~120회/ 약 4cm 이상의 깊이)

(3) 기도개방 및 인공호흡 2회

① 성인, 소아, 영아 : 가슴이 충분히 올라올 정도로 2회(1회당 1초간) 실시

(4) 가슴압박 및 인공호흡 무한 반복 : 30회 가슴압박과 2회 인공호흡 반복(30:2)

① 가슴압박 방법

㉠ 성인
1. 가슴의 중앙인 흉골의 아래쪽 절반부위에 손바닥을 위치시킨다.
2. 양손을 깍지 낀 상태로 손바닥의 아래 부위만을 환자의 흉골부위에 접촉시킨다.
3. 시술자의 어깨는 환자의 흉골이 맞닿는 부위와 수직이 되게 위치시킨다.
4. 양쪽 어깨 힘을 이용하여 분당 100~120회 정도의 속도로 5cm 이상 깊이로 강하고 빠르게 30회 눌러준다.

㉡ 소아
1. 압박할 위치는 양쪽 젖꼭지의 부위를 잇는 선의 정 중앙의 바로 아래 부분이다.
2. 한 손으로 손바닥의 아래 부위만을 환자의 흉골 부위에 접촉시킨다.
3. 시술자의 어깨는 환자의 흉골이 맞닿는 부위와 수직이 되게 위치시킨다.
4. 한 손으로 1분당 100~120회 정도의 속도와 5cm 이상 깊이로 강하고 빠르게 30회 눌러 준다.

㉢ 영아
1. 압박할 위치는 양쪽 젖꼭지 부위를 잇는 선 정 중앙의 바로 아래 부분이다.
2. 검지와 중지 또는 중지와 약지 손가락을 모은 후 첫마디 부위를 환자의 흉골부위에 접촉시킨다.
3. 시술자의 손가락은 환자의 흉골이 맞닿는 부위와 수직이 되게 위치한다.
4. 1분당 100~120회의 속도와 4cm 이상의 깊이로 강하고 빠르게 30회 눌러준다.

② 기도개방 및 인공호흡 방법

㉠ 성인
1. 한 손으로 턱을 들어올리고, 다른 손으로 머리를 뒤로 젖혀 기도를 개방시킨다.
2. 머리를 젖힌 손의 검지와 엄지로 코를 막는다.
3. 가슴 상승이 눈으로 확인될 정도로 1초 동안 인공호흡을 2회 실시한다.

㉡ 소아
1. 한 손으로 턱을 들어 올리고, 다른 손으로 머리를 뒤로 젖혀 기도를 개방시킨다.
2. 머리를 젖힌 손의 검지와 엄지로 코를 막는다.
3. 가슴 상승이 눈으로 확인될 정도로 1초 동안 인공호흡을 2회 실시한다.

㉢ 영아
1. 한 손으로 귀와 바닥이 평행할 정도로 턱을 들어 올리고, 다른 손으로 머리를 뒤로 젖힌다.
2. 환자의 입과 코에 동시에 숨을 불어 넣을 준비를 한다.
3. 가슴 상승이 눈으로 확인될 정도로 1초 동안 인공호흡을 2회 실시한다.

3. 출혈 또는 골절

① 출혈이 심하다면 출혈 부위보다 심장에 가까운 부위를 헝겊 또는 손수건 등으로 지혈될 때까지 꽉 잡아맨다.
② 출혈이 적을 때에는 거즈나 깨끗한 손수건으로 상처를 꽉 누른다.
③ 가슴이나 배를 강하게 부딪쳐 내출혈이 발생하였을 때에는 얼굴이 창백해지며 핏기가 없어지고 식은땀을 흘리며 호흡이 얕고 빨라지는 쇼크증상이 발생한다.
  ㉠ 부상자가 입고 있는 옷의 단추를 푸는 등 옷을 헐렁하게 하고 하반신을 높게 한다.
  ㉡ 부상자가 춥지 않도록 모포 등을 덮어주지만, 햇볕은 직접 쬐지 않도록 한다.
④ 골절 부상자는 잘못 다루면 오히려 더 위험해질 수 있으므로 구급차가 올 때까지 가급적 기다리는 것이 바람직하다.
  ㉠ 지혈이 필요하다면 골절 부분은 건드리지 않도록 주의하여 지혈한다.
  ㉡ 팔이 골절되었다면 헝겊으로 띠를 만들어 팔을 매달도록 한다.

4. 차멀미

① 차멀미는 자동차를 타면 어지럽고 속이 메스꺼우며 토하는 증상이 나타나는 것을 말한다.
② 차멀미는 심한 경우 갑자기 쓰러지고 안색이 창백하며 사지가 차가우면서 땀이 나는 허탈 증상이 나타나기도 한다.
③ 차멀미 승객에 대해서는 세심하게 배려한다.
  ㉠ 환자의 경우는 통풍이 잘되고 비교적 흔들림이 적은 앞쪽으로 앉도록 한다.
  ㉡ 심한 경우에는 휴게소 내지는 안전하게 정차할 수 있는 곳에 정차하여 차에서 내려 시원한 공기를 마시도록 한다.
  ㉢ 차멀미 승객이 토할 경우를 대비해 위생봉지를 준비한다.
  ㉣ 차멀미 승객이 토한 경우에는 주변 승객이 불쾌하지 않도록 신속히 처리한다.

5. 사고 발생 시 운전자의 조치사항

① 교통사고가 발생했을 때 운전자는 무엇보다도 사고피해를 최소화 하는 것과 제2차사고 방지를 위한 조치를 우선적으로 취해야 한다.
② 운전자는 이를 위해 마음의 평정을 찾아야 한다.
③ 사고발생시 운전자가 취할 조치과정은 다음과 같다.
  ㉠ 탈출 : 교통사고 발생 시 우선 엔진을 멈추게 하고 연료가 인화되지 않도록 한다. 이 과정에서 무엇보다 안전하고 신속하게 사고 차량으로부터 탈출해야 하며 침착해야 한다.
  ㉡ 인명구조 : 부상자가 발생하여 인명구조를 해야 될 경우 다음과 같은 점에 유의한다. 아비규환의 상태에서는 피해가 더욱 증가할 수 있기 때문이다.
  ㉢ 인명구출 시 부상자, 노인, 어린아이 및 부녀자 등 노약자를 우선적으로 구조한다.
  ㉣ 정차위치가 차도, 노견 등과 같이 위험한 장소일 때에는 신속히 도로 밖의 안전장소로 유도하고 2차 피해가 일어나지 않도록 한다.
  ㉤ 부상자가 있을 때에는 우선 응급조치를 한다.
  ㉥ 야간에는 주변의 안전에 특히 주의를 하고 냉정하고 기민하게 구출유도를 해야 한다.

6. 재난발생 시 운전자의 조치사항

① 운행 중 재난이 발생한 경우에는 신속하게 차량을 안전지대로 이동한 후 즉각 회사 및 유관기관에 보고한다.
② 장시간 고립 시에는 유류, 비상식량, 구급환자 발생 등을 즉시 신고, 한국도로공사 및 인근 유관기관 등에 협조를 요청한다.
③ 승객의 안전조치를 우선적으로 취한다.
  ㉠ 폭설 및 폭우로 운행이 불가능하게 된 경우에는 응급환자 및 노인, 어린이 승객을 우선적으로 안전지대로 대피시키고 유관기관에 협조를 요청한다.
  ㉡ 재난 시 차내에 유류 확인 및 업체에 현재 위치를 알리고 도착 전까지 차내에서 안전하게 승객을 보호한다.
  ㉢ 재난 시 차량 내부의 이상 여부 확인 및 신속하게 안전지대로 차량을 대피한다.

제❺장 자주 출제되는 중국어, 영어, 일본어

1. 낮에 하는 인사말로 안녕하세요?의 가장 잘된 외국어표현은?
   - 下午 (씨아우)
   - Good afternoon (굿 애프터눈)
   - こんにちは (곤니찌와)

2. 오전에 하는 인사말로 안녕하세요?의 가장 잘된 외국어표현은?
   - 上午 (쌍우)
   - Good morning (굿모닝)
   - 午前 (오하요 고자이마스)

3. 저녁에 하는 인사말로 안녕하세요?의 가장 잘된 외국어표현은?
   - 晩飯 (완판)
   - Good evening (굿 이브닝)
   - 夕方 (곰방와)

4. 어서 오십시오.
   - 歡迎光臨 (환잉꽝린)
   - Welcome aboard (웰컴 어브로드)
   - いらっしゃいませ (이랏샤이마세)

5. 무엇을 도와드릴까요?
   - 需要帮忙吗 (쉬야오 빵망마)
   - What can I do for you? (왓 캔 아이 두 포 유?)
   - おてつだい しましょうか (오테즈다이 시마쇼까)

6. 택시 타는 곳이 어디입니까?
   - 坐出租车的地方在哪里 (쭈어츄즈처더띠팡짜이날리?)
   - Where is the taxi ride? (웨어 이즈 더 택시 라이더?)
   - タクシー乗り場がどこですか (타꾸시 노리바와 도꼬데스까?)

7. 한국에 오신 것을 환영합니다.
   - 歡迎來到韓國。 (후안-영 라이따오 한꾸어)
   - Welcome to Korea (웰컴 투 코리아)
   - 韓國へようこそ (칸코쿠에 요오코소)

8. 영어, 일본어, 중국어 할 수 있습니까?
   - 會說中文嗎 (훠이 쑤어 쭝원 마)
   - Can you speak English? (캔 유 스피크 잉글리시?)
   - 日本語できますか (니혼고가 데끼마스)

9. 영어, 일본어, 중국어를 조금 밖에 못합니다.
   - 只有一点中文 (쯔요우이디엔쭝원)
   - I speak only a little English (아이 스피크 온리 어 리틀 잉글리시)
   - 日本語を少ししかできないです。 (니혼고 스꼬시시카 데키마셍)

10. 무슨 말씀인지 모르겠는데요.
    - 我不知道你說什么 (워 뿌쯔따오 니짜이 슈어쎔머)
    - I don't know what you're talking about. (아이 돈트 노우 홧 유어 톨킹 어바웃?)
    - 何を言っているのかわかりませんが。 (난오 잇테 이루노카 와카리마세가)

11. 다시 말씀해 주시겠습니까?
    - 你能再說一遍吗? (니이능 짜이 슈어 이삐엔 마?)
    - Can you repeat that? (캔 유 리피트 댓?)
    - もう一度おっしゃっていただけますか。 (모오이치도 옷샤테이타다케마스카)

12. 조금 천천히 말씀 해주세요.
    - 请慢一点說。 (칭만이띠엔슈어)
    - Please speak a little slowly (플리즈 스피크 어 리틀 슬로우리)
    - 少しゆっくりおっしゃってください (못토 윳쿠리 하나시데쿠다사이)

13. 시내까지 얼마나 걸리는지요?
    - 到市中心需要多长時間 (따우쓰 쫑씬 슈여 뚜

어 쟝쓰지엔)
- How long does it take to get downtown? (하우 롱 도우즈 잇 테이크 투 겟 다운타운?)
- 市內までどれくらいかかりますか。(시나이마데 도레쿠라이 카카리마스카)

14. 약 20분 소요가 됩니다.
- 这里大约需要 分钟。(쩌리 따위에 슈어 얼 쒸펀중)
- It takes about 20 minutes here. (잇 테이크 어바웃 투웬티 미니츠 히어)
- 約 分所要になります。(야쿠 니주푼쇼요오니 나리마스)

15. 곧 도착합니다.
- 马上就到 (마하쌍취어또)
- We are getting there soon (위 아 게팅 데어 순)
- すぐ きます。(스구 츠키마스)

16. 어디로 모실까요?
- 请问您 带到哪 (칭원린 야오따이따우나 리)
- Where do you want me to go? (웨어 두 유 원트 미 투 고?)
- どちらに えましょうか 도치라니 츠카에마쇼오카)

17. 번화가로 가 주세요.
- 请去繁华街 (칭취 판아찌에)
- Please go to the downtown area (플리즈 고 투 더 다운타운 에리어)
- 繁華街に ってください。(한카가이니 잇테쿠 다사이)

18. 이곳으로 가 주세요.
- 请到那个 方去 (칭따우 나꺼 띠팡취)
- Please go there (플리즈 고 데어)
- ここに ってください。(코코니 잇테쿠다사이)

19. 인천공항으로 가주세요.
- 请去仁川机场 (칭취 렌천 챵장)
- Please go to Incheon International Airport (플리즈 고 투 인천 인터네이셔널 에어포트)
- インチョン に ってください。(인초쿠우코오니 잇테쿠다사이)

20. 김포공항으로 가주세요.
- 请去金浦机场 (칭취 찐푸 챵장)
- Please go to Gimpo Airport (플리즈 고 투 김포 에어포트)
- 金浦空港に ってください。(킨포쿠우코오니 잇테쿠다사이)

21. 잠시만 기다려주십시오.
- 请稍等 (칭 사오덩)
- Please wait a moment (플리즈 웨이트 어 모먼트)
- 少々 ; ちください。(쇼오쇼오 오마치쿠다사이)

22. 트렁크에 싣겠습니다.
- 我把它 在后备箱里 (워바타먼 황짜이호우 빠이 씨앙리)
- I'll load the trunk (아윌 로드 더 트렁크)
- トランクに せます。(토란쿠니 노세마스)

23. 문을 다시 닫아주시겠습니까?
- 能把門再關一下嗎 (능 빠아 먼 짜이 꾸안 이씨아이 마)
- Could you please close the door again? (쿠드 유 플리즈 클로즈 더 도어 어게인?)
- ドアをまた めてもらえますか (도아오 마타 시메테 모라에마스카)

24. 안전벨트를 매어주세요.
- 请系好安全帶 (칭씨하오 안취엔 따이)
- Please tie the safety belt (플리즈 타이 더 세이프티 벨트)
- シー ベルトを めてください (시이토베루토오 시메테쿠다사이)

25. 예, 지금 출발합니다.
- 是的 现在出发 (쓰더 씨엔짜이 추파)
- Yes, we're leaving now (예스, 위어 리빙 나우)

26. 여기서 내리겠습니다. 여기 세워주세요.
    - 我在这里下车 请停在这里。 (워어 짜이 쩌리 씨아쳐 칭 팅짜이쩌리)
    - I'll get out of here. Please stop here (아윌 겟 아웃 오브 히어. 플리즈 스탑 히어)
    - ここで ります。 ここに めてください。 (코코데 오리마스 코코니 토메테쿠다사이)

27. 다 왔습니다.
    - 已经到了 (이징따오러)
    - we're here (위어 히어)
    - すべて ました (모 츠끼마시따)

28. 요금은 얼마입니까?
    - 费用是多少 (페이용씨뚜어샤오?)
    - What is the fare? (왓 이즈 더 페어?)
    - 料金はいくらですか。 (료오킨와 이쿠라데스카)

29. 8,500원입니다.
    - 是 元 (쓰 8,500위엔)
    - It's 8,500 won (잇츠 에잇 사우전드 파이브 헌드레드 원)
    - 8500ウォンです (하찌산젱고하꾸원데스)

30. 거스름 돈 여기 있습니다.
    - 找 錢在这儿。 (쟈오링치엔자이쩔)
    - Here's the change (히어즈 더 체인지)
    - お りここにあります (하이 오쯔리데스)

31. 어디서 오셨습니까?
    - 你 哪 來的 (닌 총 랄리 라이더?)
    - Where are you from? (웨어 아 유 프롬?)
    - どこからいらっしゃいましたか (도코까라 이랏사이마시타까)

32. 어디를 찾으십니까?
    - 您 找哪 (닌 짜이짜오날리?)
    - Where are you looking for? (웨어 아 유 루킹 포?)
    - どこを しますか (도꼬오 오사가시데스까)

33. 주소를 가지고 계십니까?
    - 你 地址吗? (닌 요우 띠즈 마?)
    - Do you have an address? (두 유 해브 앤 어드레스?)
    - 住所は っていますか。 (주우쇼와 못테이마스카)

34. 가까운 곳에 숙소가 좋은 곳이 있습니까?
    - 宿舍有好的地方吗? (쑤 쒀어 요우 하오 떠 띠팡마?)
    - Is there a good place to stay close by? (이즈 데어 어 굿 플레이스 투 스테이 클로즈 바이?)
    - 近くに まるのに い はありますか (치카쿠니 토마루노니 요이 바쇼와 아리마스카)

35. 여기 관광명소로 유명한 곳이 있습니까?
    - 有有名的旅游胜 吗? (요우요우 뤼요우 성띠 마멍?)
    - Is there a place famous for tourist attractions? (이즈 데어 어 플레이스 페이머스 포 튜어리스트 어트랙션?)
    - 觀光名所はありますか (칸코오메에쇼와 아리마스카?)

36. 좋은 곳이 있습니다.
    - 有好地方 (요우 하오 띠팡)
    - There's a good place. (데어즈 어 굿 플레이스)
    - 良いところがあります。 (이이도코로카 아리마스)

37. 안내해 드리겠습니다.
    - 我來介紹一下。 (워 라이 찌에싸이오 이씨안)
    - I'll show you (아윌 쇼 유)
    - ご いたします (고안나이 시마쇼오)

38. 예 부탁드립니다.
    - 请帮 (칭팡워)
    - Yes, please (예스, 플리즈)
    - はいお いします (하이 오네가이시마스)

39. 밤에는 요금이 더 비싼가요?
    - 晚上的費用更貴嗎 (훤쑤엉 떠 페어용 꿩꾸이 마)
    - Is it more expensive at night? (이즈 잇 모어 익스펜시브 엣 나이트?)
    - 夜は　がもっと　いですか。(요루와 료오킨가 못토 타카이데스카)

40. 자정 이후에는 20% 할증료를 받습니다.
    - 午夜后 我們將得到　的附加費 (우위에호우 워민찌앙드어따오 바이펀즈얼스 더푸지아페이)
    - After midnight, you get a 20% surcharge (애프터 미드나이트, 유 겟 어 투웬티 퍼센트 서차아지?)
    - 自淨この　には　りし　をけます。(요루노 쥬 니지이고와 니쥬파 센토노 와리마시료 오 이따다끼마스)

41. 대기료를 받습니다.
    - 收取等候費 (쇼우치 덩호우페이)
    - Do you get the waiting fee? (두 유 겟 더 웨이팅 피?)
    - 待機料を　け　る (타이키료오오 우케토루)

42. 예 받습니다.
    - 收到 (쓰우따우)
    - Yes, sir. (예스 시어)
    - はいされます。(이따까이마스)

43. 친절하고 안전하게 운전하여 감사합니다.
    - 谢谢您 安全驾驶。(쎄쎄 닌떠 안췐 짜이씨)
    - Thank you for being kind and safe (생큐 포 비잉 카인드 앤드 세이프)
    - ご　で　ありがとうございます。(고신세츠데 안젠운텐아리가토오고자이마스)

44. 좋은 하루 보내세요.
    - 祝您 美好的一天 (쭈닌 요우 하우더 이티엔)
    - Have a nice day (해브 어 나이스 데이)
    - 良い　を　ごす (요이이찌니치오)

45. 미안합니다.
    - 對不起 (뚜이뿌치)
    - I'm sorry (아엠 소리)
    - すみません (스미마셍)

46. 안녕히 가세요.
    - 再见。(짜이찌엔)
    - Goodbye (굿바이)
    - さようなら (사요-나라)

47. 천만에요. 외국어표현은?
    - 不用客气。(뿌용커치)
    - You're welcome (유어 웰컴)
    - どういたしまして。(도오이타시마시테)

48. 예 그렇습니다. 외국어 표현은?
    - 是的 是的。(쓰더 쓰더)
    - Yes it is (예스 잇 이즈)
    - はい そうです。(하이 소오데스)

49. 반갑습니다. 외국어 표현은?
    - 很 兴见到您 (헝고씽 찌엔 따우닌)
    - Nice to see you (나이스 투 씨 유)
    - うれしいです。(우레시이데스)

50. 길이 막히네요.
    - 路上堵了 (루우 쌍 뚜우러)
    - The road is blocked (더 로드 이즈 블로커드)
    - 道が　んでますね。(미치가 콘데마스네)

제❸편 운송서비스 기출예상문제

01 교통사고시 대처방법으로 적절하지 않는 것은?
① 차도로 뛰어나와 손을 흔들어 통과차량을 알려야 한다.
② 우선 엔진을 멈추게 하고 연료가 인화되지 않도록 한다.
③ 보험회사나 경찰 등에 사고 발생 지점 및 상태 등을 연락한다.
④ 인명 구출 시 부상자, 노인, 어린이 등 노약자를 우선적으로 구한다.

02 다음 중 택시운임산정과 관계가 없는 것은?
① 운행거리   ② 운행시간
③ **승차인원**   ④ 승차시간

03 교통사고 부상자에 대한 자세에 대한 설명으로 틀린 것은?
① 얼굴이 창백한 경우는 하체를 낮게 한다.
② 토하는 부상자는 머리를 옆으로 돌려준다.
③ 의식이 없는 부상자는 기도를 개방하고 수평자세로 눕힌다.
④ 가슴에 부상을 당하여도 호흡을 힘들게 하는 부상자는 머리와 어깨를 높여 눕힌다.

04 심장마비증상을 보이는 환자에 대한 응급처치로 올바른 것은?
① 환자가 발생했다면 먼저 신고를 해야 한다.
② 심폐소생술은 전문 의료인력이 필요하므로 환자를 지키면서 대기한다.
③ **AED를 사용한다면 환자와 접촉한 사람이 없는지 확인하고 작동시켜야 한다.**
④ AED를 이용한 제세동기 이후에는 심폐소생술을 시행해서는 안 된다.

05 운수종사자가 택시를 이용하려는 승객에게 행선지를 물어보기에 적절한 시기는?
① 승차 전
② **승차 후 출발 직전**
③ 출발 후
④ 주행 중

06 고객을 응대하는 바람직한 시선으로 볼 수 없는 것은?
① 자연스럽게 부드러운 시선으로 상대를 본다.
② **눈을 치켜뜨고 본다.**
③ 눈동자는 항상 중앙에 위치하도록 한다.
④ 가급적 고객의 눈높이와 맞춘다.

07 다음 중 고객의 욕구로 볼 수 없는 것은?
① 기억되기를 바란다.
② 칭찬받고 싶어한다.
③ **평범한 사람으로 인식되기 바란다.**
④ 관심을 가져주기 바란다.

정답 01 ① 02 ③ 03 ① 04 ③ 05 ② 06 ② 07 ③

08 다음 중 택시운전자가 가져야 할 마음자세로 볼 수 없는 것은?

① 승객에게 친절하게 대하는 마음
② 승객보다 회사의 수입을 우선시하는 마음
③ 교통법규를 지키려는 마음
④ 항상 안전운행에 주의를 기울이는 마음

09 다음 보기 중 지체장애인 승객이 원하는 서비스는?

① 승객을 동정하는 마음으로 대해주는 것
② 택시 요금의 할인 및 각종 편의 제공
③ 자신에게 별도의 특혜를 제공
④ 비장애인과 동등하게 대우해 주는 것

10 다음 중 춘·추계 차량환경개선점검은 어느 곳에서 하는가?

① 관할 시·도
② 국토교통부
③ 택시조합
④ 한국교통안전공단

11 차내 청결을 위하여 세차 및 청소를 해야 할 시기는?

① 매일 1회 이상
② 3일에 1회 이상
③ 1주일에 1회 이상
④ 월 1회 이상

12 교통 문화예절에 대한 설명 중 적절하지 못한 것은?

① 운전 중 다른 사람에게 폐를 끼치지 않으려는 마음
② 운전 중 실수를 하면 용서를 구하는 마음
③ 교통질서 유지를 위하여 운전자가 지켜야 할 공손한 몸가짐
④ 도로라는 공간을 먼저 이용하여 빨리 가려는 마음

13 택시 운전자의 승객에 대한 서비스 자세로 알맞은 것은?

① 승객의 인격을 존중하는 자세
② 승객의 이야기를 무시하는 자세
③ 승객의 요청을 묵살하는 자세
④ 승객의 태도를 훈계하는 자세

14 올바른 서비스를 제공하기 위한 요소가 아닌 것은?

① 공손한 인사
② 친근한 말
③ 불친절한 응대
④ 밝은 표정

15 다음 중 올바른 서비스 자세를 갖추기 위한 요건이 아닌 것은?

① 바른 언어 사용
② 감사하는 마음
③ 정중한 태도
④ 자존심

16 응급상황의 구조 활동 중 최우선적으로 해야 할 일은 무엇인가?

① 구조자의 육체적 고통 분담
② 구조자의 안전
③ 재산의 보전
④ 차량 손상 여부의 확인

 구조자의 안전을 최우선으로 생각하고 신속하고 질서있게 긴급처치하며 의사 또는 구급차를 부르거나 연락원을 보낼 것, 쇼크사 예방 및 신체 부위의 손상 발견

17 택시를 항상 청결하게 유지해야 하는 이유로 가장 알맞은 것은?

① 승객에게 쾌적함을 제공하기 위하여
② 승객에게 안정감을 제공하기 위하여
③ 회사의 규칙을 준수하기 위하여
④ 승객에게 많은 요금을 받기 위하여

정답 08 ② 09 ④ 10 ① 11 ① 12 ④ 13 ① 14 ③ 15 ④ 16 ② 17 ①

18 고객과 대화를 할 때 올바르지 않은 자세는?

① 불평불만을 함부로 떠들지 않는다.
② 불가피한 경우를 제외하고 논쟁을 피한다.
③ 잦은 농담을 고객을 즐겁게 한다.
④ 도전적 언사는 가급적 자제한다.

19 위급상황 발생 시 운전자 조치 요령으로 옳지 않은 것은?

① 가속페달이 되돌아오지 않고 엔진이 고속 회전 때에는 기어를 3단 또는 4단으로 변속하여 주행한다.
② 타이어의 펑크시 핸들이 돌아가지 않도록 꽉 잡고 가속페달에서 발을 뗀 후 시속 50km 이하가 되면 비로소 브레이크를 가볍게 여러 번 밟아 정지시킨다.
③ 진흙탕 속에서 한쪽바퀴가 빠져 헛돌 때에는 바퀴 밑에 모래나 볏짚 등을 깔아 빠져나온다.
④ 내리막길에서 모든 브레이크가 작동되지 않으면 한쪽 바퀴를 배수로로 빠지게 하는 등의 조치를 취해 정지시킨다.

20 다음 중 운전자가 지켜야 할 운전예절로 볼 수 없는 것은?

① 안전운전은 운전 기술만이 뛰어나다고 해서 되는 것은 아님을 자각한다.
② 보행자가 먼저 지나가도록 일시 정지하여 보행자를 보호하는 데 앞장선다.
③ 교차로에서 마주 오는 차끼리 만나면 전조등을 꺼서는 안 된다.
④ 교차로에 정체 현상이 있을 때에는 다 빠져나간 후에 여유를 가지고 서서히 출발한다.

21 택시 윗부분에 설치된 표시등의 역할로 틀린 것은?

① 택시임을 알리는 역할
② 자가용승용차와 구별하는 역할
③ 고급스럽게 보이게 하기 위한 역할
④ 야간에 승객이 쉽게 알아 볼 수 있는 역할

22 운행 중 장애인 승객이 하차하고자 하는 위치가 정차금지 구역일 경우 가장 올바른 조치는?

① 정차금지 구역이므로 정차할 수 없다.
② 선진국은 탑승차량에 대해 주정차금지 구역일지라도 정차할 수 있기 때문에 우리도 그렇게 한다.
③ 택시 승강장에서만 내려준다.
④ 정차금지 구역을 지나 가장 가까운 장소에 내려주며 안전하게 하차를 돕는다.

23 운전자의 직업적 특성으로 맞지 않는 것은?

① 사업장 자체가 이동의 성격을 갖는다.
② 일단 출고하면 전적으로 본인이 책임을 진다.
③ 목적지에 안전하고 빠르게 도착해야할 책임이 있다.
④ 승객이나 화물을 목적지까지 안전하게 운송하여야 한다.

24 택시의 장점에 대한 설명 중 틀린 것은?

① 택시운전자가 출발지에서 목적지까지 운전서비스를 해주기 때문에 편리하다.
② 택시운전자가 그 지역의 지리를 잘 알기 때문에 목적지까지 신속히 갈 수 있다.
③ 택시운전자는 운전기술이 뛰어나기 때문에 목적지까지 편안하게 갈 수 있다.
④ 택시운전자는 운전기술이 미숙하기 때문에 목적지까지 시간소요가 너무 많다.

정답 18 ③ 19 ① 20 ③ 21 ③ 22 ④ 23 ② 24 ④

25 교통문화를 준수하는 민주시민으로 볼 수 없는 사람은?
① 교통법규를 잘 지키는 사람
② 도로라는 공간을 협조하면서 질서 있게 이용하는 사람
③ 도로라는 공간을 시간차를 두고 효율적으로 이용할 줄 아는 사람
④ 교통법규를 지키지 않는 것이 습관화되어 있는 사람

26 다음 중 위급 상황 발생 시 조치요령으로 적당하지 않은 것은?
① 중앙선을 넘어오는 대형차를 발견하면 즉시 감속과 함께 길 가장자리로 피한다.
② 중앙선을 넘어오는 차를 피할 수 없는 경우 측면 충돌이 되도록 하여 피해를 줄인다.
③ 눈길, 진흙탕 등에 차바퀴가 빠진 경우 바퀴 밑에 모래, 볏짚 등을 깔아 빠져나온다.
④ 타이어 펑크 시는 급브레이크를 밟아 급정지해야 한다.

27 대형사고 발생 시 구급 호출 번호는?
① 911 ② 119
③ 111 ④ 112

28 택시 고객서비스의 자세가 아닌 것은?
① 합승을 요구한다. ② 친절히 응대
③ 고객은 왕이다. ④ 먼저 인사한다.

29 다음 중 사업용 택시운전자가 근무 중 반드시 휴대해야 하는 것은?
① 범칙금 통지서
② 운전 면허증과 택시 운전자격증
③ 소속회사의 명함
④ 건강 보험증

30 운전자의 표정을 결정하는 미소의 중요성을 잘못 설명한 것은?
① 미소는 상대방을 즐겁고 유쾌하게 만드는 힘이 있다.
② 미소를 띠면서 대화하면 인상이 좋게 보인다.
③ 미소는 자신감 있는 사람으로 보이게 한다.
④ 가식적인 미소라도 상황을 부드럽게 할 수 있다.

31 택시에 필수적으로 게시 또는 비치하지 않아도 되는 것은?
① 택시운전 자격증
② 교통 불편 신고엽서
③ 금연표시판
④ 차량청소 안내표시판

32 다음 중 교통법규를 잘 지키는 운전자가 가지는 마음가짐은?
① 안전수칙을 무시하는 마음
② 불법주차나 정차를 대수롭지 않게 생각하는 마음
③ 모범적인 운전에 자부심을 가지는 마음
④ 교통법규나 사회질서를 무시하는 마음

33 다음 중 고객서비스의 중요성으로 볼 수 없는 것은?
① 고객과 기업을 둘러싼 환경들이 급변하고 있다.
② 고객의 욕구가 다양해지고 있다.
③ 고객의 특성이 동일하다.

정답 25 ④ 26 ④ 27 ② 28 ① 29 ② 30 ④ 31 ④ 32 ③ 33 ③

④ 고객의 성품들이 대부분 표준화되어 가고 있다.

34 다음 보기 중 교통사고 발생 시 응급조치로 볼 수 없는 것은?
① 부근에 화기를 제거
② 경찰서에 신고
③ 소방서에 신고
④ **차량주위에서 다른 차량 접근을 통제**

35 다음 중 택시운송 직업의식과 관계가 먼 것은?
① 천직의식 ② 봉사정신
③ **권위의식** ④ 희생정신

36 택시운전자의 서비스와 관련하여 고려할 필요가 없는 사항은?
① 고객서비스 정신 유지
② 단정한 복장
③ **회사의 수익 확대**
④ 친절한 태도

37 다음 중 택시 운전으로 인해 발생하는 직업병으로 보기 힘든 것은?
① 요통 ② 피로 및 과로
③ 스트레스 ④ **규폐증**

38 운수종사자의 운전 전 대기자세로 틀린 것은?
① 좌석에 앉아 있는 경우 바른 자세를 유지한다.
② 밝은 표정으로 고객을 기다린다.
③ 차량은 정해진 장소에서 질서 있게 대기한다.
④ **담배냄새나 불쾌한 냄새가 나더라도 창문을 닫고 기다린다.**

39 다음 중 응급환자 구조의 원칙으로 볼 수 없는 것은?
① 응급처치
② 응급환자 이송
③ 환자에게 안정감 제공
④ **응급 사고 처리**

 응급사고 처리는 사고현장보존 차원에서 해서는 아니된다.

40 다음 중 승객에 대한 접객요령을 순서대로 바르게 연결한 것은?
① 인사 → 코스안내 → 하차안내 → 목적지 확인 → 요금확인 → 인사
② **인사 → 목적지 확인 → 코스안내 → 하차안내 → 요금확인 → 인사**
③ 코스안내 → 인사 → 목적지 확인 → 요금확인 → 하차안내 → 인사
④ 목적지 확인 → 인사 → 하차안내 → 코스안내 →요금확인 → 인사

41 원활한 교통소통을 위해 택시운전자가 준수해야 할 사항으로 거리가 먼 것은?
① 규정 속도의 준수
② **택시 내부의 청결 유지**
③ 진로 양보
④ 차간 안전거리 확보

42 다음 보기 중 골절 환자에 대한 응급처지 방법으로 올바른 것은?
① 심폐소생술 시술
② **부목으로 골절 부위 고정**
③ 조치없이 병원으로 후송
④ 압박 붕대로 고정

43 교통사고로 인해 골절이 발생한 환자에 대한 응급처치 요령으로 적절하지 않은 것은?
① 쇼크(충격)를 받을 우려가 있으므로 이에 주의한다.
② 복잡골절에 있어 출혈이 있으면 직접압박으로 출혈을 방지한다.
③ 골절 부위에 출혈이 심한 경우에는 지압법으로 지혈한다.
④ 환자를 부축하여 안전한 곳으로 이동

44 성격이 급한 운전자 운전 습관은?
① 음주 운전   ② 난폭운전
③ 무면허 운전   ④ 준법운전

45 다음 중 택시고객의 욕구로 볼 수 없는 것은?
① 빨리가길 바란다.
② 칭찬 받고 싶어한다.
③ 평범한 사람으로 인식되기를 바란다.
④ 친절하게 해 주기를 바란다.

46 교통사고로 인한 사상자에 대한 조치사항으로 볼 수 없는 것은?
① 승객의 유류품 보관
② 사고 현장 방치 및 이탈
③ 신속한 부상자 후송
④ 부상 승객에 대한 응급조치

47 다음 중 택시기사가 가져야 할 마음가짐이 아닌 것은?
① 사람의 생명을 경시하는 마음가짐
② 승객에게 친절하게 대하는 마음가짐
③ 안전운행에 주의를 기울이는 마음가짐
④ 교통법규를 지키려는 마음가짐

48 택시에 설치된 미터기를 사용하지 않고 요금을 받을 수 있는 경우는?
① 구간운임 시행지역의 경우
② 승객의 특별한 요청이 있을 경우
③ 장거리 운행 시
④ 목적지가 정해진 경우

49 다음 중 택시 운전자가 준수해야 할 사항은?
① 택시에 불법 부착물은 단다.
② 도로상에서 남과 다툰다.
③ 부당요금을 징수하지 않는다.
④ 합승손님만 태운다.

50 운전자의 자세로 가장 바람직한 것은?
① 인내심 강화   ② 예상운전
③ 추측운전   ④ 경솔한 마음가짐

51 택시운전자가 차량의 일상점검을 실시하여야 하는 가장 좋은 시기는?
① 도로 주행 전   ② 운행 종료 후
③ 운전 시작 전   ④ 틈나는 대로

52 다음 중 탈구환자에 대한 응급처지 요령으로 틀린 것은?
① 탈구는 빠르고 정확한 처치가 되도록 한다.
② 의사가 오기 전 탈구를 바로 잡아 응급처치를 해야 한다.
③ 찬 물수건으로 찜질을 하여 아픔과 붓는 것을 막는다.
④ 탈구된 부위가 팔 또는 다리라면 견인 봉대로 받쳐준다.

정답 43 ④ 44 ② 45 ③ 46 ② 47 ① 48 ① 49 ③ 50 ① 51 ③ 52 ②

53 교통사고가 발생하여 경찰관서에 신고할 경우 신고 내용으로 적절하지 않은 것은?

① 사고 일시
② 운전자 주민등록번호
③ 대인, 대물 피해 정도
④ 사고 장소

54 부상자의 기도 확보에 설명으로 틀린 것은?

① 기도 확보는 공기가 입과 코를 통해 폐에 도달할 수 있는 통로를 확보하는 것이다.
② 엎드려 있을 경우에는 무리가 가지 않도록 그대로 둔 상태에서 등을 두드린다.
③ 기도에 이물질 또는 분비물이 있는 경우 이를 우선 제거한다.
④ 의식이 없을 경우 머리를 뒤로 젖히고 턱을 끌어 올려 기도유지를 한다.

55 다음 중 개방성 창상의 종류에 해당하는 않는 것은?

① 찰과상   ② 탈구
③ 절창   ④ 열창

56 일반적으로 구조 호흡법이 필요한 사고 유형이 아닌 것은?

① 익사사고   ② 접촉사고
③ 가스중독사고   ④ 신경마비사고

57 심폐소생술의 일반적인 순서로 맞는 것은?

① 가슴압박 → 인공호흡 → 기도개방
② 인공호흡 → 기도개방 → 가슴압박
③ 인공호흡 → 가슴압박 → 기도개방
④ 기도개방 → 인공호흡 → 가슴압박

58 차내 청결을 위하여 세차 및 청소를 해야 할 시기는?

① 매일 1회 이상   ② 3일에 1회 이상
③ 1주일에 1회 이상   ④ 월 1회 이상

59 운전자의 직업적 특성으로 보기 힘든 것은?

① 사업장 자체가 이동 특성을 갖는다.
② 일단 출고하면 전적으로 본인이 책임을 진다.
③ 목적지에 안전하고 빠르게 도착해야 할 책임이 있다.
④ 승객이나 화물을 목적지까지 안전하게 운송하여야 한다.

60 다음 중 직업의 3가지 태도에 해당하지 않는 것은?

① 보상   ② 애정
③ 충성   ④ 긍지

★☆
61 응급 처치의 정의에 대한 설명으로 옳지 않은 것은?

① 전문적인 의료행위를 받기 전에 이루어지는 처지이다.
② 즉각적으로, 임시적인 적절한 처치를 말한다.
③ 환자나 부상자의 보호를 통해 고통을 덜어 주는 것이다.
④ 의약품을 사용하여 환자나 부상자를 치료하는 행위이다.

★☆
62 응급처치의 실시범위에 대한 설명으로 틀린 것은?

① 처지 요원 자신의 안전을 확보
② 환자나 부상자에 대한 생사의 판정은 금물

정답 53 ② 54 ② 55 ② 56 ② 57 ④ 58 ① 59 ② 60 ① 61 ④ 62 ③

③ 전문 의료요원에 의한 처치
④ 원칙으로는 의약품을 사용하지 않는다.

63 다음 중 직업 운전자에게 바람직하지 못한 표정으로 볼 수 없는 것은?

① 무표정한 얼굴
② 입술을 옆으로 꽉 다문 표정
③ 가볍고 자연스러운 표정
④ 코웃음 치는 것 같은 표정

64 다음 중 택시의 실차율에 대한 설명으로 맞는 것은?

① 회사 전체 택시 중 1일 가동되는 택시의 비율을 말한다.
② 1일 교통인원 중 택시가 수송한 인원의 비율을 말한다.
③ 1일 운행거리 중 영업거리가 차지하는 비율을 말한다.
④ 택시의 1일 영업횟수 중 기본요금 승객의 비율을 말한다.

65 운송사업자가 승객이 쉽게 볼 수 있게 자동차 안에 게시하여야 할 것이 아닌 것은?

① 회사명   ② 자동차번호
③ 운전자 성명 ④ 요금표

66 운수종사자가 받아야 할 교육의 내용이 아닌 것은?

① 여객자동차 운수사업 관계 법령 및 도로교통 관계 법령
② 승객의 분류에 관한 사항
③ 서비스의 자세 및 운송질서의 확립
④ 교통안전수칙

67 운수종사자의 금지사항이 아닌 것은?

① 요금을 더 줄려고 하는 승객을 막는 행위
② 문을 완전히 닫지 아니한 상태에서 자동차를 출발시키거나 운행하는 행위
③ 휴식시간을 준수하지 아니하고 운행하는 행위
④ 여객자동차운송사업용 자동차 안에서 흡연하는 행위

68 운수종사자의 준수사항이 아닌 것은?

① 운송수입금의 전액을 운송사업자에게 내야 한다.
② 여객이 좌석안전띠를 착용하도록 안내하여야 한다.
③ 승객의 안전을 위하여 30분마다 휴식을 취하여야 한다.
④ 운행기록증을 식별하기 어렵게 하거나, 그러한 자동차를 운행하여서는 아니 된다.

69 다음 운수종사자가 지켜야 할 사항이 아닌 것은?

① 음주운전 금지   ② 과로운전 금지
③ 차내 흡연금지   ④ 요금징수 금지

70 다음 운전자의 사명으로 보기 어려운 것은?

① 인명존중   ② 신속운전
③ 교통사고의 예방 ④ 공인이라는 자각

71 운전자가 가져야 할 기본적인 자세가 아닌 것은?

① 여유있고 양보하는 마음으로 운전
② 주의력 집중
③ 추측운전
④ 심신상태의 안정

정답 63 ③ 64 ③ 65 ④ 66 ② 67 ① 68 ③ 69 ④ 70 ② 71 ③

72 다음 운전자의 자세로 바르지 못한 것은?
① 회사의 이익창출
② 운전기술의 과신은 금물
③ 추측 운전의 삼가
④ 남의 생명을 내 생명처럼 존중

73 운전예절이 중요한 이유로 볼 수 없는 것은?
① 예절은 인간 고유의 것이기 때문이다.
② **차량의 원활한 소통에 필수적이기 때문이다.**
③ 예절 바른 운전습관은 명랑한 교통질서를 가져온다.
④ 교통 문화를 선진화하는데 지름길이 때문이다.

74 운전자가 지켜야 할 운전예절이 아닌 것은?
① 교통규칙의 준수
② 보행자의 통행 우선
③ 좁은 길에서 양보운전
④ **전조등의 상향 고정**

75 운전자의 올바른 예절이 아닌 것은?
① 횡단보도 내에 자동차가 들어가지 않도록 한다.
② 전조등은 일시적으로 끄거나 하향으로 하여 상대방 운전자의 눈이 부시지 않도록 한다.
③ **교차로에 정체 현상이 있을 때에는 빠르게 앞차에 근접한다.**
④ 고장 차량을 발견하였을 때에는 즉시 서로 도와 길 가장자리 구역으로 유도한다.

76 다음 운전자가 삼가야 할 운전행동이 아닌 것은?
① 뒤차에 대한 양보운전
② 끼어들기
③ 욕설
④ 도로 상에 사고 차량을 세워 둔 채로 시비

77 ★☆ 운전자가 하여야 할 바른 행동은?
① 음악이나 경음기 소리를 크게 하여 다른 운전자를 놀라게 하거나 불안하게 하는 행위
② 자동차 계기판 윗부분 등에 발을 올려놓고 운행하는 행위
③ 담배꽁초나 침을 창밖으로 뱉는 행위
④ **갑자기 끼어드는 차량에 비켜주는 행위**

78 올바른 서비스를 위한 기본적인 요소가 아닌 것은?
① 단정한 용모
② 공손한 인사
③ **급정지, 급출발**
④ 밝은 표정

79 ★☆ 운전자가 습관을 교정하기 위한 자세가 아닌 것은?
① 좋은 습관을 지니도록 항상 노력한다.
② **빨리 가는 방법을 찾기 위해 노력한다.**
③ 자신의 인격을 쌓도록 한다.
④ 이기주의적인 마음을 없애야 한다.

80 다음 서비스의 특징으로 볼 수 없는 것은?
① 무형성
② 소멸성
③ 동시성
④ **소유성**

정답 72 ① 73 ② 74 ④ 75 ③ 76 ① 77 ④ 78 ③ 79 ② 80 ④

81 서비스가 상품과 다른 차이점이 아닌 것은?
① 보이지 않는다.
② 서비스는 항상 고정되어 있다.
③ 사람에 의존한다.
④ 생산과 동시에 소비가 발생한다.

82 다음 고객의 욕구로 보기 어려운 것은?
① 관심을 받고 싶어 한다.
② 기억되고 싶어 한다.
③ 무료로 승차하고 싶어 한다.
④ 존경받고 싶어 한다.

83 승객을 위한 기본예절로 보기 어려운 것은?
① 승객이 결점을 지적하면 반박한다.
② 승객을 기억한다.
③ 연장자는 선배로서 존중한다.
④ 승객의 입장을 이해한다.

84 승객을 대하는 태도로 바람직하지 않는 것은?
① 진실한 마음으로 대한다.
② 상스런 말을 하지 않는다.
③ 관심을 가져준다.
④ 범죄인상이 아닌지 아래위로 본다.

85 운전자가 지켜야 할 행동이 아닌 것은?
① 횡단보도에서 정지선을 지킨다.
② 교차로는 최대한 빠른 속도로 빠져나간다.
③ 대향차가 오면 전조등을 하향으로 한다.
④ 차로를 변경할 때에는 미리 방향지시등을 켠다.

86 운전자가 삼가야 할 행동이 아닌 것은?
① 부당한 요금을 요구하지 않는다.
② 과속운전을 하지 않는다.
③ 가장 빠른 길을 물어본다.
④ 지그재그 운전을 하지 않는다.

87 다음 교통질서의 중요성으로 보기 어려운 것은?
① 안전운전
② 교통수익의 증가
③ 국민의 생명과 재산 보호
④ 원활한 교통 흐름

88 운전자가 가져야 할 자세로 보기 어려운 것은?
① 빠른 운행을 위한 담력 향상
② 대기오염 최소화
③ 소음의 최소화
④ 심신상태의 안정

89 교통사고 발생시 운전자의 조치사항이 바르지 못한 것은?
① 엔진정지
② 사고차량으로부터 탈출
③ 사고지역으로부터 이탈
④ 인명구조

90 사고운전자가 경찰에 알릴 사항이 아닌 것은?
① 운전자 성명
② 부상자 수
③ 사고발생 지점
④ 피해자의 나이

정답 81 ② 82 ③ 83 ① 84 ④ 85 ② 86 ③ 87 ② 88 ① 89 ③ 90 ④

91 차량고장의 경우 운전자의 조치사항이 틀린 것은?

① 고장차량을 도로에 세워 두고 견인차를 부른다.
② 비상등을 점멸하면서 갓길에 정차한다.
③ 차에 내릴 때에는 다른 차의 통행에 유의하여야 한다.
④ 차의 후방에 고장표지판을 세운다.

92 교통사고 현장의 안전조치로 틀린 것은?

① 차량을 안전한 곳에 주차한다.
② 상대 차량의 상태가 비교적 양호하면 조치 없이 가도 된다.
③ 연쇄사고의 방지를 위하여 비상등을 켠다.
④ 부상자가 있으면 119에 신고한다.

93 교통사고 부상자에 대한 조치로 바르지 못한 것은?

① 출혈이 있으면 응급 지혈을 한다.
② 가능한 한 부상자를 빨리 인근 병원으로 옮긴다.
③ 부상자의 후송이 어려운 경우에는 부상부위나 호흡 등을 확인한다.
④ 부상자가 중상이면 빠르게 후송한다.

94 교통사고가 발생한 경우 부상자에 대한 구호조치로 적당하지 않은 것은?

① 호흡이 불안정하면 기도를 확보하도록 한다.
② 부상자가 토하려고 할 때에는 옆으로 뉘어서 토하게 한다.
③ 의식을 잃고 호흡이 불안정한 부상자는 최대한 빠르게 이송한다.
④ 이물질이 기도를 막고 있을 경우 이물질을 제거한다.

95 ★☆ 부상자의 상태에 따른 조치가 바르지 못한 것은?

① 맥박이 없을 때에는 기도를 유지한다.
② 의식이 있을 때에는 괜찮다고 하여 안정시키도록 한다.
③ 의식이 없으면 기도를 확보한다.
④ 호흡이 없을 때에는 인공호흡을 한다.

96 부상자를 관찰하고 이에 대한 조치로 틀린 것은?

① 출혈이 있으면 지혈을 한다.
② 입 속에 오물이 있으면 오물을 제거하고 기도를 유지한다.
③ 신체에 변형이 있으면 빨리 이송한다.
④ 강한 통증을 호소하면 원인을 확인한다.

97 다음 부상자의 체위관리가 틀린 것은?

① 가장 편한 자세로 눕힌다.
② 얼굴이 창백한 경우에는 상체를 높여준다.
③ 의식이 없으면 기도를 개방하고 바르게 눕힌다.
④ 토하는 경우에는 머리를 옆으로 돌려준다.

98 다음 기도확보가 필요한 경우가 아닌 것은?

① 의식장애가 있는 경우
② 호흡이 정지된 경우
③ 숨은 쉬나 가슴의 움직임이 부자연스러운 경우
④ 팔에 부상으로 피가 나는 경우

99 부상자에게 인공호흡이 필요한 경우가 아닌 것은?

① 다리에 골절이 있는 경우

정답 91 ① 92 ② 93 ④ 94 ③ 95 ① 96 ③ 97 ② 98 ④ 99 ①

② 기도를 확보하고 맥박이 뛰고 있는데 호흡을 하지 아니하는 경우
③ 가슴의 움직임이 없는 경우
④ 숨소리가 들리지 않는 경우

100 인공호흡은 1분간 몇 번 하는가?
① 10회 ② 12회
③ 20회 ④ 25회

101 다음 중 택시요금 할증요금이 적용되는 시간으로 옳은 것은?
① 00 : 00~03 : 00
② 00 : 00~04 : 00
③ 00 : 00~05 : 00
④ 00 : 00~06 : 00

102 다음 중 택시 내에 반입할 수 없는 것으로 옳지 않은 것은?
① 인화물질
② 혐오동물
③ 시체
④ **술에 취한 동료**

103 다음 중 택시 내부에 비치하지 않아도 되는 것은?
① 불편사항 접수번호
② **차량계통도**
③ 운전자의 택시 운전자격증명
④ 회사명 및 차고지를 적은 표지판

104 택시운수종사자의 금지행위에 속하지 않는 것은?
① 부당한 요금을 받는 행위
② **긴급구호자 운송 중 승객의 승차행위를 거부하는 경우**
③ 운행 중 여객을 중도에 내리게 하는 행위
④ 차문을 완전히 닫지 않은 상태에서 차를 출발시키는 행위

105 다음 중 휴대용 전화를 사용할 수 있는 경우가 아닌 것은?
① 도로가 혼잡하여 정차와 서행을 반복하는 경우
② 긴급자동차를 운전하는 경우
③ 경찰관서에 납치 차량을 신고할 경우
④ 재해신고 등 긴급을 요하는 경우

106 운전을 하다가 어린이 통학버스를 만났다. 이때 적절하지 못한 행동은?
① 앞에 있는 어린이 통학버스가 정차하여 점멸 등을 켜고 있어서 일시정지하였다.
② **중앙선이 없는 도로의 반대방향에서 어린이 통학버스가 정차하고 있어 서행하였다.**
③ 어린이 통학버스가 천천히 운행하고 있어도 앞지르기를 하지 않고 뒤에서 천천히 운행하였다.
④ 왕복 2차로 도로의 반대방향에서 어린이 통학버스가 정차하고 있어서 일시정지하였다.

107 교통사고로 부상자가 쓰러져 있는 경우 가장 먼저 해야 할 행동은?
① 인공호흡을 실시한다.
② 가슴압박을 실시한다.
③ 목을 들어 기도를 확보한다.
④ 의식이 있는지 확인한다.

108 운수종사자가 택시를 이용하려는 승객에게 행선지를 물어보기에 적절한 시기는?

① 승차 전
② **승차 후 출발 직전**
③ 출발 후
④ 주행 중

109 고객과의 대화를 할 때 올바르지 않는 자세는?

① 불평불만을 함부로 떠들지 않는다.
② 불가피한 경우를 제외하고 논쟁을 피한다.
③ **잦은 농담으로 고객을 즐겁게 한다.**
④ 도전적 인사는 가급적 자제한다.

110 고객서비스의 형태가 아닌 것은?

① **동질성**　　② 무형성
③ 소멸성　　④ 무소유권

111 택시의 경우 정기점검은 얼마 만에 받아야 하는가?

① 3개월　　② 6개월
③ **12개월**　　④ 24개월

112 다음 중 운전정밀검사에 대한 설명으로 틀린 것은?

① 신규검사와 특별검사로 구분한다.
② 운전희망자가 최초로 받는 검사를 신규검사라 한다.
③ 사업용 차량 운전희망자는 운전정밀검사를 받아야 한다.
④ **자가용 무사고 운전 10년 이상인 자는 면제대상이다.**

113 택시운전자가 중상자 3명의 교통사고를 낸 경우 받아야 할 교육은 무엇인가?

① **교통소양교육**
② 정신교육
③ 교통안전교육
④ 특별교육

114 다음 중 운전자가 지켜야 할 운전예절로 볼 수 없는 것은?

① 안전운전은 운전기술만이 뛰어나다고 해서 되는 것이 아님을 자각한다.
② 보행자가 먼저 지나가도록 일시정지하여 보행자를 보호하는데 앞장선다.
③ **교차로에서 마주 오는 차끼리 만나면 전조등을 꺼서는 안 된다.**
④ 교차로에서 정체 현상이 있을 때에는 다 빠져나간 후에 여유를 가지고서 천천히 출발한다.

115 다음 중 운수종사자가 지켜야 할 것으로 맞는 것은?

① 난폭운전을 한다.
② **안전운전을 한다.**
③ 무관심과 무표정으로 운전한다.
④ 용모와 태도가 불량하게 운전한다.

116 다음 중 택시운전종사자의 근무자세 중 가장 바람직한 것은?

① 승객의 승하차 시 엄숙한 표정 짓기
② **손님의 무거운 짐을 싣고 내릴 때 거들어 주기**
③ 운행 전 미터기 작동시키기
④ 차내 습득한 물건은 항상 연락 올 때까지 직접 보관하기

117 택시운전자의 서비스와 관련하여 고려할 필요가 없는 사항은?
① 고객서비스 정신유지
② 단정한 복장
③ **회사의 수익 확대**
④ 친절한 태도

118 운수종사자 준수사항이 명시되어 있는 법은?
① 도로교통법
② 교통사고특례법
③ **여객자동차운수사업법**
④ 자동차관리법

119 교통사고발생 시 처리요령으로 틀린 것은?
① 대인사고발생 시 즉시 정차하여 필요한 구호조치를 취한다.
② 차량을 손괴한 경우에는 현장 표시 후 소통을 위해 도로의 가장자리로 이동한다.
③ 주변의 목격자를 확보하고 인적사항 연락처를 입수한다.
④ 경찰관에게 사고 사실만을 연락한 후 자리를 이탈한다.

120 다음 중 탈구 환자에 대한 응급처치요령으로 틀린 것은?
① 탈구는 빠르고 정확한 처치가 되도록 한다.
② 의사가 오기 전 탈구를 바로잡아 응급처치한다.
③ **찬 물수건 찜질을 하며 아픔과 붓는 것을 막는다.**
④ 탈구된 부위가 팔 또는 다리라면 견고한 탄력 붕대로 받쳐준다.

121 운전자가 장시간 운전할 때 몇 시간마다 휴식 및 관절운동을 해야 하는가?
① 1시간   ② **2시간**
③ 3시간   ④ 4시간

122 교통사고로 인해 사망자와 부상자가 발생한 경우 먼저 취해야 할 행동은?
① 사망자의 시신 보존
② 보험회사 담당자에게 신고
③ 경찰서에 신고
④ **부상자 구출**

123 교통사고로 자동차에 갇힌 환자에게 접근하는 방법으로 가장 옳은 것은?
① 문의 잠금장치를 절단한다.
② 옆 유리를 깬다.
③ **모든 문을 열어본다.**
④ 천장을 떼어낸다.

124 교통사고로 인해 골절이 발생한 환자에 대해 응급처치요령으로 적절하지 않은 것은?
① 쇼크를 받을 우려가 있으므로 이에 주의한다.
② 복잡골절이 있어 출혈이 있으면 직접 압박으로 출혈을 방지한다.
③ 골절 부위에 출혈이 심한 경우에는 지압법으로 지혈한다.
④ **환자를 부축하여 안전한 곳으로 이동시킨다.**

125 심폐소생술을 일반적인 순서로 맞는 것은?
① 가슴압박-인공호흡-기도개방
② 인공호흡-기도개방-가슴압박
③ 인공호흡-가슴압박-기도개방

정답 117 ③ 118 ③ 119 ④ 120 ③ 121 ② 122 ④ 123 ③ 124 ④ 125 ④

④ 기도개방-인공호흡-가슴압박

126 교통사고 환자가 출혈이 있을 시 지혈효과는 크지만 조직 손실의 위험이 있어 최후의 방법으로 적응해야 하는 방법은?

① 직접 압박법
② 압박 전 압박법
③ **지혈대 압박법**
④ 거상 압박법

127 다음 중 성인 대상으로 심폐소생술을 실시할 때 가슴압박 깊이는 최소 몇 cm가 되어야 하는가?

① 5cm   ② 7cm
③ 9cm   ④ 12cm

128 교통사고로 응급환자가 발생하여 119에 신고할 때 예로 틀린 것은?

① 자동차사고
② **환자이름 홍길동**
③ 신길 삼거리
④ 제세동 실시

129 승객 중 저혈당 당뇨환자가 쓰러져서 반응이 있다고 말할 수 있다면 응급처치 방법은?

① 말을 정확히 표현하는지 살펴본다.
② 종이봉투에 입을 대어본다.
③ 일으켜 걸어보게 한다.
④ **당이 들어 있는 음료수를 마시게 한다.**

130 다음 중 오토바이와 관련한 교통사고를 이송하기 전에 헬멧을 벗겨야 하는 경우는?

① 기도를 유지할 필요가 있을 때
② 환자가 벗겨달라고 요구한 경우
③ 환자가 땀을 많이 흘리는 경우
④ 헬멧이 부분적으로 깨어져 있을 때

131 다음 중 응급환자 구조의 원칙으로 볼 수 없는 것은?

① 응급처치
② 응급환자 이송
③ 환자에게 안정감 제공
④ 응급사고처리

132 운전자의 직업적 특성으로 맞지 않는 것은?

① 사업장 자체가 이동의 성격을 갖는다.
② **일단 출고하면 전적으로 본인이 책임을 진다.**
③ 목적지에 안전하고 빠르게 도착해야할 책임이 있다.
④ 승객이나 화물을 목적지까지 안전하게 운송하여야 한다.

133 택시 운송종사자에 대해 승객들이 불편해 하는 사항이 아닌 것은?

① 부당요금 징수와 미터기 사용 거부
② **규정된 유니폼 착용**
③ 난폭운전 및 우회운전
④ 운수종사자의 불친절

134 운전 중인 택시는 승객을 위해 일시적으로 버스전용차로로 통행할 수 있으며 이 경우 버스전용차로로 통행이 끝나야 하는 것은?

① 승·하차   ② 개인용무
③ 주차   ④ 주행

135 택시운송종사자에 대한 승객의 불만 사항으로 볼 수 없는 것은?
① 승차거부행위
② 부당요금징수행위
③ **영수증발급**
④ 불친절한 행위

136 교통사고로 인한 사상자에 대한 조치사항으로 볼 수 없는 것은?
① 승객의 소지품 보관
② **사고 현장 방치 및 이탈**
③ 신속한 부상자 후송
④ 부상 승객에 대한 응급처치

137 다음 중 고객서비스의 중요성으로 볼 수 없는 것은?
① 고객과 기업을 둘러싼 환경들이 급변하고 있다.
② 고객의 욕구가 다양해지고 있다.
③ **고객의 특성이 동일하다.**
④ 고객의 성품들이 대부분 표준화되어 가고 있다.

138 운수종사자의 운전 전 대기자세로 틀린 것은?
① 좌석에 앉아 있는 경우 바른 자세를 유지한다.
② 밝은 표정으로 고객을 기다린다.
③ 차량은 정해진 장소에서 질서 있게 대기한다.
④ **담배냄새나 불쾌한 냄새가 나더라도 창문을 닫고 기다린다.**

139 외국인이 택시에 탑승할 때 건네는 말은?
① Welcome.(웰컴)
② I'm sorry.(아엠 소리)
③ Have a nice day.(해브 어 나이스 데이)
④ All right.(올 라이트)

★☆
140 어디로 모실까요?에 해당하는 영어는?
① May I help you?(메이 아이 헬프 유?)
② How do you do?(하우 두 유 두?)
③ **Where to sir?(웨어 투 써?)**
④ Have a nice day.(해브 어 나이스 데이)

141 downtown, please(다운타운 플리즈)는 무엇을 뜻하는 말인가?
① 시내로 가주세요.
② 호텔로 가주세요.
③ 공항으로 가주세요.
④ 시청으로 가주세요.

★☆
142 영어 할 줄 아세요?의 영어표현은?
① May I help you?(메이 아이 헬프 유?)
② **Can you speak English?(캔 유 스피크 잉글리시?)**
③ Have a nice day.(해브 어 나이스 데이)
④ Where are you from?(웨어 아 유 프롬?)

143 예, 약간 할 줄 압니다의 영어 표현은?
① How do you do?(하우 두 유 두?)
② That's all right.(댓츠 올 라이트.)
③ No, thank you.(노 생큐.)
④ **I can speak a little English.(아이 캔 스피크 어 리틀 잉글리시.)**

144 Where are you going sir?(웨어 아 유 고잉 써?)가 뜻하는 것은?

① 여기가 어디인가요?
② 무엇을 도와드릴까요?
③ **어디로 가세요?**
④ 얼마인가요?

145 Please take me to city hall.(플리즈 테이크 미 투 씨티 홀.)이 뜻하는 것은?

① 고궁으로 가주세요.
② **시청으로 가주세요.**
③ 가까운 역으로 가주세요.
④ 호텔로 가주세요.

146 실수를 하여 미안하다고 할 때의 영어 표현은?

① **I'm sorry.(아엠 소리)**
② Good luck.(굿 럭)
③ Welcome.(웰컴)
④ Oh yes.(오 예스)

147 실례합니다의 영어 표현은?

① How are you?(하우 아 유?)
② Welcome.(웰컴)
③ **Excuse me.(익스큐즈 미)**
④ I'm sorry.(아이엠 소리)

148 택시 요금이 얼마인가를 묻는 바른 표현은?

① Here is your change.(히어 이즈 유어 체인지)
② **How much is the fare?(하우 머치 이즈 더 페어?)**
③ How do you do?(하우 두 유 두?)
④ Here you are.(히어 유 아.)

149 5천원입니다의 바른 표현은?

① **Five thousand won, please.(파이브 사우전드 원 플리즈)**
② Five thousand dollar, please.(파이브 사우전드 달러 플리즈)
③ Five hundred won, please.(파이브 헌드레드 원 플리즈)
④ Five zero zero zero won, please.(파이브 제로 제로 제로 원 플리즈)

150 택시 요금이 6,500원일 때 바른 표현은?

① Six five thousand won, please.(식스 파이브 사우전드 원 플리즈)
② Sixty five thousand won, please.(식스티 파이브 사우전드 원 플리즈)
③ **Six thousand five hundred won, please.(식스 사우전드 파이브 헌드레드 원 플리즈)**
④ Six five zero zero won, please.(식스 파이브 제로 제로 원 플리즈)

151 Here you are sir.(히어 유 아 써)의 뜻은?

① **도착했습니다.**
② 출발합니다.
③ 요금을 내셔야 합니다.
④ 잠시만 기다려 주세요.

152 거스름 돈 여기 있습니다의 바른 표현은?

① Have a nice day.(해브 어 나이스 데이)
② Stop here, please.(스탑 히어 플리즈)
③ How much?(하우 머치?)
④ **Here is your change.(히어 이즈 유어 체인지)**

정답 144 ③ 145 ② 146 ① 147 ③ 148 ② 149 ① 150 ③ 151 ① 152 ④

153 Thank you very much.(생큐 베리 머치)에 대한 대답은?

① No problem.(노 프라블럼)
② Have a nice day.(해브 어 나이스 데이)
③ **You're welcome.(유아 웰컴)**
④ Excuse me.(익스큐즈 미)

154 승객이 공항에 가자고 한다. 공항을 뜻하는 말은?

① department store(디파트먼트 스토어)
② **airport(에어포트)**
③ city hall(시티 홀)
④ station(스테이션)

155 승객이 계속하여 subway station(서브웨이 스테이션)이라고 말한다. 어디로 모셔야 하는가?

① 공원   ② **전철역**
③ 시장   ④ 백화점

156 감사합니다의 바른 영어 표현은?

① How much is fare?(하우 머치 이즈 페어?)
② Here you are.(히어 유 아)
③ You're welcome.(유아 웰컴)
④ **Thank you very much.(생큐 베리 머치)**

157 안녕히 가세요의 바른 표현은?

① I'm sorry(아엠 소리)
② **Good-by(굿 바이)**
③ May I help you?(메이 아이 헬프 유?)
④ No problem(노 프라블럼)

158 다음에 또 오세요라고 할 때의 표현은?

① **Please come again(플리즈 컴 어게인)**
② Come on.(컴 온)
③ You're welcome.(유아 웰컴)
④ Good-by(굿 바이)

159 승객이 art museum(아트 뮤지엄)이라고 반복적으로 말한다. 어디로 가야 하는가?

① 고궁
② 재래시장
③ **미술관**
④ 박물관

160 좋은 하루 되십시오의 영어 표현은?

① Good luck.(굿 럭)
② **Have a nice day(해브 어 나이스 데이)**
③ Welcome.(웰컴)
④ See you again(씨 유 어게인)

161 승객이 Stop here, please.(스톱 히어 플리즈)라고 할 때 해야 할 행동은?

① 경찰서로 데려다 준다.
② 외국인 관리청으로 데려다 준다.
③ 택시 요금을 말해준다.
④ **택시를 멈춘다.**

162 외국인이 택시에 탑승할 때 건네는 말은?

① **ようこそ(요오코소)**
② ごめんなさい(고멘나사이)
③ 良い一日を요이(츠이타치오)
④ 分かりました(와카리마시타)

정답 153 ③ 154 ② 155 ② 156 ④ 157 ② 158 ① 159 ③ 160 ② 161 ④ 162 ①

163 어디로 모실까요?에 해당하는 일어는?
① 手伝ってあげましょうか?(테츠닷테아게마쇼오카)
② はじめまして(하지메마시테)
③ **所在地쇼(자이치)**
④ 良い一日を(요이 츠이타치오)

164 繁華街でお願いします(한카가이데 오네가이시마스)는 무엇을 뜻하는 말인가?
① **시내로 가주세요.**
② 호텔로 가주세요.
③ 공항으로 가주세요.
④ 시청으로 가주세요.

165 일어 할 줄 아세요?의 표현은?
① ご用件を承ります(고요오켄오 우케타마와리마스)
② **日本語が話せますか(니혼고가 하나세마스카)**
③ 良い一日を(요이 츠이타치오)
④ 出身地はどこですか(슈신치와 도코데스카)

166 예. 약간 할 줄 압니다의 일어 표현은?
① はじめまして(하지메마시테)
② 大丈夫だよ(다이조오부다요)
③ いいえ, 結構です(이이에 켓코오데스)
④ **私は少し日本語が話せます(와타시와 스코시 니혼고가 하나세마스)**

167 どこへ行くのですか.(도코에 이쿠노데스카)가 뜻하는 것은?
① 여기가 어디인가요?
② 무엇을 도와드릴까요?
③ **어디로 가세요?**
④ 얼마인가요?

168 私を市役所へ連れて行ってください(와타시오 시야쿠쇼에 츠레테잇테쿠다사이)이 뜻하는 것은?
① 고궁으로 가주세요.
② **시청으로 가주세요.**
③ 가까운 역으로 가주세요.
④ 호텔로 가주세요.

169 실수를 하여 미안하다고 할 때의 일어 표현은?
① **ごめんなさい(고멘나사이)**
② がんばろう(간바로오)
③ ようこそ(요오코소)
④ ああそう(아아소오)

170 실례합니다.의 일어 표현은?
① お元気ですか(오겐키데스카)
② ようこそ(요오코소)
③ **すみません(스미마센)**
④ ごめんなさい(고멘나사이)

171 택시 요금이 얼마인가를 묻는 바른 표현은?
① お釣りです.(오츠리데스)
② **料金はいくらですか(료오킨와 이쿠라데스카)**
③ お元気ですか?(오겐키데스카?)
④ はいどうぞ(하이 도오조)

정답 163 ③ 164 ① 165 ② 166 ④ 167 ③ 168 ② 169 ① 170 ③ 171 ②

172 오천원입니다의 바른 표현은?
① 5,000ウォンください(고센워 쿠다사이)
② 5,000ドルください(고센도루 쿠다사이)
③ 500ウォン下さい(고햐쿠워 쿠다사이)
④ ゼロウォンを5つください(제로워오 이츠츠쿠다사이)

173 택시 요금이 6,500원일 때 바른 표현은?
① 65,000ウォンください(로쿠만고센워 쿠다사이)
② 6万5000ウォン下さい(로쿠센만고센워 쿠다사이)
③ 6,500ウォンください(로쿠센고햐쿠워 쿠다사이)
④ ゼロウォンで6ドルください(제로워데 로쿠도루 쿠다사이)

174 はい,どうぞ(하이 도오조)의 뜻은?
① 도착했습니다.
② 출발합니다.
③ 요금을 내셔야 합니다.
④ 잠시만 기다려 주세요.

★☆
175 거스름 돈 여기 있습니다의 바른 표현은?
① 良い一日を(요이 츠이타치오)
② ここで止めてください(코코데 토메테쿠다사이)
③ いくら？(이쿠라)
④ お釣りです(오츠리데스)

176 ありがとうございました (아리가토오고자이마시타)에 대한 대답은?
① 問題ない(몬다이나이)
② 良い一日を(요이 츠이타치오)
③ どういたしまして(도오이타시마시테)
④ すみません(스미마세)

177 승객이 공항에 가자고 한다. 공항을 뜻하는 말은?
① 百貨店(햐카텐)
② 空港(쿠우코오)
③ 市役所(시야쿠쇼)
④ ステーション(스테에쇼)

178 승객이 계속하여 地下鐵驛(티카테츠에키)이라고 말한다. 어디로 모셔야 하는가?
① 공원
② 전철역
③ 시장
④ 백화점

179 "감사합니다"의 바른 일어 표현은?
① 料金はいくらですか?(료오킨와 이쿠라데스카)
② はいどうぞ(하이 도오조)
③ どういたしまして(도오이타시마시테)
④ どうもありがとうございました(도오모 아리가토오고자이마시타)

★☆
180 안녕히 가세요의 바른 표현은?
① ごめんなさい(고멘나사이)
② グッドバイ(굿도바이)
③ 手伝ってあげましょうか?(테츠닷테아게마쇼오카)
④ 問題ない(몬다이나이)

정답 172 ① 173 ③ 174 ① 175 ④ 176 ③ 177 ② 178 ② 179 ④ 180 ②

181 다음에 또 오세요라고 할 때의 표현은?
① また来てください(마타 키테쿠다사이)
② いい加減にして(이이 카겐니 시테)
③ どういたしまして(도오이타시마시테)
④ グッドバイ(굿도바이)

182 승객이 美術館(비주츠칸)이라고 반복적으로 말한다. 어디로 가야 하는가?
① 고궁　② 재래시장
③ 미술관　④ 박물관

★☆
183 좋은 하루 되십시오의 일본어 표현은?
① がんばろう(간바로오)
② 良い一日を(요이 츠이타치오)
③ ようこそ(요오코소)
④ またね(마타네)

184 승객이 ここで止めてください(코코데 토메테 쿠다사이)라고 할 때 해야 할 행동은?
① 경찰서로 데려다 준다.
② 외국인 관리청으로 데려다 준다.
③ 택시 요금을 말해준다.
④ **택시를 멈춘다.**

185 외국인이 택시에 탑승할 때 건네는 말은?
① 欢迎光临(후아닝광린) 환영합니다.
② 对不起.(뒤부치) 미안합니다.
③ 祝你度过愉快的一天(추니두고유콰다리이데유치엔) 좋은 하루 되세요.
④ 知道了(취다오라) 알겠습니다.

186 어디로 가실까요?에 해당하는 것은?
① 要要帮您吗?(시야오방망마) 도와드릴까요?
② 初次见面(츄치지엔미엔) 처음 뵙겠습니다.
③ 您要去哪里呢(닌야오치나리) 어디로 가실까요?
④ 祝你度过愉快的一天(추니두고유콰다리이데유치엔) 좋은 하루 되세요.

187 请进城(친진차응)는 무엇을 뜻하는 말인가?
① 시내로 가주세요.
② 호텔로 가주세요.
③ 공항으로 가주세요.
④ 시청으로 가주세요.

★☆
188 중국어를 할 줄 아세요?의 표현은?
① 请问尊姓大名?(징웬쥰씽다밍) 성함이 어떻게 되십니까?
② 能说中文吗?(후이슈오종젠마)
③ 祝你度过愉快的一天(추니두고유콰다리이데유치엔) 좋은 하루 보내세요.
④ 出生的地方是哪里?(츄쎵다디팡쉬나리) 태어난 곳은 어디입니까?

189 예. 중국어를 조금 할 줄 압니다.의 표현은?
① 初次见面(츄치지안미안) 처음 뵙겠습니다.
② 没关系(메이꽨씨) 상관없습니다.
③ 没关系(메이꾸안씨) 괜찮아요.
④ 例子会说一点中文(휘슈오위디안종웬) 리즈후이슈오이디엔종원

190 去哪里 (취나리)가 뜻하는 것은?
① 여기가 어디인가요?
② 무엇을 도와드릴까요?
③ **어디로 가세요?**
④ 얼마인가요?

191 请去市政府 (칭취시장장푸오)가 뜻하는 것은?
① 고궁으로 가주세요.
② **시청으로 가주세요.**
③ 가까운 역으로 가주세요.
④ 호텔로 가주세요.

192 실수를 하여 미안하다고 할 때의 표현은?
① **对不起(뒤부치) 미안합니다.**
② 加油吧!(짜요우) 힘내라.
③ 欢迎光临(후아닝광린) 환영합니다.
④ 是的(쉬다) 그렇습니다.

193 실례합니다.의 표현은?
① 您好吗?(닌하오마) 안녕하십니까?
② 欢迎光临(환잉꽌린) 환영합니다.
③ **打扰一下(다라오이자) 실례합니다.**
④ 对不起(뒤부치) 미안합니다.

194 택시 요금이 얼마인가를 묻는 바른 표현은?
① 初次见面(츄치지엔미엔) 처음 뵙겠습니다.
② **出租车费用是多少?(츄쭈쳐 페이용 씨이 뚸워싸우오)**
③ 你好吗?(니하오마) 안녕하십니까?
④ 是的(쉬다) 그렇습니다.

195 5천원입니다의 바른 표현은?
① **五千韩元(우치엔위안)**
② 是5000美元(시우치엔메이안) 5000달러입니다.
③ 500韩元(우바이안) 500원입니다.
④ 五万韩元(오와니안) 5만원입니다.

196 택시 요금이 6,500원일 때 바른 표현은?
① 65,000韩元(류환유치안하니안) 65,000원
② 650韩元(리우바이우시하니안) 650원
③ **6,500韩元(리우바이하니안) 6,500원**
④ 6美元(리우메이안) 6달러

197 到了 (따오라)의 뜻은?
① **도착했습니다.**
② 출발합니다.
③ 요금을 내셔야 합니다.
④ 잠시만 기다려 주세요.

198 거스름 돈 여기 있습니다의 바른 표현은?
① 祝你度过愉快的一天(추니두고유콰다리이데유치엔) 좋은 하루 되세요.
② 请在这里停在(치앙피앙이쌰) 여기 세워주세요.
③ 多少钱?(듀오샤치엔) 얼마예요?
④ **零钱在这里(리안치안짜주어리)**

199 감사합니다.에 대한 대답은?
① 没关系(메이꽌시) 괜찮습니다.
② 祝你度过愉快的一天(추니두고유콰다리이데유치엔) 좋은 하루 되세요.
③ **不客气(부커치) 천만에요.**

정답 190 ③ 191 ② 192 ① 193 ③ 194 ② 195 ① 196 ③ 197 ① 198 ④ 199 ③

④ 对不起(듀부치) 미안합니다.

200 승객이 공항에 가자고 한다. 공항을 뜻하는 말은?
① 百货商店(바이휴오샹디엔) 백화점
② **机场(찌이 창) 공항**
③ 市政厅(시정푸우) 시청
④ 地铁(띠지에) 지하철

201 승객이 계속하여 地鐵 디지에)이라고 말한다. 어디로 모셔야 하는가?
① 공원
② **전철역**
③ 시장
④ 백화점

★☆
202 "감사합니다"의 바른 표현은?
① 费用是多少?(페이용시듀오샤오) 요금은 얼마입니까?
② 给我吧(게이와바) 주세요.
③ 不客气(부커치) 천만에요.
④ **谢谢(쎄쎄)**

★☆
203 안녕히 가세요의 바른 표현은?
① 对不起(디부치) 미안합니다.
② **您慢走(닌만조우)**
③ 要要帮您吗?(히야오방망마) 도와드릴까요?
④ 沒关系(메이꽌시) 괜찮습니다.

204 다음에 또 오세요라고 할 때의 표현은?
① **下次再来吧(쌍씨짜라이바)**
② 再见(짜이지엔) 또 만나요.
③ 不客气(부커치) 천만에요.
④ 走好(조하오) 잘 가요.

205 승객이 美術馆(메이슈관)이라고 반복적으로 말한다. 어디로 가야 하는가?
① 고궁
② 재래시장
③ **미술관**
④ 박물관

★☆
206 좋은 하루 되십시오의 표현은?
① 累(레이) 힘들어요.
② **祝你度过愉快的一天(추니두고유콰다리이 데유치엔)**
③ 欢迎光临(환잉꽌린) 환영합니다.
④ 能再说一遍吗?(나잉짜이슈이비안마) 다시 말씀해 주시겠어요?

207 승객이 请在这里停车(치앙티앙이짜)라고 할 때 해야 할 행동은?
① 경찰서로 데려다 준다.
② 외국인 관리청으로 데려다 준다.
③ 택시 요금을 말해준다.
④ **택시를 멈춘다.**

제4편 대전광역시 주요 지리
Taxi Driver's License

- ◇ 시청 소재지 : 서구 둔산로 100
- ◇ 면적 : 539.5km²
- ◇ 인구 : 1,445,214명 (2023년 4월 현재)
- ◇ 행정구분 : 5구 81개동
- ◇ 시 꽃 : 백목련 – 순백의 꽃을 피우는 꽃 중의 여왕으로 우아하고 품격 높은 시민정신을 상징
- ◇ 시 나무 : 소나무 – 송죽지절(松竹之節 : 변하지 않는 절개)을 상징
- ◇ 시 새 : 까치 – 텃새의 일종으로 익조로서 "반가운 손님이 온다."고 전해지는 길조의 상징
- ◇ 산 : 보문산, 도솔산, 구봉산, 정태산, 우산봉, 갑하산, 계족산, 도덕봉, 식장산, 연인산 등

★ 대전의 뜻

대전(大田)은 우리말인 한밭이 한자화된 이름이다. 본래는 한밭으로 부르던 이름이 조선 초기에 이르러 한자인 대전(大田)으로 쓰이게 된 것이다. 그러나, 한밭이란 이름도 함께 사용되고 있다. 한밭의 한은 크다는 뜻이다. 그래서 한의 대(大)로 번역하고, 밭은 한자로 전(田)을 사용하여 대전(大田)이 되었다. 따라서 한밭은 큰 밭, 즉 넓은 들판이라는 뜻이다.

★ 대전의 유래

대전(大田)이란 이름이 현재까지 전해지는 국내 문헌에 처음 나타난 것은 『동국여지승람』이다. 공주의 자연을 설명하는 내용 중에 "대전천은 유성 동쪽 25리 지점에 있다."라는 설명이 나오는데 이러한 기록으로 보아 대전이란 이름은 500여 년 전 조선 초기에도 있었을 것으로 생각된다. 대전(大田)이란 이름은 일제강점기에 군·면을 합치면서 대전리가 대전면으로, 1931년에는 대전읍으로, 1935년에는 대전부로 되었다. 1949년에는 대한민국의 대전시로, 1989년에는 대전직할시로, 1995년에는 대전광역시로 발전하였다.

1. 구청 소재지

지역구	동	소 재 지
대덕구	12	대덕구 대전로1033번길 20, 오정동
		오정동, 대화동, 회덕동, 비래동, 송촌동, 중리동, 법1동, 법2동, 신탄진동, 석봉동, 덕암동, 목상동
동구	16	동구 동구청로 147, 가오동
		중앙동, 신인동, 효동, 판암1동, 판암2동, 용운동, 대동, 자양동, 가양1동, 가양2동, 용전동, 성남동, 홍도동, 삼성동, 대청동, 산내동
중구	17	중구 중앙로 100, 대흥동
		은행선화동, 목동, 중촌동, 대흥동, 문창동, 석교동, 대사동, 부사동, 용두동, 오류동, 태평1동, 태평2동, 유천1동, 유천2동, 문화1동, 문화2동, 산성동

지역구		주요 기관
서구	24	서구 둔산서로 100, 둔산동
		가장동, 복수동, 도마1동, 도마2동, 정림동, 변동, 용문동, 탄방동, 둔산1동, 둔산2동, 둔산3동, 괴정동, 내동, 갈마1동, 갈마2동, 월평1동, 월평2동, 월평3동, 만년동, 가수원동, 관저1동, 관저2동, 기성동, 도안동
유성구	13	유성구 대학로 211, 유성구청
		진잠동, 원신흥동, 온천1동, 온천2동, 노은1동, 노은2동, 노은3동, 신성동, 전민동, 구즉동, 관평동, 학하동, 상대동

2. 각 지역구별 주요 기관

지역구	주요 기관
대덕구	대한신문 오정로75번길 21
	대전문화신문 회덕로 9-2
	STB상생방송 한밭대로 1133
	대덕등기소 대전로1019번길 20
	대전대덕소방서 계족로 682
	대전대덕경찰서 계족로 670
	대전대덕우체국 문평동로 16
	대전오정동우체국 대전로 1095
	한국교통안전공단 대전충남본부 대덕대로1417번길 31
	대전덕암동우체국 덕암로 157
	대덕구예비군훈련장 와동 산 22-4
	송촌119안전센터 동춘당로 65
	중리지구대 한밭대로 1084
	대화119안전센터 대화로 81
	대전대화동우체국 대화로 67
	신탄진우체국 석봉로37번길 62
	덕암119안전센터 신탄진로 661
	문평119안전센터 문평동로18번길 34
	대전송촌동우체국 동춘당로 61
	신탄진지구대 대덕대로 1472
	법동우체국 동춘당로 183
	대한적십자사 중부혈액검사센터 송촌남로 22
	대전 천변도시고속화도로 대전로1331번길 448
	회덕지구대 대전로 1386
	수도시설관리사업소 중리동 20-1
	한남대학교 한남로 70
	대전신학대학교 한남로 41
	대전보훈병원 대청로82번길 147
	근로복지공단 대전병원 계족로 637
동구	대전국악방송 대전로 591
	대전운전면허시험장 산서로1660번길 64
	대전동부경찰서 충무로 222
	대전동부소방서 계족로 300
	대전지방국토관리청 계족로 447
	대전우체국 대전로 757
	용전동우체국 계족로 482
	대산학교 소년보호기관 산내로 1398-41
	대전역지구대 역전시장길 7
	대전가양동우체국 동대전로 278
	가양지구대 우암로 299
	대전가오동우체국 동구청로 117
	원동119안전센터 대전천동로 508
	판암파출소 옥천로 212
	가양119안전센터 계족로 300
	대전 동구예비군훈련장 용운동 70-2
	대전소제동우체국 계족로 271
	홍도치안센터 동산초교로23번길 7
	삼성119안전센터 태전로 134
	대전삼성동우체국 우암로85번길 24
	산내119안전센터 산내로 1328
	대전판암동우체국 동부로 35
	대전낭월동우체국 산내로 1323
	용운119안전센터 용운로151번길 88
	대전광역시 상수도사업본부 동부사업소 동대전로 292
	천동파출소 대전로 501
	대전복합터미널 동서대로 1689
	대전역 중앙로 215
	대전보건대학교 충정로 21
	대전대학교 대학로 62
	우송대학교 동대전로 171
	우송정보대학 동캠퍼스 자양동 101-17
	한국폴리텍대학 대전캠퍼스 우암로 352-21
	대전기독요양병원 계족로 189
	대전한국병원 동서대로 1672
중구	대전중구보건소 산성로 63
	한밭종합운동장 대종로 373
	한화생명이글스파크 대종로 373
	대전차량등록사업소 대종로 373
	대전충남지방병무청 중앙로16번길 5
	대전 출입국외국인사무소 목중로26번길 7
	대전세무서 보문로 331
	대전중부경찰서 중앙로 112
	서대전우체국 계룡로 914
	대전 동부교육지원청 문화로234번길 34
	소상공인시장진흥공단 본부 보문로 246
	법무부 대전준법지원센터 보문로 282
	대전선화동우체국 중앙로129번길 5
	대전대흥동우체국 대흥로 184
	대전태평동우체국 태평로 113

	대전목동우체국 동서대로 1411		특허청 청사로 189
	국립농산물품질관리원 충남지원 보문로 327		중소벤처기업부 청사로 189
	부사119안전센터 대종로 373		문화재청 청사로 189
	유등지구대 계백로1566번길 104		관세청 청사로 189
	중촌파출소 대종로 661-1		조달청 대전 서구 청사로 189
	호동우체국 대종로 150		한국산업기술평가관리원 대전사무소 문정로48번길 48
	대전오류동우체국 계백로 1709-10		산림청 청사로 189
	대한적십자사 대전세종지사 선화서로 19		대전일보 계룡로 314
	태평119안전센터 동서대로 1235		충청투데이 본사 갈마중로30번길 67
	서대전지구대 중앙로 14		금강일보 대덕대로 223
	산성119안전센터 산성로 59		TBN대전교통방송 신갈마로 17
	선화파출소 선화서로 91		KBS 대전방송총국 둔산대로117번길 128
	중도일보 계룡로 832		대전문화예술의전당 둔산대로 135
	대전CBS 방송국 계백로 1712		건양대학교 대전메디컬캠퍼스 관저동로 158
	cpbc 대전가톨릭평화방송 대종로 471		목원대학교 도안북로 88
	을지대학교 대전캠퍼스 계룡로771번길 77		배재대학교 배재로 155-40
	충남대학교 보운캠퍼스 문화로 266		혜천대학교 혜천로 100
	충남대학교병원 문화로 282		한마음정신병원 삼보실길 123
	가톨릭대학교 대전성모병원 대흥로 64		우리들병원 문정로48번길 70
	대전선병원 목중로 29		건양대학교병원 관저동로 158
	태평크리닉 동서대로 1218		대전을지대학교병원 둔산서로 95
서구	대전지방법원 둔산중로78번길 45		대청병원 계백로 1322
	대전고등법원 둔산중로78번길 45		시티크리닉 둔산로 76
	대전소방본부 둔산로 100	유성구	국립대전현충원 갑동 산23-1
	대전지방보훈청 한밭대로 713		한국조폐공사 과학로 80-67
	대전도시철도공사 월드컵대로 480		대전지방기상청 대학로 383-1
	대전 고용복지플러스센터 문정로 56		국립중앙과학관 대덕대로 481
	정부대전청사 청사로 189		대전교육과학연구원 대덕대로 507-50
	대전둔산경찰서 한밭대로 733		대전월드컵경기장 월드컵대로 32
	대전둔산소방서 갈마중로 15		한국원자력연구원 대덕대로989번길 111
	통계교육원 한밭대로 713		유성시외버스터미널 계룡로 41-4
	대전둔산우체국 둔산로 111		한국항공우주연구원 과학로 169-84
	대전지방고용노동청 둔산북로90번길 34		한국기계연구원 가정북로 156
	대전광역시교육청 둔산로 89		한국화학연구원 가정로 141
	서대전세무서 둔산서로 70		한국에너지기술연구원 가정로 152
	대전서부경찰서 복수서로 47		대전유성우체국 온천로 51
	대전지방검찰청 둔산중로78번길 15		국가정보자원관리원 대덕대로 755
	탄방119안전센터 문정로 142		대전유성경찰서 북유성대로 112
	대전지방경찰청 둔산중로 77		한국연구재단 대전청사 가정로 201
	대전서부소방서 복수서로 67		북대전세무서 북유성대로 188
	대전지방조달청 배재로 123		대전유성소방서 대덕대로 516
	대전괴정동우체국 갈마로 196		유성지구대 문화원로 136
	대전지방국세청 한밭대로 809		한국원자력안전기술원 과학로 62
	통계청 청사로 189		화학물질안전원 가정북로 90
	대전 서부교육지원청 계백로 1419		정보통신기획평가원 유성대로 1548
	한국산림복지진흥원 둔산북로 121		대전지방교정청 대정동 36
	갈마119안전센터 갈마중로 15		

	유성예비군훈련장 하기로143번길 84
	대전봉명동우체국 계룡로 61
	대덕테크노밸리 우체국 테크노4로 127
	구암119안전센터 월드컵대로 263
	대전지족동우체국 은구비로 52
	대전충남지방 중소벤처기업청 가정북로 104
	노은119안전센터 노은로 101
	대덕연구단지우체국 대덕대로 587
	대전광역시 농업기술센터 교촌대정로 97
	구즉우체국 구즉로58번길 31-11
	대전신성동우체국 신성로 73
	금강유역환경청 대학로 417
	대전노은2동우체국 반석동로 53
	국립과학수사연구원 대전과학수사연구소 유성대로 1524
	MBC 대전문화방송 엑스포로 161
	TJB대전방송 엑스포로 131
	대전극동방송 지족로364번길 38-8
	대전투데이 유성대로 26-20
	KAIST 본원 대학로 291
	충남대학교 대덕캠퍼스 대학로 99
	한밭대학교 유성덕명캠퍼스 동서대로 125
	침례신학대학교 북유성대로 190
	KAIST 문지캠퍼스 문지동 103-6
	한국방송통신대학교 대전충남지역대학 오룡1길 112
	과학기술연합대학원대학교 가정로 217
	한밭대학교 대덕산학융합캠퍼스 테크노1로 75
	한남대학교 대덕밸리캠퍼스 유성대로 1646
	LH토지주택대학교 엑스포로539번길 99
	대덕대학교 해양기술부사관과 가정북로 68
	유성선병원 북유성대로 93

3. 백화점, 호텔

지역구	소 재 지
대덕구	박스호텔 덕암로148번길 30 만월호텔 중리점 중리로7번길 14-17 호텔 여기어때 신탄진점 신탄진로810번길 50
동구	코스모스관광호텔 동서대로1695번길 8 샤또그레이스호텔 한밭대로 1298 호텔선샤인 동서대로 1700 태웅관광호텔 대전로839번길 27
	HI호텔 용운로 169 대전관광호텔 동서대로1683번길 46-8 엠페러관광호텔 대전천동로 590
중구	베니키아호텔대림 대종로505번길 50 크리스탈 레지던스호텔 대종로452번길 38 호텔마이스테이 중교로 10 럭키관광호텔 당디로 112 NC백화점 중앙로역점 중앙로 141 세이백화점 계백로 1700
서구	토요코인호텔 정부청사앞점 둔산중로134번길 13 호텔그레이톤 둔산 둔산중로 70 굿모닝레지던스휴 둔산로73번길 21 부띠끄호텔락희 대덕대로220번길 23 이안레지던스호텔 둔산로65번길 29 레지던스호텔라미아 둔산로51번길 42 레지던스호텔라인 둔산로51번길 76 호텔3월 둔산중로32번길 29 블루샵레지던스호텔 둔산로73번길 22 코업레지던스호텔 둔산동 1422 롯데백화점 대전점 계룡로 598 갤러리아백화점 타임월드점 대덕대로 211 세이 탄방점 문정로 85
유성구	롯데시티호텔 대전 엑스포로123번길 27-22 유성호텔 온천로 9 호텔인터시티 온천로 92 호텔ICC 엑스포로123번길 55 계룡스파텔 온천로 81 라마다호텔 대전 계룡로 127 라온컨벤션호텔 온천로 88 레전드호텔 계룡로141번길 21 스탕달호텔 온천북로 14 대전나무호텔 온천서로 30-6 S&호텔 테크노중앙로 69 베니키아 테크노밸리호텔 테크노중앙로 57 자우리호텔 도안신도시점 계룡로 157 호텔나인 계룡로123번길 63 경하온천호텔 온천로101번길 30 가온레지던스호텔 대덕대로590번길 12-13 렉시호텔 온천로107번길 37 호텔B스테이션 계룡로141번길 30-12 아이엠티무인텔 계룡로113번길 74 계룡스파텔 비룡재 온천로 81 유성유스호스텔 학하중앙로 68

4. 문화유적, 사찰, 공원, 산, 계곡

(1) 문화유적, 사찰

지역구	소 재 지
대덕구	계족산성 장동 산 85 동춘당공원 회덕동춘당 동춘당로 80 회덕향교 대전로1397번안길 126 비래동고인돌 비래동 419 오정동선교사촌 오정동 133-23 송애당 계족산로17번길 60 용호동구석기유적 용호동 41-3 옥류각 비래골길 47-74 법동석장승 법동 191-4 은진송씨대종가 회덕쌍청당 쌍청당로 17 제월당및옥오재 계족로 750 취백정 대청로526번길 45-24 목조비로자나불좌상 비래골길 47-74 질현성 비래동 산 31-1 송용억가옥 동춘당로 70 팔각정 중리동 이시직공정려각 송촌동 488-1 성치산성 부수동 산 7 우술성 읍내동 산 19-1 이현동산성 이현동 산 38 계족산용화사 계족로740번길 185 비래사 비래골길 47-74 반야사 신탄진로756번안길 52-13 죽림정사 신탄진로36번길 177 응화심인당 동춘당로 75
동구	남간정사 가양동 연화사 동대전로284번길 96-1 한밭교육박물관 우암로 96 송자고택 진수2길 13 문충사 동부로73번길 44 백골산성 신하동 산 13 한국전력공사 대전보급소 인동 142-29 충암김정유적지 신하동 미륵원지 냉천로152번길 80 박팽년선생유허 우암로326번길 28 월송재 이사로 104 삼매당 가양동 11 김정선생묘소일원 회남로 117 관동묘려 냉천로152번길 291 은진송씨 승지공파재실 이사로 108 대전노고산성 직동 산 43 우암사적공원 사당 충정로 53 계족산성 집수지 효평동 85-1 숭모문 이사로194번길 117
	성치산성 부수동 산 7 갈현성 용운동 산 9 삼정동산성 판암동 산 1 능성 가양동 산 1-1 박원상의묘 대별동 산 12-26 6.25참전유공자 기념비 가양동 347-2 고산사 대전로316번길 205 광제사 성동로13번길 10 연광사 백룡로 73 보광사 은어송로 86-100 백련사 산내로560번길 305
중구	단재신채호선생 생가지 단재로229번길 47 보문산성 대사동 산 3-71 유회당 운남로85번길 32-18 충청남도청 구청사 선화동 287 충남도지사공관 보문로205번길 13 6.10민주항쟁 기념표석 중앙로 지하 145 여경암 운남로85번길 54-153 구완동 청자가마터 구완동 산 18-7 봉소루 봉소루로 29 안동권씨 유회당종가일원 운남로 63 목은이색 대전영당 대종로71번길 55-15 보문사지 무수동 174 유회당기궁재 운남로85번길 32-20 대전지구 전투전승비 보문산공원로 426-83 시민총화 탑 대종로 373 송씨양세정려 대사동 127-2 상감청자가마터 운남로 252-190 충열탑 선화동 436-14 국사봉유적 무수동 산 30-1 애국지사 총 사정동 2-1 정생동백자가마터 정생동 산 7-1 삼남기념탑 뿌리공원로 79 여경암 산신재 무수동 299 형통사 보문산공원로497번길 81-10 보문사 대사동 190-4 삼문사 보문로115번길 29 덕암사 돌다리로 64 불광사 보문산공원로497번길 72
서구	둔산선사유적지 대덕대로317번길 9 대전도산서원 남선로 8 수정재 배재로 236 괴곡동느티나무 괴곡동 985 한밭수목원 서원 둔산대로 135 명륜서당 도솔로 45 충주박씨재실 배재로197번길 56 월평동산성 월평동 산 12-2

	송준길의묘 원정동 산 60-5	
	국군제2연대 창설공적비 탑, 비석 갈마동 820	
	장안동 백자가마터 장안로 434	
	명학소기념탑 남선로 66	
	단묘 정림동	
	파평윤씨 서윤공파고택 고릿골길 86-11	
	3.8민주의거기념탑 둔산동 953	
	류혁연의묘 평촌동 산 18	
	대전광역시청 한밭종각 둔산로 100	
	탄옹선생묘소 탄방동	
	밀양손씨역승공파제실 배재로 236	
	흑석동산성 봉곡동 산 26-1	
	대전지구전투 호국영웅비 탄방동 589	
	충주박씨공덕비 도마동 423-3	
	김여온의 묘 괴곡동 산 12	
	유필의묘 평촌동 산 18	
	박씨열녀문 괴곡동 952	
	죽림정사 괴정로22번길 25	
	세등선원 탄방로 35	
	내원사 배재로197번길 200	
	관음사 복수동로52번길 119	
	영선사 배재로91번길 22-11	
	감로사 변동서로28번길 65	
유성구	진잠향교 교촌로 67	
	국립대전현충원 갑동 38-6	
	숭현서원 원촌동 62-1	
	기성관 원내로 5	
	성북동산성 성북동 산 20-5	
	내동리지석묘 유성대로 110-29	
	충렬사 장동 351-4	
	성인문 장동	
	구성동산성 구성동 20	
	노은동유적 노은동로 126	
	소문산성 신동 산 13	
	안산동산성 안산동 산 40	
	연안이씨사당 현충원로443번길 33	
	적오산성 덕진동 산 19-1	
	김익희의묘 가정동 산 8-9	
	칠성 당지석묘군 구 교촌동 산 7-1	
	궁동유적 대학로 99	
	민삼석 효행비각 대덕대로556번길 104	
	소문성 신동	
	유림이인구선생공덕비 봉명동 1012-1	
	구성동유적 대학로 383	
	지질박물관 과학로 124	
	대전선사박물관 노은동로 126	
	광수사 학하서로63번길 26	
	구암사 북유성대로487번길 130	

신흥사 동서대로735번길 24-9	
태전사 유성대로1312번길 190	
자광사 학하동로63번길 50-8	

(2) 공원, 산, 계곡

지역구	소 재 지
대덕구	금강로하스대청공원 대청로 607
	동춘당역사공원 동춘당로 90
	금강로하스 산호빛공원 석봉동
	길치근린공원 신상로 65
	핑크뮬리 하천생태공원 석봉동 522-4
	을미기체육공원 신일동 1682-8
	장동만남공원 장동
	지수 체육공원 상서동 산 66-6
	금강로하스에코공원 신탄진동
	신탄진체육공원 신탄진로756번안길 217-1
	중리근린공원 중리남로40번길 50
	계족산 법동구민휴식공원 법동
	석봉어린이공원 석봉동 415-33
	효성공원 오정동 374-2
	송촌어린이공원 송촌동 475-1
	한촌어린이공원 한밭대로1114번길 34-8
	만남어린이공원 중리동 174-1
	후곡공원 읍내동
	중앙어린이공원 중리동 201-6
	새터어린이공원 비래동로7번길 60
	송촌생활체육공원 송촌동 77-2
	비래근린공원 비래동 108
	대화쌈지어린이공원 대화동
	초원어린이공원 중리동 144-2
	법동구민휴식공원 선비마을로 174-1
	장동산림욕장 장동 산 61
	계족산 장동
	꽃산 비래동 산 35-8
	성재산 장동
	성치산 부수동
	계족계곡 읍내동
	수골 비래동
	상수골 송촌동
동구	만인산자연휴양림 하소동 산 47
	상소동산림욕장 상소동 산 1-1
	대동하늘공원 용운동 산 40-1
	우암사적공원 충정로 53
	대청호반자연생태공원 추동 328
	세천공원 세천동
	호국철도광장 소제동 293-9
	판암근린공원 판암동 496-25

	초지공원 대별동 매봉어린이공원 가양로132번길 26 가팔공원 가양동 용수골어린이공원 용운동 진등어린이공원 계족로437번길 32 식장산문화공원 세천동 산 43-3 세천체육공원 세천동 산 5-2 신흥문화공원 신흥동 126-12 옥토끼 어린이공원 낭월동 810 제66호근린공원 대성동 128-10 팽나무수변공원 구도동 무궁화어린이공원 자양동 선암어린이공원 용운동 홍도어린이공원 홍도동 142-4 흥룡어린이공원 비래서로42번길 51 세천1소공원 세천동 547-1 낭월3호어린이공원 낭월동 가오30호어린이공원 가오동 473 용운근린공원 용운동 식장산 세천동 백골산 신상동 원주산 주산동 황학산 판암동 오도산 이사동 동산굴몽골 삼괴동 절토골 상소동 부엉떼미 주촌동 감나무골 신상동		산수공원 목달동 444-2 신촌어린이공원 문화동 용머리공원 용두동 마라본공원 계백로1571번길 46-12 어린이공원 동서대로1207번길 53 당대어린이공원 산성동
중구	사정골식물원 사정공원로 160 대전 오월드 사정공원로 70, 뿌리공원 뿌리공원로 79 테미공원 보문로199번길 37-36 사정공원 사정공원로 160 서대전공원 문화동 1-40 보문산공원 보문산공원로 440 대흥공원 대흥동 대전보훈공원 보훈로 46 양지근린공원 선화동 362-11 중촌시민공원 중촌동 413-26 중촌동경로공원 대전천서로 616 버드내공원 유천동 275-5 솔밭공원 중촌동 유등체육공원 태평동 508-1 범골어린이공원 돌다리로7번길 52 청소년문화광장 선화로119번길 16-3 버드내조폐공원 태평동 421-5 보문산대공원 보문산공원로 426-83 평리공원 태평동	서구	장태산자연휴양림 장안로 461 대전 보라매공원 탄방동 589 대전수목원 둔산대로 169 남선공원 남선로 66 보라매공원 둔산동 샘머리공원 둔산동 1379 월평공원 월평동 은평공원 월평중로 55 옥녀봉체육공원 도안북로 158 관저체육공원 관저동 1583 갈마공원 갈마동 820 들말어린이공원 도산로 242 변동근린공원 도솔로 182 둔산대공원 둔산대로 181 하늘아래공원 관저동 무궁화공원 정림서로 181 구봉산공원 관저동 547-92 한마음동산 갈마동 392-6 정부대전청사 자연마당 둔산동 930 느리울근린공원 관저동 1419 3.8의거둔지미공원 둔산동 956 평화어린이공원 변동 254-364 들의공원 둔산동 920 백운 어린이공원 도산로335번길 62 도안근린공원 도안동 시애틀공원 둔산동 1385 정부대전청사숲 숲의공원A 둔산동 920 복수들 복수동 우무골 유등로 235 긴박골 유등로 235 장태산 장안동 구봉산 괴곡동 도솔산 도마동 산 7 운봉산 원정동 노루산 흑석동
		유성구	유림공원 어은로 27 엑스포공원 엑스포로 476 은구비역사공원 지족동 920 유성온천공원 봉명동 574 동화울수변공원 관평동 771 상옥체육공원 문지동 142-1

	도안문화공원 상대동	둔산대로	안녕교에서 버드내사거리에 이르는 도로
	작은내수변공원 원신흥북로 26	대전로	읍내동삼거리에서 석교동주민센터에 이르는 도로
	송강근린공원 송강로42번길 34	대종로	남선공원사거리에서 대성동삼거리에 이르는 도로
	욧골문화공원 궁동로18번길 24	대청로	신탄진사거리에서 대청교에 이르는 도로
	장배기 공원 관평동	대흥로	시민회관삼거리에서 대흥동사거리에 이르는 도로
	별밭어린이공원 학하로 84	대학로	유성사거리에서 과학공원사거리에 이르는 도로
	로봇공원 구암동 668	도산로	도마사거리에서 남산공원사거리에 이르는 도로
	미로공원 덕명동 584	동서대로	안골사거리에서 대전나들목에 이르는 도로
	진잠근린공원 계백로 827	동대전로	동부사거리에서 원동사거리에 이르는 도로
	한샘근린공원 대정로 34	문정로	계룡삼거리에서 재뜰사거리에 이르는 도로
	자운근린공원 자운동 555	문화로	도마교사거리에서 대사사서리에 이르는 도로
	장현근린공원 궁동 477	문지로	문지사거리에서 도룡삼거리에 이르는 도로
	용반들근린공원 봉명동	보문로	효동사거리에서 대종로사거리에 이르는 도로
	봉암어린이공원 궁동 428-1	벌곡로	우명교에서 가수원사거리에 이르는 도로
	청벽산근린공원 탑립동	신탄진로	읍내동사거리에서 신탄진사거리에 이르는 도로
	궁동근린공원 궁동 391	아리랑로	원촌삼거리에서 읍내사거리에 이르는 도로
	성두산공원 구성동	엑스포로	청벽산공원삼거리에서 과학공원사거리에 이르는 도로
	한빛식물원 북유성대로 28	오정로	농산물시장오거리에서 오정오거리에 이르는 도로
	엑스포과학공원 대덕대로 480	용문로	계룡로에서 유등로에 이르는 도로
	유림공원 봉명동 2-1	유등로	유등교에서 특수본부사거리에 이르는 도로
	선사공원 지족동	우암로	대종로사거리에서 명석고등학교에 이르는 도로
	청벽산공원 오룡1길 68	월드컵대로	월드컵사거리에서 현충원로에 이르는 도로
	국립대전숲체원 성북로154번길 748	유천로	태평오거리에서 문화초등학교에 이르는 도로
	성북동산림욕장 성북로 463	진잠로	계백로에서 교촌삼거리에 이르는 도로
	오봉산 봉산동	중앙로	대전역사거리에서 서대전사거리에 이르는 도로
	빈계산 계산동	충무로	대사사거리에서 신흥삼거리에 이르는 도로
	갑하산 갑동	청사로	서원초등학교에서 은뜰사거리에 이르는 도로
	지족산 지족동 산 24-22	태평로	수침교에서 서부사거리에 이르는 도로
	산장산 원내동	태전로	북부교에서 중앙로에 이르는 도로
	수통골 계산동 산 40	한밭대로	동부사거리에서 월드컵경기장역에 이르는 도로
	화산계곡 덕명동		
	수통골계곡 계산동 산 40		
	공동묘지계곡 원촌동		
	새터날고개계곡 구성동		

5. 주요 도로, 교량, 터널

(1) 주요 도로

도로명	연결 지역
가정로	신성사거리에서 연구단지사거리에 이르는 도로
갈마로	가장교에서 갈마삼거리에 이르는 도로
계룡로	대사사거리에서 유성사거리에 이르는 도로
계백로	서대전사거리에서 진잠사거리에 이르는 도로
계족로	효동사거리에서 읍내동삼거리에 이르는 도로
과학로	구성삼거리에서 쌍용기술연구소에 이르는 도로
금산로	머들령터널에서 구도교에 이르는 도로
대덕대로	신탄진사거리에서 안골사거리에 이르는 도로

(2) 교량

다리명	연결 지역
가수원교	서구 가수원동~정림동
가장교	중구 태평동~가장오거리
갑천대교	유성구 봉명동~월평동
대덕대교	유성구 도룡동~만년동
둔산대교	대덕구 대화동~도룡동
도마교	서구 도마동~산성동
대화대교	대덕구 대화동~만년동
대흥교	중구 대흥동~원동
만년교	서구 월평동~봉명동
목척교	동구 중동~은행동
문창교	동구 효동~문창동

버드내다리	중구 산성동~복수동
보문교	동구 인동~문창동
삼천교	서구 둔산동~탄방동
수침교	중구 태평동~용문동
삼선교	중구 선화동~삼성동
신구교	유성구 봉산동~관평동
선화교	동구 중동~삼성동
원촌교	대덕구 대화동~읍내동
용문교	중구 중촌동~탄방동
유등교	중구 유천동~도마동
안영교	중구 안영동
어은교	유성구 어은동~봉명동
온천교	유성구 궁동~봉명동
유성대교	유성구 봉명동~궁동
태평교	서구 변동~태평동
한밭대교	대덕구 오정동~둔산동
현암교	중구 선화동~삼성동

(3) 터널

터널명	소재지	연결 구역
도솔터널	월평동	서구 변동~서구 월평동
대전터널	비룡동	동구 비룡동~대덕구 비래동
(구)대전터널	비래동	동구 비룡동~대덕구 비래동
추부터널	하소동	금산군 추부면~동구 하소동
오봉터널	구룡동	유성구 봉산동~유성구 둔곡동
둔곡터널	신동	유성구 둔곡동~유성구 둔곡동
곤룡터널	낭월동	옥천군 군서면~동구 낭월동
양지터널	오정동	대덕구 오정동~대덕구 대화동
대덕터널	문지동	유성구 문지동~유성구 도룡동
가수원터널	가수원동	서구 가수원동~서구 관저동
머들령터널	삼괴동	동구 삼괴동~동구 삼괴동
안영2터널	침산동	중구 침산동~중구 안영동
구봉터널	가수원동	서구 괴곡동~서구 관저동
노은터널	노은동	유성구 노은동~유성구 구암동
용운터널	용운동	동구 용운동~동구 용운동
유성터널	외삼동	유성구 하기동~유성구 반석동
구완터널	구완동	동구 이사동~중구 구완동
가양비래터널	가양동	동구 가양동~대덕구 비래동
정림1터널	정림동	서구 정림동~서구 정림동
덕진터널	덕진동	유성구 송강동~유성구 덕진동
안영1터널	괴곡동	중구 안영동~서구 괴곡동
세천터널	세천동	동구 세천동~동구 세천동
괴곡터널	괴곡동	서구 괴곡동~서구 괴곡동
흑석터널	흑석동	서구 흑석동~서구 흑석동
수척터널	신대동	대덕구 신대동~대덕구 신대동

6. 대전의 대학교

학교명	소재지
건양대학교(대전캠퍼스)	대전광역시 서구 관저동로 158
대전대학교	대전광역시 동구 대학로 62
대전신학대학교	대전광역시 대덕구 한남로 41
목원대학교	대전광역시 서구 도안북로 88
배재대학교	대전광역시 서구 배재로 155-40
우송대학교	대전광역시 동구 동대전로 171
을지대학교(본교)	대전광역시 중구 계룡로 771번길 77
충남대학교	대전광역시 유성구 대학로 99
침례신학대학교	대전광역시 유성구 북유성대로 190
한국과학기술원	대전광역시 유성구 대학로 291
한남대학교	대전광역시 대덕구 한남로 70
한밭대학교	대전광역시 유성구 동서대로 125
대덕대학교	대전광역시 유성구 가정북로 68
대전보건대학교	대전광역시 동구 충정로 21
우송정보대학	대전광역시 동구 동대전로 171
대전과학기술대학교	대전광역시 서구 혜천로 100
한국폴리텍IV대학 대전캠퍼스(본교)	대전광역시 동구 우암로 352-21
과학기술연합대학원대학교	대전광역시 유성구 가정로 217
건신대학원대학교	대전광역시 중구 동서대로 1327번길 40
건양사이버대학교	대전광역시 서구 관저동로 158
한국방송통신대학교 대전충남지역대학	대전광역시 유성구 오룡1길 112

7. 대전 보건 관련 공공단체

단체명	소재지
건강보험심사평가원 대전지원	서구 둔산북로 121(둔산동, 아너스빌 4층)
국민건강보험공단 대전세종충남지역본부	세종특별자치시 세종로1234-5(아름동)
대전동부지사	동구 동서대로 1495(삼성동)
대전중부지사	중구 보문로 246(대흥동)
대전서부지사	서구 만년로 68번길 15-13(만년동)
대전유성지사	유성구 계룡로 114(봉명동)
대한적십자사대전세종충남혈액원	대덕구 송촌남로 22(송촌동)
대전결핵협회대전세종충남지부	중구 충무로 145(부사동)
한국한센복지협회	대덕구 대전로 1424(읍내동)
건강관리협회대전충남지부	서구 계룡로 611(탄방동)
인구보건복지협회대전충남지회	중구 오류로 98(오류동)
산업보건협회	대덕구 대덕대로 1403(문평동)

제④편 대전광역시 주요 지리 출제예상문제

01 다음은 지역의 경계이다. 대덕구와 서구의 경계를 이루고 있는 동이 아닌 것은?
① 대화동   ② 만년동
③ 둔산동   ④ 비룡동

02 다음 중 대덕구 지역에 소재하는 경찰서는 어느 곳인가?
① 대덕경찰서   ② 서부경찰서
③ 동부경찰서   ④ 신흥경철서

03 한국과학기술대학교에서 대덕 연구단지로 이동하려 한다. 이를 경유하지 않는 도로는?
① 한밭대로   ② 가정로
③ 과학로   ④ 신성로

04 다음 중 대전광역시 중구에 소재하는 관할 동이 아닌 것은?
① 중동   ② 산성동
③ 중촌동   ④ 문창동

05 다음 중 대전 중부경찰서와 가장 가까운 시설물은 어느 곳인가?
① NC백화점   ② KB손해보험
③ 한빛문고   ④ 대한적십자사

06 다음 역 중에서 성모오거리와 가장 가까운 역은?
① 중앙로역   ② 대전역
③ 대동역   ④ 중구청역

07 다음 중 을지대학교병원 인근에 찾아볼 수 없는 행정기관은?
① 대전서부소방서   ② 대전서구청
③ 대전정부청사   ④ 대전광역시청

08 다음 중 유성대로와 한밭대로가 교차하는 교차로는?
① 노은교차로   ② 궁동네거리
③ 구암교차로   ④ 만년네거리

09 다음 중 대청호는 청원군과 대전광역시의 동구와 대덕구에 위치한다. 개머리산과 함각산이 있는 지역은?
① 동구   ② 대덕구·청원군
③ 청원군   ④ 대덕구

10 다음 중 충청남도 계룡시와 공주시를 경계로 하고 있는 대전광역시에 있는 지역구는?
① 중구   ② 서구
③ 북구   ④ 유성구

정답 01 ④ 02 ② 03 ① 04 ① 05 ② 06 ④ 07 ① 08 ④ 09 ① 10 ④

11 다음 중 유성CC 근처에 위치한 대학교는?
① 대전기능대학교   ② 목원대학교
③ 한밭대학교   ④ 한남대학교

12 다음 중 대전광역시 동산고등학교가 소재하고 있는 지역은 어느 곳인가?
① 중구 문화동   ② 중구 선화동
③ 서구 도마동   ④ 중구 대사동

13 다음 중 성모오거리 주위에서 볼 수 없는 것은?
① 중구청
② 한화생명 이글스파크
③ 중부경찰서
④ 대전성모병원

14 다음 보기 중 중촌초등학교와 가장 거리가 가까운 초등학교는?
① 서대전초등학교   ② 목동초등학교
③ 오류초등학교   ④ 유평초등학교

15 다음 중 대전 동구 가오동 지역에서 찾아볼 수 없는 학교는?
① 새터중학교   ② 가오초등학교
③ 가오고등학교   ④ 대전맹인학교

16 다음은 대전 시립정신병원에서 대전·통영고속도로를 이용하려고 한다. 어느 IC를 이용해야 하나?
① 안영IC   ② 비룡IC
③ 남대전IC   ④ 서대전IC

17 다음은 충북 청주에서 국도를 이용해서 대전광역시를 가려는데 몇 번 국도를 이용해야 하나?
① 1번 지방국도
② 4번 지방국도
③ 17번 지방국도
④ 37번 지방국도

18 다음은 서울특별시 광진구에 자양동이라는 곳이 있다. 대전광역시에도 자양동이라는 지역이 있는데 어느 구에 소재하고 있나?
① 동구   ② 서구
③ 유성구   ④ 북구

19 다음 중 유성구에서 볼 수 없는 시설은?
① 국립현충원   ② 월드컵경기장
③ 대전성모병원   ④ 복용공원

20 다음 중 충남 연기군 금남면과 근접한 지역구는?
① 서구   ② 유성구
③ 북구   ④ 동구

21 다음 중 대청호와 관련이 있는 지역구는?
① 서구   ② 중구
③ 유성구   ④ 동구

22 다음 중 대전광역시 유성구와 인접한 곳이 아닌 지역은?
① 계룡시   ② 공주시
③ 연기군   ④ 중구

정답 11 ③ 12 ① 13 ② 14 ② 15 ① 16 ④ 17 ③ 18 ① 19 ③ 20 ② 21 ④ 22 ④

23 다음 중 대전광역시 지역에 국민은행 지점이 소재하지 않는 동은?
① 은행동   ② 정림동
③ 도마동   ④ 둔산동

24 다음 지명 설명 중 잘못된 것은?
① 은평공원과 유림공원 사이에는 갑천이 흐른다.
② 갑천을 경계로 서구와 유성구와 나뉜다.
③ 서부소방서는 갈마동에 있다.
④ 서대전IC에서 계백길로 진행하면 가수원교를 지난다.

25 다음 중 대전공업고등학교가 있는 지역은?
① 교촌동   ② 원내동
③ 교정동   ④ 용계동

26 다음 중 대덕구청과 가장 인접한 구청은?
① 유성구청   ② 중구청
③ 서구청   ④ 동구청

27 다음은 탄방주공아파트 단지가 있는 지역이다. 주변 위치 설명 중 잘못된 것은?
① 가까운 곳에 중촌동행정복지센터가 있다.
② 호수돈여자중·고등학교가 있다.
③ 대전 중촌초등학교가 있다.
④ 대전목양초등학교가 있다.

28 다음은 대전광역시 서구에 배재대학교가 소재하고 있는 지역은?
① 도마2동   ② 원내동
③ 관저동   ④ 도안동

29 다음 보기 중 대전광역시 중구 대흥동에 소재하지 않는 학교는?

㉠ 대전고등학교
㉡ 대흥중학교
㉢ 대흥초등학교
㉣ 대전성모여자고등학교
㉤ 대전화교학교

① ㉠, ㉡   ② ㉡, ㉣
③ ㉢, ㉣   ④ ㉡, ㉤

30 다음 보기 중 대전광역시 중구 목동에 소재하고 있는 학교는?
① 충남예술고등학교
② 충남과학고등학교
③ 충남여자고등학교
④ 충남체육고등학교

31 다음은 가수원중학교에서 대전느리울중학교를 가려고 하는데 터널이 있다. 그 곳을 지나는 터널명은?
① 전이터널   ② 정림터널
③ 가수원터널   ④ 안영터널

32 다음 중 대전광역시 동구청이 소재하는 곳은?
① 중동   ② 정동
③ 인동   ④ 가오동

33 다음 중 관저중로와 계백로가 합류하는 교차로는?
① 관저네거리   ② 안골네거리
③ 진잠네거리   ④ 내동네거리

정답 23 ② 24 ② 25 ② 26 ③ 27 ② 28 ① 29 ④ 30 ④ 31 ③ 32 ④ 33 ①

34 다음 중 서구 남선공원 내에 소재하는 곳을 모두 고르시오.

| ㉠ 도산서원 | ㉡ 가족산공원 |
| ㉢ 국립현충원 | ㉣ 충효사 |

① ㉠, ㉡, ㉣
② ㉠, ㉣
③ ㉡, ㉢, ㉣
④ ㉢, ㉣

35 다음 대전광역시 서구에 소재하는 도솔산 주위에 가장 가까이 있는 대학교는?
① 배제대학교
② 우송대학교
③ 대전대학교
④ 충남대학교

36 다음 중 KBS 대전방송총국이 소재하는 곳은?
① 서구 만년동
② 중구 용두동
③ 동구 신안동
④ 유성구 자양동

37 다음은 대전광역시에 있는 지역 중 동서대로가 지나지 않는 구는?
① 대덕구
② 중구
③ 동구
④ 유성구

38 다음은 대전교도소가 있는 곳이다. 구와 동이 바르게 연결된 것은?
① 서구 도안동
② 유성구 대정동
③ 서구 관저동
④ 유성구 원내동

39 다음은 대전광역시 대덕구에 소재하는 계족산이 있다. 계족산 내에 없는 사찰은?
① 용화사
② 죽림정사
③ 비래사
④ 개심사

40 다음 보기 중 대전광역시 서구청 주변 가장 가까이 소재하는 병원은?
① 을지대학교병원
② 대전한방병원
③ 서대전병원
④ 충남대의대병원

41 다음 설명 중 배제대학교가 소재하는 곳을 설명한 것이다. 설명 중 잘못된 것은?
① 서구 도마동에 소재한다.
② 서부교육지원청이 주변에 있다.
③ 다목적 체육관과 서대전여자고등학고가 있다.
④ 대학교 인근에 대전지방조달청이 있다.

42 다음 중 보문산숲속공연장과 보운대가 소재하고 있는 지역은?
① 문화동
② 석교동
③ 호동
④ 대사동

43 다음 보기 중 대전광역시 남부소방서와 가장 가까이 있는 관공서는?
① 남부경찰서
② 서부경찰서
③ 중구청
④ 시청

44 다음 대전광역시청이 있는 곳은 서구 둔산동이다. 시청과 가장 가까운 관공서는?
① 대전지방경찰청
② 대전광역시 교육청
③ 대전지방법원
④ 정부대전청사

45 다음 중 TJB 대전방송국이 위치한 곳은?
① 서구 용문동
② 유성구 도룡동
③ 서구 문화동
④ 대덕구 오정동

정답 34 ② 35 ① 36 ① 37 ① 38 ② 39 ④ 40 ① 41 ② 42 ④ 43 ② 44 ② 45 ②

46 다음 중 보문로와 대종로가 만나는 교차로는?
① 효동네거리 ② 부사오거리
③ 충무로네거리 ④ 문창네거리

47 다음 중 고속도로 중 유성IC와 서대전IC를 지나는 고속도로는?
① 호남고속도로
② 경부고속도로
③ 대전 통영 간 고속도로
④ 대전 당진 간 고속도로

48 다음은 대전광역시에 소재하는 하천인 유등천에 없는 교량은?
① 태평교 ② 용문교
③ 가수원교 ④ 가장교

49 다음 보기 중 대전광역시 중구 대사동에 없는 시설은 어느 것인가?
① 보문산성
② 충남대병원
③ 보문산 마애여래좌상
④ 보문산대공원

50 다음은 중구 중촌동에서 삼천교를 지나 대전광역시청으로 가려 한다. 주행 중 통과하지 않는 교차로는?
① 공작네거리 ② 목련교네거리
③ 까치네거리 ④ 계룡네거리

51 다음 중 대전광역시에 유성 C.C가 있다. 어느 동에 소재하고 있는가?
① 구암동 ② 노은동
③ 성북동 ④ 덕명동

52 다음 중 중구 동서대로와 대종로가 만나는 교차로는?
① 대흥네거리 ② 중촌네거리
③ 오류네거리 ④ 목동네거리

53 다음은 대전광역시 가장로를 이용하여 지나가려고 한다. 이 때 지날 수 있는 도로가 아닌 것은?
① 유동로 ② 도산로
③ 도솔로 ④ 충무로

54 다음 중 대전광역시 유성구 지역에 없는 도시철도공사 1호선 전철역은?
① 반석역 ② 구암역
③ 지족역 ④ 갑천역

55 다음 보기 중 유성구에 위치한 대덕대로를 연결하는 교량은?
① 불무교 ② 신구교
③ 용호교 ④ 현도교

56 다음은 대덕구 신대동에서 전주로 가려면 어느 IC로 가야 빠른 길인가?
① 회덕 ② 북대전
③ 유성 ④ 서대전

57 다음 중 대전광역시에 도시철도공사 판암차량기지가 소재하는 지역은?
① 장동 ② 와동
③ 신탄진동 ④ 삼정동

정답 46 ② 47 ① 48 ③ 49 ③ 50 ④ 51 ④ 52 ② 53 ④ 54 ④ 55 ② 56 ① 57 ④

58 다음은 북대전IC에서 둔산경찰서를 가려 한다. 어느 도로로 가야 하나?
① 유성대로 ② 둔산대로
③ **대덕대로** ④ 한밭대로

59 다음 중 경부고속도로를 통행할 때 대전광역시와 옥천군을 연결하는 터널은?
① 가수원터널 ② **증약터널**
③ 대전터널 ④ 안영터널

60 다음은 대전광역시 동구청에서 충남대학교 의과대학을 가려고 한다. 가장 올바른 길 안내는?
① 동구청 – 대흥로 – 성모여고 – 충남의대
② 동구청 – 대흥동성당 – 대흥우체국 – 성모여고 – 충남의대
③ **동구청 – 대전로 – 보문로 – 문화로 – 충남의대**
④ 동구청 – 인동 – 충무로 – 문화로 – 충남의대

61 다음 중 중구 태평동에 소재하는 아파트 단지 이름은?
① 신평단지 ② **삼부아파트**
③ 쌍용아파트 ④ 한밭아파트

62 다음 중 계룡로와 도산로가 만나는 교차로에 소재하는 전철역은?
① **용문역** ② 중앙역
③ 오룡역 ④ 중구청역

63 다음 중 대전광역시 서구에 있는 롯데백화점은 어느 동에 있는가?
① **괴정동** ② 내동
③ 가정동 ④ 탄방동

64 다음 중 대전광역시 동구와 중구를 경계하는 대전천의 교량이 아닌 곳은?
① 문창교 ② **삼성교**
③ 보문교 ④ 대흥교

65 다음은 동서대로를 주행하다 보면 서구와 중구를 연결하는 (가)교량과 중구와 동구를 연결하는 (나)교량이 있다. (가)·(나)의 교량은?
① (가) 수정교 (나) 대흥교
② **(가) 가장교 (나) 현암교**
③ (가) 현암교 (나) 태평교
④ (가) 태평교 (나) 가장교

66 다음은 대전·통영고속도로는 동구를 지나간다. 이 도로를 운행 중 지나가는 행정구역이 아닌 곳은?
① 삼정동 ② 대성동
③ **대청동** ④ 대별동

67 다음 차량을 운행 도중에 계룡로를 지날 때 만나지 않는 도로는?
① 중앙로 ② 문화로
③ **대종로** ④ 동서대로

68 다음 중 대전광역시 도시철도 1호선 전철이 지나가지 않는 지역구는?
① 동구 ② **대덕구**
③ 유성구 ④ 서구

정답 58 ③ 59 ② 60 ③ 61 ② 62 ① 63 ① 64 ② 65 ② 66 ③ 67 ③ 68 ②

69 다음 중 대전광역시에 있는 서구와 인접한 지역구가 아닌 곳은?
① 동구
② 중구
③ 유성구
④ 대덕구

70 다음은 충남 계룡시에 소재하는 계룡대와 가장 가까이 소재하는 지역구와 동은?
① 서구 원정동
② 유성구 금동
③ 서구 우명동
④ 유성구 세동

71 다음 중 대전광역시 대덕구 신탄진에서 계룡시까지 가는 중 철도가 지나가지 않는 지역구는?
① 서구
② 동구
③ 중구
④ 대덕구

72 다음 중 대전광역시 대전월드컵경기장 주변에 소재하는 공원은?
① 은구비공원
② 호수공원
③ 선사공원
④ 복용공원

73 다음 중 대전광역시 유등천과 갑천이 합류하는 지역에 대전수목원이 있다. 서구의 어느 동에 있는가?
① 월평동
② 만년동
③ 삼천동
④ 둔산동

74 다음 중 단재 신채호선생의 생가가 있는 지역구는?
① 동구
② 서구
③ 중구
④ 유성구

75 다음은 대전광역시 중구에 있는 산으로 사정골 식물원, 대전오월드 등이 있는 산은?
① 보문산
② 안산
③ 천비산
④ 떡갈봉

76 다음 중 대전광역시 중구에 위치한 병원이 아닌 것은?
① 충남대학교병원
② 대전선병원
③ 가톨릭대학교 성모병원
④ 세등병원

77 다음 대전광역시에 있는 도로 중 계백로와 서문로가 만나는 교차로는?
① 예술가의집 네거리
② 서대전네거리
③ 성모오거리
④ 대고오거리

78 다음 중 대전광역시 중구 버드내네거리에서 서대전공원으로 운행할 때 이용하는 도로는?
① 계백로
② 서문로
③ 계룡로
④ 중앙로

79 다음 중 대전광역시 중구 지역에 있는 전철역이 아닌 것은?
① 중앙로역
② 오룡역
③ 서대전네거리역
④ 용문역

정답 69 ① 70 ④ 71 ② 72 ① 73 ② 74 ③ 75 ① 76 ④ 77 ② 78 ① 79 ④

80 다음 중 대전광역시 중구청에서 가장 멀리 떨어져 있는 시설물은?
① 대전중부경찰서
② **한밭체육관**
③ 대전근현대사 전시관
④ 대전세종연구원

81 다음 중 대전광역시 중구 태평오거리에서 오룡역으로 갈 때 이용하는 도로는?
① 유천로
② 오류로
③ 목동로
④ **동서대로**

82 다음은 대전광역시 중구와 동구를 연결하는 교량이 아닌 것은?
① 한남대교
② **도마교**
③ 현암교
④ 대흥교

83 다음 대전광역시 한밭종합운동장내에 없는 시설은?
① **하키구장**
② 한밭체육관
③ 씨름장
④ 충무실내체육관

84 다음 중 대전광역시 동구 지역에 있는 자연휴양림은?
① 장령산자연휴양림
② 장태산자연휴양림
③ **만인산자연휴양림**
④ 금강자연휴양림

85 다음 중 경부고속도로와 통영대전고속도로가 합류하는 분기점은?
① 산내
② **비룡**
③ 판암
④ 남대전

86 다음 중 대전광역시 동구청이 소재하는 동은?
① **가오동**
② 인동
③ 용운동
④ 자양동

87 다음은 경부고속도로를 이용하여 대전복합버스터미널로 가려고 할 때 이용하는 IC는?
① 신탄진
② 회덕
③ **대전**
④ 비룡

88 다음 대전광역시 동구 지역에 있는 산이 아닌 것은?
① 백골산
② **계족산**
③ 함각산
④ 식장산

89 다음은 대전광역시 지역에 있는 대동역에서 우송대학교를 가려고 할 때 이용하는 도로는?
① 용운로
② 계족로
③ 대동로
④ **동대전로**

90 다음 중 대전광역시 동구에 있는 호수로 금강 줄기에 있는 호수는?
① 탑정호
② **대청호**
③ 용담호
④ 보령호

91 다음 대전광역시 동구에 소재하지 않은 지명은?
① **청남대**
② 남대전종합물류단지
③ 상소동산림욕장
④ 옛터민속박물관

정답 80 ② 81 ④ 82 ② 83 ① 84 ③ 85 ② 86 ① 87 ③ 88 ② 89 ④ 90 ② 91 ①

92 다음 대전광역시 황학산 근처에 있는 동이 아닌 것은?
① 판암동　② 대동
③ 용운동　④ 가양동

93 다음 중 대전광역시 동구에 있는 계족로와 한밭대로가 만나는 교차로는?
① 오정네거리　② 중리네거리
③ 한남오거리　④ 삼성오거리

94 다음 중 대전광역시 동구와 중구의 경계를 이루는 하천은?
① 대전천　② 유등천
③ 갑천　④ 매노천

95 다음 대전광역시 서구에 배재대학교가 있다. 소재하는 동은?
① 우명동　② 괴곡동
③ 도마동　④ 장안동

96 다음 대전광역시 서구에 있는 지명이 아닌 것은?
① 장태산자연휴양림　② 성북동산림욕장
③ 구봉산　④ 수정재

97 다음 중 대전광역시 대전시청 주변에 있지 않은 것은?
① 한밭수목원
② 보라매공원
③ 대전광역시 교육청
④ 한밭종각

98 다음 중 대전광역시 대전정부청사 주변에 있지 아니한 것은?
① 자연마당
② 대전예술의전당
③ 둔산선사유적지
④ 건양대학교병원

99 다음 중 대전광역시 삼천교네거리에서 대전시청으로 갈 때 이용하는 도로는?
① 둔산로　② 둔산남로
③ 문정로　④ 문예로

100 다음 중 대전광역시 서구 대덕대로와 계룡로와 만나는 교차로는?
① 파랑새네거리　② 은하수네거리
③ 큰마을네거리　④ 방죽네거리

101 다음 중 대전광역시 서구에 위치한 역이 아닌 것은?
① 구암역　② 월평역
③ 용문역　④ 갈마역

102 다음 중 대전광역시 갑천에 있는 만년교와 유등천에 있는 수침교에 이르는 도로는?
① 유동로　② 계룡로
③ 도산로　④ 도솔로

103 다음 중 대전광역시 서구 도마네거리에서 용문역으로 갈 때 지나지 않는 것은?
① 가장네거리　② 변동우체국
③ 구농도원네거리　④ 배재대학교

정답　92 ④　93 ②　94 ①　95 ③　96 ②　97 ①　98 ④　99 ②　100 ③　101 ①　102 ②　103 ④

104 다음 대전광역시 서구에 있는 공원이 아닌 것은?
① 둔산대공원　② 창주사적공원
③ 갈마공원　　④ 은평공원

105 다음 대전광역시 유성구에 소재하는 것이 아닌 것은?
① 대전대덕테크노밸리
② 성북동산림욕장
③ 금수봉
④ 계룡산

106 다음 중 고속도로에서 대전광역시 국립대전현충원으로 가려는데 가장 가까운 IC는?
① 유성　　② 회덕
③ 신탄진　④ 남세종

107 다음 대전광역시 유성구와 대덕구를 연결되는 교량이 아닌 것은?
① 불무교　② 문평대교
③ 신구교　④ 대청대교

108 다음 대전광역시 유성구에 있는 역이 아닌 것은?
① 지족역　② 반석역
③ 대동역　④ 노은역

109 다음 중 대전광역시 지역 충남대학교가 있는 동은?
① 반석동　② 궁동
③ 금고동　④ 화암동

110 다음 중 대전광역시 서구 구암교네거리에서 국립대전현충원으로 가려고 할 때 이용하는 도로는?
① 현충원로　② 계룡로
③ 유성대로　④ 월드컵대로

111 다음 중 고속도로를 이용하여 대전광역시 대전월드컵경기장으로 가려고 할 때 가장 가까운 IC는?
① 남세종　② 유성
③ 북대전　④ 계룡

112 다음 중 대전광역시 유성구에서 세종특별자치시를 가려고 할 때 이용하는 고속도로는?
① 경부고속도로
② 호남고속도로
③ 서해안고속도로
④ 당진영덕고속도로

113 다음 중 대전광역시 유성구에 있는 공원이 아닌 것은?
① 합강공원　　　② 은구비공원
③ 동화울수변공원　④ 엑스포공원

114 다음 대전광역시 유성구에 소재하는 산이 아닌 것은?
① 금병산　② 계룡산
③ 우성이산　④ 빈계산

115 다음 중 대전광역시 유성구 노은로와 북유성대로와 만나는 교차로는?
① 침신대네거리　② 송림네거리
③ 반석네거리　　④ 지족네거리

정답　104 ②　105 ④　106 ①　107 ④　108 ③　109 ②　110 ①　111 ②　112 ④　113 ①　114 ②　115 ①

116 다음 중 대전광역시 유성구 노은중학교에서 노은도서관으로 가려고 할 때 이용하는 도로는?
① 노은로 ② 죽동로
③ **노은동로** ④ 북유성대로

117 다음 중 대전광역시 유성금호고속터미널 주변에 있는 것이 아닌 것은?
① 장대중학교
② 유성보건소
③ 장고개어린이공원
④ **약사봉**

118 다음 대전광역시 대덕구 지역에 소재하지 않은 것은?
① 계족산 ② **청남대**
③ 장동산림욕장 ④ 대청호

119 다음 대전광역시 지역에 한남대학교가 있는 동은?
① **오정동** ② 비래동
③ 신탄진동 ④ 목상동

120 다음은 대전광역시에 있는 하천이다. 금강과 갑천이 합류하는 지역은?
① 문평동 ② 신일동
③ 평촌동 ④ 장동

121 차량 운행 중 대전광역시 한밭대교에서 중리네거리로 가려고 할 때 이용하는 도로는?
① 계족로 ② 계족산로
③ **한밭대로** ④ 오정로

122 다음 중 대전광역시 대덕구에 있는 한밭대로를 운행하다가 대전로라는 곳을 만난다. 그 교차로의 지명은?
① 농수산오거리
② 대전산업단지삼거리
③ 읍내네거리
④ **오정네거리**

123 다음 중 대전광역시 대전복합버스터미널에서 서울로 가려고 할 때 이용하는 IC는?
① 회덕 ② **대전**
③ 신탄진 ④ 북대전

124 다음 중 대전IC에서 삼성오거리로 가려고 할 때 이용하는 도로는?
① **동서대로** ② 대전로
③ 계족로 ④ 가양로

125 다음은 대덕구에 있는 기관으로 도로명주소와 연결이 맞지 않는 것은?
① 대덕경찰서 – 계족로 670
② 대덕소방서 – 계족로 682
③ 한남대학교 – 한남로 70
④ **대전보훈병원 – 동춘당로 183**

126 다음은 동구에 있는 기관으로 도로명주소와 연결이 맞지 않는 것은?
① 우송대학교 – 동대전로 171
② 대전복합터미널 – 동서대로 1689
③ 대전운전면허시험장 – 산서로 1660번길 64
④ **대전대학교 – 태전로 134**

정답 116 ③ 117 ④ 118 ② 119 ① 120 ① 121 ③ 122 ④ 123 ② 124 ① 125 ④ 126 ④

127 다음은 중구에 위치한다. 도로명주소와 지명이 맞지 않는 것은?

① 중구보건소 - 산성로 63
② **대전세무서 - 대종로 244**
③ 서대전우체국 - 계룡로 914
④ 중부경찰서 - 중앙로 112

128 다음 서구에 위치한 것이 아닌 것은?

① 서대전세무서 - 한밭대로 713
② 대전지방법원 - 둔산중로 78번길 45
③ 서부경찰서 - 복수서로 47
④ 대전서부소방서 - 복수서로 67

129 다음 유성구에 있는 공원으로 도로명주소와 연결이 맞지 않는 것은?

① 유림공원 - 어은로 27
② **엑스포공원 - 엑스포로 476**
③ 은구비공원 - 노은동로 166
④ **무궁화공원 - 정림서로 181**

130 다음 유성구에 있는 호텔이 있는 곳으로 도로명주소로 맞는 것이 아닌 것은?

① 라마다호텔 - 계룡로 127
② 라온컨벤션호텔 - 온천로 88
③ 레전드호텔 - 계룡로141번길 21
④ 스탕달호텔 - 선수촌공원로 104

131 다음 유성구에 있는 기관으로 도로명주소가 틀린 것은?

① 유성경찰서 - 북유성대로 112
② 북대전세무서 - 북유성대로 188
③ **유성소방서 - 문화원로 136**
④ 한국원자력안전기술원 - 과학로 62

132 다음 유성구에 있는 역으로 역과 도로명주소가 맞지 않는 것은?

① **지족역 - 북유성대로 지하 303**
② 현충원역 - 현충원로 지하 455
③ 노은역 - 노은로 지하 161
④ 유성온천역 - 계룡로 지하 97

133 다음 서구에 있는 공원으로 도로명주소가 맞지 않는 것은?

① 무궁화공원 - 정림서로 181
② 대전수목원 - 둔산대로 169
③ **한마음동산 - 도솔로 182**
④ 둔산대공원 - 둔산대로 181

134 다음 서구청으로 가려고 하는데 도로명주소로 맞는 것은?

① 둔산서로 100
② 시민회관길 16-11
③ 둔산북로90번길 34
④ 복수서로 47

135 다음 대전정부청사로 가려고 하는데 도로명주소로 맞는 것은?

① **청사로 189**   ② 한밭대로 733
③ 둔산로 89   ④ 둔산대로 135

136 다음 동구청으로 가려고 하는데 도로명주소로 맞는 것은?

① 동대전로 278
② **동구청로 147**
③ 계족로 447
④ 산내로 1328

정답 127 ② 128 ① 129 ④ 130 ④ 131 ③ 132 ① 133 ③ 134 ① 135 ① 136 ②

137 다음 대전역으로 가려고 하는데 도로명주소로 맞는 것은?

① 역전시장길 7
② 동대전로 278
③ **중앙로 215**
④ 동대전로 292

138 다음 대덕구청으로 가려고 하는데 도로명주소로 맞는 것은?

① 신탄진로 661
② 대덕대로 1472
③ 대덕대로1417번길 31
④ **대전로1033번길 20**

정답 137 ③ 138 ④

제5편
충청남도 주요 지리
Taxi Driver's License

의미

예부터 아름드리나무는 화합과 공생, 풍요와 평안, 행복과 미래, 믿음과 소통을 상징하는 것으로 이웃 간에 정(情)과 예(禮)를 나누던 친숙한 장소를 의미합니다.
나뭇잎은 충남도민의 대화를 의미하는 말풍선을 조형화한 것으로 소통 중심의 충남을,
나무줄기는 충남도민의 소리를 공평하게 받아들이고자 하는 충청남도의 의지를 표현한 것입니다.

◇ 도청 소재지 : 홍성군 홍북읍 충남대로 21
◇ 면적(km^2) : 8,246km^2
◇ 행정구분 : 8시 7군 (읍25, 면136, 동47)
◇ 인구(명) : 2,123,037명 (2022년 12월 현재)
◇ 꽃 : 국화 – 소박한 모습으로 강인한 생명력은 지조와 고고한 성품을 자랑으로 여기는 충남인의 표상을 의미
◇ 나무 : 소나무 – 사시사철 푸르름은 충절과 지조의 정신과 올곧은 마음을 가진 충남인을 닮음
◇ 새 : 참매 – 백제인이 사랑한 새로 용맹스럽고 포기할 줄 모르는 끈질긴 성격은 수많은 애국열사와 위인들을 배출한 충절의 고장인 충남인의 기개를 상징
◇ 산 : 계룡산, 용봉산, 아미산, 팔봉산, 칠갑산, 광덕산, 천태산
◇ 호수 : 삽교호, 탑정호, 예당호, 아산호, 보령호, 홍성호, 천장호
◇ 강 : 금강, 천내강, 적벽강, 백마강
◇ 해수욕장 : 대천, 만리포, 꽃지, 무창포, 몽산포, 청포대
◇ 휴양림 : 안면도, 영인산, 성주산, 국립용연,
◇ 계곡 : 수락계곡, 강당골, 동학사계곡, 성주계곡, 용현계곡
◇ 국립공원 : 계룡산국립공원, 태안해안국립공원

1. 시·군청 소재지

지역구	읍·면·동	소재지
천안시	시청	천안시 서북구 번영로 156, 불당동
	동남구 1읍7면9동	목천읍, 풍세면, 광덕면, 북면, 성남면, 수신면, 병천면, 동면, 중앙동, 문성동, 원성1동, 원성2동, 봉명동, 일봉동, 신방동, 청룡동, 신안동
	서북구 3읍1면9동	성환읍, 성거읍, 직산읍, 입장면, 성정1동, 성정2동, 쌍용1동, 쌍용2동, 쌍용3동, 백석동, 불당동, 부성1동, 부성2동
공주시	1읍9면6동	공주시 봉황로 1, 봉황동
		유구읍, 이인면, 탄천면, 계룡면, 반포면, 의당면, 정안면, 우성면, 사곡면, 신풍면, 중학동, 웅진동, 금학동, 옥룡동, 신관동, 월송동
보령시	1읍10면5동	보령시 성주산로 77, 명천동
		웅천읍, 주포면, 주교면, 오천면, 천북면, 청소면, 청라면, 남포면, 주산면, 미산면, 성주면, 대천1동, 대천2동, 대천3동, 대천4동, 대천5동
아산시	2읍9면6동	아산시 시민로 456, 온천동
		배방읍, 염치읍, 송악면, 탕정면, 음봉면, 둔포면, 영인면, 인주면, 도고면, 선장면, 신창면, 온양1동, 온양2동, 온양3동, 온양4동, 온양5동, 온양6동
서산시	1읍9면5동	서산시 관아문길 1, 읍내동
		대산읍, 인지면, 부석면, 팔봉면, 지곡면, 성연면, 음암면, 운산면, 해미면, 고북면, 부춘동, 동문1동, 동문2동, 수석동, 석남동
논산시	2읍11면2동	논산시 시민로210번길 9, 내동
		강경읍, 연무읍, 성동면, 광석면, 노성면, 상월면, 부적면, 연산면, 벌곡면, 양촌면, 가야곡면, 은진면, 채운면, 취암동, 부창동
계룡시	3면1동	계룡시 장안로 46, 금암동
		두마면, 엄사면, 신도안면, 금암동
당진시	2읍9면3동	당진시 시청1로 1, 수청동
		합덕읍, 송악읍, 고대면, 석문면, 대호지면, 정미면, 면천면, 순성면, 우강면, 신평면, 송산면, 당진1동, 당진2동, 당진3동
금산군	1읍9면	금산군 금산읍 군청길 13, 상리
		금산읍, 복수면, 진산면, 남이면, 남일면, 부리면, 제원면, 군북면, 추부면, 금성면
부여군	1읍15면	부여군 부여읍 사비로 33, 동남리
		부여읍, 규암면, 은산면, 외산면, 내산면, 구룡면, 홍산면, 옥산면, 남면, 충화면, 양화면, 임천면, 장암면, 세도면, 석성면, 초촌면
서천군	2읍11면	서천군 서천읍 군청로 57, 군사리
		장항읍, 서천읍, 마서면, 화양면, 기산면, 한산면, 마산면, 시초면, 문산면, 판교면, 종천면, 비인면, 서면
청양군	1읍9면	청양군 청양읍 문화예술로 222, 송방리
		청양읍, 운곡면, 대치면, 정산면, 목면, 청남면, 장평면, 남양면, 화성면, 비봉면
홍성군	3읍8면	홍성군 홍성읍 아문길 27, 오관리
		홍성읍, 광천읍, 홍북읍, 금마면, 홍동면, 장곡면, 은하면, 결성면, 서부면, 갈산면, 구항면
예산군	2읍10면	예산군 예산읍 군청로 22, 예산리
		예산읍, 삽교읍, 신암면, 봉산면, 덕산면, 응봉면, 대흥면, 광시면, 신양면, 대술면, 고덕면, 오가면
태안군	2읍6면	태안군 태안읍 군청로 1, 남문리
		태안읍, 안면읍, 고남면, 남면, 근흥면, 소원면, 원북면, 이원면

2. 주요 기관

지역구	소재지
당진시	당진소방서 역천로 838
	당진경찰서 무수동7길 144
	예산세무서 당진지서 원당로 88
	기지시우체국 송악읍 기지시1길 49
	대전 출입국외국인사무소 당진출장소 송악읍 고대공단2길 79-33
	당진교육지원청 남부로 186
	당진농업기술센터 구봉로 46
	중흥우체국 송악읍 송악로 662
	합덕우체국 합덕읍 버그내1길 113
	당진예비군훈련장 채운동 363-23
	신평우체국 신평면 신평로 837

	송산우체국 송산면 상거중앙길 63-1
	당진정미우체국 정미면 정미로 706-1
	당진시 통합일자리센터 당진중앙1로 59
	당진교육지원청 남부로 186
	당진시보건소 서부로 56
	당진버스터미널 밤절로 149
	합덕버스터미널 합덕읍 합덕시장로 214-7
	삽교천시외버스터미널 신평면 삽교천길 103
	신평버스터미널 신평면 덕평로 1392
	면천시외버스터미널 면천면 면천서문1길 59
	도비도유람선터미널 석문면 난지3길 13
	세한대학교 당진캠퍼스 신평면 세한대길 33
	호서대학교 산학융합캠퍼스 석문면 산단7로 201
	신성대학교 정미면 덕마리 377-1
	당진성모병원 당진중앙1로 43
	당진종합병원 반촌로 5-15
서산시	서산경찰서 안견로 327
	서산 고용복지플러스센터 호수공원1로 22
	충남서산소방서 호수공원14로 26-4
	서산우체국 율지16로 48
	서산세무서 덕지천로 145-6
	대전 출입국외국인사무소 서산출장소 읍내3로 28
	서산교육지원청 문화로 112
	서산동문동우체국 고운로 165
	대산지방해양수산청 홍천로 42
	서산대산우체국 대산읍 구진천로 22-3
	고용노동부 서산출장소 쌍연남1로 37
	대전지방검찰청 서산지청 공림4로 23
	서산화학재난 합동방재센터 대산읍 명지1로 213
	읍내동우체국 부춘1로 54
	법무부 서산준법지원센터 서령로 89
	국립농산물품질관리원 서산태안사무소 수석산업로 25
	해미우체국 해미면 남문2로 117
	서산시농업기술센터 인지면 무학재1길 99
	서산시보건소 호수공원6로 6
	서산대죽일반산업단지 대산읍 대죽리
	서산공용버스터미널 안견로 190
	서산의료원 중앙로 149
	서산중앙병원 수석산업로 5
	한서대학교 해미면 한서1로 46
	헤브론선교대학교 운산면 원평3길 8
보령시	보령 고용복지플러스센터 보령남로 26
	보령경찰서 대천로 33
	보령소방서 성주산로 63
	대천해수욕장우체국 머드로 69
	보령우체국 터미널길 29
	고용노동부 보령지청 옥마로 42
	보령해양경찰서 성주산로 49
	보령세무서 옥마로 56
	보령대천동우체국 중앙로 78
	보령시농업기술센터 주포면 충서로 3220
	충청남도 보령교육지원청 보령북로 169
	보령성주우체국 성주면 성주중앙길 39
	한국수자원공사 보령권지사 웅천읍 수자원공사길 98
	보령시수도사업소 대천로 35
	주포우체국 주포면 보령읍성길 80-19
	보령예비군훈련장 청라면 향천리 산 41-5
	대천연안여객선터미널 대천항중앙길 30
	대천항유람선터미널 대천항중앙길 46
	삽시도여객선터미널 오천면 삽시도1길 209
	오천항여객터미널 오천면 오천해안로 782-13
	보령종합터미널 터미널길 8
	대천역 대해로 116
	주포역 주포면 주포역길 97
	웅천역 웅천읍 장터6길 1
	청소역 청소면 청소큰길 176
	간치역 주산면 재배길 41
	원죽역 청소면 죽림리 240-2
	아주자동차대학 주포면 대학길 106
	보령아산병원 죽성로 136
	신제일병원 대해로 52
아산시	아산시수도사업소 시민로457번길 30
	아산시보건소 번영로224번길 20
	아산 고용복지플러스센터 시장길 29
	아산세무서 배방읍 배방로 57-29
	아산소방서 모종로 77
	아산경찰서 남부로 370-15
	아산우체국 시민로 455
	아산교육지원청 문화로 53
	아산예비군훈련장 배방읍 수철리 727-1
	탕정우체국 탕정면 탕정로21번길 23
	둔포우체국 둔포면 둔포면로 16
	아산장재우체국 배방읍 공원로 51
	아산배방우체국 배방읍 모산로 171
	권곡동우체국 삼동로 52
	아산신창우체국 신창면 서부북로 623
	아산시농업기술센터 염치읍 염성길 70-30
	영인우체국 영인면 영인로 80
	아산용화동우체국 시민로 282
	아산온천동우체국 온궁로 17
	아산시외버스터미널 번영로 225

	아산동양고속터미널 번영로 223		나사렛대학교 서북구 월봉로 48
	온양온천역 온천대로 1496		공주대학교 천안캠퍼스 서북구 신당동 592
	신창역 신창면 행목로 50		선문대학교 천안캠퍼스 동남구 천안대로 277
	배방역 1호선 배방읍 온천대로 1967		한국기술교육대학교 제2캠퍼스 서북구 과수원길 18
	도고온천역 도고면 온천대로 304		고려신학대학원 동남구 충절로 535-31
	탕정역(2020년 예정) 탕정면 매곡리 496-4		국제뇌교육종합대학원대학교 동남구 목천읍 교천지산길 284-31
	천안아산역 배방읍 희망로 100		백석문화대학교 동남구 문암로 58
	아산역 배방읍 희망로 90		연암대학교 서북구 성환읍 연암로 313
	선문대학교 아산캠퍼스 탕정면 선문로221번길 70		천안중부화물터미널 동남구 청당산업길 33
	순천향대학교 신창면 순천향로 22		천안고속버스터미널 동남구 만남로 43
	호서대학교 아산캠퍼스 배방읍 세출리 165		성환버스터미널 서북구 성환읍 성환2로 104
	경찰대학 신창면 황산길 100-50		천안역 동남구 대흥로 239
	유원대학교 아산캠퍼스 음봉면 연암산로 52-70		두정역 1호선 서북구 두정동 83-29
	이수병원 배방읍 고속철대로 61		직산역 1호선 서북구 직산읍 모시리 58-11
	아산충무병원 문화로 381		쌍용역 1호선 서북구 쌍용19로 20
	미래한국병원 번영로230번길 13		봉명역 1호선 동남구 차돌로 51
	리더스 아산병원 충무로 74		성환역 1호선 서북구 성환읍 성환1로 237-5
천안시	천안시서북구보건소 서북구 번영로 156		천안충무병원 서북구 다가말3길 8
	천안시동남구보건소 동남구 버들로 34		순천향대학교 천안병원 동남구 순천향6길 31
	천안 고용복지플러스센터 서북구 동서대로 163		단국대학교병원 동남구 망향로 201
	고용노동부 천안고용노동지청 서북구 원두정8길 3		충청남도천안의료원 동남구 충절로 537
	천안세무서 동남구 청수14로 80		두정 이진병원 서북구 동서대로 65
	천안서북경찰서 서북구 번영로 705	공주시	공주시보건소 봉황로 123
	천안우체국 서북구 서부대로 706		충남지방공무원교육원 연수원길 73-26
	천안동남경찰서 동남구 청수6로 73		충남도교육연수원 연수원길 88-25
	대전 출입국외국인사무소 천안출장소 서북구 광장로 215		공주경찰서 백제문화로 2148-15
	천안대흥동우체국 동남구 대흥로 258		공주소방서 무령로 55
	대전지방검찰청 천안지청 동남구 청수14로 67		공주우체국 우체국길 15
	천안서북소방서 서북구 직산읍 4산단2길 32		공주세무서 봉황로 113
	동천안우체국 동남구 청수5로 10		국가민방위재난안전교육원 사곡면 연수단지길 90
	천안동남소방서 동남구 천안대로 580		공주교육지원청 왕릉로 115
	천안신부동우체국 동남구 터미널8길 3		중부지방산림청 봉정돌고개길 20
	충청지방통계청 천안사무소 서북구 오성로 89		신관동우체국 관골1길 34-17
	충남 천안교육지원청 서북구 광장로 239		공주 고용복지플러스센터 번영1로 46
	천안불당동우체국 서북구 봉서산로 66		공주시농업기술센터 우성면 내산목천길 52-15
	천안우편집중국 서북구 백석3로 105		공주예비군훈련장 의당로 114-17
	천안봉명동우체국 동남구 봉정로 26		금강홍수통제소 금벽로 551
	동남구 예비군훈련장 동남구 목천읍 천안대로 54		유구우체국 유구읍 중앙1길 109
	천안원성동우체국 동남구 버들로 142		국립농산물품질관리원 전막1길 6-11
	해양경찰학교 동남구 충절로 1687		대전지방검찰청 공주지청 한적2길 34-13
	호서대학교 천안캠퍼스 동남구 호서대길 12		법무부 공주준법지원센터 번영1로 114
	백석대학교 동남구 문암로 76		공주정안우체국 정안면 광정장터길 7
	남서울대학교 서북구 성환읍 대학로 91		공주종합버스터미널 신관로 74
	상명대학교 천안캠퍼스 동남구 안서동 300		유구터미널 유구읍 유구마곡사로 9
	단국대학교 천안캠퍼스 동남구 안서동 522		공주역 이인면 새빛로 100
	한국기술교육대학교 제1캠퍼스 동남구 병천면 충절로		공주대학교 옥룡캠퍼스 옥룡동 201
			공주대학교 신관캠퍼스 신관동 182

	공주교육대학교 웅진로 27		노성우체국 노성면 노성로 553
	국선도대학 이인면 남월길 53		논산버스터미널 계백로 1000
	공주현대병원 번영2로 18-10		연무대고속터미널 연무읍 안심로 143
계룡시	계룡대 신도안면		논산고속버스터미널 계백로 973
	계룡시보건소 장안로 46		강경버스정류장 강경읍 계백로 141
	대전우편집중국 두마면 사계로 184		논산역 해월로 236-12
	대전우편집중국운송교환센터 두마면 사계로 184		부황역 부적면 부황길 160-3
	인재선발센터 신도안면 정장리 370-1		연무대역 연무읍 왕릉로70번길 55-1
	계룡119안전센터 두마면 사계로 170		강경역 강경읍 대흥로 1
	계룡소방서 두마면 사계로 46		연산역 연산면 선비로275번길 31-2
	계룡엄사우체국 엄사면 번영로 45		개태사역 연산면 계백로 2625
	계룡금암동우체국 장안로 55		건양대학교 논산창의융합캠퍼스 은진면 대학로 121
	계룡시농업기술센터 두마면 사계로 177		금강대학교 상월면 상월로 522
	계룡소방서신청사 엄사면 유동리 283		국방대학교 양촌면 황산벌로 1040
	계룡시상하수도사업소 장안로 59-13		한민대학교 연산면 신신양로 221
	계룡시 선거관리위원회 사무국 서금암3길 15		한국폴리텍대학 바이오캠퍼스 강경읍 동안로112번길 48
	계룡남선우체국 신도안면 신도안2길 63		백제병원 시민로294번길 14
	안산배수지 두마면 계룡대로 159	태안군	태안소방서 태안읍 동백로 100
	계룡시보훈회관 엄사면 번영로 73-11		태안우체국 태안읍 독샘로 5
	우체국물류지원단 대전지사 두마면 사계로 184		태안경찰서 태안읍 동백로 112
	계룡시상하수도사업소 하수도시설팀 두마면 대둔로 1422		태안해양경찰서 태안읍 동백로 92-13
	대전우편집중국 우체국시설관리단 두마면 사계로 184		태안군농업기술센터 태안읍 송암로 523
	계룡시안정화사업소 두마면 제1산단로 67		안면우체국 안면읍 장터로 157
	계룡시상하수도사업소 장안로 59-13		태안원북우체국 원북면 원이로 807-1
	계룡시 CCTV통합관제센터 엄사면 번영로 73-11		국립수산과학원 서해수산연구소 근흥면 마도길 1
	금암시외버스승강장 금암동 166		농업기술원 양념채소연구소 남면 안면대로 1296-26
	계룡역 두마면 팥거리로 95		태안교육지원청 태안읍 원이로 28
논산시	육군훈련소 논산시 연무읍 득안대로 412		태안남면우체국 남면 남면로 104
	논산우체국 중앙로480번길 33		만리포우체국 소원면 천리포1길 10
	논산경찰서 강경읍 계백로 159		태안버스터미널 태안읍 동백로 304
	논산소방서 대학로 17		안면버스정류소 안면읍 장터로 126-1
	논산세무서 논산대로241번길 6		남면버스터미널 남면 남면로 100
	논산국토관리사무소 시민로 121		영목여객선터미널 고남면 월고지길 66
	논산계룡교육지원청 관촉로 253		안흥여객선복합터미널 근흥면 신진부두길 109
	논산시농업기술센터 부적면 백일헌로 3		한서대학교 태안캠퍼스 군남면 곰섬로 236-49
	논산취암동우체국 부창로100번길 9-27		한서대학교 태안비행장 남면 곰섬로 236-49
	논산 고용복지플러스센터 시민로210번길 14-8		제일의원 태안읍 환동로 77-1
	논산연무우체국 연무읍 안심로 52	홍성군	충청남도교육청 홍북읍 선화로 22
	연산우체국 연산면 연산3길 4		홍성우체국 홍성읍 내포로 111
	대전지방검찰청 논산지청 강경읍 계백로 99		충남홍성경찰서 홍성읍 충서로 1254
	강경우체국 강경읍 계백로167번길 53-1		홍성소방서 홍성읍 충절로 741
	법무부논산준법지원센터 보호관찰지소 시민로294번길 27		홍성세무서 홍성읍 홍덕서로 32
	논산계룡예비군훈련장 연무읍 연무로 53-16		홍성교육지원청 홍성읍 충절로 998
	부적우체국 부적면 마구평길 4		충청남도교육청연구정보원 홍북읍 선화로 22
			대전지방검찰청 홍성지청 홍성읍 법원로 40

지역	기관/주소
	홍성군 농업기술센터 홍성읍 내포로 230
	광천우체국 광천읍 홍남로 683
	홍성군수도사업소 홍성읍 내포로136번길 30
	충청남도소방본부 홍북읍 충남대로 21
	충청남도동물위생시험소 홍성본소 금마면 충서로2233번길 22
	홍북우체국 홍북읍 홍북로 447
	홍성예비군훈련장 홍북읍 상하리 산 91
	국립 농산물품질관리원 충남지원 홍성청양사무소 홍성읍 조양로 200
	홍성우체국 충남도청출장소 홍북읍 충남대로 21
	대한적십자사 충남지사 홍북읍 충남대로 118
	홍성경찰서 홍성읍 충서로 1254
	홍성세무서 홍성읍 홍덕서로 32
	홍성우체국 홍성읍 내포로 111
	홍성교육지원청 홍성읍 충절로 998
	광천버스터미널 광천읍 광천로273번길 11
	홍성종합터미널 홍성읍 조양로247번길 9
	홍성역 홍성읍 고암리 1073
	청운대학교 홍성캠퍼스 홍성읍 대학길 25
	혜전대학교 홍성읍 대학길 25
	한국폴리텍대학 홍성캠퍼스 홍성읍 충서로 1200
서천군	서천경찰서 장항읍 신창동로 15
	서천소방서 장항읍 장항로 37
	서천우체국 서천읍 서천로 59
	충청남도서천교육지원청 서천읍 서천로 105
	서천군농업기술센터 마서면 장서로 689
	서천군맑은물사업소 장항읍 장서로 78
	장항우체국 장항읍 신창동로 28
	국립농산물품질관리원 서천사무소 서천읍 서문로 126
	한산우체국 한산면 한마로 72
	서해해양조사사무소 장항읍 장산로 270-3
	예산국토관리사무소 서천출장소 비인면 비인로 18
	서천군 선거관리위원회 서천읍 사곡길 20-3
	판교우체국 판교면 종판로901번길 5
	국립 수산물품질관리원 장항지원 장항읍 장서로 59
	보령세무서 장항민원실 장항읍 장항로 193
	서천서면우체국 서면 신월길 17
	서천터미널 서천읍 서천로 29
	한산공용터미널 한산면 한산모시길 30
	서천역 서천읍 서천역길 57
	장항역 마서면 장항역길 55
	판교역 판교면 저산길 8
	서해병원 서천읍 서천로 184
예산군	충남지방경찰청 삽교읍 청사로 201
	예산세무서 오가면 윤봉길로 1883
	예산소방서 오가면 오가중앙로 111
	예산국토관리사무소 오가면 오가중앙로 69
	예산경찰서 예산읍 사직로 5
	예산교육지원청 예산읍 역전로126번길 14
	예산우체국 예산읍 예산로 194
	예산군농업기술센터 신암면 오신로 852
	예산역전우체국 예산읍 주교로 74-1
	삽교우체국 삽교읍 삽교로1길 16
	예산덕산우체국 덕산면 봉운로 33
	신암우체국 신암면 추사로 110
	광시우체국 광시면 예당로 177
	신례원우체국 예산읍 신례원로 183
	응봉우체국 응봉면 응봉로 148
	고덕우체국 고덕면 고덕중앙로 52
	충남문화재돌봄사업단 예산읍 산성금오실길 7
	충청남도농업기술원 신암면 추사로 167
	예산종합터미널 예산읍 금오대로 35-14
	내포신도시고속시외버스정류소 삽교읍 목리 767
	신례원정류소 예산읍 신례원리 253-8
	합덕버스터미널 합덕읍 합덕시장로 214-7
	예산역 예산읍 역전로 83
	신례원역 예산읍 신례원로212번길 19-12
	삽교역 삽교읍 삽교역로 101-14
	공주대학교 예산캠퍼스 예산읍 대회리 1
	한서대학교 외국어교육원 덕산면 대치3길 7
	예산종합병원 예산읍 금오대로 94
	예산명지병원 예산읍 신례원로 26
금산군	금산소방서 금산읍 삼풍로 2
	금산우체국 금산읍 인삼로 59
	금산경찰서 금산읍 인삼로 201
	대전중구예비군훈련장 복수면 복수로 1399-19
	금산군농업기술센터 금성면 의총길 25
	금산교육지원청 금산읍 인삼로 14
	추부우체국 추부면 마전로 52
	복수우체국 복수면 복수로 91
	국립농산물품질관리원 금산사무소 금산읍 용머리길 28
	금산남일우체국 남일면 금산로 518
	제원우체국 제원면 금강로 111
	금산군북우체국 군북면 군북로 717
	진산우체국 진산면 읍내로 61
	대전세무서 금산민원실 금산읍 인삼약초로 42
	금산남이우체국 남이면 진악로 23
	금산터미널 금산읍 후곤천길 77
	중부대학교 충청캠퍼스 추부면 대학로 201
	새금산병원 금산읍 비단로 183

부여군	부여소방서 규암면 계백로 17
	부여경찰서 부여읍 성말로 4
	부여군농업기술센터 규암면 흥수로 488
	부여국유림관리소 규암면 백제문로 19-16
	부여우체국 부여읍 사비로 82
	부여교육지원청 부여읍 금성로 69-10
	사비도성 가상체험관 부여읍 부소로 15
	국립부여문화재연구소 규암면 충절로2316번길 34
	규암우체국 규암면 규암로 5
	국립농산물품질관리원 부여사무소 규암면 흥수로 551
	부여군선거관리위원회 부여읍 궁남로 33
	부여장암우체국 장암면 장암로 18
	홍산우체국 홍산면 동헌로 23
	외산우체국 외산면 외산로 96
	부여군상하수도사업소 부여읍 계백로 266
	부여시외버스터미널 부여읍 사비로 87
	외산시외버스터미널 외산면 무량로 22-1
	한국전통문화대학교 규암면 백제문로 367
	건양대학교 부여병원 부여읍 계백로 200
	부여청담병원 부여읍 삼충로648번길 41
청양군	청양소방서 청양읍 송방리 348
	청양경찰서 청양읍 충절로 1317
	청양우체국 청양읍 칠갑산로 249
	청양산림항공관리소 남양면 돌보길 228
	청양교육지원청 청양읍 중앙로 252
	정산우체국 정산면 효자길 7
	청양화성우체국 화성면 무한로 94
	홍성세무서 청양민원실 청양읍 중앙로 158
	청양군선거관리위원회 청양읍 학사길 22
	청양군농업기술센터 청양읍 구봉로 1026-84
	청양목면우체국 목면 안심길 164-1
	남양우체국 남양면 만수로 1604
	국립농산물품질관리원 충남지원 청양읍 칠갑산로4길 25-7
	청양대치우체국 대치면 칠갑산로 515
	운곡우체국 운곡면 청신로 874
	청남 우체국 청남면 명덕로 247
	충청남도농업기술원 구기자연구소 운곡면 후덕리 411-1
	청양시외버스터미널 청양읍 중앙로 142
	정산정류소 정산면 칠갑산로 1912
	충남도립대학교 청양읍 학사길 55
	청양군보건의료원 청양읍 칠갑산로7길 54

3. 문화유적, 공원(해수욕장, 기타)

(1) 문화유적·사찰

지역구	소 재 지
서산시	해미읍성 해미면 남문2로 143
	마애여래삼존상 운산면 마애삼존불길 65-13
	보원사지오층석탑 운산면 용현리 119-1
	상홍리공소 음암면 상홍2길 122
	정순왕후생가 음암면 한다리길 39
	서산김기현가옥 음암면 한다리길 45
	간월도어리굴젓기념탑 부석면 간월도리 678
	보원사지당간지주 운산면 용현리 105
	명종대왕 태실 및 비 운산면 태봉리 산 1
	송곡서원 인지면 무학로 1353-9
	해미향교 해미면 해미향교길 2-11
	진충사 지곡면 진충사길 103
	서산 부성사 지곡면 산성내동길 47-17
	서산향교 향교1로 26
	강댕이미륵불 운산면 용현리
	개심사 명부전 운산면 개심사로 321-86
	개심사 범종각 운산면 개심사로 321-86
	서산와우리 단군전 운산면 단군전길 195-1
	서산김동진가옥 고북면 가구전길 49
	서산둔당리지석묘 인지면 둔당리 산 25-5
	서산 숭덕사 부석면 숭덕사1길 49
	문수사극락보전 운산면 문수골길 201
	개심사 운산면 개심사로 321-86
	간월암 부석면 간월도1길 119-29
	부석사 부석면 부석사길 243
	문수사 운산면 문수골길 201
	천장사 고북면 천장사길 100
보령시	석탄박물관 성주면 성주산로 508
	충청수영성 오천면 소성리 661-1
	성주사지 성주면 심원계곡로 99
	김좌진장군묘 청소면 재정리 산 51
	신경섭 가옥 청라면 장밭길 62
	소황사구 웅천읍 소황리 907
	이지함묘 주교면 토정로 1048
	도미부인사당 오천면 소성리 8-31
	화암서원 청라면 죽성로 411
	남포읍성 남포면 읍내리 378-1
	영보정 오천면 소성리 650-2
	보령읍성 주포면 보령리
	보령경찰서망루 대천로 33
	금강암 미산면 용수리 산 59
	보령향교 주포면 향교말길 45
	이광명고택 주산면 방죽안길 25

	최고운유적 남포면 월전리 813-8		흑성산성 동남구 목천읍 교촌리 산 32-1
	보령수현사 미산면 용수리 산 27-1		봉선홍경사갈기비 서북구 성환읍 대홍3길 77-48
	남포향교 남포면 읍성향교길 133		각원사청동대좌불 동남구 각원사길 245
	오천향교 오천면 향교길 45-26		천안향교 동남구 향교1길 89
	광성 부원군사우 청소면 재정리 산 71-11		조병옥박사 생가 동남구 병천면 유관순길 249
	용암영당 미산면 보령호로 819		이동녕선생 생가지 동남구 목천읍 동리4길 36
	남포관아문 남포면 읍성향교길 19		천안향교 서북구 쌍용19로 21
	편무성가옥 천북면 삼산농현길 80		직산향교 서북구 직산읍 군서1길 35-6
	왕대사 절길 44		독립기념관 겨레의탑 동남구 목천읍 남화리 230-1
	천태종보광사 큰오랏1길 76		상당부원군 한명회선생묘
	선림사 오천면 충청수영로 521-64		동남구 수신면 속창3길 62
	무진사 청라면 향천2길 92-82		천안 백석동선사유적 및 백제토성
	백운사 성주면 심원계곡로 259-200		서북구 백석동 527-8
	온양민속박물관 충무로 123		고령박씨종중재실 동남구 북면 박문수길 147
	현충사 염치읍 현충사길 126		아우내장터 기미독립운동기념비
	충무공 이순신묘소 음봉면 고룡산로 12-38		동남구 병천면 병천리 320-2
	윤보선대통령생가 둔포면 해위길52번길 29		천안김시민장군유허지 동남구 병천면 김시민길 23
	맹사성고택 배방읍 행단길 23-4		망향의동산 위령탑 서북구 성거읍 망향로 372-8
	감찰댁 송악면 외암민속길 19-10		천안영남루 동남구 삼룡동 291-4
	온양어의정 온천동 578		아우내 3.1운동독립사적지
	아산건재고택 송악면 외암민속길 19-6		동남구 병천면 충절로 1718
	아산향교 영인면 여민루길 82		목천향교 동남구 목천읍 교촌6길 7
	해위 윤보선대통령묘소 음봉면 동천리		삼태리 마애여래입상 동남구 풍세면 휴양림길 70
	김옥균선생유허지 영인면 아산리 143		직산 현관아 서북구 직산읍 군동리 327-16
	성준경가옥 도고면 도고산로587번길 73-21		암행어사 박문수묘 동남구 북면 은지리 산 1-1
	온양향교 대성전 읍내동 642		노은정 동남구 병천면 도원리 산 19
	신창향교 신창면 서부남로840번길 29		각원사 동남구 각원사길 245
아산시	아산외암리참판댁 송악면 외암민속길 42-15		광덕사 동남구 광덕면 광덕사길 30
	온주아문및동헌 온주길 27		성불사 동남구 성불사길 144
	아산읍내리당간지주 읍내동 255-5		구룡사 동남구 수신면 백자1길 72-113
	장영실묘소 인주면 문방리		만수사 동남구 용곡1길 54
	윤일선 가옥 둔포면 해위안길30번길 16		충청남도역사박물관 대추골1길 18-13
	영괴대 온천대로 1459		공산성 웅진로 280
	석조약사여래입상 송악면 평촌길50번길 147-20		무령왕릉 금성동 140-8
	영인오층석탑 영인면 영인로96번길 16-6		무령왕릉 송산리고분군 웅진동 55
	배방산성 배방읍 신흥리 산 19		우금치전적지 금학동 327-2
	세심사 다층탑 염치읍 산양길 180		공주 석장리구석기유적 석장리동 98
	봉곡사 송악면 도송로632번길 138		공주고마나루 웅진동 21-1
	세심사 염치읍 산양길 180	공주시	남매탑 반포면 학봉리
	삼각사 송악면 외암로1138번길 13		박동진판소리전수관 무릉중말길 22-14
	보문사 염치읍 송곡길 176		공주정지산백제유적 금성동 산 1
	윤정사 배방읍 배방산길 250-31		공산성 금서루 금성동 53-12
	수암사 염치읍 서원안길 66		공주수촌리고분군 의당면 수촌리 223-4
	독립기념관 동남구 목천읍 삼방로 95		공주향교 향교1길 26
천안시	유관순열사 생가 동남구 병천면 유관순생가길 18-2		충현서원유적 반포면 공암장터길 28-6
	유관순열사유적지 동남구 병천면 유관순길 38		선화당 관광단지길 30-8
			명탄서원 명탄서원길 48

	중악단 계룡면 신원사동길 1 반죽동당간지주 반죽동 300-2 공주장선리토실유적 탄천면 장선리 151-6 곰사당 백제큰길 2045 김옥균선생유허 정안면 광정리 38 공주수원사지 옥룡동 111 대통사지 반죽동 299-1 공주신관리석실고분 신관동 산 14 마곡사 사곡면 운암리 567 동학사 반포면 동학사1로 462 갑사 계룡면 갑사로 567-3 신원사 계룡면 신원사동길 1 성곡사 우성면 성곡길 371 동혈사 의당면 동혈사길 77 봉원암 정안면 화봉평정길 327-8	태안군	안면도꽃지 할미할아비바위 안면읍 승언리 산 27 태안마애삼존불 태안읍 원이로 78-132 안흥성 근흥면 정죽리 1155 이종일선생 생가 원북면 옥파로 199-7 안면암 부상탑 안면읍 정당리 소근진성 소원면 소근리 숭의사 남면 적돌길 415 굴포운하 태안읍 인평리 60-3 경이정 태안읍 경이정2길 1 모감주나무군락지 안면읍 승언리 1318-1 몽산리석가여래좌상 남면 몽산리 산 182 태안상옥리 가영현가옥 태안읍 상옥리 816 백화산성 태안읍 동문리 산 41-2 남문리오층석탑 태안읍 남문리 436-1 문양목 생가터 남면 몽산리 268-2 태안목애당 태안읍 남문리 300 태안향교대성전 태안읍 백화1길 7 안양사 근흥면 안기리 922 흥주사 만세루 태안읍 속말1길 61-61 영의정김좌근영세불망비 근흥면 정죽리 시인 천상병고택 안면읍 중장리 1524-1 태안설위설경 소원면 소근리 635 안면암 안면읍 여수해길 198-160 태을암 태안읍 원이로 78-132 흥주사 태안읍 속말1길 61-61 송림사 안면읍 송림길 18-48 무량사 원북면 신두로 169-25
논산시	견훤왕릉 연무읍 금곡리 산18-3 명재고택 노성면 노성산성길 50 돈암서원 연산면 임3길 24-4 계백장군유적전승지 부적면 신풍리 산 4-1 파평윤씨종학당 노성면 병사리 95 강경 미내다리 채운면 삼거리 541 관촉사 석조미륵보살입상 관촉로1번길 25 논산 연산역 급수탑 연산면 선비로275번길 31-2 황산벌전적지 부적면 신풍리 한일은행 강경지점 강경읍 계백로167번길 50 논산노강서원 광석면 오강길 56-5 노성산성 노성면 송당리 산 1-1 충곡서원 부적면 충곡로269번길 60-5 백제군사박물관 부적면 신풍리 산 4-1 죽림서원 강경읍 금백로 20-8 노성 궐리사 노성면 교촌길 35 김장생선생묘소일원 연산면 고정리 산 7-4 논산 백일헌종택 상월면 주곡길 47 성삼문묘소 가야곡면 양촌리 산 58 은진향교 은진면 탑정로427번길 14-1 유봉영당 노성면 노성로248번길 52 덕유정 강경읍 계백로207번길 48 황산성 연산면 표정리 산 20 논산 표정리고분군 연산면 표정리 산 58-2 팔괘정 강경읍 황산리 86 관촉사 관촉동 254 쌍계사 양촌면 중산길 192 개태사 연산면 계백로 2614-11 반야사 가야곡면 삼전길 104 지장정사 노성면 화곡안길 103 영주사 벌곡면 덕곡길 73	홍성군	김좌진장군생가 갈산면 행산리 산 17-4 한용운선생 생가 결성면 만해로318번길 83 홍주성 홍성읍 오관리 412-6 조양문 홍성읍 조양로119번길 5 홍주의사총 홍성읍 대교리 379 홍성군청 안회당 홍성읍 오관리 98-98 사운고택 장곡면 무한로 989-21 결성향교 결성면 홍남서로707번길 21-8 최영장군사당 홍북읍 최영장군길 57 홍성결성읍성 결성면 읍내리 산 28-2 성삼문선생유허지 홍북읍 노은리 114-1 추양사 서부면 이호리 산 70-9 홍주향교 홍성읍 충서로1575번길 93 홍성노은리고택 홍북읍 최영장군길 11-26 결성동헌 결성면 읍내리 279-3 광경사지삼층석탑 홍성읍 소향리 34 홍성동문동당간지주 홍성읍 오관리 297-15 홍성신경리 마애여래입상 홍북읍 신경리 산 80-1 화신사 홍동면 화신리 456-7 홍성척화비 구항면 오봉리 141

	전용일가옥 갈산면 상촌리 326		충의사 덕산면 덕산온천로 183-5
	충남정충사 서부면 판교1길 40-1		여사울성지 신암면 신종리 105
	홍성상하리미륵불 홍북읍 상하리 산 1-2		윤봉길의사 생가 덕산면 덕산온천로 182-10
	정암사 광천읍 오서길 625		대흥임존성 광시면 동산리 산 10
	용봉사 홍북읍 용봉산1길 109		대흥동헌 대흥면 의좋은형제길 33
	용주사 홍성읍 내법길 81-23		수덕사 대웅전 덕산면 수덕사안길 79
	고산사 결성면 만해로127번길 35-99		예산가야사지 덕산면 상가리 107-31
	내원사 장곡면 장곡길438번길 435		사면석불 봉산면 화전리 산 61
	충령사 홍성읍 충서로 1121-43		예산향교 예산읍 향교길 31
	구절암 구항면 거북로218번길 163		이남규선생고택 대술면 상항방산로 181-8
	석련사 구항면 구성북로160번길 76		김한종의사 생가 광시면 장신신흥길 283-12
서천군	동백정 서면 서인로235번길 103		봉수산 성곽등산로 광시면 마사리
	문헌서원 기산면 서원로172번길 66		매헌윤봉길의사사적지 덕산면 덕산온천로 182-10
	이상재선생 생가 한산면 종단길 71		최익현선생묘 광시면 관음리 산 24-1
	서천향교 서천읍 서천향교길 53-5		예산정동호가옥 고덕면 지곡오추길 133-62
	비인오층석탑 비인면 성북리 182-1		대흥향교 대흥면 교촌향교길 88
	서천읍성 서천읍 군청로54번길 27-16		이응로선생 사적지 덕산면 사천리 17-4
	서천장암진성 장항읍 장암리 산 1-1		삽교석조보살입상 삽교읍 도청대로 835-45
	서천이하복가옥 기산면 신막로57번길 32-3		예산대흥동헌및아문 대흥면 의좋은형제길 33
	한산읍성 한산면 지현리 10		예산산성 예산읍 산성리
	서천청절사 비인면 남당리		예덕상무사 덕산면 덕산온천로 183-5
	비인향교 비인면 비인로136번길 68		수덕사 덕산면 수덕사안길 79
	서천영수암 목조보살좌상 종천면 장구리		향천사 예산읍 향천사로 117-20
	율리사 비인면 성검로287번길 16-1		가야사 덕산면 상가1길 13-10
	한산향교대성전 한산면 한산향교길 76-31		보덕사 덕산면 가야산로 400-74
	수암리3층석탑 문산면 수암리 231		화암사 신암면 용궁1길 21-29
	건지산성 한산면 지현리 산 3		탈해사 예산읍 수철길 294-117
	무형문화재복합전수관 한산면 지현리 66-9		아미사 예산읍 벚꽃로296번길 77
	서천봉선리유적 시초면 봉선리 581	금산군	칠백의총 금성면 의총리 216
	비인읍성 비인면 성내리 331		태조대왕태실 추부면 마전리 산 1-86
	이색선생묘 기산면 영모리 산 1-8		구암사 부리면 평촌1길 2
	지석리삼층석탑 종천면 지석길 39-28		개삼터 남이면 성곡리
	청덕사 문산면 서문로1065번길 60		청풍서원 부리면 무금로 1688
	서천당정리고분군 종천면 당정리 17-4		금산백령성 남이면 역평리 산 16
	서천남산성 서천읍 남산리 산 22-1		금산향교 금산읍 비단로 298
	지현리삼층석탑 한산면 지현리 산 2-1		용강서원 제원면 용화로 258
	봉서사 한산면 건지산길 122		권율장군이치대첩비 진산면 대둔산로 191
	관음해룡사 서면 부사로 281		진산향교 진산면 교촌1길 45-20
	약사암 마서면 장천로 937		삼세충의비와숭모사 남일면 마장길 158
	음적사 문산면 판문로706번길 22-127		덕산사 부리면 배정이길 39
	광덕사 마서면 장서로531번길 4		온양이씨어필각 금성면 하신리 291
	구룡사 서천읍 군청로43번길 13		귀암사 부리면 평촌1길 2
	정토사 판교면 대백제로 1586		금산용화리고인돌 제원면 용화리 502-1
	영산암 서천읍 남산길66번길		금산인삼탑 금산읍 중도리
예산군	추사김정희선생고택 신암면 추사고택로 261		경주김씨효열적비각 제원면 대산길 101
	남연군묘 덕산면 상가리 산 5-29		금산충렬사 금성면 진산로 356-10

지역구	소재지
	보석사의병승장비 남이면 심천길 8-9
	의혼탑 진산면 읍내리 산 69-1
	태고사 진산면 청림동로 440
	보석사 남이면 보석사1길 30
	개덕사 추부면 개덕사길 83
	신안사 제원면 신안사로 970
	효심사 군북면 안보광길 115
	청풍사 부리면 불이리 246
부여군	국립부여박물관 부여읍 동남리 산16-9
	궁남지 부여읍 궁남로 52
	부소산성 부여읍 쌍북리 산 4
	가림성 임천면 성흥로97번길 167
	정림사지박물관 정림사지5층석탑 부여읍 동남리 254
	능산리고분군 백제왕릉원 부여읍 왕릉로 61
	부여관북리유적 부여읍 관북리 33
	부여나성 부여읍 염창리 565
	사비문 석성면 종북로 50-10
	백제문화단지 사비궁 규암면 백제문로 455
	부여장하리삼층석탑 장암면 장하리 536
	부소산관광안내소 부여읍 성왕로 247-9
	수북정 규암면 규암리 147-2
	부여송국리유적 초촌면 송국리 162
	천정대 규암면 호암리 산 5
	홍산동헌 홍산면 남촌리 210
	부여구아리백제유적 부여읍 구아리 64
	백제고도문화재단 부여읍 가탑로 75
	부여향교 부여읍 의열로 21-3
	백제문화단지 정양문 규암면 백제문로 455
	송국리선사취락지 초촌면 송국리 196-11
	보광사지 임천면 가신리 618-1
	부여금강사지 은산면 금공리 13-1
	백제문화단지 생활문화마을 규암면 합정리 193
	홍산객사 홍산면 북촌로 47
	왕흥사지 규암면 신리 48
	무량사 외산면 무량로 203
	고란사 부여읍 부소로 1-25
	미암사 내산면 성충로미암길 128
	대조사 임천면 성흥로197번길 112
	오덕사 충화면 오덕로86번길 105
청양군	천주교청양다락골줄무덤성지 화성면 화강리
	모덕사 목면 나분동길 12
	서정리구층석탑 정산면 서정리 16-2
	방기옥고택 남양면 나래미길 60-4
	천장호팔각정 정산면 천장호길 24-23
	우산성 청양읍 백천리 산 69-5
	청양 윤남석가옥 장평면 장수길 13-8
	도림사지 장평면 적곡리 667
	정산향교 정산면 칠갑산로 1849-28
	청양삼층석탑 청양읍 읍내리 산 4-2
	정산남천리석탑 정산면 남천리
	청양향교 청양읍 향교길 20-8
	계봉사오층석탑 목면 본의리 675
	안병찬 생가터 화성면 청대골길 11-8
	두릉산성 목면 대평리 18
	충령사 청양읍 칠갑산로9길 58
	표절사 운곡면 표절사길 40-23
	몽뢰재각 청남면 나루터길 137
	청양영모재 청양읍 장승길 22
	장곡사 하대웅전 대치면 장곡길 241
	유의각 운곡면 유의각길 11
	청양 임석주가옥 화성면 덕평길 27-11
	두촌사 정산면 충신길 38-1
	청양운장암 금동보살좌상 남양면 돌보길 436-147
	장곡사 대치면 장곡길 241
	정혜사 장평면 상지길 165-10
	안심사 대치면 상갑1길 130-23
	운장암 남양면 돌보길 436-147
	영산암 운곡면 후덕리 731

(2) 공원, 휴양림, 산, 호수, 계곡, 해수욕장, 기타

지역구	소재지
서산시	서산중앙호수공원 읍내동 40
	쉼이있는정원 인지면 모월3길 1-15
	간월호쉼터공원 부석면 창리 265-1
	나라사랑공원 동문동 161
	천수만쉼터 부석면 창리
	부춘산체육공원 읍내동 524-3
	솔빛공원 읍내동 482-1
	을음산공원 읍내동 608-8
	시민공원 관아문길 1
	한서대학교 조각공원 해미면 한서1로 46
	국립용현자연휴양림 운산면 마애삼존불길 339
	부남호 부석면 칠전리
	서산중앙호수공원 읍내동 40
	황금산 대산읍 독곶리
	팔봉산 팔봉면 양길리
	가야산 해미면 산수리
	도비산 부석면 지산리

	부춘산 읍내동		신정호유원지 방축동
	용현계곡 운산면 용현리		지산공원 배방읍 장재리 1343
	산수리계곡 해미면 산수리		장재천호수공원 배방읍 장재리 2061
	일락사계곡 해미면 산수리		신정호생활체육공원 방축동 465
	도착골 성연면 일람리		둔포체육공원 둔포면 아산호로 1165
	대문다리 팔봉면 어송리		지산체육공원 배방읍 장재리 1343
	벌천포해수욕장 대산읍 오지리		중앙공원 둔포면 석곡리 1481
	삼길포해수욕장 대산읍 화곡리 4-14		인주배수지시민공원 인주면 공세리 290-6
	고파도해수욕장 팔봉면 고파도리		선장포노을공원 선장면 군덕리 429-14
보령시	개화예술공원 성주면 개화리 183-1		풍기호수근린공원 남부로 353
	머드광장 신흑동 855-6		온양 어의정공원 온천동 578
	보령물빛공원 주산면 동오리 5-3		신창현역사공원 신창면 읍내리
	웅천돌문화공원 웅천읍 구장터3길 102		못나루공원 모종동 568-6
	웅천체육공원 웅천읍 노천리 534-1		장재울공원 배방읍 장재리 1918
	청천호호수공원 청라면 의평리 634		형제방죽공원 신창면 남성리
	천수만농어촌테마공원 천북면 장은리		신언2호공원 도고면 신언리
	시와숲길공원 주산면 삼곡리 26		남산안보공원 방축동 산 24-5
	보령시생태공원 대천방조제로 322		삽교호 인주면 대음리
	대창공원 웅천읍 대창리		아산호 영인면 구성리
	궁촌공원 궁촌동 352-2		테크노호수 둔포면 석곡리 400
	고인돌공원 주교면 관창리		광덕산 송악면 마곡리
	보령호 미산면 평라리		영인산 염치읍 산양리
	청천저수지 청라면 향천리		배방산 배방읍 회룡리
	삼계제 미산면 삼계리 439-2		고룡산 영인면 신화리
	성주산자연휴양림 성주면 화장골길 57-228		설화산 송악면 외암리
	국립오서산자연휴양림 청라면 장현리 97		강당골 계곡 인주면 금성리
	성주산 성주면 성주리		가실골 계곡 배방읍 북수리
	옥마산 남포면 창동리		장터골 계곡 인주면 해암리
	양각산 미산면 용수리 산 40		나무골 계곡 음봉면 산정리
	아미산 미산면 풍계리		무성댕이골 계곡 용화동
	성주계곡 성주면 성주리 265-329		온양온천 온천대로 1459
	명대골계곡 청라면 장현리		도고별장스파피아온천 도고면 도고면로 188
	백제골계곡 미산면 도흥리		아산온천 음봉면 아산온천로 217-7
	심연동계곡 성주면 성주리	천안시	태학산자연휴양림 동남구 풍세면 휴양림길 105-2
	화장골계곡 성주면 성주리		태조호 동남구 태조산길 261
	대천해수욕장 머드로 123		안산방죽 서북구 백석동
	무창포해수욕장 웅천읍 열린바다1길 10		청수호수공원 동남구 청수로 20
	독산해수욕장 웅천읍 독산리		천안삼거리공원 동남구 충절로 410
	용두해수욕장 남포면 월전리 787-16		단대호수공원 동남구 안서동
	원산도해수욕장 오천면 원산도리 1860		태조산공원 동남구 태조산길 261
	장안해수욕장 웅천읍 장안1길 35		성정공원 서북구 성정동 1285
	저두해수욕장 오천면 원산도리		천안생활체육공원 동남구 천안대로 357
	외연도몽돌해변 오천면 외연도리 51		쌍용공원 서북구 쌍용동 산 84
	오봉산해수욕장 오천면 원산도리		방아다리공원 서북구 쌍용동 1563
	사창해수욕장 오천면 원산도리		두정공원 서북구 두정동 869
아산시	영인산자연휴양림 영인면 아산온천로 16-26		천안남산공원 동남구 중앙동
	아산 환경과학공원 실옥로 216		천호지생활체육공원 동남구 신부동 16-119
	곡교천시민체육공원 염치읍 석정리 536-1		신방공원 동남구 신방동

	용곡공원 서북구 불당동	계룡시	괴목정 신도안면 용동리 101
	신부문화공원 동남구 신부동 460-4		무궁화학습원 신도안면 용동리
	아름드리공원 서북구 불당21로 25		두계천생태공원 신도안면 정장리 471-1
	부엉공원 서북구 공원로 159		새터산공원 금암동 11-1
	아우내독립만세운동기념공원 동남구 병천면 아우내장터1길 12-23		계룡시종합문화체육공원 엄사면 유동리 264
	천안시민체육공원 동남구 신부동 58-8		계룡입암리유적공원 두마면 입암리
	물총새공원 서북구 불당동		엄사근린공원 엄사면 엄사리
	하늘맞이공원 서북구 불당동		뒷골공원 두마면 두계리
	청수산림공원 동남구 풍세로 924-2		향적산 엄사면 향한리
	천변공원 서북구 불당동 859		관암산 신도안면 남선리 산 1-3
	흑성산 동남구 목천읍 교촌리		천마산 엄사면 유동리 산 21
	태조산 동남구 목천읍 덕전리		암용추골계곡 신도안면 용동리
	광덕산 동남구 병천면 관성리		도곡골 계곡 엄사면 도곡리
	성거산 동남구 목천읍 송전리		구랏골계곡 엄사면 엄사리
	일봉산 동남구 용곡동		종평골계곡 엄사면 향한리
	천흥계곡 서북구 성거읍 천흥리 산 55-11	논산시	탑정호수변생태공원 부적면 충곡리 287-8
	북면계곡 동남구 북면 오곡리		논산시민공원 관촉동 333-1
	유왕골계곡 동남구 목천읍 덕전리		노성산 애향공원 노성면 교촌리
	광덕계곡 동남구 광덕면 광덕리		육군훈련소 체험문화공원 연무읍 마산리 660-13
	강당골계곡 동남구 성남면 신사리		옥녀봉공원 강경읍 북옥리 135-1
공주시	금강신관공원 신관동 439-2		연무체육공원 연무읍 연무로166번길 64
	연미산자연미술공원 우성면 연미산고개길 98		관촉도시자연공원 대학로 163-65
	금학생태공원 금학동 111-1		연산면민체육공원 연산면 선비로 289
	공주산성시장 문화공원 산성동 181-82		내동공원 내동 1115
	정안천생태공원 의당면 청룡리		성덕공원 은진면 성덕리 433-19
	쌍신생태공원 쌍신동		강경읍민체육공원 강경읍 채산리 산 10-1
	산성공원 금성동 55-27		월성공원 성동면 월성리 62-2
	공주보훈공원 웅진동 65		탑정호 부적면 신풍리 542
	공주효심공원 중동		양촌자연휴양림 양촌면 매죽헌로1723번길 176-23
	박세리공원 웅진동		온빛자연휴양림 벌곡면 한삼천리 309
	곰탑공원 금성동 64-5		대둔산 벌곡면 수락리
	은개골역사공원 옥룡동 415		수락산 부적면 충곡리
	금성동체육공원 금강공원길 26		노성산 노성면 송당리
	공주역 알밤동산 이인면 신영리 157-1		바랑산 벌곡면 덕곡리
	공주산림휴양마을 수원지공원길 222		반야산 대학로 163-65
	마곡사천연송림욕장 사곡면 운암리 산 74-2		채운산 강경읍 채산리
	계룡산 반포면 동학사1로 327-6,		수락계곡 벌곡면 수락리
	천태산 의당면 덕학리		샘골계곡 연산면 화악리
	태화산 사곡면 운암리 산 74-2		대둔산 선녀폭포 벌곡면 수락리
	무성산 우성면 한천리		돌밭들계곡 상월면 석종리
	연미산 우성면 신웅리		작은가자골계곡 광석면 왕전리
	동학사계곡 반포면 학봉리		군지폭포 벌곡면 수락리
	마곡사계곡 사곡면 운암리	태안군	코리아플라워파크 안면읍 꽃지해안로 400
	갑사계곡 계룡면 중장리		네이처월드 남면 마검포길 200
	동월계곡 반포면 학봉리		꽃지해안공원 안면읍 승언리 산 29-122
	상신계곡 반포면 상신리		태안군생활체육공원 태안읍 송암리
			조각공원 안면읍 승언리 1350-43

	창정교쉼터 안면읍 정당리 1311-14		오서산 장곡면 광성리 산 92-1
	황도소공원 안면읍 황도리		용봉산 홍북읍 상하리
	호숫가의화원 고남면 장곡리		백월산 홍성읍 월산리 산 71-6
	로타리공원 안면읍 427-1		삼준산 갈산면 가곡리
	태안해안국립공원 태안읍 귀실길 9		보개산 구항면 황곡리
	안면도자연휴양림 안면읍 안면대로 3195-6		괴산골계곡 구항면 내현리
	백화산 태안읍 상옥리		저주골계곡 홍성읍 남장리
	가르미끝산 소원면 의항리		점산골계곡 구항면 청광리
	지령산 근흥면 정죽리		문산골계곡 홍동면 문당리
	가제산 이원면 당산리		청대골계곡 서부면 어사리
	후망산 이원면 내리	서천군	국립희리산해송자연휴양림 종천면 희리산길 206
	몽산포해수욕장 남면 신장리 353-59		장항송림산림욕장 장항읍 송림리 산 65
	꽃지해수욕장 안면읍 승언리 339-285		금강생태공원 마서면 도삼리 751-1
	만리포해수욕장 소원면 만리포2길 138		성경전래지기념공원 서면 서인로116번길 21
	학암포해수욕장 원북면 옥파로 1163-27		김인전공원 마서면 도삼리 751-30
	신두리해수욕장 원북면 신두리 1414-18		레포츠공원 서천읍 사곡리 182-5
	청포대해수욕장 남면 원청리 512-78		서천체육공원 서천읍 서천로232번길 69-2
	운여해변해수욕장 고남면 장곡리		춘장대공원 서면 도둔리 476-2
	연포해수욕장 근흥면 도황리		철새공원 마서면 당선리
	삼봉해수욕장 안면읍 삼봉길 209-3		국립생태원 잔디마당 마서면 덕암리 722
	갈음이해수욕장 근흥면 정죽리 산 147-46		국립생태원 용화실쉼터 마서면 장선리 542
홍성군	홍예공원 홍북읍 신경리		부사호 서면 부사리
	어사리 노을공원 서부면 남당항로361번길 45		봉선저수지 시초면 봉선리
	천수만한울마루 해상낚시공원 서부면 남당항로 849		희리산 종천면 지석리
	광천생활체육공원 광천읍 홍남로 764-42		천방산 문산면 신농길24번길 11
	홍주성역사공원 홍성읍 아문길 42		월명산 비인면 성내리 산 21
	충남보훈공원 홍북읍 홍예공원로 65		문수산 종천면 종천리 산 1-1
	역재방죽공원 홍성읍 고암리 907-9		건지산 한산면 지현리 산 10
	신리체육공원 홍북읍 신경리		남산골 마서면 옥산리
	고암근린공원 홍성읍 고암리 1040		개골계곡 서천읍 사곡리
	애향공원 홍동면 광금남로699번길 3		윷재골계곡 서면 도둔리
	한울공원 홍북읍 신경리		사리작골계곡 화양면 추동리
	내포시민광장 홍북읍 신경리 389-4		춘장대해수욕장 서면 도둔리 산 46-1
	대교공원 홍성읍 대교리		비인해수욕장 비인면 선도리
	숲소리놀이터어린이공원 홍북읍 대동리		갈목해수욕장 마서면 송석리
	물빛공원 홍북읍 대동리		띠섬목해수욕장 서면 월호리
	지형놀이공원 홍북읍 신경리	예산군	예산황새공원 광시면 시목대리길 62-19
	모래언덕공원 홍북읍 대동리		의좋은형제공원 대흥면 상중리
	내포시민1공원 홍북읍 신경리		예당호조각공원 응봉면 후사리
	신리천공원 홍북읍 신경리		예당호중앙생태공원 대흥면 동서리
	숲속의성공원 홍북읍 대동리		무한천둔치체육공원 예산읍 산성리 434
	두레6소공원 홍북읍 신경리 47-1		광시한우테마공원 광시면 광시리 67-4
	기차바람길공원 홍북읍 대동리		애향공원 삽교읍 목리
	용봉산자연휴양림 홍북읍 용봉산2길 87		창소유수지공원 예산읍 창소리 662-14
	도시숲남장달산림공원 홍성읍 남장리 111-9		예산분수광장 예산읍 예산리
	내포시민2공원 홍북읍 신경리		삽다리공원 삽교읍 신가리 266-46
	홍성호 결성면 성남리 143-13		삽티공원 예산읍 향천리 210-3
	간월호 서부면 궁리		

	예산동학혁명기념공원 예산읍 관작리		금산한방스파&호텔휴온천 금산읍 인삼광장로 20
	구만포구기념공원 고덕면 구만리 147-1		남이자연휴양림 선녀탕온천 남이면 느티골길 200
	풍뎅이숲공원 삽교읍 목리		남이자연휴양림 남이면 건천리 산 166
	덕숭산 탑림공원 덕산면 둔리		대둔산자연휴양림 진산면 대둔산로 6
	하늘놀이공원 삽교읍 목리		천태산 제원면 신안리
	사슴벌레공원 삽교읍 목리		서대산 군북면 보광리 산 56-1
	매헌무궁화공원 덕산면 시량부흥길 21		진악산 남이면 성곡리
	수암체육공원 삽교읍 목리		마이산 남이면 하금리
	학재광장 삽교읍 목리 297-4		만인산 복수면 목소리
	삽교근린공원 삽교읍 신가리		청강수 계곡 진산면 삼가리 465
	거미줄놀이공원 삽교읍 목리		구만리계곡 복수면 지량리
	내포북광장 삽교읍 목리 499-1		구시내이골계곡 군북면 두두리
	개미공원 삽교읍 목리		득골계곡 부리면 방우리
	봉수산자연휴양림 대흥면 임존성길 153		절골계곡 진산면 오항리
	봉수산수목원 대흥면 상중리 470		12폭포 남이면 구석리
	삽교호 인주면 대음리	부여군	서동공원 부여읍 동남리 187-2
	영인산수목원 생태연못 염치읍 서원리 산 74-3		백마강생활체육공원 부여읍 구교리
	예당호 응봉면 예당관광로 164		구드래조각공원 부여읍 구교리 17-4
	덕숭산 덕산면 대치리		나래공원 부여읍 군수리 518-13
	봉수산 대흥면 상중리		칠지공원 규암면 신리 480
	수암산 덕산면 둔리		만수산자연휴양림 야생화공원 외산면 삼산리 267
	금오산 예산읍 예산리		정림공원 규암면 진변리 85-1
	봉대미산 예산읍 주교리 68-1		가로공원 옥산면 가덕리 24-2
	갯골계곡 덕산면 상가리		토성공원 규암면 외리 66-4
	사직골계곡 덕산면 사동리		만수산자연휴양림 외산면 삼산리 산 40
	삽티골계곡 응봉면 건지화리		성흥산성산림욕장 임천면 군사리
	고갯골계곡 광시면 서초정리		부소산 부여읍 쌍북리
	재궁골계곡 예산읍 신례원리		성흥산 장암면 지토리 산 156
	덕산싸이판온천 덕산면 온천단지3로 84		천보산 홍산면 상천리
	덕원온천장 덕산면 신평1길 14-13		금성산 임천면 군사리
	덕화온천장 덕산면 덕산온천로 293		월명산 내산면 금지리
금산군	기러기공원 제원면 천내리 167		새말골계곡 세도면 청송리
	이슬공원 금성면 양전리 380-1		수리바위계곡 외산면 만수리 산 25
	금산천둔치공원 금산읍 중도리 601-1		심방골계곡 장암면 정암리
	매바위유원지 복수면 복수로 1128-37		거전계곡 은산면 거전리 187
	흰털바위공원 금산읍 중도리		백제골계곡 외산면 가덕리
	남산공원 금산읍 동산3길 22-4	청양군	백세건강공원 청양읍 읍내리 404-1
	금산공원 금산읍 계진리 203-1		칠갑산장승공원 대치면 장곡리 75
	송운기념공원 제원면 제원리 501-337		지천생태공원 청양읍 교월리
	보곡산꽃단지 군북면 산안리		원앙공원 청양읍 읍내리
	아동공원 추부면 마전리 433-3		칠갑산자연휴양림 대치면 칠갑산로 668-103
	물레방아공원 남일면 황풍리 644-4		천장호 정산면 천장리
	중도아동공원 금산읍 중도리		산정1제 화성면 산정리 16-3
	비호산근린공원 금산읍 중도리 203-22		칠갑산 대치면 광대리
	강촌 나루터 공원 복수면 복수로 664		구봉광산 남양면 구룡리 436
	태봉공원 군북면 호티리 710-3		백월산 비봉면 관산리
	청천공원 추부면 마전리 46-81		문박산 운곡면 위라리 산 66-1
	아인공원 금산읍 아인리 302-2		

	지천구곡 남양면 온직리
	구곡지천계곡 대치면 개곡리
	도림계곡 장평면 적곡리
	작천계곡 대치면 작천리
	지천계곡 대치면 장곡리
	용죽골계곡 남양면 용마리
	냉천골계곡 정산면 천장리

4. 호텔, 백화점

지역구	소 재 지
서산시	베니키아호텔 서산 안견로 465
	대산호텔 대산읍 구진로 21-3
	보보호텔 읍내2로 26
	그린호텔 대산읍 충의로 1853-1
	엠스테이호텔 안견로 465
보령시	대천파레브 해수욕장8길 70
	호텔머드린 해수욕장8길 28
	데이나이스호텔 대천지점 해수욕장8길 60
	메리머드호텔 해수욕장8길 52
	호텔우연플로라 해수욕장8길 48
	제니스리조텔 대천항1길 13
	머드비치호텔 해수욕장8길 14
	호텔로하스 해수욕장10길 10
	호텔마스타대천 대해로 876
	리버사이드호텔 천변북길 87
	본가야호텔 해수욕장13길 3
	썬셋파크호텔 웅천읍 열린바다1길 57
	제이아이호텔 해수욕장10길 20
	호텔광개토 해수욕장10길 14
	E호텔 머드로 171
	환타지아호텔 웅천읍 열린바다1길 51
	호텔아일랜드 머드로 127
	원저호텔 매방아1길 12-8
	홀인원호텔 한내로 78-28
	산과바다호텔 신흑동 946-15
	HOTEL MUDRIN 해수욕장8길 28
아산시	온양관광호텔 온천대로 1459
	온양제일호텔 온천대로 1462
	온양그랜드호텔 충무로20번길 7
	아산온천호텔 음봉면 아산온천로 217-7
	시그너스호텔 둔포면 아산밸리중앙로 84-37
	아산스테이호텔 둔포면 아산밸리중앙로 84-41
	리아주스파앤호텔 충무로20번길 14
	호텔헤링턴 온천대로 1442
	리베라미니호텔 음봉면 아산온천로243번길 123
	호텔스파트 음봉면 아산온천로243번길 27
	도고그린호텔 도고면 도고면로 179

지역구	소 재 지
천안시	라마다앙코르 천안호텔 서북구 차돌들길 12
	신라스테이 천안 서북구 동서대로 177
	천안 오엔시티호텔 서북구 불당4로 105
	티포인트관광호텔 서북구 성정공원5로 42
	비즈니스호텔 서북구 양지9길 6
	상록호텔 동남구 수신면 수신로 576
	오엔스마트호텔 서북구 검은들3길 57
	렉스호텔 서북구 양지8길 10-4
	천안라트리호텔 서북구 성정공원3길 25
	뷰호텔스탠다드 서북구 부대중앙길 13
	천안메트로호텔 동남구 대흥로 241-11
	E천안호텔 서북구 양지21길 42
	B호텔 동남구 미나릿길 18-6
	호텔 여기어때 천안점 서북구 성정공원4길 31
	KS호텔 동남구 옛시청길 13
	천안센트럴관광호텔 서북구 성정공원5로 64
	티롤리아호텔 서북구 성정공원4길 11
	도쿄호텔 서북구 차돌들길 11-11
	웨스턴호텔 동남구 신부2길 25
	큐호텔 서북구 두정상가3길 21
	괌호텔 서북구 검은들3길 6
	아비숑호텔 동남구 양지10길 6
	천안호텔 동남구 각원사길 187-22
	ING호텔 서북구 차돌들길 11-10
	신세계백화점 충청점 동남구 만남로 43
	갤러리아백화점 센터시티점 서북구 공원로 227
공주시	공주잉크관광호텔 전막2길 10-10
	동학산장호텔 반포면 동학사1로 266-4
	금강관광호텔 전막2길 16-11
	그하루의옥상달빛호텔 반포면 임금봉길 49-30
	호텔홀리데이계룡산 반포면 임금봉길 61
	계룡산갑사관광호텔 계룡면 갑사로 458-4
	골든튤립 계룡산호텔&스파 반포면 학봉리 881
논산시	더 시티 호텔 계백로 1008-4
	에버그린관광호텔 연무읍 황화로 369
태안군	롱비치패밀리호텔 소원면 만리포2길 120
	베이브리즈가족호텔 소원면 만리포2길 235-9
	말리호텔앤리조트 소원면 만리포1길 95
	프라자호텔 안면읍 방포로 29-5
	만리포호텔 소원면 만리포2길 208
	태안비치골프텔 근흥면 갈음이길 77
	안면도 잼 호텔 안면읍 밧개길 165-5
홍성군	호텔솔레어 홍성읍 조양로205번길 60
서천군	호텔택시 장항읍 장산로 618-1
예산군	스파뷰호텔 덕산면 온천단지2로 77
	덕산온천 타워호텔 덕산면 온천단지3로 69
	VIP온천텔 덕산면 온천단지1로 34-10

	세심온천호텔 삽교읍 수암산로 210
	가야관광호텔 덕산면 신평1길 14
	자자호텔 예산읍 예산산업단지로 15-19
금산군	금산인삼호텔 금산읍 인삼광장로 47
부여군	백제관광호텔 부여읍 북포로 108
청양군	호텔칠갑산샬레 대치면 한티고개길 57

5. 교량, 터널

(1) 교량

교량명	소 재 지
예당호출렁다리	예산군 응봉면 후사리 35
무지개다리	금산군 부리면 평촌리
공주보	공주시 웅진동
선인대교	아산시 선장면 신문리 404
안면도 꽃게다리	태안군 안면읍 창기리
대하랑꽃게랑육교	태안군 남면 신온리 802-5
금강교	공주시 신관동
공주대교	공주시 신관동
신공주대교	공주시 소학동
안면암 부교	태안군 안면읍 정당리 산 5-1
안면대교	태안군 안면읍 창기리
안면연육교	태안군 안면읍 창기리
신진대교	태안군 근흥면 신진도리
황산대교	논산시 강경읍 황산리
대호대교	당진시 고대면 당진포리
금정교	청양군 남양면 금정리
논산대교	논산시 광석면 산동리
선우대교	당진시 합덕읍 신흥리
신도안교	계룡시 신도안면 석계리
증산교	보령시 주산면 증산리
충무교	아산시 권곡동
백제교	부여군 부여읍 구교리
오인교	공주시 의당면 요룡리
소황교	서천군 서면 개야리 588
남부교	서산시 양대동
화월교	공주시 사곡면 화월리
삼룡교	천안시 동남구 구성동 503
병천교	천안시 동남구 수신면 장산리
아산대교	아산시 실옥동
창정교	태안군 안면읍 창기리
강경대교	논산시 채운면 장화리
공암교	공주시 반포면 공암리
해월교	공주시 사곡면 해월리
동산교	예산군 광시면 동산리
귀곡교	예산군 신양면 불원리
강청교	아산시 염치읍 강청리
부여대교	부여군 부여읍 군수리
웅진대교	공주시 우성면 평목리
와룡교	홍성군 결성면 교항리
남원포교	당진시 신평면 신흥리
봉강교	아산시 배방읍 세교리
신례원교	예산군 예산읍 신례원리
충의대교	예산군 삽교읍 두리
제원대교	금산군 제원면 천내리

(2) 터널

터널명	소 재 지
차령터널	천안시 동남구 광덕면 원덕리
용두터널	아산시 탕정면 용두리
용두생태터널	아산시 탕정면 용두리
성당터널	태안군 태안읍 동문리
계룡2터널	공주시 반포면 온천리
청양터널	청양군 정산면 마치리
신평터널	금산군 추부면 신평리
어물2터널	공주시 정안면 어물리
솔티터널	청양군 정산면 송학리
저산2생태터널	서천군 판교면 마대리
일봉산터널	천안시 동남구 용곡동
취암산터널	천안시 동남구 목천읍 교천리
봉산터널	예산군 봉산면 봉림리
고풍터널	서산시 운산면 고풍리
샛고개굴길	금산군 복수면 지량리
물한재터널	논산시 벌곡면 덕곡리
마달터널	금산군 추부면 요광리
덕산터널	예산군 덕산면 광천리
해미터널	예산군 덕산면 광천리
용곡생태터널	아산시 배방읍 장재리
봉서산터널	천안시 서북구 불당동
우금티터널	공주시 주미동
향천터널	예산군 대술면 시산리
호계터널	공주시 사곡면 호계리
비인터널	서천군 비인면 성북리
예산터널	예산군 예산읍 향천리
서천터널	서천군 기산면 화산리

신영터널	공주시 유구읍 신영리
봉황터널	보령시 주교면 신대리
낙지터널	청양군 장평면 락지리
저산1생태터널	서천군 판교면 저산리
신영터널	공주시 사곡면 신영리
종천터널	서천군 종천면 산천리
차동터널	공주시 유구읍 녹천리
대흥터널	예산군 대흥면 지곡리
해창터널	당진시 고대면 당진포리
인삼터널	금산군 금산읍 신대리
정지산터널	공주시 금성동
왜목터널	당진시 석문면 교로리
공주터널	공주시 옥룡동
홍북터널	홍성군 홍북읍 석택리
생태터널	천안시 동남구 풍세면 남관리
불당터널	천안시 서북구 불당동 1447
남산터널	아산시 방축동
운산터널	서산시 운산면 신창리
칠갑산마재터널	청양군 장평면 적곡리
성주터널	보령시 성주면 성주리
웅천터널	보령시 주산면 증산리
계룡1터널	공주시 반포면 학봉리
밀목재생태터널	공주시 반포면 학봉리
정우터널	공주시 의당면 오인리
금산터널	금산군 추부면 요광리
마티터널	공주시 반포면 봉곡리
가덕터널	부여군 옥산면 가덕리
천안터널	천안시 서북구 두정동

제❺편 충청남도 주요 지리 출제예상문제

01 다음 중 충청남도 공주시와 인접한 시와 군이 아닌 지역은?
① 청양군 ② 천안시
③ 금산군 ④ 부여군

02 다음 중 충청남도 지역에 있는 계룡산과 관련이 없는 시와 군은?
① 보령시 ② 논산시
③ 대전시 ④ 공주시

03 다음 중 충청남도 공주시에 소재하지 않는 것은?
① 마곡사
② 무령왕릉
③ 충청남도역사박물관
④ 관촉사

04 다음 중 충청남도 공주시에 소재하는 교량이 아닌 것은?
① 신공주대교 ② 백제큰다리
③ 왕진교 ④ 웅진대교

05 다음 중 운행하는 차량으로 대전광역시에서 충청남도 공주시로 가야 할 경우 지나는 도로는?
① 32번 국도 ② 23번 국도
③ 1번 국도 ④ 40번 국도

06 다음은 충청남도 공주시에 소재하고 있지 않는 지명은?
① 공산성 ② 우금치전적지
③ 연미산 ④ 칠갑산자연휴양림

07 다음은 충청남도 공주시청 주변에 소재한 것이 아닌 것은?
① 공주교육대학교 ② 공주대학교
③ 봉황산 ④ 공주고등학교

08 다음 중 충청남도 공주시 지역에 무령왕릉이 소재하는 행정구역은?
① 웅진동 ② 신관동
③ 금학동 ④ 옥룡동

09 충청남도 공주시 지역에 금강신관공원이 있다. 공원 내에 있는 것이 아닌 것은?
① 야구장 ② 축구장
③ 농구장 ④ 주차장

10 다음은 충청남도 당진시에서 공주시에 있는 박찬호야구장으로 가려고 한다. 어느 IC를 이용하는 것이 좋은가?
① 북공주JC ② 공주IC
③ 서공주JC ④ 남공주IC

정답 01 ③ 02 ① 03 ④ 04 ③ 05 ① 06 ④ 07 ② 08 ① 09 ③ 10 ②

11 다음 중 충청남도 지역에 계룡대가 있다. 그 곳이 소재한 곳은?
① 논산시 ② 세종시
③ 공주시 ④ **계룡시**

12 다음 중 충청남도 계룡시 지역에 있는 행정구역이 아닌 것은?
① 신도안면 ② 엄사면
③ **부적면** ④ 두마면

13 다음 중 충청남도 계룡시 신도안면에 소재하는 학교가 아닌 것은?
① 금암초등학교 ② 용남중학교
③ 용남초등학교 ④ 용남고등학교

14 다음 충청남도 계룡시를 가로지르는 철도는?
① 경부선 ② **호남선**
③ 장항선 ④ 호남고속철도

15 다음 중 충청남도 금산군 추부면에 소재하는 대학교는?
① 금산대학교
② 남부대학교
③ **중부대학교**
④ 남서울대학교

16 다음은 충청남도 금산군 지역에서 칠백의총이 소재하고 있는 행정구역은?
① 남이면 ② 제원면
③ 남일면 ④ **금성면**

17 다음은 충청남도 금산군 지역에 있는 개삼터(개삼각)는 무엇을 처음 재배한 곳인가?
① 대마 ② **인삼**
③ 천마 ④ 모시

18 다음 충청남도 금산군 지역에 소재하는 산이 아닌 것은?
① 부소산 ② 서대산
③ 대성산 ④ 진악산

19 다음 중 충청남도 금산군 지역에 소재한 행정구역이 아닌 것은?
① 군북면 ② 부리면
③ 진산면 ④ **경천면**

20 다음은 대전광역시에서 출발하여 샛고개굴길을 지나 충청남도 금산시로 가려는데 통행하는 이 도로명은?
① 635번 도로 ② 17번 국도
③ 39번 국도 ④ 4번 국도

21 다음은 전북 무주 지역에서 충청남도 금산군 부리면 지역으로 흐르는 금강의 상류는?
① 만경강 ② 경호강
③ **적벽강** ④ 천내강

22 다음은 충청남도 금산군을 가로지르는 고속도로의 명칭은?
① 경부고속도로
② **통영대전고속도로**
③ 서해안고속도로
④ 중부고속도로

정답 11 ④ 12 ③ 13 ① 14 ② 15 ③ 16 ④ 17 ② 18 ① 19 ④ 20 ① 21 ③ 22 ②

23 다음 중 충청남도 금산군 남이면 지역에 위치한 명승지가 아닌 곳은?
① 보석사 ② **청풍사**
③ 12폭포 ④ 금산백령성

24 다음 중 충청남도 금산군 금산읍 지역에 위치한 공원이 아닌 것은?
① 흰털바위공원
② 남산공원
③ **수심대**
④ 비호산금린공원

25 다음 충청남도 지역에 연무대육군훈련소가 있다. 이 시설이 위치해 있는 곳은?
① 계룡시 ② **논산시**
③ 금산군 ④ 세종특별자치시

26 다음은 충청남도 부여군 지역에서 논산시 지역으로 연결된 도로명은?
① 1번 국도 ② 17번 국도
③ 4번 국도 ④ 23번 국도

27 다음 중 충청남도 논산시 지역에서 관촉사 은진미륵불이 있는 행정구역은?
① 화지동 ② 연무읍
③ 강경읍 ④ **관촉동**

28 다음 중 충청남도 논산시 지역에 있는 호수는?
① **탑정호** ② 대청호
③ 아산호 ④ 용담호

29 다음 중 충청남도 논산시 지역에 있는 IC가 아닌 것은?
① 양촌IC ② 서논산IC
③ **강경IC** ④ 연무IC

30 다음 중 충청남도 논산시 지역에 견훤왕릉이 있는 행정구역은?
① 강경읍 ② **연무읍**
③ 광석면 ④ 성동면

31 다음 중 충청남도 논산시 지역에 소재하지 않는 지명은?
① **용현계곡** ② 대둔산
③ 군지폭포 ④ 옥녀봉

32 다음 중 충청남도 논산시 지역에 금강대학교가 소재한 행정구역은?
① 부적면 ② 노석면
③ 강경읍 ④ **상월면**

33 다음 중 충청남도 논산시 지역에 소재하지 않은 행정구역은?
① 여산면 ② 가야곡면
③ 양촌면 ④ 연산면

34 다음 중 충청남도 논산시 지역에 소재하지 않는 교량은?
① 강경대교
② 논산천교
③ 논산대교
④ **웅포대교**

정답 23 ② 24 ③ 25 ② 26 ③ 27 ④ 28 ① 29 ③ 30 ② 31 ① 32 ④ 33 ① 34 ④

35 다음 중 충청남도 당진시 지역에 소재하지 않는 방조제는?
① 대호방조제 ② 삽교방조제
③ 석문방조제 ④ **아산만방조제**

36 다음 중 충청남도 당진시 지역에 소재하는 해수욕장은?
① **왜목마을 해수욕장**
② 벌천포 해수욕장
③ 노가리 해수욕장
④ 국화도 해수욕장

37 다음은 서해대교 주변에 있는 충청남도 당진시의 포구는?
① 상길포항 ② 용무지항
③ **한진포구** ④ 대산항

38 다음 중 충청남도 당진시 지역에 소재하는 행정구역이 아닌 것은?
① 석문면 ② 대호지면
③ 신평면 ④ **웅암면**

39 다음은 당진시 지역에서 서산시 지역으로 이동하려고 한다. 이 때 이용하는 도로명은?
① 29번 국도 ② **32번 국도**
③ 33번 국도 ④ 서해안고속도로

40 다음은 충청남도 당진시 지역에는 민속박물관이 있는데 그 곳의 행정구역은?
① **합덕읍** ② 고대면
③ 송산면 ④ 순성면

41 다음 중 충청남도 당진시 지역에 있는 서해대교를 연결하는 행정구역은?
① 화성시 ② 예산군
③ **평택시** ④ 서산시

42 다음 중 충청남도 당진시 지역에 안국사지 석조여래좌상이 있는 행정구역은?
① **정미면** ② 송악읍
③ 면천면 ④ 송산면

43 다음 중 충청남도 아산시 지역과 당진시 지역을 연결하는 방조제는?
① 아산방조제 ② **삽교방조제**
③ 화성방조제 ④ 석문방조제

44 다음 중 충청남도 보령시 지역에는 아주자동차대학이 있다. 이곳이 소재하는 행정구역은?
① 주교면 ② 미산면
③ 남포면 ④ **주포면**

45 다음 중 충청남도 보령시 지역의 문화유적으로 볼 수 없는 것은?
① **관촉사** ② 석탄박물관
③ 보령성주사지 ④ 최고운유적

46 다음 중 충청남도 보령시 지역에 있는 해수욕장이 아닌 곳은?
① 무창포해수욕장
② 대천해수욕장
③ 오봉산해수욕장
④ **벌천포해수욕장**

정답 35 ④ 36 ① 37 ③ 38 ④ 39 ② 40 ① 41 ③ 42 ① 43 ② 44 ④ 45 ① 46 ④

47 다음 중 충청남도 보령시 지역에 보령호가 소재하는 행정구역은?
① 웅천읍　　② 주산면
③ 미산면　　④ 남포면

48 다음 중 충청남도 보령시 지역에 소재하는 것이 아닌 곳은?
① 성주산 자연휴양림
② 화암서원
③ 청천저수지
④ 만수산 자연휴양림

49 다음 중 충청남도 보령시 지역에 있는 항구가 아닌 곳은?
① 남당항　　② 대천항
③ 무창포항　　④ 보령항

50 다음 중 충청남도 보령시 원산도 지역에 소재하는 것이 아닌 곳은?
① 오봉산 해수욕장　　② 사창 해수욕장
③ 원산도 해수욕장　　④ 영목항여객선터미널

51 다음 중 충청남도 보령시 지역에 있는 행정구역이 아닌 곳은?
① 청소면　　② 오천면
③ 화성면　　④ 청라면

52 다음 중 충청남도에 있는 보령시청과 청양군청과 연결하는 도로명은?
① 36번 도로　　② 29번 도로
③ 21번 도로　　④ 34번 도로

53 다음 중 충청남도 부여군 지역에 한국전통문화대학교가 있는 곳은?
① 부여읍　　② 규암면
③ 내산면　　④ 남면

54 다음 중 충청남도 부여군 지역에 있는 문화유적으로 볼 수 없는 것은?
① 궁남지　　② 능산리고분군
③ 부여가림성　　④ 공산성

55 다음 중 충청남도 부여군 지역에 부여정림사지가 있는 행정구역은?
① 내산면　　② 남면
③ 부여읍　　④ 옥산면

56 다음 중 충청남도 부여군 지역에 위치한 하천의 교량이 아닌 것은?
① 금강대교　　② 왕진교
③ 백마강교　　④ 부여대교

57 다음 중 충청남도 부여군 지역에 비홍산 냉풍욕장이 있는 행정구역은?
① 석성면　　② 임천면
③ 홍산면　　④ 남면

58 다음은 부여읍에서 급한 일로 논산시청에 가려고 한다. 어느 도로를 이용할 경우 가장 빠른 도로인가?
① 4번 도로　　② 23번 도로
③ 625번 도로　　④ 31번 도로

정답　47 ③　48 ④　49 ①　50 ④　51 ③　52 ①　53 ②　54 ④　55 ③　56 ①　57 ③　58 ①

59 다음 중 충청남도 부여군 지역에 속하지 않는 행정구역은?

① 세도면　　② 장평면
③ 장암면　　④ 초촌면

60 다음 충청남도 부여군 부여읍내에 소재하는 산성은?

① 공산성　　② 성흥산성
③ 부소산성　④ 부여가림성

61 다음 충청남도 부여군 지역에 만수산 자연휴양림이 있는 행정구역은?

① 외산면　　② 내산면
③ 홍산면　　④ 은산면

62 다음 충청남도 서산시를 지나는 고속도로는?

① 경부고속도로
② 호남고속도로
③ 서해안고속도로
④ 당진영덕고속도로

63 다음 충청남도 서산시 지역에 있는 항구가 아닌 곳은?

① 삼길포항　② 대산항
③ 구도항　　④ 개목항

64 다음 차량으로 서산시청에서 충남도청으로 가려고 할 때 이용하는 도로명은?

① 32번 도로　② 45번 도로
③ 29번 도로　④ 40번 도로

65 다음 중 충청남도 서산시 지역에 개심사가 있다. 소재하는 행정구역은?

① 운산면　　② 해미면
③ 부석면　　④ 고북면

66 다음 충청남도 서산시 지역에 있는 간월암과 연관이 없는 것은?

① 부석면　　② 간월도
③ 일몰　　　④ 서산B지구방조제

67 다음 중 충청남도 서산시 지역에 있는 해수욕장은?

① 안면 해수욕장
② 오봉산 해수욕장
③ 삼길포 해수욕장
④ 만리포 해수욕장

68 다음 중 충청남도 서산시 지역에 한서대학교가 소재하는 행정구역은?

① 대산읍　　② 해미면
③ 팔봉면　　④ 지곡면

69 다음은 충청남도 서산시청에서 승객이 서산 대죽일반산업단지로 가려고 한다. 어느 지명도로를 이용해야 하는가?

① 34번 도로　② 29번 도로
③ 32번 도로　④ 45번 도로

70 다음 중 충청남도 서산시 읍내동 지역에 소재하는 저수지는?

① 풍전저수지　② 잠홍저수지
③ 성암저수지　④ 중앙지

정답 59 ②　60 ③　61 ①　62 ③　63 ④　64 ②　65 ①　66 ④　67 ③　68 ②　69 ②　70 ④

71 다음 충청남도 서산시 지역에 소재하는 산업단지가 아닌 곳은?
① 석문국가산업단지
② 오토밸리일반산업단지
③ 테크노밸리일반산업단지
④ 인더스밸리일반산업단지

72 다음 충청남도 서천군 지역에 소재하는 항구가 아닌 곳은?
① 홍원항　　② 다사항
③ 장항항　　④ **구매항**

73 다음 중 충청남도 서천군 지역에 소재하는 해수욕장은?
① 장안 해수욕장
② **춘장대 해수욕장**
③ 무창포 해수욕장
④ 용두 해수욕장

74 충청남도 서천군과 전북 군산시를 연결하는 갑문은?
① 송도방조제　　② 부사방조제
③ **금강갑문**　　④ 만경강 갑문

75 다음 충청남도 서천군 지역에 국립생태원이 있는 곳은?
① **마서면**　　② 판교면
③ 장항읍　　④ 비인면

76 다음 충청남도 서천군 지역에 한산모시관이 있는 곳은?
① 문산면　　② **한산면**
③ 구룡면　　④ 남면

77 다음 중 충청남도 아산시 지역에 현충사가 소재하는 행정구역은?
① 신창면　　② 도고면
③ 온천동　　④ **염치읍**

78 다음 충청남도 아산시 지역에 온양민속박물관이 소재하는 행정구역은?
① 권곡동　　② 영인면
③ 음봉면　　④ 탕정면

79 다음 순천향대학교가 위치하고 있는 충청남도 아산시의 지역은?
① 송악면　　② **신창면**
③ 음봉면　　④ 배방읍

80 다음 중 충청남도 아산시 지역의 온양온천역과 연결되는 도로는?
① 시민로　　② 온천대로
③ **중앙로**　　④ 남산로

81 다음 중 차량으로 아산시청에서 평택시청을 가려는데 통행하는 도로명은?
① 34번 도로　　② 43번 도로
③ 39번 도로　　④ **45번 도로**

82 다음 중 충청남도 아산시 지역에 영인산자연휴양림이 소재하는 행정구역은?
① **영인면**　　② 도고면
③ 인주면　　④ 둔포면

정답 71 ① 72 ④ 73 ② 74 ③ 75 ① 76 ② 77 ④ 78 ① 79 ② 80 ③ 81 ④ 82 ①

83 다음 중 충청남도 예산군 지역에 소재하는 도립공원은?
① 칠갑산도립공원
② 태안도립공원
③ 덕산도립공원
④ 대둔산도립공원

84 다음 중 충청남도 예산군 지역에 덕산온천이 소재하는 행정구역은?
① 삽교읍　② 덕산면
③ 광시면　④ 예산읍

85 다음 중 충청남도 예산군 지역에 추사 김정희선생의 고택이 있는 행정구역은?
① 오가면　② 고덕면
③ 응봉면　④ 신암면

86 다음 중 충청남도 예산읍 주위를 흐르는 무한천에 있는 교량이 아닌 것은?
① 예산대교　② 신원교
③ 신례원교　④ 무한천교

87 다음 중 충청남도 예산군 예산읍 지역에 소재하지 않는 것은?
① 예산종합병원
② 예산저수지
③ 삽티공원
④ 공주대학교 예산캠퍼스

88 다음은 서울에서 고속도로를 이용하여 충청남도 예산군 예산읍 지역에 가려고 한다. 어느 IC를 이용하는 것이 좋은가?

① 예산수덕사IC　② 고덕IC
③ 신양IC　④ 유구IC

89 다음 충청남도 예산군 지역에 소재하지 않는 산은?
① 덕숭산　② 서원산
③ 팔봉산　④ 오서산

90 다음 중 충청남도 예산군 지역에 소재하는 역이 아닌 곳은?
① 신례원역　② 삽교역
③ 도고온천역　④ 예산역

91 다음 중 충청남도 천안시에 소재하지 않는 대학교는?
① 고려대학교
② 한국기술교육대학
③ 나사렛대학교
④ 남서울대

92 다음 중 차량으로 천안시청에서 평택시청으로 가려고 할 때 이용하는 도로명은?
① 34번 도로　② 1번 도로
③ 45번 도로　④ 43번 도로

93 다음 중 충청남도 천안시 지역에 있는 고속도로 휴게소가 아닌 곳은?
① 입장휴게소
② 망향휴게소
③ 천안삼거리휴게소
④ 정안휴게소

정답　83 ③　84 ②　85 ④　86 ③　87 ②　88 ①　89 ④　90 ③　91 ①　92 ②　93 ④

94 다음 중 충청남도 천안시 지역에 독립기념관이 위치한 곳은?
① 입장면 ② 수신면
③ 목천읍 ④ 병천면

95 다음 중 충청남도 천안시 지역에 소재하는 산이 아닌 것은?
① 위례산 ② 태조산
③ 은석산 ④ **천방산**

96 다음 중 충청남도 천안시 지역에 유관순 열사 유적지가 있는 곳은?
① **병천면** ② 동면
③ 입장면 ④ 성거읍

97 다음 중 충청남도 천안시 지역에 태학산자연휴양림이 있는 곳은?
① 성환읍 ② **풍세면**
③ 광덕면 ④ 성남면

98 다음 중 충청남도 천안시 지역에 있는 공원이 아닌 곳은?
① 태조산공원 ② 천안삼거리공원
③ 쌍용공원 ④ **엄사근린공원**

99 다음 중 천안시청에서 거리가 가장 먼 곳은?
① 천안종합운동장
② 서봉산
③ **입장휴게소**
④ 나사렛대학교

100 다음 중 충청남도 천안시 지역에 백석대학교, 단국대 천안캠퍼스, 상명대 천안캠퍼스, 호서대 천안캠퍼스가 있다. 이 학교들이 소재하는 행정구역은?
① 안서동 ② 신안동
③ 문성동 ④ 봉명동

101 다음 중 충청남도 천안시 지역에 남부대로와 천안대로가 만나는 교차로는?
① 삼룡사거리 ② **청삼교차로**
③ 충절오거리 ④ 충무로사거리

102 다음 중 충청남도 천안시 지역에 있는 전철역이 아닌 곳은?
① 직산역 ② 두정역
③ 봉명역 ④ **배방역**

103 다음 중 충청남도 청양군 지역에 칠갑산 도립공원이 있는 곳은?
① 청남면 ② **대치면**
③ 정산면 ④ 남양면

104 다음 중 충청남도 청양군 지역에 지천구곡이 소재한 행정구역은?
① 대치면 ② 화성면
③ 운곡면 ④ 목면

105 다음 중 충청남도 청양군 서정리 지역에 9층 석탑이 있는 행정구역은?
① 청양읍 ② 청남면
③ **정산면** ④ 운곡면

정답 94 ③ 95 ④ 96 ① 97 ② 98 ④ 99 ③ 100 ① 101 ② 102 ④ 103 ② 104 ① 105 ③

106 다음 중 충청남도 청양군 지역에 골이 좁고 깊어 여름철에도 발이 시릴 정도로 시원하고 맑은 물이 흐른다는 냉천골이 있는 곳은?
① 화성면　② 청양읍
③ 대치면　④ 정산면

107 다음 중 충청남도 청양군 지역에 도림계곡이 소재한 행정구역은?
① 목면　② 장평면
③ 청남면　④ 정산면

108 다음 중 충청남도 청양군 청양읍 지역에 소재하는 곳이 아닌 것은?
① 고운식물원
② 고추박물관
③ 청양승의 청소년수련원
④ 청양군 보건의료원

109 다음 중 충청남도 청양군 청양읍 지역에 있는 공원이 아닌 곳은?
① 예산황새공원
② 청양지천 생태공원
③ 원앙공원
④ 백세건강공원

110 다음 중 충청남도 태안군 지역에 몽산리석가여래좌상이 있는 행정구역은?
① 안면읍
② 남면
③ 이원면
④ 소원면

111 다음은 태안군청에서 서산시청으로 가려고 할 때 이용하는 도로명은?
① 38번 도로　② 29번 도로
③ 32번 도로　④ 45번 도로

112 다음 중 충청남도 태안군 지역에 있는 해수욕장이 아닌 곳은?
① 꽃지해수욕장　② 만리포해수욕장
③ 몽산포해수욕장　④ 백사장해수욕장

113 다음 중 충청남도 태안군 지역에 경이정이 있는 곳은?
① 원북면　② 태안읍
③ 남면　④ 근흥면

114 다음 중 충청남도 태안군 지역에 있는 항구가 아닌 곳은?
① 개목항　② 정산포항
③ 남당항　④ 채석포항

115 다음 중 충청남도 태안군 안면도 지역에 있는 것이 아닌 곳은?
① 한서대학교 태안비행장
② 백사장해수욕장
③ 안면암
④ 황포항

116 다음 중 충청남도 태안군 태안읍과 안면도를 연결하는 교량은?
① 이원방조제　② 신진대교
③ 어송교　④ 안면대교

정답　106 ④　107 ②　108 ③　109 ①　110 ②　111 ③　112 ④　113 ②　114 ③　115 ①　116 ④

117 다음 중 충청남도 태안군 안면도 지역에 있는 해수욕장이 아닌 곳은?
① 마검포 해수욕장
② 밧개 해수욕장
③ 방포 해수욕장
④ 꽃지 해수욕장

118 다음 중 충청남도 도청이 소재하는 곳은?
① 홍성읍 ② 홍북읍
③ 구항면 ④ 금마면

119 다음 중 충청남도 홍성군 지역에 결성향교가 있는 행정구역은?
① 홍성읍 ② 남면
③ 결성면 ④ 은하면

120 다음 중 충청남도 홍성군 지역에 홍주의사총이 있는 곳은?
① 홍성읍 ② 홍북읍
③ 장곡면 ④ 서부면

121 다음 중 충청남도 홍성군청에서 덕산도립공원을 가려고 할 때 이용하는 도로명은?
① 21번 도로 ② 45번 도로
③ 29번 도로 ④ 609번 도로

122 다음 중 충청남도 홍성군 지역에 용봉산자연휴양림이 있는 곳은?
① 구항면 ② 홍북읍
③ 광청읍 ④ 금마면

123 다음 중 충청남도 홍성군 지역에 있는 항구는?
① 구매항 ② 드르니항
③ 남당항 ④ 대천항

124 다음 중 홍성군청에서 광천역으로 가려고 할 때 이용하는 도로명은?
① 21번 도로
② 36번 도로
③ 29번 도로
④ 39번 도로

125 다음 계룡시청으로 가려고 하는데 도로명주소로 맞는 것은?
① 장안로 46
② 서금암3길 15
③ 두마면 계룡대로 159
④ 엄사면 번영로 45

126 다음 계룡시에 있는 기관으로 도로명주소의 연결이 맞지 않는 것은?
① 계룡시보건소 – 장안로 46
② 계룡소방서 – 두마면 사계로 46
③ 계룡시보훈회관 – 두마면 사계로 184
④ 계룡역 – 두마면 팥거리로 95

127 다음 서산시청으로 가려고 하는데 도로명주소로 맞는 것은?
① 공림4로 23
② 관아문길 1
③ 쌍연남1로 37
④ 고운로 165

정답 117 ① 118 ② 119 ③ 120 ① 121 ④ 122 ② 123 ③ 124 ① 125 ① 126 ③ 127 ②

128 다음 서산시에 있는 기관으로 도로명주소의 연결이 맞지 않는 것은?
① 서산경찰서 - 안견로 327
② 서산세무서 - 덕지천로 145-6
③ **서산시보건소 - 홍천로 42**
④ 서산소방서 - 호수공원14로 26-4

129 다음 보령시청으로 가려고 하는데 도로명주소로 맞는 것은?
① 중앙로 78
② 보령남로 26
③ 대천로 33
④ **성주산로 77**

130 다음 보령시에 있는 기관으로 도로명주소의 연결이 맞지 않는 것은?
① 보령해양경찰서 - 성주산로 49
② 보령세무서 - 옥마로 56
③ **보령대천동우체국 - 보령북로 169**
④ 보령경찰서 - 대천로 33

131 다음 공주시청으로 가려고 하는데 도로명주소로 맞는 것은?
① **봉황로 1**
② 백제문화로 2148-15
③ 왕릉로 115
④ 번영1로 46

132 다음 공주시에 있는 사찰로 도로명주소가 맞지 않는 것은?
① 갑사 - 계룡면 갑사로 567-3
② 동학사 - 반포면 동학사1로 462
③ **동혈사 - 계룡면 도솔로 182**
④ 성곡사 - 우성면 성곡길 371

133 다음 당진시청으로 가려고 하는데 도로명주소로 맞는 것은?
① **시청1로 1**
② 역천로 838
③ 구봉로 46
④ 당진중앙1로 59

134 다음 천안아산역으로 가려고 하는데 도로명주소로 맞는 것은?
① **배방읍 희망로 100**
② 배방읍 세출리 165
③ 배방읍 온천대로 1967
④ 배방읍 배방로 57-29

135 다음 아산시청으로 가려고 하는데 도로명주소로 맞는 것은?
① 온궁로 17
② **시민로 456**
③ 번영로 225
④ 온천대로 1496

136 다음 한국기술교육대학교 제1캠퍼스로 가려고 하는데 도로명주소로 맞는 것은?
① 동남구 청수14로 67
② **동남구 병천면 충절로**
③ 동남구 대흥로 258
④ 동남구 버들로 142

137 다음 천안시청으로 가려고 하는데 도로명주소로 맞는 것은?
① 서북구 서부대로 706
② 서북구 동서대로 163
③ 서북구 광장로 239
④ **서북구 번영로 156**

정답 128 ③ 129 ④ 130 ③ 131 ① 132 ③ 133 ① 134 ① 135 ② 136 ② 137 ④

138 다음 논산시청으로 가려고 하는데 도로명주소로 맞는 것은?

① 시민로210번길 9
② 중앙로480번길 33
③ 대학로 17
④ 논산대로241번길 6

139 다음 논산시에 있는 기관으로 도로명주소의 연결이 맞지 않는 것은?

① 논산경찰서 – 강경읍 계백로 159
② 논산세무서 – 논산대로241번길 6
③ **논산소방서 – 관촉로 253**
④ 육군훈련소 – 논산시 연무읍 득안대로 412

140 다음 부여군청으로 가려고 하는데 도로명주소로 맞는 것은?

① 부여읍 삼충로648번길 41
② 부여읍 금성로 69-10
③ 부여읍 성말로 4
④ **부여읍 사비로 33**

141 다음 서천군청에 가려고 하는데 도로명주소의 연결이 맞지 않은 것은?

① 서천읍 서천로 59
② 장항읍 장항로 37
③ **서천읍 군청로 57**
④ 장항읍 신창동로 15

142 다음 태안군청으로 가려고 하는데 도로명주소로 맞는 것은?

① 태안읍 동백로 100
② **태안읍 군청로 1**
③ 태안읍 독샘로 5
④ 태안읍 동백로 112

143 다음 청양군청에 가려고 하는데 도로명주소의 연결이 맞지 않은 것은?

① **청양읍 문화예술로 222**
② 청양읍 송방리 348
③ 청양읍 충절로 1317
④ 청양읍 칠갑산로 249

144 다음 홍성군청으로 가려고 하는데 도로명주소로 맞는 것은?

① 홍북읍 선화로 22
② **홍성읍 아문길 27**
③ 홍성읍 내포로 111
④ 홍성읍 충서로 1254

145 다음 금산군청으로 가려고 하는데 도로명주소로 맞는 것은?

① 금산읍 삼풍로 2
② **금산읍 군청길 13**
③ 금산읍 인삼로 59
④ 금산읍 인삼로 201

146 다음 예산군청으로 가려고 하는데 도로명주소로 맞는 것은?

① 예산읍 사직로 5
② 예산읍 역전로126번길 14
③ 예산읍 예산로 194
④ **예산읍 군청로 22**

정답 138 ① 139 ③ 140 ④ 141 ③ 142 ② 143 ① 144 ② 145 ② 146 ④

제6편 충청북도 주요 지리
Taxi Driver's License

- ◇ 도청 소재지 : 청주시 상당구 상당로 82(문화동)
- ◇ 면적(km²) : 7,406.9km²
- ◇ 행정구분 : 3시 8군 (4구 16읍 86면 51동)
- ◇ 인구(명) : 1,636,328명 (2022년 12월 현재)
- ◇ 꽃 : 백목련 - 상징 : 자조, 자립, 협동의 상징으로 미래 지향의 의지를 품은 새도민상
- ◇ 나무 : 느티나무 - 상징 : 가식 없는 성격과 온화하고 순박한 충북인의 기질
- ◇ 새 : 까치 - 상징 : 근면하고 친근감을 갖게 하며 인정을 느끼게 하는 도민의 기질
- ◇ 산 : 백마산, 소백산, 속리산, 금수산, 월악산, 우암산, 계명산
- ◇ 호수 : 괴산호, 대청호, 청풍호, 충주호
- ◇ 강 : 괴강, 남한강, 금강
- ◇ 동굴 : 고수, 노동, 온달, 천동
- ◇ 계곡 : 낙영산 화양구곡, 송계계곡, 물한계곡, 덕동계곡, 쌍곡계곡
- ◇ 폭포 : 수옥폭포, 옥계폭포, 용추폭포, 양백폭포, 운천공원인공폭포

1. 시·군청 소재지

구역별	구·읍·면·동	소 재 지
청주시	시청	청주시 상당구 상당로 155, 북문로3가
	상당구 5면8동	낭성면, 미원면, 가덕면, 남일면, 문의면, 중앙동, 성안동, 영운동, 금천동, 탑대성동, 용담명암산성동, 용암1동, 용암2동
	서원구 2면9동	남이면, 현도면, 사직1동, 사직2동, 사창동, 모충동, 수곡1동, 수곡2동, 산남동, 분평동, 성화개신죽림동
	흥덕구 1읍2면8동	오송읍, 강내면, 옥산면, 운천신봉동, 복대1동, 복대2동, 가경동, 봉명1동, 봉명2송정동, 강서1동, 강서2동
	청원구 2읍1면5동	내수읍, 오창읍, 북이면, 우암동, 내덕1동, 내덕2동, 율량사천동, 오근장동
충주시	1읍12면12동	충주시 으뜸로 21, 금릉동
		주덕읍, 살미면, 수안보면, 대소원면, 신니면, 노은면, 앙성면, 중앙탑면, 금가면, 동량면, 산척면, 엄정면, 소태면, 성내·충인동, 교현·안림동, 교현2동, 용산동, 지현동, 문화동, 호암·직동, 달천동, 봉방동, 칠금·금릉동, 연수동, 목행·용탄동
제천시	1읍7면9동	제천시 내토로 295, 천남동
		봉양읍, 금성면, 청풍면, 수산면, 덕산면, 한수면, 백운면, 송학면, 교동, 의림지동, 중앙동, 남현동, 영서동, 용두동, 신백동, 청전동, 화산동
단양군	2읍6면	단양군 단양읍 중앙1로 10, 별곡리
		단양읍, 매포읍, 단성면, 대강면, 가곡면, 영춘면, 어상천면, 적성면

지역별		소재지
음성군	2읍7면	음성군 음성읍 중앙로 173, 읍내리
		음성읍, 금왕읍, 소이면, 원남면, 맹동면, 대소면, 삼성면, 생극면, 감곡면
진천군	2읍5면	진천군 진천읍 상산로 13, 읍내리
		진천읍, 덕산읍, 초평면, 문백면, 백곡면, 이월면, 광혜원면
증평군	1읍1면	증평군 증평읍 광장로 88, 창동리
		증평읍, 도안면
괴산군	1읍10면	괴산군 괴산읍 임꺽정로 90, 서부리
		괴산읍, 감물면, 장연면, 연풍면, 칠성면, 문광면, 청천면, 청안면, 사리면, 소수면, 불정면
보은군	1읍10면	보은군 보은읍 군청길 38, 이평리
		보은읍, 속리산면, 장안면, 마로면, 탄부면, 삼승면, 수한면, 회남면, 회인면, 내북면, 산외면
옥천군	1읍8면	옥천군 옥천읍 중앙로 99, 삼양리
		옥천읍, 동이면, 안남면, 안내면, 청성면, 청산면, 이원면, 군서면, 군북면
영동군	1읍10면	영동군 영동읍 동정로 1, 계산리
		영동읍, 용산면, 추풍령면, 황간면, 매곡면, 상촌면. 양강면, 용화면, 학산면, 양산면, 심천면

2. 주요 기관

지역별	소 재 지
청주시	**흥덕구청** 흥덕구 대농로 88
	흥덕구보건소 흥덕구 비하로12번길 46
	서청주우체국 흥덕구 죽천로 109
	청주세무서 흥덕구 죽천로 151
	흥덕경찰서 흥덕구 월명로236번길 15
	청주서부소방서 흥덕구 가경로 143
	청주 출입국외국인사무소 흥덕구 비하로12번길 52
	식품의약품안전처 흥덕구 오송읍 오송생명2로 187
	청주가경동우체국 흥덕구 풍년로 107-2
	질병관리본부 흥덕구 오송읍 오송생명2로 187
	한국보건복지인력개발원 흥덕구 오송읍 연제리 643
	충청북도 선거관리위원회 흥덕구 2순환로 1168
	충북지방조달청 흥덕구 가로수로 1257
	청주봉명동우체국 흥덕구 직지대로 604
	청주시 하수처리장 흥덕구 옥산면 미호로 555
	청주강서동우체국 흥덕구 가로수로1154번길 5-16
	오송우체국 흥덕구 오송읍 가로수로 188
	국립농산물 품질관리원 충북지원 흥덕구 월명로220번길 46
	청주기상지청 흥덕구 공단로 76
	청주복대1동우체국 흥덕구 진재로47번길 12-2
	청주운천동우체국 흥덕구 사운로 231
	충청북도 보건환경연구원 흥덕구 오송읍 오송생명1로 184
	청주옥산우체국 흥덕구 옥산면 옥산시내1길 28
	청주고속버스터미널 흥덕구 풍산로 6
	오창과학단지 흥덕구 옥산면 남촌리 641-1
	상당구청 상당구 남일면 단재로 466
	충북청주상당경찰서 상당구 목련로 266
	청주동부소방서 상당구 영운로 61
	청주시농업기술센터 상당구 남일면 단재로 480
	명암타워 상당구 1순환로 1685-31
	청주용담동우체국 상당구 산성로116번길 14
	청주성안동우체국 상당구 성안로 34
	용암동우체국 상당구 무농정로 51
	청주산림조합 상당구 상당로 15
	청주용암1동우체국 상당구 용암북로160번길 15
	청주금천동우체국 상당구 쇠내로84번길 2
	미원우체국 상당구 미원면 미원시내2길 26
	청주남일우체국 상당구 남일면 단재로 741
	청주영운동우체국 상당구 영운로 36-2
	충청북도소방본부 상당구 상당로 82
	문의우체국 상당구 문의면 문시내로 39
	충청북도자치연수원 상당구 가덕면 은행상야로 425
	충북유아교육진흥원 상당구 가덕면 교육원로 153-122
	청주상공회의소 상당구 상당로 106
	청주운전면허시험장 상당구 가덕면 교육원로 131-20
	상당구보건소 상당구 남일면 단재로 480
	청원구청 청원구 직지대로 871
	충북지방경찰청 청원구 2순환로 168
	청원경찰서 청원구 향군로 60
	동청주세무서 청원구 1순환로 44
	청주우체국 청원구 1순환로 70
	오창과학단지우체국 청원구 오창읍 중심상업2로 24
	충청북도농업기술원 청원구 오창읍 가곡길 46
	충북지방 중소벤처기업청 청원구 오창읍 중심상업2로 48
	국가과학기술인력개발원 청원구 오창읍 양청4길 45
	청주내덕동우체국 청원구 중앙로 211
	국가기상 슈퍼컴퓨터센터 청원구 오창읍 중심상업2로 72
	오창우체국 청원구 오창읍 팔결로 695
	청주공항 출입국외국인사무소 청원구 내수읍 오창대로 980

내수우체국 청원구 내수읍 청암로 64	한국폴리텍대학 청주캠퍼스 흥덕구 산단로 54
충청북도 지식산업진흥원 청원구 오창읍 각리1길 7	동양일보 청원구 충청대로 103
충청북도 도로관리사업소 청원구 충청대로 197	중부매일신문 흥덕구 1순환로436번길 22
충북테크노파크 선도기업관 103	충청매일 흥덕구 직지대로 735
오창읍 연구단지로 40	충청투데이 흥덕구 흥덕로 159
청주시예비군훈련장 청원구 2순환로94번길 22	충청타임즈 흥덕구 복대로 185
청주국제공항 청원구 내수읍 오창대로 980	KBS 청주방송총국 서원구 서부로 1428
서원구청 서원구 사직대로 227	MBC 충북 흥덕구 2순환로 1322
청주 고용복지플러스센터 서원구 1순환로 642	CJB청주방송 서원구 사운로 59-1
청주교육지원청 서원구 산남24번길 25	청주CBS 서원구 수곡로5번길 17
고용노동부 청주고용노동지청 서원구 1순환로 1047	BBS불교방송 청주방송국 상당구 월평로184번길 101
충청북도교육청 서원구 청남로 1929	YTN 청주지국 서원구 1순환로1063번길 61-54
충북지방병무청 서원구 남사로 33	청주방송 라디오방송국 서원구 사운로 59-1
청주우편집중국 서원구 수곡로 106	충북정신병원 서원구 현도면 우록4길 151
청주지방검찰청 서원구 산남로70번길 51	청주병원 상당구 상당로 163
청주분평동우체국 서원구 월평로 80	대전대학교 청주한방병원 상당구 용담로105번길 4
충청북도교육청 충청북도교육연구정보원 서원구 청남로 1931	청주한국병원 상당구 단재로 106
청주사창동우체국 서원구 사직대로 143	청주성모병원 청원구 주성로 173-19
청주개신동우체국 서원구 경신로 43	하나병원 흥덕구 2순환로 1262
청주사직동우체국 서원구 호국로 107	베스티안병원 흥덕구 오송읍 오송생명1로 191
미평여자학교소년보호기관 서원구 남지로41번길 23	효성병원 상당구 쇠내로 16
법무부 청주준법지원센터 서원구 분평로 99	청주의료원 서원구 흥덕로 48
청주청소년꿈키움센터소년보호기관 서원구 남지로41번길 23	오창병원 청원구 오창읍 중심상업1로 50
청주수곡1동우체국 서원구 구룡산로 309	청주의료원 심혈관센터 서원구 흥덕로 48
청주교육지원청 별관 서원구 무심서로 485	충북대학교병원 서원구 1순환로 776
청주남이우체국 서원구 남이면 청남로 1201	뿌리병원 청원구 내덕로 56
청주전파관리소 서원구 사직대로157번길 30	

충북택시운송사업조합 서원구 궁뜰로80번길 14	보훈휴양원 중앙탑면 수룡봉황길 553-17
청주보훈지청 서원구 1순환로 1047	충주 고용복지플러스센터 국원대로 13
청주시민회관 서원구 예체로 118-1	충주소방서 목행산단7로 9
서원대학교 서원구 무심서로 377-3	충주우체국 국원대로 20
충북대학교 개신캠퍼스 서원구 충대로 1	충주경찰서 예성로 218
청주대학교 청원구 내덕동 48	충주세무서 충원대로 724
한국교원대학교 흥덕구 강내면 월탄리 산 14-1	충주시농업기술센터 동량면 충원대로 1350
청주교육대학교 서원구 청남로 2065	충북 충주교육지원청 봉현로 170
공군사관학교 상당구 남일면 단재로 635	고용노동부 충주지청 국원대로 3-3
꽃동네대학교 서원구 현도면 상삼리 387	충주칠금동우체국 신립로 23
한국방송통신대학교 충북지역대학 서원구 모충로 32	충주금릉동우체국 금제13길 8
충북대학교 오창캠퍼스 청원구 오창읍 양청4길 45	대전지방국토관리청 충주국토관리사무소 동량면 충원대로 1332
충북대학교 오송바이오캠퍼스 흥덕구 오송읍 오송생명1로 194-31	동량예비군훈련장 동량면 지등로 29
충북도립대학 오송캠퍼스 흥덕구 오송읍 오송생명1로 194-31	충주상공회의소 으뜸로 31
충청대학교 흥덕구 강내면 월곡길 38	국립산림품종관리센터 수안보면 수회리로 72
충북보건과학대학교 청원구 내수읍 덕암길 10	충주목행동우체국 행정9길 25
	충주국유림관리소 중부지방산림청 중원대로 3006
	보건의료인국가시험출제센터 안심1길 151
	법무부 충주준법지원센터 중앙로 113
	청주지방검찰청 충주지청 계명대로 101

충주시

	충북북부보훈지청 중원대로 3230		제천역 의림대로 1
	충주성내동우체국 관아1길 20		제천조차장역 북부로13길 142
	충주신문 천변로 143		고명역 단양로10길 20-34
	중원신문 사직로 139-1		봉양역 봉양읍 주포로8길 58
	화제신문 예성로 323-1		구학역 봉양읍 제원로 340
	환경일보 금제5길 9		제천버스터미널 칠성로10길 12
	KBS 충주방송국 중원대로 3448		세명대학교 세명로 65
	MBC충북 충주문화방송 중원대로 3250		순복음총회신학교 덕산면 도전로 320
	CJB청주방송 충주본부 으뜸로 21		대원대학교 대학로 316
	충주역 충원대로 539		한국폴리텍다솜학교 원강저로 94
	목행역 목수1길 13-10		제천서울병원 숭문로 57
	달천역 대소원면 상용두2길 15		명지병원 내토로 991
	동량역 동량면 동산로 159		제천성지병원 의림대로 284
	주덕역 주덕읍 신양로 138		단양소방서 단양읍 삼봉로 421-56
	삼탄역 산척면 삼여울길 108		단양우체국 단양읍 중앙1로 36
	충주공용버스터미널 봉계1길 49		단양교육지원청 단양읍 중앙1로 15
	주덕버스터미널 주덕읍 신양로 125		단양경찰서 단양읍 중앙1로 3
	건국터미널 단월동 312-1		매포우체국 매포읍 단양로 1917
	중앙경찰학교 수안보면 수회리로 138		대강우체국 대강면 단양로 156-6
	건국대학교 글로벌캠퍼스 충원대로 268		단양군농업기술센터 단양읍 중앙1로 20
	강동대학교 충주캠퍼스 대소원면 용관길 10		단양국유림관리소 단양읍 별곡6길 15
	한국교통대학교 충주캠퍼스 대소원면 대학로 50		단양군산림조합 단양읍 별곡1로 25
	한국폴리텍대학 충주캠퍼스 국원대로 548		단양군 상하수도사업소 단양읍 중앙1로 20
	건국대학교병원 국원대로 82		단양단성우체국 단성면 월악로 4664
	충주의료원 안림로 239-50		소백산향기나라 가곡면 남한강로 480-6
	충주중앙병원 충인1길 60	단양군	영춘우체국 영춘면 온달평강로 64
	세명대학교 충주한방병원 상방4길 63		단양군선거관리위원회 단양읍 상진1길 6-9
	충주시보건소 으뜸로 21		단양적성우체국 적성면 금수산로 961
	제천시보건소 의림대로 242		가곡우체국 가곡면 남한강로 528
	제천소방서 신죽하로 164		단양아로니아가공센터 매포읍 우덕길 18
	제천경찰서 용두대로 27		단양역 단양읍 단양로 896
	제천우체국 청전대로 72		도담역 매포읍 매포길 113-10
	제천세무서 내토로41길 8		단성역 단성면 단양로 428
	충북 제천교육지원청 숭의로 29		죽령역 대강면 용부원2길 31
	제천농업기술센터 봉양읍 제천북로3길 20		삼곡역 매포읍 삼곡리 6
	제천 고용복지플러스센터 내토로 441		단양시외버스공용터미널 단양읍 수변로 111
	제천청전동우체국 청전대로 181		구인사공용정류장 영춘면 구인사길 60
제천시	제천영천동우체국 내제로 22		매포시외버스터미널 매포읍 평동리 275-22
	제천중앙동우체국 의림대로 122		음성군보건소 음성읍 중앙로 49
	청주지방검찰청 제천지청 칠성로 51		전문건설공제조합 기술교육원 금왕읍 금일로 492-62
	봉양우체국 봉양읍 주포로7길 2		한국고용정보원 맹동면 태정로 6
	제천시청 거점소독소 강명5길 4		한국소비자원 본원 맹동면 용두로 54
	제천 차량등록사업소 의림대로 242	음성군	음성 고용복지플러스센터 금왕읍 무극로 213
	제천용두동우체국 용두대로23길 4		음성꽃동네우체국 맹동면 꽃동네길 23
	제천금성우체국 금성면 청풍호로 1037		국가기술표준원 맹동면 이수로 93
	제천보호관찰소 의림대로 212		음성경찰서 음성읍 중앙로 26
	수산우체국 수산면 월악로26길 18-1		금왕우체국 금왕읍 금석로107번길 2-2

	국립원예특작과학원 인삼특작부 소이면 비산로 92		디지털서울문화예술대학교 진천읍 중앙동로 91
	음성동성우체국 맹동면 장성2길 17		진천성모병원 진천읍 중앙북로 36
	음성우체국 음성읍 중앙로 94	증평군	충용신병교육대 증평읍 연탄리 763
	음성감곡우체국 감곡면 장감로126번길 2		증평우체국 증평읍 중앙로 208
	대소우체국 대소면 오태로 80-6		증평소방서 증평읍 충청대로 1789
	충주세무서 금왕민원봉사실 금왕읍 무극로 221		증평군선거관리위원회 증평읍 초중6길 71
	음성군농업기술센터 음성읍 용광로 81-5		증평군 상하수도사업소 증평읍 중앙로 168
	대한적십자사혈장분획센터 감곡면 대학길232번길 16		증평군농업기술센터 증평읍 내룡길 69-50
	생극우체국 생극면 음성로 1659		충청지방통계청 증평사무소 증평읍 윗장뜰길 69
	음성군수도사업소 음성읍 중앙로 71		증평하수종말처리장 증평읍 연탄리 307
	충북음성교육지원청 음성읍 중앙로 77		도안우체국 도안면 화성로 55
	음성역 음성읍 한불로 60		증평군보훈회관 증평읍 삼일로 68
	소이역 소이면 소이로 402		증평읍예비군중대본부 증평읍 중앙로 168
	보천역 원남면 충청대로 668-10		증평산림공원사업소 증평읍 인삼로 23
	무극공용버스터미널 금왕읍 금석로 77		증평군 영상관제센터 도안면 문화마을길 7
	음성공용버스터미널 음성읍 수정로 31		증평군청 자동차등록 증평읍 광장로 88
	충북혁신도시버스터미널 맹동면 원중로 1363		장평예비군부대 증평읍 송산리 23-1
	대소버스공동정류장 대소면 산내로 308		율리회관 증평읍 율리휴양로 301
	감곡공용정류장 감곡면 장감로 193		증평농업기술센터 증평읍 내룡길 69-50
	생극터미널 생극면 음성로 1679-1		증평산림공원사업소 증평읍 인삼로 23
	극동대학교 감곡면 왕장리 319-11		증평군 농기계임대은행 증평읍 광장로 88
	강동대학교 감곡면 단평리 154-1		증평군보건소 증평읍 보건복지로 64-1
	인곡자애병원 맹동면 꽃동네길 37		증평시외버스터미널 증평읍 광장로 89
	금왕태성병원 금왕읍 음성로1230번길 10		한국교통대학교 증평캠퍼스 증평군 대학로 61
진천군	한국교육과정평가원 덕산읍 교학로 8		증평연세병원 증평읍 중앙로 149
	국가공무원인재개발원 덕산읍 교학로 30		증평미래병원 증평읍 송산리 82
	진천경찰서 진천읍 중앙동로 68	괴산군	중앙119안전센터 괴산읍 괴강로 69
	정보통신산업진흥원 덕산읍 정통로 10		괴산경찰서 괴산읍 읍내로11길 26
	진천우체국 진천읍 중앙서로 48		괴산우체국 괴산읍 읍내로6길 18
	국가기상위성센터 광혜원면 구암길 64-18		괴산군농업기술센터 괴산읍 임꺽정로 169
	진천덕산우체국 덕산읍 몽촌2길 3		괴산예비군훈련장 청안면 조천리
	이월우체국 이월면 송림4길 10-5		괴산증평교육지원청 괴산읍 읍내로3길 23
	이월파출소 이월면 진광로 803		청안예비군훈련장 청안면 조천로2길 80
	충북혁신도시수질복원센터 덕산읍 연미로 19		사리우체국 사리면 모래재로 340
	충북 진천교육지원청 진천읍 상산로 48		감물우체국 감물면 감물로 65
	법무연수원 진천본원 덕산읍 교연로 780		연풍우체국 연풍면 중앙로 18-1
	광혜원우체국 광혜원면 중리3길 17		국립 농산물품질관리원 괴산사무소 괴산읍 읍내로4길 40
	진천하수종말처리장 문백면 초평로 386-112		목도우체국 불정면 목도로 44
	진천군 상하수도사업소 진천읍 문화로 121-41		괴산군 선거관리위원회 괴산읍 괴강로 79
	충청북도농산사업소 진천읍 덕금로 65-6		청안우체국 청안면 청안읍내로 36
	진천산림항공관리소 문백면 파재로 184-37		청천우체국 청천면 괴산로 1351
	진천군 선거관리위원회 진천읍 중앙동5길 19		괴산시외버스공용터미널 괴산읍 읍내로 286
	진천군농업기술센터 진천읍 삼덕1길 45-16		청천버스터미널 청천면 괴산로 1333-1
	진천군보건소 진천읍 중앙북1길 11-8		중원대학교 괴산읍 문무로 85
	진천종합터미널 진천읍 중앙북1길 3		괴산성모병원 괴산읍 임꺽정로 116
	우석대학교 진천캠퍼스 진천읍 교성리 산 15-93		괴산서부병원 괴산읍 읍내로 259

보은군	보은소방서 보은읍 남부로 4415
	보은국토관리사무소 보은읍 장신로 54
	보은경찰서 보은읍 장신로 8
	속리산 119안전센터 속리산면 법주사로 278
	보은우체국 보은읍 삼산로6길 5
	보은군농업기술센터 인력교육 보은읍 남부로 4733
	보은국유림관리소 보은읍 장신로 46
	보은교육지원청 보은읍 장신로 26
	보은원남우체국 삼승면 삼승탄부로 7
	회남우체국 회남면 사담길 25
	보은회인우체국 회인면 회인로1길 4
	속리산 우체국 속리산면 법주사로 274
	탄부우체국 탄부면 하장3길 6-6
	보은장안우체국 장안면 장안로 10-7
	마로우체국 마로면 관기송현로 128
	보은군상하수도사업소 보은읍 삼산로 50
	보은시외버스공용정류장 보은읍 삼산남로 8
	속리산터미널 속리산면 법주사로 216
	충청대학산학협력단 보은읍 보은로 121-1
	보은한양병원 보은읍 보은로 102
옥천군	옥천경찰서 옥천읍 중앙로 20
	옥천 고용복지플러스센터 옥천읍 삼양로8길 4
	옥천우체국 옥천읍 중앙로 3
	옥천교육지원청 옥천읍 삼양로 75
	옥천군농업기술센터 옥천읍 옥천동이로 234
	옥천예비군훈련장 옥천읍 양수리 327-1
	금강물환경연구소 옥천읍 지용로 182-18
	청산우체국 청산면 지전길 50-9
	옥천이원우체국 이원면 묘목로 105
	안내우체국 안내면 현리길 85
	충청지방통계청 옥천사무소 옥천읍 중앙로 64
	옥천군서우체국 군서면 성왕로 498
	국립 농산물품질관리원 옥천사무소 옥천읍 옥천동이로 234-8
	안남우체국 안남면 연주길 46
	옥천군선거관리위원회 옥천읍 옥천로 1637
	옥천시외버스공영정류소 옥천읍 삼양로 26
	옥천역 옥천읍 옥천로 1624
	이원역 이원면 이원역길 51
	충북도립대학교 옥천읍 문정리 480-1
	옥천군보건소 옥천읍 삼양로8길 10
	옥천성모병원 옥천읍 성왕로 1195
영동군	영동경찰서 영동읍 영산로 32
	영동소방서 영동읍 영동황간로 174
	영동우체국 영동읍 난계로 1178
	영동교육지원청 영동읍 학산영동로 1220

	영동세무서 영동읍 계산로2길 10
	영동계산우체국 영동읍 계산로 44
	영동군상수도사업소 심천면 약목리 21-8
	청주지방검찰청 영동지청 영동읍 영동황간로 77
	영동군농업기술센터 영동읍 학산영동로 1065
	학산 우체국 학산면 서산로 22
	난계국악기체험전수관 심천면 국악로1길 33
	영동군 선거관리위원회 영동읍 계산로2길 5-6
	황간우체국 황간면 영동황간로 1665
	영동양산우체국 양산면 송호로 7
	영동상촌우체국 상촌면 민주지산로 3025
	국립농산물품질관리원 영동사무소 영동읍 회동로 132
	영동용산우체국 용산면 용산로 318-1
	법무부 영동준법지원센터 영동읍 영동황간로 56
	용화우체국 용화면 용화양강로
	영동시외버스공용터미널 영동읍 회동로 226
	황간시외버스터미널 황간면 영동황간로 1716-1
	학산정류장 학산면 서산리 898-1
	영동역 영동읍 계산로 87
	각계역 심천면 각계길 55
	심천역 심천면 심천로5길 5
	지탄역 이원면 지탄1길 28
	황간역 황간면 하옥포2길 14
	이원역 이원면 이원역길 51
	추풍령역 추풍령면 추풍령로 444
	유원대학교 영동캠퍼스 영동읍 대학로 310
	영동병원 영동읍 대학로 106

3. 문화유적, 공원(산, 계곡 등)

(1) 문화유적

시군별	소 재 지
청주시	청주백제유물전시관 흥덕구 1순환로438번길 9
	상당산성 상당구 산성동 산 28-2
	수암골 상당구 수암로 58
	정북동토성 청원구 정북동 351-363
	청주향교 상당구 대성로122번길 81
	용두사지철당간 상당구 남문로2가 48-19
	옥화대 상당구 미원면 옥화리 132-2
	신채호사당 및 묘소 상당구 낭성면 귀래길 249
	청주고은리고택 상당구 남일면 윗고분터길 33-15
	청주흥덕사지 흥덕구 직지대로 713
	송상현선생충렬사 흥덕구 강상로18번길 44
	충혼탑 서원구 충렬로18번길 11-1
	손병희선생 생가 청원구 북이면 의암로 234

	청주용화사석불상군 서원구 사직동 216-6 신항서원 상당구 이정골로 115-8 청주신전동고가 흥덕구 신전로175번길 169 청주백석정 상당구 낭성면 관정리 34-1 탑동양관 상당구 탑동로32번길 17-6 작은용굴 상당구 문의면 상장리 산 46-8 것대산봉수지 상당구 용정동 산 107-2 청주읍성남문터 상당구 남사로112번길 53-7 부모산성 흥덕구 비하동 10-1 최명길묘소 청원구 북이면 대율리 253-3		수산박달재슬로시티 수산면 청풍호로64안길 4 영호정 모산동 박약재 중말16길 5-4 황강영당 및 수암사 한수면 미륵송계로 1801 제원정원태가옥 금성면 월림로4길 30-20 청성재 수산면 오티로11길 11-15 제원박도수가옥 금성면 국사봉로23길 25-12 지석묘군 청풍면 청풍호로 2048 충령각 세명로2길 37-1 금성중전리고가 금성면 신담길 278
충주시	단군전 주덕읍 삼청리 탄금대 탄금대안길 33 중원탑평리7층석탑 중앙탑면 탑평리 11 미륵대원지 수안보면 미륵리 58 우륵당 중원대로 3324 청룡사지 소태면 청룡사지길 147 충주충렬사 충열1길 6 충주향교 교동8길 3 하강서원 금가면 김생로 1455-54 반선재 무학4길 4-9 최응성고가 살미면 중원대로 2220 장미산성 중앙탑면 장천리 산 77-1 충주팔봉서원지 대소원면 팔봉안길 11-6 삼화대장간 무학1길 24 충주산성 직동 산 24-1 미륵리석불입상 수안보면 미륵리 58 정토사지법경대사탑비 동량면 하천리 177-1 임경업장군묘소 풍동 산 45-1 중원창동오층석탑 중앙탑면 청금로 112-10 경종대왕태실 엄정면 괴동리 산 34-1 중원봉황리 마애불상군 중앙탑면 봉황리 산 27 임충민공충렬사 충열1길 6 충주 억정사지 대지국사탑비 엄정면 비석2길 35-21 청룡사보각국사 정혜원륭탑 소태면 오량리 산 32	단양군	사인암 대강면 사인암2길 42 온달산성 영춘면 하리 산 67 단양적성비 단성면 하방리 산 3-1 단양 금굴구석기유적지 단양읍 도담리 산 4-18 향산리삼층석탑 가곡면 향산1길 14-3 적성산성 단성면 하방리 산 2-1 단양향교 단성면 충혼로 26 조덕수고택 가곡면 덕천1길 19 영춘향교 영춘면 영부로 2884-3 단양수운정 대강면 사인암리 방곡전통도예촌 대강면 선암계곡로 133 단구서당 단양읍 수변로 27 희역당 적성면 애곡리 469-3 곡계굴 영춘면 상리 129 죽령산 신당 대강면 용부원리 산 49-9 단양각기리입석 적성면 각기리 185 단양구낭굴 구석기유적 가곡면 여천리 산 32 수몰이주기념관 충혼탑 단성면 하방리 89 단양사지원리 방단적석유구 영춘면 사지원리 산 14 상시바위그늘유적지 매포읍 단양로 2329 약사유리광여래본원공덕경 영춘면 구인사길 73 묘법연화경 영춘면 구인사길 73 연옥열녀비 단성면 중방리 구인사 영춘면 구인사길 73
제천시	의림지 모산동 241 제천점말동굴 송학면 포전리 덕주산성 한수면 송계리 학산묘재성지 봉양읍 학산리 자양영당 봉양읍 의암로 566-7 제천향교 칠성로 117 제천장락리 칠층모전석탑 장락동 65-2 제천점말동굴유적 송학면 포전리 산 68-1 제천신륵사삼층석탑 덕산면 월악산로4길 180 덕주사 마애불 한수면 송계리 1 사자빈신사지석탑 한수면 송계리 1002 관란정 송학면 장곡리 산 14-2 팔영루 청풍면 청풍호로 2048 제천청풍한벽루 청풍면 읍리 산 8-14	음성군	음성꽃동네 맹동면 꽃동네길 47-93 반기문생가 원남면 행치길 17-1 음성미타사 마애여래입상 소이면 비산리 산 74-1 운곡서원 삼성면 청용로365번길 22 음성망이산성 삼성면 양덕리 산 30-1 양촌권 근삼대묘소및신도비 생극면 능안로 377-15 김주태가옥 감곡면 영산안길 47-11 태교사 원남면 원중로399번길 316 지천서원 생극면 팔성길 90-16 도장사 금왕읍 도장길 26 음성향교 음성읍 중앙로 223 음성팔성리고가 생극면 팔성길82번길 13 마송리 석장승 원남면 마송리 1157-28 자린고비조륵선생생가 금왕읍 유촌로 255-49

	남연년 충신각 원남면 상노리 323-7		노수신적소 칠성면 산막이옛길 315-38
	음성공산정고가 감곡면 영산리 585-3		만동묘정비 청천면 화양동길 188
	박순사당 대소면 대금로247번길 52-2		화양서원 청천면 화양동길 188
	읍내리삼층석탑 음성읍 읍내리 817-2		김시민장군충민사 괴산읍 충민사길 46
	수정산성 음성읍 읍내리 산 14-1		장연오가리느티나무 장연면 오가리
	지장대불전 지장보살입상 소이면 비산리		우암송시열유적 청천면 화양동길 188
	충용사 음성읍 용광로114번길 113		괴산 각연사부도 칠성면 각연길 451
	권제 부조묘 소이면 갑산로135번길 138		내몽고민속촌 연풍면 수옥정길 127-1
	삼용리 백제요지 이월면 삼용리 산518-10		고산정및제월대 괴산읍 제월리 산 16-2
	진천농다리 문백면 구곡리 601-32		계담서원 감물면 감물로이담5길 19
	길상사 진천읍 문진로 1411-38		암서재 청천면 화양리
	김유신장군탄생지 진천읍 김유신길 170-4		정인지묘 불정면 외령로1길 24
	이상설선생 생가 진천읍 이상설안길 10		왕소나무 청천면 삼송리 250
	정송강사 문백면 송강로 523		연풍향교 연풍면 향교로 40-2
	식파정 진천읍 건송리 775		명품소나무 연풍면 적석리 541-3
	진천향교 진천읍 문화5길 30		괴산향교 괴산읍 향교길 23
	진천 산수리마애여래좌상 덕산읍 인화길 83		괴산삼방리 삼층석탑 불정면 삼방리 61
	금성대군사우 초평면 수의1길 75-7		읍내리은행나무 청안면 읍내리
진천군	용화사석조보살입상 진천읍 신정리 584-4		괴산도명산마애불 청천면 화양리 산 14-3
	송강정철묘소 진천군 문백면 송강로 523		절말 칠성면 쌍곡리
	진천 대모산성 진천읍 성석리 산 1-4		취묵당 괴산읍 충민사길 45
	도당공원 충혼탑 진천읍 교성리 산 41-100		괴산 삼방리 마애여래좌상 불정면 삼방리 산 55
	충간공남지묘소및신도비 문백면 평산리 산 18-1		청안향교 청안면 청안읍내로5길 33-14
	이시발묘소 초평면 용정리 196		보은삼년산성 보은읍 성주1길 104
	진천연곡리석비 진천읍 김유신길 639		보은선병국가옥 장안면 개안길 10-2
	진천신헌고택 이월면 논실안길 58-1		세심정 속리산면 사내리
	진천이영남묘소 덕산읍 기전리 산 88-4		법주사 팔상전 속리산면 법주사로 405
	진천산수리백제요지 덕산읍 산수리 196-7		회인향교 회인면 부수1길 31-13
	진천노원리 석조마애여래입상		보은최감찰댁 삼승면 거현송죽로 301-7
	이월면 노원리 산 39-2		회인서당 회인면 용곡길 73
	금당서원 도안면 금당1길 34-5		조중봉 후율사 수한면 차정리 30-4
	청연사 증평읍 남차리		보은향교 보은읍 향교2길 21-5
	미암리사지 석조관음보살입상 증평읍 송산리		보은동헌 보은읍 삼산로 56-14
	증평단군전 증평읍 단군전길 13	보은군	보은고현재 회남면 만마루길 15
	원명연병호생가 도안면 산정길 21		오장환생가 회인면 회인로5길 12
증평군	남하리 석조미륵보살입상 증평읍 남하리 133-5		상현서원 장안면 서원리 304
	연병호선생 생가 도안면 산정길 21		고봉정사 마로면 청산관기로 1377
	신경행묘소 증평읍 남차리 산 3-1		법주사 금동미륵대불 속리산면 법주사로 379
	증평 추성산성 도안면 노암리 산 71-1		회인인산객사 회인면 회인로 42-5
	남하리삼층석탑 증평읍 남하리 산 35-2		선병우고가 장안면 개안길 15-9
	배극렴묘소 증평읍 송산리 산 28		상현사 회인면 애곡로1길 78
	조령민속공예촌 연풍면 원풍리 431-3		호점산성 회인면 용곡리
	괴산동헌 괴산읍 동부리		보은최재한가옥 삼승면 거현송죽로 301-5
괴산군	화암서원 괴산읍 괴강로 313		정이품송 속리산면 상판리 17-3
	일완홍범식고택 괴산읍 임꺽정로 16	옥천군	중봉조헌선생제가 안남면 도농리
	마애이불병좌상 연풍면 원풍리 산 124-2		육각정 안내면 서대리

	정지용생가 옥천읍 향수길 56	
	독락정 안남면 연주길 170	
	옥천이지당 군북면 이백6길 126	
	옥천청마리제신탑 동이면 청마1길 43-2	
	경율당 안남면 종미3길 120	
	옥천후율당 안내면 도이길 42	
	옥천석탄리지석묘 동이면 석탄리 685-2	
	김문기유허비 이원면 백지3길 44-29	
	원덕사 이원면 용방3길 88-35	
	청산향교 청산면 교평2길 18	
	구진벼루 군서면 월전리 307-1	
	옥천향교 옥천읍 향수8길 8	
	옥주사마소 옥천읍 향수길 67-6	
	옥천양신정 동이면 옥천동이로 788-29	
	덕양서당 안남면 도덕1길 93-2	
	옥천용암사쌍삼층석탑 옥천읍 삼청리 51-4	
	충의사 이원면 백지3길 22	
	옥천척화비 옥천읍 삼양리 4-2	
	표충사 안남면 도농1길 71-1	
	용촌 곽은재실 이원면 강청길 144-13	
	옥천도농리영모재 안남면 도농1길 71	
	옥천백운리고가 청산면 백운길 49	
	이기윤망북비 동이면 평산리 733	
영동군	난계국악박물관 심천면 국악로 9	
	황간향교 영동군 황간면 구교리길 88	
	동곡박물관 영동군 영동읍 대학로 10	
	송담재 용산면 송담길 43-2	
	난계사 심천면 국악로 13-34	
	노근리평화공원 사건현장 황간면 노근리 860-7	
	한천정사 황간면 원촌동1길 48	
	자풍서당 양강면 두평길 2-153	
	함벽정 양산면 봉곡리 산 54-1	
	영동석재 영동읍 계산로 72	
	영동신항리 삼존불입상 용산면 서신항길 135-8	
	반야사삼층석탑 황간면 백화산로 652	
	빙옥정 양강면 남전리 산 637	
	영동향교 영동읍 성안길 20-9	
	삼호정 양강면 묵정리 산 45-2	
	세덕사 심천면 난계로 345	
	장지현 장군순절비 추풍령면 사부리 518	
	성위제가옥 학산면 미촌길 59-11	
	영모재 상촌면 임산리 377-3	
	영동당곡리십이장신당 영동읍 당곡리 산 32	
	관어대 심천면 금정리 300-2	
	침강정 용산면 시금리 5-3	
	박몽열장군사당 심천면 금강로 2987-4	

(2) 공원(산, 계곡 등)

시군별	소 재 지
청주시	청남대 상당구 문의면 청남대길 646
	옥화9경 상당구 미원면
	초정약수 청원구 내수읍 초정리
	청주중앙공원 상당구 상당로55번길 33
	오창호수공원 청원구 오창읍 오창공원로 311
	문암생태공원 흥덕구 문암동 100
	상당공원 상당구 수동 280-18
	미래지농촌테마공원 청원구 오창읍 미래지로 71-4
	무심천체육공원 서원구 사직동
	솔밭공원 흥덕구 대신로 157
	삼일공원 상당구 수동 159-1
	망골조각공원 상당구 월평로154번길 14
	오송호수공원 흥덕구 오송읍 오송생명로 150
	발산공원 흥덕구 경산로 33
	문의체육공원 상당구 문의면 미천리
	구룡산장승공원 서원구 현도면 하석2길 153
	마로니에시공원 청원구 주성로233번길 32
	가덕생활체육공원 상당구 가덕면 인차리 199
	대청호조각공원 상당구 문의면 대청호반로 721
	내덕동보성타운 청원구 무심로660번길 23
	목련꽃어린이공원 흥덕구 봉명동
	옥산생활체육공원 흥덕구 옥산면 오산리
	율봉근린공원 청원구 율량동
	옛 청주역사공원 상당구 중앙로 40
	잠두봉공원 서원구 수곡동 234-15
	푸르미환경공원 흥덕구 휴암동 335-7
	팔각정공원 상당구 금천동 330
	원봉공원 상당구 용암동 2075
	부모산 흥덕구 비하동
	양성산 상당구 문의면 미천리
	우암산 상당구 수동 산 2-1
	은적산 흥덕구 강내면 궁현연꽃3길 196
	구룡산 서원구 산남동
	미동산 상당구 미원면 미원리
	구룡산 상당구 문의면 덕유리
	불당골 상당구 가덕면 내암리
	장자골 흥덕구 오송읍 상정리
	죽방골 청원구 율량동
	왕암계곡 흥덕구 화계동
	소전골계곡 상당구 문의면 소전리
	도장골계곡 상당구 가덕면 한계리
	퉁점골계곡 상당구 가덕면 내암리

충주시	수안보온천 수안보면 물탕2길 17 월악산하늘재 수안보면 미륵송계로 614 수주팔봉 살미면 토계리 삼탄유원지 산척면 명서리 목계솔밭 중앙탑면 장천리 충주세계무술공원 남한강로 38 중앙탑사적공원 중앙탑면 탑평리 50 탄금대공원 탄금대안길 105 호암지생태공원 호암동 산 124-16 앙성온천광장 앙성면 능암리 76 수안보물탕공원 수안보면 온천리 관아공원 관아1길 21 수안보생활체육공원 수안보면 안보리 409-6 서충주신도시 생활체육공원 주덕읍 화곡리 1191 심항산산림공원 종민동 조산공원 수안보면 조산공원길 64 시인의공원 연수동 금릉소공원 칠금동 남양공원 연수동 929 중앙공원 주덕읍 화곡리 능암늪지생태공원 금릉동 626-8 충주댐우안공원 동량면 지등로 745 용산시민소공원 용산동 가온누리공원 대소원면 본리 탄금대레포츠공원 칠금동 계명산 충주호수로 1170 천등산 산척면 송강리 가섭산 신니면 화안리 산 59-1 포암산 수안보면 미륵리 장태산 금가면 하담리 보련산 노은면 수룡리 27-1 수룡폭포 노은면 수룡리 산 24-1 학바위계곡 앙성면 용대리 산 20-19 수룡계곡 노은면 수룡리 하재오개골계곡 살미면 재오개리 기장골계곡 주덕읍 덕련리 보련골계곡 노은면 연하리 봉황계곡 중앙탑면 봉황리 584-74	단양군	의림지파크랜드 쉼터광장 모산동 왕바위공원 왕암동 971 옥전녹색쌈지숲 봉양읍 옥전리 최양업신부 조각공원 봉양읍 구학리 673-3 배론성지 잔디공원 봉양읍 구학리 623-1 누워라정원 모산동 217-7 용두산산림욕장 야생화단지 송학면 도화리 992-8 왕암공원 왕암동 906 배론성지 로사리오동산 봉양읍 구학리 673-3 월악산 한수면 미륵송계로 1647 금수산 수산면 상천리 비봉산 청풍면 신리 가은산 수산면 성리 산 1 북바위산 한수면 송계리 용두산 송학면 도화리 옥순봉 수산면 괴곡리 덕주계곡 한수면 송계리 산1-1 송계계곡 한수면 송계리 덕동계곡 백운면 덕동리 능강계곡 수산면 능강리 산 30-4 탁사정계곡 봉양읍 구학리 용하구곡계곡 덕산면 월악리 학현계곡 청풍면 학현리 와룡대계곡 한수면 송계리 1157-1 골뫼골계곡 한수면 송계리 팔랑소계곡 한수면 송계리
제천시	청풍랜드조각공원 청풍면 청풍호로50길 6 박달재목각공원 백운면 박달로 212 의림지솔밭공원 모산동 중앙공원 의림대로15길 20 청전공원 의림대로33길 43 제천시민공원 청전동 산12-9 하소생활체육공원 원뜰로 147 신백 생활체육공원 관전로 54 미로공원 왕암동 금월봉공원 금성면 월굴리 134-22	단양군	소백산 주목군락 가곡면 어의곡리 단양생태체육공원 단양읍 별곡리 117 소금정공원 단양읍 삼봉로 192 고운골남한강갈대숲 가곡면 사평리 장미터널공원 단양읍 상진리 온달테마공원 영춘면 온달로 23 새별공원 가곡면 사평리 소선암공원 단성면 대잠리 363 단성생활체육공원 단성면 하방리 162-2 단양수변공원 단양읍 수변로 82 수양개생태공원 적성면 애곡리 93-3 남근석공원 적성면 상리 1288 적성생활체육공원 적성면 소야리 19 매포천생태공원 매포읍 하괴리 남한강고운골생태공원 가곡면 사평리 도전공원 단양읍 별곡리 639 가대생태습지공원 가곡면 가대리 651 단양중앙공원 단양읍 별곡6길 10 도담근린공원 단양읍 도담리 산 10-74 팔매숲공원 어상천면 임현리 소백산 가곡면 제비봉 단성면 하방리

	구담봉 단성면 장회리 산32		시거리골계곡 맹동면 두성리
	도락산 단성면 벌천리		봉화골계곡 음성읍 용산리
	태화산 영춘면 오사리	진천군	진천만뢰산생태공원 진천읍 김유신길 340-38
	황정산 대강면 황정리		진천역사테마공원 진천읍 백곡로 1504-12
	올산 대강면 올산리 산 168-2		화랑공원 진천읍 교성리 125-1
	대성산 단양읍 별곡리 산 16		초평생활체육공원 초평면 용정리 산 9-1
	두악산 단성면 북상리		송인공원 덕산읍 교연로 748
	삼태산 영춘면 만종리		화랑공원 광혜원면 광혜원리 529-2
	다리안계곡 단양읍 천동4길 8		중방공원 덕산읍 산수리 128-2
	선암계곡 단성면 가산리 산 71-1		화풍이월체육공원 이월면 송림리 609-3
	새밭계곡 가곡면 어의곡리		도당공원 진천읍 교성리
	남천계곡 영춘면 남천계곡로 323		늘해랑공원 덕산읍 두촌리 2770
	사동계곡 대강면 사동리		문화공원 이월면 내촌리 773
	폭바골계곡 대강면 사인암리		생거진천자연휴양림 백곡면 명암길 435-135
	용주골계곡 대강면 괴평리		잣고개산림욕장자연휴양림 진천읍 행정리 산 82-2
	어의계곡 가곡면 어의곡리		덕성산 광혜원면 구암리
음성군	설성공원 음성읍 읍내리		두타산 초평면 용정리 30-1
	금왕생활체육공원 금왕읍 무극로 370		만뢰산 백곡면 대문리 산 2-9
	대소생활체육공원 대소면 대성로 43		무이산 광혜원면 구암리
	감곡생활체육공원 감곡면 오향리 633-2		봉화산 진천읍 사석리 산 56-1
	삼성생활체육공원 삼성면 금일로 992-34		환희산 진천읍 지암리
	무지개추모공원 생극면 오신로445번길 77		연곡계곡 진천읍 상계리
	음성 큰바위얼굴조각공원 노벨평화상수상자 생극면 관성리 26-2		구진다리골계곡 덕산읍 두촌리
	응천공원 생극면 병암리		용소골계곡 덕산읍 용몽리
	원남농촌테마공원 원남면 조촌리 411		쓰레골계곡 초평면 금곡리
	UN반기문기념광장 음성읍 신천리 178		산다대들계곡 덕산읍 화상리
	선들골공원 맹동면 두성리	증평군	남하리자전거공원 증평읍 남하용강로 16
	오류근린공원 대소면 오류리		보강천미루나무숲 증평읍 송산리 649-45
	금왕금빛근린공원 금왕읍 무극리 535-11		삼기저수지생태공원 증평읍 남차리 705-73
	소이체육공원 소이면 한불로 544-7		별천지공원 증평읍 율리 535
	용담산도시산림공원 금왕읍 무극리		연암저수지지질생태공원 도안면 노암리 659-1
	문화공원 음성읍 읍내리		두타산산림공원 증평읍 미암리 산 131
	남천공원 음성읍 읍내리		증평체육공원 증평읍 송산로 18
	백연공원 감곡면 오궁리 207-17		연병호항일역사공원 도안면 석곡리 571
	맹동체육공원 맹동면 쌍정리 248-10		물빛공원 증평읍 송산리 649-45
	백야자연휴양림 금왕읍 백야로 461-97		대교잔디구장 증평읍 인삼로 104-40
	수레의산자연휴양림 생극면 차생로 310-108		한물공원 증평읍 송산리
	봉학골산림욕장 음성읍 용광로230번길 138		연제근공원 도안면 화성리
	함박산 맹동면 군자리		박샘공원 증평읍 죽리 515-1
	수레의산 생극면 차곡리 산 46-1		천변공원 증평읍 송산리
	보덕산 원남면 보룡리		좌구산자연휴양림 증평읍 솟점말길 107
	보현산 음성읍 소여리		율리휴양촌자연휴양림 증평읍 율리휴양로 287
	수정산 음성읍 한벌리		연암저수지 도안면 노암리
	버디기들계곡 대소면 부윤리		원남제호수 도안면 연촌리
	봉학계곡 음성읍 용산리		좌구산 증평읍 율리 61-1
	선들골계곡 맹동면 두성리		삼보산 증평읍 죽리 산 8
			도토성산 도안면 도당리

	안자산 증평읍 송산리 이성산 도안면 노암리 망장골계곡 증평읍 덕상리 절골계곡 증평읍 초중리 정안골계곡 증평읍 초중리 까치골계곡 증평읍 덕상리 송지골계곡 증평읍 미암리		속리산 숲체험휴양마을 속리산면 갈목리 산 19-3 삼년산성산림욕장 보은읍 보청대로 1665 구병산 속리산면 구병리 속리산 속리산면 도화리 산 5-1 성미산 마로면 관기리 노성산 수한면 차정리 구룡산 내북면 용수리 서원계곡 장안면 서원리 355-4 만수계곡 속리산면 만수리 논골계곡 장안면 구인리 꽃밭날골계곡 수한면 오정리 신정계곡 산외면 신정리
괴산군	연풍레포츠공원 연풍면 원풍리 199 청천수변공원 청천면 후평리 550 괴산보훈공원 괴산읍 동부리 장연소공원 장연면 오가리 시범레포츠공원 연풍면 새재로 1948 성불산산림휴양단지 괴산읍 충민로기곡길 78 조령산자연휴양림 연풍면 원풍리 산 1-1 좌구산자연휴양림 증평읍 솟점말길 107 율리휴양촌자연휴양림 증평읍 율리휴양로 287 괴산호 칠성면 사은리 금사담호수 청천면 화양리 456 운영담호수 청천면 화양리 연화담호수 칠성면 사은리 선녀연못호수 청천면 관평리 366 보배산 칠성면 태성리 백악산 청천면 사담리 칠보산 칠성면 쌍곡리 대야산 청천면 삼송리 조령산 연풍면 원풍리 산 1-4 청화산 청천면 삼송리 도명산 청천면 화양리 쌍곡구곡 칠성면 태성리 낙영산화양구곡 청천면 화양리 쌍곡계곡 칠성면 쌍곡리 산 19-1 남군자산 괴산선유동계곡 청천면 관평리 갈론계곡 칠성면 사은리 화양9곡 청천면 화양리	옥천군	옥천선사공원 옥천읍 지용로 340 옥천묘목공원 이원면 이원로 827 지용문학공원 옥천읍 상계리 22-1 옥천체육공원 옥천읍 문정리 471-1 향수공원 옥천읍 삼양리 125 안터선사공원 동이면 석탄리 600 청산공원 청산면 교평리 251-3 가화쌈지숲공원 옥천읍 금구리 이원면체육공원 이원면 건진리 오동리마을공원 군서면 오동리 농심테마공원 옥천읍 옥천동이로 234 옥천상계체육공원 옥천읍 상계리 장령산자연휴양림 군서면 장령산로 519 화인산림욕장 안남면 화학리 산 64-2 대청호 군북면 석호리 572 장령산 군서면 금산리 환산 군북면 항곡리 마성산 옥천읍 수북리 금적산 안내면 동대리 성치산 군서면 사양리 둔주봉 안남면 연주길 46 금천계곡 군서면 금산리 718 절골계곡 군북면 추소리 작은달거리골계곡 안남면 지수리 양지말골계곡 군북면 추소리 가재골계곡 옥천읍 가풍리
보은군	뱃들공원 보은읍 이평리 솔밭공원 탄부면 임한리 116-1 솔향공원 속리산면 갈목리 속리산조각공원 속리산면 사내리 동학농민혁명기념공원 보은읍 성족리 보은미니어처공원 산외면 산대리 둘리의숲속여행 속리산면 갈목리 정문공원 회남면 남대문리 산 146-5 황해동쉼터 장안면 서원리 122-1 쌍암공원 회인면 쌍암리 102 무궁화공원 탄부면 벽지리 157 장신공원 보은읍 장신리 68-1 국립속리산말티재자연휴양림 장안면 장재리 산 5-1 충북알프스자연휴양림 산외면 속리산로 1880	영동군	이수공원 영동읍 부용리 노근리평화공원 영동군 황간면 목화실길 7 용두공원 영동읍 용두공원로 42 영동생활체육공원 영동읍 계산리 과일나라테마공원 영동읍 영동힐링로 248 황악산 매곡면 어촌리 민주지산 상촌면 물한리 갈기산 학산면 지내리 마니산 양산면 죽산리 백화산 학산면 아암리 산 7-1

	각호산 용화면 조동리 달이산 심천면 마곡리 물한계곡 상촌면 물한리 시청재골계곡 학산면 범화리 고자리계곡 상촌면 고자리 석천계곡 황간면 우매리 방갓골계곡 심천면 심천리 접도골계곡 양산면 누교리 큰가장골계곡 양강면 양정리 천태산삼단폭포 양산면 누교리

4. 백화점, 호텔

시군별	소 재 지
청주시	현대백화점 충청점 흥덕구 직지대로 308 롯데백화점 영플라자 청주점 상당구 상당로 55 호텔뮤제오 흥덕구 가로수로1164번길 41-20 밸류호텔 세종시티 흥덕구 오송읍 오송생명로 178 GEE호텔 청원구 오창읍 중심상업2로 47-23 부티크호텔지 청원구 1순환로 166 호텔 본 청원구 향군로16번길 10
충주시	수안보온천수호텔 수안보면 장터2길 12 수안보파크호텔 수안보면 탑골1길 36
제천시	제천관광호텔 의림대로11길 31 제천서울관광호텔 의병대로13길 10 5-12 서호호텔 풍양로 1
단양군	단양관광호텔 단양읍 삼봉로 31 럭셔리호텔 단양읍 수변로 125
음성군	거성호텔 맹동면 장성로 107 호텔 모닝캄 맹동면 대하2가길 28 나비호텔 금왕읍 천평길 2-1 음성관광호텔 음성읍 음성로 194 서울관광호텔 대소면 삼양로 572-1
진천군	호텔 올림피아 광혜원면 장기3길 27 미니호텔 덕산면 용몽3길 48 프라자인호텔 광혜원면 중리1길 23 호텔 웰프라임 이월면 진안로 137 해와달 우인호텔 문백면 문진로 236-19
증평군	프리마호텔 증평읍 중앙로 193-7
괴산군	호텔 웨스트오브가나안 연풍면 수옥정길 175-1
보은군	레이크힐스관광호텔 속리산면 법주사로 305 속리산그린파크호텔 속리산면 사내5길 15 그랜드호텔 속리산면 사내4길 10 연송호텔 속리산면 사내5길 5-2 라온호텔 속리산면 사내6길 19
	로얄호텔 속리산면 사내5길 6-3 속리산콘도호텔 속리산면 속리산로 701
옥천군	금강호텔 옥천읍 옥천로 1633 옥천관광호텔 옥천읍 옥천로 1553 힐호텔 군북면 대정2길 4

제6편 충청북도 주요 지리 출제예상문제

01 다음 보기 중 충청북도 지역에 있는 행정구역이 아닌 곳은?
① 영동군 ② 청원군
③ 금산군 ④ 제천군

02 다음 중 충청북도 자치 단체 중 거리가 가장 먼 곳끼리 연결된 것은?
① 제천 - 영동 ② 보은 - 음성
③ 단양 - 진천 ④ 충주 - 청주

03 다음 중 경북 영주시과 강원도 영월군이 근접해 있는 행정구역은?
① 청주시 ② 괴산군
③ 보은군 ④ 단양군

04 다음 보기 중 충청남도와 인접한 행정구역이 아닌 곳은?
① 청주시 ② 괴산군
③ 진천군 ④ 증평군

05 다음 중 충청북도를 지나가는 경부고속도로의 IC가 아닌 곳은?
① 서청주 IC ② 옥천 IC
③ 황간 IC ④ 영동 IC

06 다음 중 전라북도 무주군과 인접한 충청북도의 행정구역은?
① 금산군 ② 보은군
③ 영동군 ④ 옥천군

07 다음 중 중부고속도로상의 IC 중 충청북도 지역에 있는 곳이 아닌 것은?
① 음성 IC ② 일죽 IC
③ 증평 IC ④ 오창 IC

08 다음 중 충청북도 충주시 지역에 있지 않은 학교는?
① 중앙경찰학교 ② 건국대학교
③ 용인대학교 ④ 강동대학교

09 다음 중 충청북도 충주시 지역에 있는 충주북여중과 인접해 있는 학교는?
① 한림디자인고 ② 충주여중
③ 국원고 ④ 충주공업고

10 다음 중 충청북도 충주시 지역에 있는 사찰 중 안림동 근처에 위치한 곳은?
① 우암정사 ② 용운사
③ 삼정사 ④ 삼충사

정답 01 ③ 02 ① 03 ④ 04 ② 05 ① 06 ③ 07 ② 08 ③ 09 ① 10 ④

11 다음 중 충청북도 제천시 지역에 있는 도로 중 의림대로와 명륜로가 합류하는 교차로는?

① 청전교차로　　② **중앙교차로**
③ 장락삼거리　　④ 명동교차로

12 다음 중 충청북도 제천시 지역의 화산교차로에서 의림지를 가려면 어느 도로를 이용하는 것이 좋은가?

① 남당로　　② 숭문로
③ 동명로　　④ **의림대로**

13 다음 중 충청북도 제천 시 지역에 있는 학교 중 화산초등학교와 거리가 가장 먼 곳은?

① **대제중학교**　　② 제천중학교
③ 남천초등교　　④ 제천여고

14 다음 중 충청북도 제천 시 지역에 있는 중앙공원과 중앙시장 인근에서 볼 수 없는 곳은?

① KT제천지점　　② 제천버스터미널
③ **농촌 지도소**　　④ 제천관광호텔

15 다음 중 충청북도 청주시 지역에 있는 청주상당경찰서와 인접해 있는 관공서는?

① **상당구청**　　② 흥덕구청
③ 청주시청　　④ 청원구청

16 다음 중 충청북도 청주시 지역에 있는 충북대학교의 소재지는?

① 사창동　　② 사직동
③ **개신동**　　④ 분평동

17 다음 중 충청북도 청주시 지역에 있는 상당구와 흥덕구의 인접 지역이 아닌 곳은?

① 남주동 – 사직동
② 우암동 – 운천동
③ 영운동 – 수곡동
④ **영동 – 사창동**

18 다음 중 충청북도 청주시 지역에 있는 한국방송통신대학이 위치한 동은?

① 운천동　　② **개신동**
③ 우암동　　④ 사직동

19 다음 중 충청북도 청주시 지역에 있는 청주교육지원청을 설명한 내용 중 틀린 것은?

① 청주 종합운동장 근처에 있다.
② **청주 MBC와 KBS방송국이 인근에 있다.**
③ 서원구청 주위에 있다.
④ 사직동우체국, 청주 의료원이 옆에 있다.

20 다음 중 충청북도 청주시 지역에서 볼 수 없는 명승지는?

① 청주향교
② 망선루
③ 용두사 지철당간
④ **보은삼년산성**

21 다음 보기 중 청주시 지역에 있는 창신초등학교와 가장 가까운 초등학교는?

① **수곡초등교**
② 청남초등교
③ 주성초등교
④ 흥덕초등교

정답　11 ②　12 ④　13 ①　14 ③　15 ①　16 ③　17 ④　18 ②　19 ②　20 ④　21 ①

22 다음 중 충주시 제1로터리 주변에 있는 시설물은?
① 책이 있는 글터 ② 성내동 우체국
③ 충주 로데오거리 ④ 중앙시장

23 다음 중 충주시 호텔 중 르네상스 호텔과 거리가 가장 멀리 떨어져 있는 곳은?
① THE조선호텔 수안보
② RI온천호텔
③ 호텔더베이스
④ 수안보온천수호텔

24 다음 보기 중 충주 시립도서관 인근에 있는 시설물은?
① 충주 경찰서 ② 충주 시청
③ 제2로터리 ④ 충주 세무서

25 다음 중 충주시에 있는 도로명 중 잘못 표기된 것은?
① 봉현로 ② 예성로
③ 금봉대로 ④ 약진로

26 다음 중 충주시내 예성로와 중앙로가 교차하는 교차로에서 볼 수 있는 곳은?
① 건국대 충주캠퍼스
② 중앙시장
③ 충주KBS방송국
④ 버스 터미널

27 다음 보기 중 충주시에 있는 탄금대로를 주행 중 만날 수 있는 교량은?
① 봉계교 ② 봉방대교
③ 대봉교 ④ 예성교

28 다음 보기 중 충주 MBC방송국에서 거리가 가장 먼 곳은?
① 예성여중 ② 충주고등학교
③ 국원고등학교 ④ 호암지

29 다음 중 충주시 지역에 있는 충주향교가 위치한 동은?
① 연수동 ② 교현동
③ 금릉동 ④ 지현동

30 다음 중 태백선과 중앙선이 만나는 시군은?
① 제천시 ② 단양군
③ 충주시 ④ 괴산군

31 다음 중 제천시 관할 행정구역이 아닌 면은?
① 금성면 ② 동량면
③ 봉양읍 ④ 수산면

32 다음은 충청북도 지역에 있는 월악산 국립공원은 여러 행정구역으로 경계를 이루고 있다. 충북에 속하지 않는 시·군은?
① 제천시 ② 단양군
③ 충주시 ④ 문경시

33 다음 중 충청북도 지역에 상선암·중선암·하선암이 있다. 소재해 있는 시·군은?
① 단양군 ② 제천시
③ 충주시 ④ 괴산군

정답 22 ④ 23 ③ 24 ① 25 ④ 26 ② 27 ① 28 ③ 29 ② 30 ① 31 ② 32 ④ 33 ①

34 다음 중 충청북도 지역에 신륵사, 덕주사, 사자탑 등이 있는 국립공원은?

① 속리산 국립공원
② 치악산 국립공원
③ 소백산 국립공원
④ 월악산 국립공원

35 다음 중 충청북도 지역에 고수동굴, 온달성, 구인사가 있는 시·군은?

① 청주시　　② 제천시
③ 단양군　　④ 진천군

36 다음 중 충청북도 지역에 증평군과 경계를 이루지 않는 시·군은?

① 괴산군　　② 청원군
③ 청주시　　④ 진천군

37 다음 중 충청북도 지역에 증평군의 관할 행정구역은?

① 도안면　　② 사리면
③ 청안면　　④ 초평면

38 다음 중 충청북도 지역에 김유신 장군의 위패와 영정이 있는 군은?

① 증평군　　② 음성군
③ 청원군　　④ 진천군

39 다음 중 충청북도 지역에 법주사와 정이품 소나무가 있는 시군은?

① 옥천군　　② 보은군
③ 청주시　　④ 청원군

40 다음 중 충청북도 청주시 지역에 청원구과 관련이 있는 곳은?

① 대청호　　② 부강약수
③ 죽암 휴게소　　④ 상궁지

41 다음 중 충청북도 지역에 옥천군과 관련이 없는 곳은?

① 금강　　② 대성사
③ 민주지산　　④ 금적산

42 다음 보기는 옥천군의 면사무소이다. 이 중 거리가 서로의 가장 먼 곳은?

① 안내면 – 안남면
② 청산면 – 청성면
③ 군복면 – 이원면
④ 청성면 – 동이면

43 다음은 경부고속도로 통행하는 중이다. 영동군에 관한 설명이 아닌 것은?

① 영동터널　　② 영동 IC
③ 황간 IC　　④ 옥천터널

44 다음 중 중부내륙고속도로의 IC 중 충청북도 소재가 아닌 곳은?

① 여주 IC　　② 괴산 IC
③ 감곡 IC　　④ 연풍 IC

45 다음은 경기도 장호원에서 충주시를 가려 한다. 이용하는 도로명은?

① 3번 국도　　② 17번 국도
③ 21번 국도　　④ 36번 국도

정답　34 ④　35 ③　36 ③　37 ①　38 ④　39 ②　40 ①　41 ③　42 ②　43 ④　44 ①　45 ①

46 다음 보기 중 충청북도 진천군에서 가장 근접한 행정구역은?
① 청주시 ② 괴산군
③ 제천시 ④ 충주시

47 다음 보기 중 충청북도 지역에 칠성 저수지, 속리산 국립공원, 연풍면과 연관 있는 행정구역은?
① 충주시 ② 청주시
③ 보은군 ④ 괴산군

48 다음 보기 중 충청북도 청주 지역에 대한 설명으로 잘못된 것은?
① 초정약수 ② 국제공항
③ 부강약수 ④ 충북대

49 다음 중 청주IC에서 충북도청을 가려면 무심천을 건너야 한다. 어느 교량을 건너야 하나?
① 남사교 ② 청주대교
③ 운천교 ④ 흥덕대교

50 다음 보기 중 충청북도 청주시 문화동 지역에 있는 관공서는?
① 경찰청 ② 청주시청
③ 충북도청 ④ 청원구청

51 다음 보기 중 충청북도 영동군 지역에 난계사, 심천유원지가 있는 행정구역은?
① 심천면 ② 양강면
③ 양상면 ④ 상촌면

52 다음 중 경부고속철도가 지나는 곳이 아닌 행정구역은?
① 매곡면 ② 상촌면
③ 심천면 ④ 양강면

53 다음 보기 중 충청북도 지역에 장지현장군의 사당이 있는 영동군의 행정구역은?
① 황간면 ② 추풍령면
③ 용산면 ④ 영동읍

54 다음 보기 중 충청북도 옥천군 옥천읍과 이원면 지역에 없는 산은?
① 장령산 ② 대성산
③ 환산 ④ 마성산

55 다음 보기 중 충청북도 지역에 법주사, 삼년산성, 서당골 관광농원이 소재하는 군은?
① 옥천군 ② 영동군
③ 청원군 ④ 보은군

56 다음은 대전광역시 동구와 충남 금산군, 충북 영동군과 경계를 하는 군은?
① 옥천군 ② 보은군
③ 진천군 ④ 청원군

57 다음 보기 중 충청북도 지역에 조령민속공예촌, 화암서원, 충민사가 있는 군은?
① 증평군 ② 괴산군
③ 진천군 ④ 청원군

정답 46 ① 47 ④ 48 ③ 49 ② 50 ③ 51 ① 52 ④ 53 ② 54 ③ 55 ④ 56 ① 57 ②

58 다음 보기 중 충청북도 지역에 소백산과 구인사가 있는 지역은?
① 매포읍 ② **영춘면**
③ 적성면 ④ 대강면

59 다음 보기 중 충청북도 단양군청에서 영주시로 갈 때 이용하는 도로명은?
① **5번 도로** ② 36번 도로
③ 59번 도로 ④ 38번 도로

60 다음 보기 중 충청북도 지역에 단양군 영춘면과 연관이 없는 것은?
① 온달동굴 ② 형제봉
③ **죽령** ④ 온달산성

61 다음 보기 중 충청북도 단양군 지역에 소재하지 않는 곳은?
① 소선암자연휴양림
② 선암계곡
③ 노동동굴
④ **능강계곡**

62 다음 보기 중 충청북도 단양군 지역을 지나는 고속도로는?
① 중부내륙고속도로
② **중앙고속도로**
③ 영동고속도로
④ 평택제천고속도로

63 다음 보기 중 충청북도 단양군 지역에 향산리삼층석탑이 있는 곳은?
① **가곡면** ② 어상천면
③ 대강면 ④ 단성면

64 다음 보기 중 충청북도 단양에서 경북 문경시로 연결하는 도로명은?
① 36번 도로 ② **59번 도로**
③ 3번 도로 ④ 31번 도로

65 다음 보기 중 충청북도 지역에 다리안폭포, 제2연화봉, 비로봉과 관련이 있는 산은?
① 금수산 ② 월악산
③ **소백산** ④ 조령산

66 다음 중 충청북도에 있는 국립공원이 아닌 곳은?
① **태백산** ② 월악산
③ 소백산 ④ 속리산

67 다음 보기 중 충청북도 단양군 지역에 도담삼봉이 있는 곳은?
① 단양읍 ② 단성면
③ 적성면 ④ **매포읍**

68 다음 보기 중 충청북도 단양군 단양읍 지역에 있지 아니한 곳은?
① 생태습지 ② **영춘수석원**
③ 고수대교 ④ 대성산산림욕장

69 다음 보기 중 충청북도 지역에 월악산국립공원이 있는 곳은?
① 단양군 ② 음성군
③ 진천군 ④ **제천시**

정답 58 ② 59 ① 60 ③ 61 ④ 62 ② 63 ① 64 ② 65 ③ 66 ① 67 ④ 68 ② 69 ④

70 다음 보기 중 충청북도 제천시 지역에 있지 않는 것은?
① 능강계곡　② 덕동계곡
③ 조령산　　④ 의암호

71 다음은 중앙고속도로를 이용하여 제천시청으로 갈 때 이용하는 IC는?
① 제천　　② 신림
③ 남제천　④ 북단양

72 다음 중 제천역에서 청풍면으로 갈 때 이용하는 도로명은?
① 5번 도로　② 82번 도로
③ 36번 도로　④ 59번 도로

73 다음 중 제천고속버스터미널 주변에 없는 곳은?
① 청주지방법원 제천지원
② 중앙교차로
③ 제천고등학교
④ 박달재자연휴양림

74 다음 보기 중 충청북도 제천군 지역에 선사유적지가 있는 곳은?
① 백운면　② 송학면
③ 청풍면　④ 수산면

75 다음 중 충청북도 단양군 지역에 소재하는 월악산국립공원과 가장 인접한 지역은?
① 덕산면　② 금성면
③ 한수면　④ 백운면

76 다음 중 제천시와 원주시를 연결하는 도로명은?
① 5번 도로　② 88번 도로
③ 38번 도로　④ 19번 도로

77 다음 보기 중 충청북도 단양군 지역에서 탁사정과 배론성지로 유명한 곳은?
① 백운면　② 봉양읍
③ 수산면　④ 금성면

78 다음 보기 중 충청북도 충주시 지역과 관련이 없는 곳은?
① 수안보　　　② 청룡사지
③ 문성자연휴양림　④ 화양계곡

79 다음 보기 중 충청북도 충주시 지역에 있는 자연휴양림이 아닌 것은?
① 문성자연휴양림
② 봉황자연휴양림
③ 백야자연휴양림
④ 계명산자연휴양림

80 다음 보기 중 충청북도 충주시 지역에 소재하지 않는 행정구역은?
① 수안보면　② 소이면
③ 산척면　　④ 소태면

81 다음 보기 중 충청북도 충주시 수안보면 지역에 있는 호텔이 아닌 것은?
① 호텔신라수안보
② 사이판온천호텔
③ 수안보상록호텔
④ 수안보파크호텔

정답 70 ③　71 ①　72 ②　73 ④　74 ②　75 ③　76 ①　77 ②　78 ④　79 ③　80 ②　81 ①

82 다음 보기 중 충청북도 충주공설운동장 주변에 없는 곳은?
① 한림디자인고등학교
② 충주체육관
③ 충주북여자중학교
④ 한국폴리텍대학 충주캠퍼스

83 다음 보기 중 충청북도 충주시 지역에 청룡사지가 있는 곳은?
① 앙성면 ② 노은면
③ 소태면 ④ 신니면

84 다음 보기 중 충청북도 충주시 남한강변 주변에 있는 공원이 아닌 것은?
① 중앙탑사적공원
② 호암지생태공원
③ 탄금대공원
④ 중원체육공원

85 다음 보기 중 충청북도 충주시 지역에 천등산이 있는 행정구역은?
① 산척면 ② 동량면
③ 금가면 ④ 주덕읍

86 다음 보기 중 충청북도 음성군 지역에 있는 것이 아닌 곳은?
① 봉학골산림욕장
② 미타사
③ 백야자연휴양림
④ 남한강

87 다음 중 충청북도 음성군청에서 괴산군청으로 이동할 때 이용하는 도로명은?
① 36번 도로 ② 37번 도로
③ 34번 도로 ④ 19번 도로

88 다음 보기 중 충청북도 음성군 지역에 강동대학교가 있는 행정구역은?
① 생극면 ② 금왕읍
③ 감곡면 ④ 맹동면

89 다음 보기 중 충청북도 음성군 음성읍 지역에 소재하고 있지 않은 곳은?
① 극동대학교
② 음성향교
③ 음성문화예술회관
④ 음성군농업기술센터

90 다음 중 평택제천고속도로를 이용하여 음성군청에 갈 경우 이용하기 가장 편리한 IC는?
① 서충주 ② 음성
③ 북진천 ④ 금왕꽃동네

91 다음 보기 중 충청북도 괴산군 지역에 소재하지 않는 것은?
① 수옥폭포 ② 화양계곡
③ 이탄유원지 ④ 박쥐봉

92 다음 보기 중 충청북도 괴산군 지역에 조령산자연휴양림이 있는 곳은?
① 감물면 ② 연풍면
③ 칠성면 ④ 청천면

정답 82 ④ 83 ③ 84 ② 85 ① 86 ④ 87 ② 88 ③ 89 ① 90 ② 91 ④ 92 ②

93 다음 중 충청북도 괴산군청에서 경상북도 문경시로 이동할 때 이용하는 도로명은?
① 3번 도로 ② 19번 도로
③ 34번 도로 ④ 37번 도로

94 다음 중 중부내륙고속도로를 이용하여 괴산군청에 갈 때 이용하는 IC는?
① 괴산 ② 충주
③ 연풍 ④ 문경새재

95 다음 보기 중 충청북도 괴산군 지역에 소재하는 행정구역이 아닌 곳은?
① 원남면 ② 소수면
③ 칠성면 ④ 사리면

96 다음 중 충청북도 괴산군 지역에 이탄유원지가 있는 행정구역은?
① 감물면 ② 장연면
③ 불정면 ④ 괴산읍

97 다음 중 충청북도 괴산군 지역에 성불산자연휴양림과 생태공원이 있는 행정구역은?
① 장연면 ② 괴산읍
③ 연풍면 ④ 청천면

98 다음 중 충청북도 증평군 지역에 소재하지 아니한 곳은?
① 초평저수지
② 율리휴양촌
③ 좌구산자연휴양림
④ 한국교통대학 증평캠퍼스

99 다음 중 충청북도 증평군 지역에 있는 공원이 아닌 곳은?
① 한울공원 ② 운천공원
③ 천변공원 ④ 송산공원

100 다음 중 충청북도 진천군 지역과 연관이 없는 곳은?
① 정송강사
② 진천공예마을
③ 영동고속도로
④ 백야자연휴양림

101 다음 중 충청북도 진천군과 증평군을 연결하는 도로명은?
① 21번 도로 ② 34번 도로
③ 36번 도로 ④ 37번 도로

102 다음 중 충청북도 진천군 지역에 만뢰산자연생태공원이 있는 곳은?
① 진천읍 ② 백곡면
③ 문백면 ④ 초평면

103 다음은 중부고속도로를 이용하여 진천군청으로 갈 때 이용하는 IC는?
① 대소 ② 증평
③ 오창 ④ 진천

104 다음 중 충청북도 진천군 지역에 정송강사가 있는 곳은?
① 덕산면 ② 문백면
③ 이월면 ④ 광혜원면

정답 93 ③ 94 ③ 95 ① 96 ④ 97 ② 98 ① 99 ② 100 ③ 101 ② 102 ① 103 ④ 104 ②

105 다음 중 충청북도 진천군 진천읍 지역에 소재하고 있지 않은 곳은?
① 도당공원
② 백곡천
③ 우석대학교 진천캠퍼스
④ 진천공예마을

106 다음 중 충청북도 청주시 지역에 소재하는 것이 아닌 곳은?
① 법주사
② 옥화자연휴양림
③ 미동산수목원
④ 상당산성

107 다음은 경부고속도로를 이용하여 충북대학교로 갈 때 이용하는 IC는?
① 오창
② 청주
③ 서청주
④ 남청주

108 다음 중 충청북도 청주시 지역에 단재로와 청남로가 만나는 교차로는?
① 모충대교사거리
② 상당사거리
③ 석교육거리
④ 방아다리사거리

109 다음은 청주시외버스터미널에서 세광고등학교로 갈 때 이용하는 도로명은?
① 제2순환로
② 풍년로
③ 가경로
④ 북대로

110 다음 중 충청북도 지역에 충북대학교가 있다. 근처에 있는 것이 아닌 것은?
① 방죽말저수지
② 충북대학교병원
③ KBS청주방송총국
④ 상당구청

111 다음 중 충청북도 청주시 지역에 있는 대학교가 아닌 것은?
① 서정대학교
② 청주대학교
③ 충북대학교
④ 한국교원대학교

112 다음 중 충청북도 보은군 지역에 있는 것이 아닌 것은?
① 법주사
② 화양계곡
③ 말티재
④ 구병산

113 다음은 당진영덕고속도로를 이용하여 보은군청에 가려고 한다. 이때에 이용하는 IC는?
① 화인
② 속리산
③ 보은
④ 화서

114 다음 중 충청북도 보은군 지역에 법주사와 만수계곡이 있는 곳은?
① 산외면
② 내북면
③ 수한면
④ 속리산면

115 다음 중 충청북도 보은군청에서 경상북도 상주시로 이동할 때 이용하는 도로명은?
① 27번 도로
② 19번 도로
③ 25번 도로
④ 4번 도로

정답 105 ④ 106 ① 107 ② 108 ③ 109 ① 110 ① 111 ① 112 ② 113 ③ 114 ④ 115 ③

116 다음 중 충청북도 지역에 속리산말티재자연휴양림이 있는 행정구역은?
① 회인면   ② 장안면
③ 회남면   ④ 탄부면

117 다음 중 충청북도 보은군 보은읍 지역에 소재하지 않는 곳은?
① 보은삼년산성   ② 새터소류지
③ 서원계곡   ④ 보은한양병원

118 다음 중 충청북도 보은군 지역에 있는 국립공원은?
① 속리산국립공원
② 월악산국립공원
③ 소백산국립공원
④ 태백산국립공원

119 다음 중 충청북도 옥천군에 소재하고 있지 않는 곳은?
① 장계관광지   ② 후율당
③ 장령산자연휴양림   ④ 서대산

120 다음 중 경부고속도로를 이용하여 옥천군청에 갈 때 이용하는 IC는?
① 옥천   ② 금강
③ 대전   ④ 영동

121 다음 중 충청북도 옥천군 지역에 장계관광지가 있는 행정구역은?
① 안남면   ② 군북면
③ 안내면   ④ 군서면

122 다음 중 충청북도 옥천군청에서 충청남도 금산군으로 이동할 때 이용하는 도로명은?
① 19번 도로   ② 37번 도로
③ 17번 도로   ④ 4번 도로

123 다음 중 충청북도 옥천군 옥천읍에 소재하는 것이 아닌 곳은?
① 금적산   ② 정지용생가
③ 옥천성모병원   ④ 충북도립대학

124 다음 중 충북 영동군과 경북 김천시와 전북 무주군이 만나는 지명은?
① 추풍령   ② 황악산
③ 라제통문   ④ 삼도봉

125 다음 중 충청북도 영동군 지역에 물한계곡이 있는 산은?
① 민주지산   ② 지장산
③ 황악산   ④ 삼성산

126 다음 중 충청북도 영동군 지역에 옥계폭포와 난계사가 있는 곳은?
① 양산면   ② 심천면
③ 상촌면   ④ 용산면

127 다음 중 충청북도 영동군 지역에 소재하지 않는 곳은?
① 직지사
② 월류봉
③ 민주지산자연휴양림
④ 송호관광지

정답 116 ② 117 ③ 118 ① 119 ④ 120 ① 121 ③ 122 ② 123 ① 124 ④ 125 ① 126 ② 127 ①

128 다음 중 충청북도 영동군청에서 전라북도 무주군청으로 이동할 때 이용하는 도로명은?

① 4번 도로　　② **19번 도로**
③ 17번 도로　　④ 13번 도로

129 다음 중 충청북도 영동군 지역에 있는 고속도로 휴게소는?

① 금강휴게소　　② 옥천휴게소
③ **황간휴게소**　　④ 금산휴게소

130 다음 중 충청북도 영동군 영동읍내에 없는 곳은?

① 노근리평화공원
② 유원대학교
③ 과일나라테마공원
④ 영동문화원

131 다음 충주시청으로 가려고 하는데 도로명주소로 맞는 것은?

① 천변로 143
② **으뜸로 21**
③ 사직로 139-1
④ 예성로 323-1

132 다음 제천시에 있는 기관으로 도로명주소의 연결이 맞는 것은?

① 제천시보건소 - 의림대로 242
② 제천소방서 - 신죽하로 164
③ **제천우체국 - 내토로41길 8**
④ 제천경찰서 - 용두대로 27

133 다음 제천시청으로 가려고 하는데 도로명주소로 맞는 것은?

① 신죽하로 164　　② 용두대로 27
③ 청전대로 72　　④ **내토로 295**

134 다음 단양군청으로 가려고 하는데 도로명주소로 맞는 것은?

① 단양읍 중앙1로 15
② 단양읍 중앙1로 36
③ 단양읍 삼봉로 421-56
④ **단양읍 중앙1로 10**

135 다음 음성군청에 가려고 하는데 도로명주소의 연결이 맞는 것은?

① 음성읍 중앙로 26
② 음성읍 중앙로 94
③ **음성읍 중앙로 173**
④ 음성읍 중앙로 77

136 다음 진천군청으로 가려고 하는데 도로명주소로 맞는 것은?

① 진천읍 중앙동로 68
② **진천읍 상산로 13**
③ 진천읍 중앙서로 48
④ 진천읍 중앙북1길 3

137 다음 증평군청에 가려고 하는데 도로명주소의 연결이 맞는 것은?

① **증평읍 광장로 88**
② 증평읍 중앙로 208
③ 증평읍 충청대로 1789
④ 증평읍 초중6길 71

정답　128 ②　129 ③　130 ①　131 ②　132 ③　133 ④　134 ④　135 ③　136 ②　137 ①

138 다음 괴산군청으로 가려고 하는데 도로명주소로 맞는 것은?

① 괴산읍 읍내로11길 26
② **괴산읍 임꺽정로 90**
③ 괴산읍 읍내로6길 18
④ 괴산읍 임꺽정로 169

139 다음 보은군청으로 가려고 하는데 도로명주소로 맞는 것은?

① 보은읍 남부로 4415
② **보은읍 군청길 38**
③ 보은읍 장신로 54
④ 보은읍 장신로 8

140 다음 옥천군청으로 가려고 하는데 도로명주소로 맞는 것은?

① 옥천읍 중앙로 20
② 옥천읍 삼양로8길 4
③ 예산읍 옥천읍 중앙로 3
④ **옥천읍 중앙로 99**

141 다음 영동군청으로 가려고 하는데 도로명주소로 맞는 것은?

① 영동읍 영산로 32
② 영동읍 영동황간로 174
③ 영동읍 난계로 1178
④ **영동읍 동정로 1**

정답 138 ② 139 ② 140 ④ 141 ④

제7편
세종특별자치시 주요 지리
Taxi Driver's License

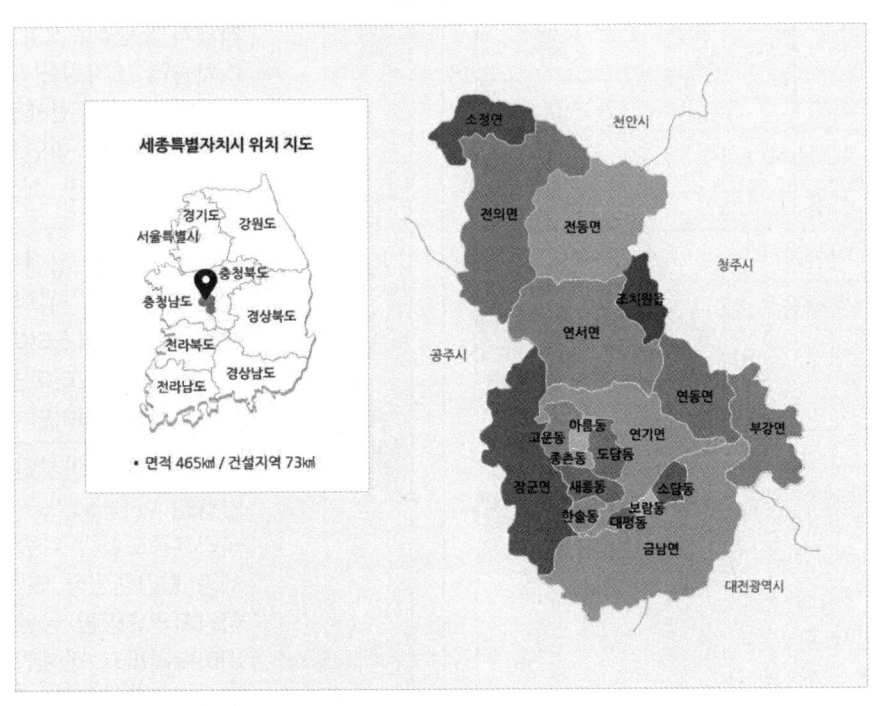

◇ 소재지 : 한누리대로 2130 (보람동)
◇ 면적 : 464.87km²
◇ 인구 : 388,927명 (2022년 12월 현재)
◇ 행정구역 : 1읍 9면 12동
◇ **시조 : 파랑새**
· 시민의 행복을 추구하며 이상적인 미래도시로의 발전을 추진하는 세종특별자치시의 굳은 염원과 맥락을 상징
◇ **시화 : 복숭아꽃**
· 희망찬 행운의 기운을 불어 넣어주며 지역의 상생 발전과 세종특별자치시의 도약을 상징
◇ **시목 : 소나무**
· 자태가 웅장하면서 수려하여 예로부터 우리 민족의 굳은 기상을 나타내며 세계적인 명품 행복도시로 발전하는 세종특별자치시의 바르고 푸른 기상을 상징
◇ 산 : 전월산, 원수산, 운주산, 오봉산, 금병산
◇ 계곡 : 합작골, 보통리들, 감나무골, 갈골, 달뫼소류지
◇ 하천 : 미호천, 방축천, 조천, 삼성천, 내창천
◇ 터널 : 대곡터널, 부강터널, 빗돌터널, 수산터널, 매포터널

행정구역 1읍 9면 9동	소 재 지
조치원읍 鳥致院邑	새내16길 17
연기면 燕岐面	당산로 81
연동면 燕東面	장욱진로 7
부강면 芙江面	부강5길 38
금남면 錦南面	용포로 57
장군면 將軍面	장척로 400-1
연서면 燕西面	대첩로 238
전의면 全義面	운주산로 1270
전동면 全東面	운주산로 386
소정면 小井面	소정구길 204
한솔동 한솔洞	노을3로 85
새롬동 새롬洞	새롬중앙로 44
도담동 도담洞	보람로 77
아름동 아름洞	보듬3로 114
종촌동 宗村洞	도움3로 125
고운동 고운洞	마음로 64
보람동 보람洞	호려울로 42
대평동 大坪洞	대평1길 10
소담동 소담洞	한누리대로 2023

주요기관 및 지명	소 재 지
행정기관	국세청 국세청로 8-14 정부세종청사 다솜2로 94 국토교통부 도움6로 11 정부세종컨벤션센터 다솜3로 66 고용노동부 한누리대로 422 행정안전부 별관 한누리대로 411 기획재정부 갈매로 477 소방청 정부2청사로 13 교육부 갈매로 408 백룡신병교육대 국곡리 160-1 세종세무서 가름로 232 세종경찰서 조치원읍 군청로 36 과학기술정보통신부 가름로 194 인사혁신처 한누리대로 499 세종특별자치시 교육청 한누리대로 2154 환경부 도움6로 11 대통령기록관 다솜로 250 산업통상자원부 한누리대로 402
	정부세종청사 종합안내실 도움6로 11 보건복지부 도움4로 13 세종소방서 절재로 301 농림축산식품부 다솜2로 94 과학기술정보통신부 우정사업본부 도움5로 19 문화체육관광부 갈매로 388 세종 고용복지플러스센터 조치원읍 터미널안길 60 세종우체국 시청대로 180 공정거래위원회 다솜3로 95 행정안전부 정부2청사로 13 국가보훈처 도움4로 9 해양수산부 다솜2로 94 세종지방경찰청 한누리대로 1978 국무조정실 다솜로 261 법제처 도움5로 20 7-1동 조치원역 조치원읍 으뜸길 215 전의역 전의면 만세길 10 부강역 부강면 청연로 90 소정리역 소정면 소정구길 159 서창역 전동면 운주산로 367 내판역 연동면 청연로 601 매포역 부강면 시목부강로 332-3 세종고속시외버스터미널 갈매로 37-12 조치원공영버스터미널 조치원읍 조치원로 54 중부복합물류터미널 부강면 연청로 745-46
대표명소	세종호수공원 연기면 세종리 114-380 방축천 다솜1로 31 국립세종도서관 다솜3로 48 세종 합강캠핑장 연기면 태산로 329 금강자연휴양림 금남면 도남리 258 베어트리파크 전동면 신송로 217 뒤웅박고을 전동면 배일길 90-43 3대벚꽃길 조천변, 부용리, 고복저수지 우주측지 관측센터 연기면 월산공단로 276-71 고복자연공원 연서면 고복리 밀마루전망대 도움3로 58
문화유적·사찰	전의향교 전의면 북촌1길 5-10 숭덕사 연기면 세종리 734-19 충령탑 조치원읍 침산리 연기향교 연기면 교촌3길 13 덕천군사우 장군면 태산리 101 장욱진화백 생가 연동면 청연로 624-1 전의이씨시조묘 전의면 유천리 599-1 보만정및 검담서원묘정비 부강면 금호선말길 15-18 합호서원 연동면 원합강1길 262-6

	비암사삼층석탑 전의면 비암사길 137		초려역사공원 도움1로 40
	청원남성골산성 부강면 부강리 산 24		제천뜰근린공원 종촌동 676
	금이성 전동면 송성리 산 86		나성동독락정역사공원 나성동
	대곡리삼층석탑 소정면 대곡리 559-14		금강8경(합강공원) 한글공원
	국곡리 입석 금남면 국곡리 94-4		연기면 세종리 24-35
	연동송용리 마애여래입상 연동면 청연로 622-8		참샘무궁화정원 연기면 세종리 1057
	연기대첩비 연서면 용암리		아침뜰근린공원 누리로 96
	경주김씨참판공 해인파종중묘역		붓꽃수변공원 한솔동
	전동면 보덕리 201-7		금강자연휴양림 금남면 도남리 258
	부안임씨가묘 나성동 101-1		전월산 연기면 세종리 산 92
	봉산영당 조치원읍 봉산로 90-11		원수산 연기면 세종리
	남산영당 금남면 남산길 51-2		운주산 전동면 봉대리 산 110
	영평사 장군면 영평사길 124		오봉산 전동면 송곡리
	비암사 전의면 비암사길 137		금병산 금남면 금천리
	고산사 전동면 고산길 92		장군산 장군면 은용리
	자성사 금남면 용담길 67		괴화산 반곡동
	연화사 연서면 연화사길 28-1		비학산 금남면 신촌리
	자비정사 전동면 죽엽이길 175		서대산 금남면 영대리
	황룡사 연동면 황우재길 22-17	산·계곡	청벽산 금남면 도남리 산 45
	송림사 금남면 축산길 38-53		합작골계곡 고운동
	광덕사 금남면 대박안길 82		보통리들계곡 연기면 보통리
	보광사 장군면 은용2길 225		감나무골계곡 연서면 기룡리
호텔·백화점	머큐어앰배서더 세종(2020년 예정) 어진동 647		갈골계곡 연동면 내판리
	삼안호텔 전의면 의당전의로 565		달뫼소류지계곡 부강면 문곡리
	세종엔에스호텔(2020년 10월 예정)		망골계곡 연서면 기룡리
	어진동 540		큰각지골계곡 다정동
	AK플라자(2019년 12월 예정) 어진동 521		작은합작골계곡 장군면 봉안리
	엘큐브 세종점 갈매로 363		뜀무골계곡 연기면 눌왕리
	AK& 세종백화점 한누리대로 411		수렁골계곡 다정동
공원·호수·휴양림	세종호수공원 연기면 세종리 114-380	교량·터널	한두리대교 연기면 세종리
	조천연꽃공원 조치원읍 번암리		학나래교 연기면 세종리
	금강스포츠공원 연기면 세종리 551-106		불티교 금남면 도남리
	부강생활체육공원 부강면 부강금호로 170		아람찬교 연기면 세종리
	무궁화테마공원 연기면 세종리 646-1		햇무리교 연기면 세종리
	금강수변공원 보람동 623-1		백룡교 금남면 두만리
	고복저수지군립공원 연서면 고복리		금남교 연기면 세종리
	고복자연공원 연서면 고복리		조천교 조치원읍 상리
	조치원 체육공원 조치원읍 죽림리 291-3		청벽대교 장군면 금암리
	바람재쉼터 금남면 금천리 13-23		보롬교 연기면 세종리
	고운뜰공원 고운동 산 148		소정대교 소정면 대곡리
	조치원문화정원 조치원읍 수원지길 75-21		월산교 연기면 세종리
	원수산MTB공원 연기면 세종리 659-25		미호천1교 연기면 세종리 23-119
	숲뜰 근린 공원 연기면 세종리		금강교 연기면 세종리
	방울새어린이공원 어진동		도암교 금남면 도암리
	연기대첩비공원 연서면 용암리		향산교 부강면 행산리
	전의생활체육공원 전의면 읍내리 5-1		미호교 연동면 예양리
	오가낭뜰근린공원 아름동 804		조천2교 전동면 심중리

봉암1교 연서면 봉암리
모개고가차도 연기면 산울리
석곡과선교 전동면 청송리
송학교 연기면 세종리
송원교 가람동
양곡교 전의면 양곡리 336-1
대곡터널 소정면 대곡리
부강터널 부강면 부강리
빗돌터널 연기면 산울리
수산터널 장군면 용암리
매포터널 부강면 등곡리
첫마을생태터널 한솔동 1231

제7편 세종특별자치시 주요 지리 출제예상문제

01 다음 중 세종특별자치시 지역에 한국영상대학교가 있는 행정구역은?
① 조치원읍　② 연서면
③ 장군면　④ 연기면

02 다음 중 세종특별자치시 지역에 홍익대 세종캠퍼스와 고려대 세종캠퍼스가 있는 곳은?
① 전동면　② 조치원읍
③ 연동면　④ 연기면

03 다음 중 세종특별자치시 지역에 있는 교량이 아닌 것은?
① 대청대교　② 월산교
③ 금남교　④ 한두리대교

04 다음 중 세종특별자치시 지역에 있는 휴양림은 어느 곳인가?
① 금강자연휴양림
② 남원자연휴양림
③ 운장산자연휴양림
④ 덕유산자연휴양림

05 다음 중 세종특별자치시 연기면 세종리 지역에 흐르는 하천은?
① 월하천　② 대교천
③ 월하천　④ 안산천

06 다음 중 세종특별자치시 연기면 세종리 지역에 소재하는 교량이 아닌 곳은?
① 보롬교　② 금강교
③ 송학교　④ 불티교

07 다음 중 세종특별자치시 지역에 있는 행정기관이 아닌 곳은?
① 국토교통부　② 법무부
③ 고용노동부　④ 정부세종컨벤션센터

08 다음 중 세종특별자치시 지역에 있는 행정기관의 소재지가 다른 한 곳은?
① 공정거래위원회　다솜3로 95
② 행정안전부　정부2청사로 13
③ 국가보훈처　도움4로 9
④ 세종경찰서　시청대로 180

09 다음 중 세종특별자치시 지역에 세종호수공원이 있다. 주변에 있는 시설들이 아닌 곳은?
① 대통령기록관　② 세종소방서
③ 감각정원　④ 송담만리전시관

10 다음 중 세종특별자치시 지역에 주위 산이다. 금남면에 소재하지 않는 산은?
① 괴화산　② 비학산
③ 서대산　④ 청벽산

정답　01 ③　02 ②　03 ①　04 ①　05 ②　06 ④　07 ②　08 ④　09 ②　10 ①

11 다음 중 세종특별자치시 지역에 주위 산이다. 장군면에 소재하는 산은?
① 전월산 ② 원수산
③ 운주산 ④ 장군산

12 다음 중 세종특별자치시 지역에 있는 터널을 지난다. 대곡터널을 지난 후 세종로와 만나는 교차로의 지명은?
① 대곡사거리 ② 대곡삼거리
③ 고등사거리 ④ 관정삼거리

13 다음 중 세종특별자치시 지역에 있는 터널 중 설명이 잘못된 것은?
① 부강면 부강리에서 부강면 문곡리를 연결하는 터널이다.
② 청원남성골산성을 지난다.
③ 연청로를 주행하면 문곡교차로를 만난다.
④ 꽃동네대학교가 부근에 있다.

14 다음 중 세종고속시외버스터미널 주변에 없는 곳은?
① 세종자동차극장 ② 대평동행정복지센터
③ 두레뜰근린공원 ④ 충남과학고등학교

15 다음 중 세종특별자치시 지역에 세종호수공원이 소재하는 곳은?
① 백운면 ② 연기면
③ 청풍면 ④ 수산면

16 다음 중 세종특별자치시 지역에 소재하는 금강자연휴양림과 가장 인접한 지역은?
① 덕산면 ② 금성면
③ 금남면 ④ 백운면

17 다음 중 세종특별자치시 아름동행정복지센터에서 원수산습지생태원을 가려는데 통행하는 도로명은?
① 보듬로 ② 한누리대로
③ 가름로 ④ 다솜로

18 다음 중 세종특별자치시 조치원읍 지역에 있는 관공서는?
① 법제처
② 세종경찰서
③ 해양수산부
④ 국가보훈처

19 다음 중 세종특별자치시 연서면 지역과 연관이 없는 사찰은?
① 연화사 ② 송암사
③ 보림사 ④ 광덕사

20 다음 중 세종특별자치시 지역에 있는 자연휴양림은?
① 문성자연휴양림
② 봉황자연휴양림
③ 금강자연휴양림
④ 계명산자연휴양림

21 다음 중 세종특별자치시 지역에 소재하는 행정구역은?
① 수안보면 ② 장군면
③ 산척면 ④ 소태면

정답 11 ④ 12 ② 13 ④ 14 ④ 15 ② 16 ③ 17 ① 18 ② 19 ④ 20 ③ 21 ②

22 다음 중 세종특별자치시 지역에 있는 호텔인 것은?

① 삼안호텔　　② 사이판온천호텔
③ 수안보상록호텔　④ 수안보파크호텔

23 다음 중 세종특별자치시 조치원읍에서 충청북도 청주시 충청대학교로 이동할 때 이용하는 도로명은?

① 4번 도로　　② 36번 도로
③ 17번 도로　　④ 13번 도로

24 다음 중 세종특별자치시 조치원읍내에 없는 곳은?

① 노근리평화공원　② 세종경찰서
③ 고려대학교　　④ 홍익대학교

25 다음은 당진·영덕고속도로를 운행 중 세종특별자치시 지역과 공주시 지역 구간에 있는 휴게소는 어디인가?

① 금강휴게소　　② 옥천휴게소
③ 공주휴게소　　④ 금산휴게소

26 다음 중 세종특별자치시에 소재하는 것이 아닌 곳은?

① 금적산　　② 금의성
③ 청원남골산성　④ 함호서원

27 다음 중 세종특별자치시 전의면 지역에 소재하고 있지 않는 곳은?

① 비암사　　② 양곡교
③ 삼안호텔　　④ 서대산

28 다음 중 당진·영덕고속도로를 이용하여 정부대전청사를 갈 때 이용하는 IC는?

① 유성　　② 북대전
③ 서대전　　④ 대전

29 다음 중 세종특별자치시 지역에 금강수목원이 있는 행정구역은?

① 안남면　　② 군북면
③ 금남면　　④ 군서면

30 다음 중 세종특별자치시 장군면사무소에서 충청남도 청양군청으로 이동할 때 이용하는 도로명은?

① 19번 도로　　② 36번 도로
③ 17번 도로　　④ 4번 도로

31 다음 중 세종특별자치시 지역에 있는 사찰이 아닌 것은?

① 고산사　　② 법주사
③ 자비정사　　④ 연화사

32 다음은 당진·영덕고속도로를 이용하여 세종특별자치시에서 보은군청을 가려고 한다. 이때에 이용하는 IC는?

① 화인　　② 속리산
③ 보은　　④ 화서

33 다음 중 세종특별자치시 지역에 영평사와 작은 합작골계곡이 있는 곳은?

① 산외면　　② 내북면
③ 수한면　　④ 장군면

정답　22 ①　23 ②　24 ①　25 ③　26 ①　27 ④　28 ①　29 ③　30 ②　31 ②　32 ③　33 ④

34 다음은 경부고속도로를 이용하여 조치원읍으로 갈 때 이용하는 IC는?
① 대소 ② 증평
③ 오창 ④ 청주

35 다음 중 세종특별자치시 지역에 바람재 쉼터가 있는 곳은?
① 부강면 ② 금남면
③ 연기면 ④ 연서면

36 다음 중 세종특별자치시 부강면 지역에 소재하고 있지 않은 곳은?
① 달뫼소류지계곡
② 향산교
③ 부강터널
④ 합호서원

37 다음 중 세종특별자치시 연동면 지역에 소재하는 것이 아닌 곳은?
① 금이성 ② 미호교
③ 갈곡계곡 ④ 황룡사

38 다음은 당진·영덕고속도로를 이용하여 조치원읍 지역의 고려대학교로 갈 때 이용하는 IC는?
① 오창 ② 서세종
③ 서청주 ④ 남청주

39 다음 중 세종특별자치시 지역의 도로이다. 한누리대로와 나리로가 만나는 교차로는?
① 가람교차로 ② 성금교차로
③ 첫 마을교차로 ④ 어진교차로

40 다음 중 세종특별자치시 아름동지역에서 도담고등학교로 갈 때 이용하는 도로명은?
① 보듬로 ② 풍년로
③ 가경로 ④ 북대로

41 다음 중 세종특별자치시 조치원읍 지역에 홍익대학교가 있다. 근처에 있는 것이 아닌 것은?
① 세종경찰서
② 노적봉
③ 고속버스매표소
④ 가마골

42 다음 중 세종특별자치시 지역에 있는 대학교가 아닌 것은?
① 세종대학교
② 고려대학교
③ 홍익대학교
④ 한국영상대학교

43 다음 세종특별자치시에 있는 호텔로 도로명주소의 연결이 맞지 않는 것은?
① 삼안호텔 – 전의면 의당전의로 565
② 세종로얄호텔 – 조치원읍 안터1길 1
③ 세종엔에스호텔 – 갈매로 363
④ 머큐어앰배서더세종 – 가름로 255

44 다음 세종특별자치시에 있는 기관으로 도로명주소의 연결이 맞지 않는 것은?
① 국세청 – 국세청로 8-14
② 정부세종청사 – 다솜2로 94
③ 정부세종컨벤션센터 – 다솜2로 66
④ 국토교통부 – 도움6로 11

정답 34 ④ 35 ② 36 ④ 37 ① 38 ② 39 ③ 40 ① 41 ① 42 ① 43 ③ 44 ③

45 다음 세종특별자치시에 있는 명소로 도로명주소의 연결이 맞지 않는 것은?

① 금강자연휴양림 – 금남면 도남리 258
② 베어트리파크 – 전동면 신송로 217
③ 뒤웅박고을 – 전동면 배일길 90-43
④ 밀마루전망대 – 연기면 태산로 329

46 다음 세종특별자치시에 있는 역으로 도로명주소의 연결이 맞지 않는 것은?

① 조치원역 – 조치원읍 으뜸길 215
② 전의역 – 전의면 만세길 10
③ **서창역 – 소정면 소정구길 159**
④ 부강역 – 부강면 청연로 90

47 다음 세종특별자치시청으로 가려고 하는데 도로명주소로 맞는 것은?

① 시청대로 180
② **한누리대로 2130**
③ 다솜3로 95
④ 정부2청사로 13

48 다음 세종특별자치시에 있는 기관으로 도로명주소의 연결이 맞지 않는 것은?

① 해양수산부 – 다솜2로 94
② 세종지방경찰청 – 한누리대로 1978
③ **국가보훈처 – 다솜3로 95**
④ 법제처 – 도움5로 20 7-1동

정답 45 ④ 46 ③ 47 ② 48 ③

| 최신 법령에 의한 | 대전·충남·충북·세종 |

택시운전자격시험 실전문제집

2021년 1월 15일 인쇄
2021년 1월 20일 발행
2023년 6월 30일 개정판

편 저 (재)한국산업교육원 택시교통문화연구회
발행인 이 종 의

발행처 도서출판 범 론 사
주 소 서울특별시 영등포구 대림로27가길 12-1
전 화 (02)847-3507
팩 스 (02)845-9079
등 록 1979년 4월 3일 제1-181호
www.bumronsa.com

▫ 파본은 교환해 드립니다. ▫ 본서의 무단 인용·전재·복제를 금합니다.

정가 12,000원